Vojtech Kopecky
EMV, Blitz- und Überspannungsschutz von A bis Z

de-FACHWISSEN
Die Fachbuchreihe für Elektro- und Gebäudetechniker in Handwerk und Industrie

Vojtech Kopecky

EMV, Blitz- und Überspannungsschutz von A bis Z

Sicher planen, prüfen und errichten

2., neu bearbeitete und erweiterte Auflage

Hüthig & Pflaum Verlag · München/Heidelberg

Produktbezeichnungen sowie Firmennamen und Firmenlogos werden in diesem Buch ohne Gewährleistung der freien Verwendbarkeit benutzt.
Von den in diesem Buch zitierten Normen, Vorschriften und Gesetzen haben stets nur die letzten Ausgaben verbindliche Gültigkeit.
Autor und Verlag haben alle Texte und Abbildungen sowie den Inhalt der CD-ROM mit großer Sorgfalt erarbeitet bzw. überprüft. Dennoch können Fehler nicht ausgeschlossen werden. Deshalb übernehmen weder Autor noch Verlag irgendwelche Garantien für die in diesem Buch gegebenen Informationen. In keinem Fall haften Autor oder Verlag für irgendwelche direkten oder indirekten Schäden, die aus der Anwendung dieser Informationen folgen.

Bibliografische Information Der Deutschen Bibliothek
Die Deutsche Bibliothek verzeichnet diese Publikation in der Deutschen Nationalbibliografie; detaillierte bibliografische Daten sind im Internet über http://dnb.ddb.de abrufbar.

! Möchten Sie Ihre Meinung zu diesem Buch abgeben?
Dann schicken Sie eine E-Mail an:
wendav@online-de.de
Autor und Verlag freuen sich über Ihre Rückmeldung.

ISSN 1438-8707
ISBN 3-8101-0209-1

© 2005 Hüthig & Pflaum Verlag GmbH & Co. Fachliteratur KG, München/Heidelberg
Printed in Germany
Titelbild, Layout, Satz, Herstellung: Schwesinger, galeo:design
Druck: Laub GmbH & Co., Elztal-Dallau

Vorwort

Dieses Buch soll allen Praktikern, angefangen von Gesellen und Meistern über Technikern, Planern, Ingenieuren und Architekten behilflich sein.

Bei Prüfungen, Abnahmen und Begutachtungen von Begutachtungen von EMV-, Blitz- und Überspannungsschutzmaßnahmen entdecke ich immer wieder Mängel, die in der handwerklichen Ausführung begründet sind oder auch aus Unkenntnis der Erfordernisse der elektromagnetischen Verträglichkeit entstanden sind. Fast alle diese Fehler könnten verhindert werden, wenn die entsprechenden Details der DIN-VDE-Normen bekannt wären und praktische Erfahrungen in irgendeiner Form weitervermittelt würden. Sehr oft werde ich nämlich bei Prüfungen gefragt: „Wo steht das geschrieben, dass es so oder so sein muss?".

Aus diesem Grund habe ich dieses Buch geschrieben und für die nun vorliegende 2. Auflage neu bearbeitet und erweitert.

Es enthält über 648 wichtige Begriffe, die im Zusammenhang mit Blitzschutz, Überspannungsschutz und EMV stehen. Aus EMV-Sicht habe ich mich aber nur auf bauliche Anlagen beschränkt, ansonsten würde der Rahmen dieses Buches gesprengt werden. Aus Platzgründen können leider nicht alle Begriffe gleichmäßig ausführlich beschrieben werden. Der Leser wird aber durch Verweise auf weitere Literatur oder Normen hingewiesen.

Das Buch beschreibt praktische Ausführungen sowie Erfahrungen auf dem Gebiet Blitz- und Überspannungsschutz. Es ersetzt aber keine Normen, sondern ist nur eine Ergänzung zur besseren Orientierung bei der Anwendung der Normen und eine Vermittlung von langjährigen Erfahrungen auf diesem Gebiet.

Dieses Buch bietet eine enorme Arbeitserleichterung. Nach Begriffen geordnet, findet der Fachmann rasch alle praktisch relevanten Forderungen, die notwendig sind, um Störungen zu vermeiden bzw. auf ein unbedenkliches Maß zu reduzieren. Zusätzlich zu den Normenaussagen liefern mehrere Stichwörter eine Fülle von Hinweisen und Erfahrungswerten für die Ausführung der Anlage. Dem Fachmann werden zusätzlich praktische Werkzeuge für seine tägliche Arbeit zur Verfügung gestellt. Am Ende des Buches und auch auf der beiliegenden CD-ROM befindet sich beispielsweise ein von mir erarbeiteter Leitfaden zur Prüfung von Blitzschutzmaßnahmen in Form einer Checkliste. Auf der CD-ROM sind des Weiteren Programme der Blitzschutzmaterialhersteller zusammengestellt, die die Planung und Berechnung des Blitz- und Überspannungsschutzes wesentlich vereinfachen. Die Bilder aus der Praxis auf der CD-ROM zeigen Mängel, die Störungen bis Zerstörungen verursachen können. Die Bilder enthalten eine Erklärung sowie eine Angabe wichtiger Stichworte aus diesem Buch für eine richtige Ausführung. Bereits beseitigte Mängel werden als gute Beispiele und auch als Vorschläge für andere Baustellen gezeigt.

Vorwort

An dieser Stelle möchte ich mich für die gute Zusammenarbeit mit dem Schreibbüro *Voigt* bedanken sowie bei allen Firmen, die Bilder und Fotos für das Buch sowie Software für die beiliegende CD-ROM zur Verfügung gestellt haben. Sehr behilflich waren mir auch Frau *Sabine Wendav* und Frau *Stefanie Käsler* vom Hüthig & Pflaum Verlag bei der redaktionellen Bearbeitung des Manuskriptes.

Ergänzende Anregungen und Kritiken sowie Vorschläge für Verbesserungen und Änderungen sind jederzeit willkommen.

Vojtech Kopecky

Anmerkung

In diesem Buch befinden sich unter den Stichworten wie beispielsweise Tiefenerder, Einzelerder, Korrosionsschutz der Erdeinführung, Blitzschutzfachkraft und anderen die Information, dass bestimmte Definitionen oder fachgerechte Ausführungen in den Normen nicht erwähnt sind, weil sie wahrscheinlich vergessen wurden.

Am 19. und 20. November 2004 wurden die Teilnehmer des VDB-Forums in Köln über die neuen Änderungen der deutschen Blitzschutzvornormen informiert. Die bisher nicht erläuterten Definitionen sind in den Änderungen und Ergänzungen jetzt enthalten. Die Fachpresse berichtet darüber.

Die Änderungen beziehen sich hauptsächlich auf modale Hilfsverben, da häufig das Wort „sollte" durch das Wort „muss" ersetzt wurde, wie z. B. bei Planung eines Blitzschutzsystems, vollständigen Zeichnungen, Schutzmaßnahmen mit Fangeinrichtungen, Korrosionsschutz, Fundamenterder und weiteren vorgeschriebenen Maßnahmen.

Der Begriff Blitzschutzfachkraft wurde nun genau definiert. Eine Blitzschutzfachkraft muss über eine fachliche Ausbildung, Kenntnisse und 5-jährige Erfahrungen sowie Kenntnisse der einschlägigen Normen verfügen.

Der Begriff Bestandschutz wird in den Änderungen durch ein Flussdiagramm als Anleitung zur Überprüfung des Bestandschutzes dargestellt, wie es im vorliegenden Buch bereits beschrieben ist.

Die Veröffentlichung der Änderungen wurde erst nach Fertigstellung des Buches bekannt, so dass sie lediglich hier im Vorwort zusammengefasst werden konnten.

Vojtech Kopecky

Hinweise zur Arbeit mit dem Buch

Das vorliegende Buch soll den Praktiker schnell darüber informieren, wie die von ihm zu erledigenden Tätigkeiten richtig durchgeführt werden.

Unter jedem Stichwort ist die anzuwendende Norm zu finden, oft gleichzeitig mit der Benennung des Normenabschnittes, in dem der Leser den ausführlichen Normentext zum Stichwort nachschlagen kann. Zahlen in eckigen Klammern (z. B. [L1] oder [N1]) bedeuten Verweise auf Quellen, die unter dem Stichwort „Literatur" oder unter dem Stichwort „Normen" nachzulesen sind.

Innerhalb des laufenden Textes wird durch Pfeile (→) auf Begriffe hingewiesen, die ebenfalls als Stichwörter im Buch auftauchen und unter denen zusätzliche oder weitergehende Informationen nachgeschlagen werden können.

Durch kursiv geschriebene Texte sind Zitate aus DIN-Normen bzw. DIN-VDE-Normen oder anderen Vorschriften und Gesetzen gekennzeichnet.

Inhalt der Buchbeilage CD-ROM

- Prüfung
  Leitfaden für die Prüfung von EMV, Blitz- und Überspannungsschutzmaßnahmen in Form einer Checkliste (neu überarbeitet für die 2. Auflage).
- Bilder aus der Praxis
  Mehr als 250 Fotos, die fachgerechte und nicht fachgerechte Ausführungen zeigen.
- AixThor
  AixThor hat zu der Vornorm VDE V 0185 Teil 2 „Risiko-Management: Abschätzung des Schadensrisikos für bauliche Anlagen" eine Software entwickelt, die die sehr zeitaufwendigen und teils komplizierten Berechnungen durch eine einfach zu bedienende Computer-Lösung realisiert. Auf der Buchbeilage-CD finden Sie die AixThor-Demoversion 2.2 mit Schutzklassenermittlung. Zusätzlich wird anhand eines Beispieles erläutert, wie man mit der Software arbeitet und was man ermitteln kann, z. B. Schadenswahrscheinlichkeiten, Schadensarten und -faktoren, Risikokomponenten, Reduktionsfaktoren.
- DEHN
  Blitzplaner
  Hauptkatalog „Überspannungsschutz"
  Hauptkatalog „Blitzschutz"
  Einzelkataloge
  – DEHNconductor-System – Näherungen kein Problem
  – Überspannungsschutz – Sicherheit für MSR-Technik
  – DEHNiso-Combi-System für getrennte Fangeinrichtungen
  – DEHNrecord NSQ
  – Überspannungsschutz – Auswahl leicht gemacht
  – DEHNventil
  – DEHNiso-Distanzhalter
  – Überspannungsschutz – Sicherheit für Datennetze

- Liebig
  Katalog „Schwerbefestigung", mit Selbsthinterschneidanker (Stahldübel) aus rostfreiem Stahl (WkSt.-Nr.: 1.4571), die für den nachträglichen Moniereisenanschluss (Erdungsanschluss und Schirmung) geeignet sind.
- OBO
  – Planungssoftware zum Erstellen von Überspannungsschutzkonzepten in TN-, TT- und IT-Netzsystemen
  – Produktübersichten, Schaltpläne, Stücklisten und technische Informationen zu Produkten
- Phoenix Contact
  Vollversion TRABTECH select V6.0/Clip Project V6.0
  Lizenzschlüssel 27adb a2868 78add
  TRABTECH select ist eine Software für die praxisgerechte und zeitsparende Projektierung von Überspannungsschutzkonzepten. Sie bietet schnelle Produktauswahl aus dem Katalog mit und ohne Beratungsfunktion. TRABTECH select basiert auf der Software Clip Project, dem Tragschienenkonfigurator von Phoenix Contact.
- Pröpster
  Gesamtkatalog „Äußerer Blitzschutz, Isolierter Blitzschutz, Erdungsmaterial, Innerer Blitzschutz"

Modale Hilfsverben

Um eine gute Übereinstimmung der Texte in den Normen zu erreichen, ist es notwendig, den Begriffsinhalt, mit dem bestimmte Verben in Normen zu verwenden sind, genau zu definieren. Damit werden gleichbedeutende Aussagen in jeder Sprachversion eindeutig getroffen, so dass Missverständnisse und uneinheitliche Übersetzungen vermieden werden. Die folgenden Begriffsdefinitionen sind DIN 820-2 „Normungsarbeit; Teil 2: Gestaltung von Normen": 1996-9; entnommen.

Sie sollten vom Prüfer auch in Prüfberichten, Gutachten und ähnlichen Berichten verwendet werden, selbst wenn sich damit mitunter sehr monotone Texte mit vielen Wortwiederholungen ergeben. Nur so sind eindeutige Aussagen möglich.

Nach Abschnitt C.4 DIN 820-2 müssen bestimmte Verben vermieden werden. In diesem Buch werden sie nur dann verwendet, wenn es sich um ein Zitat oder eine frühere Norm handelt. Das ist z. B. das Verb „sollen", das in der Umgangssprache eine Bedeutung zwischen den Begriffen „müssen" und „sollten" hat.

In den Tabellen der DIN 820-2 werden die ausgewählten Verben mit gleichbedeutenden Ausdrücken verglichen (siehe folgende Tabelle).

Hinweise zur Arbeit mit dem Buch

Verb	Gleichbedeutende Ausdrücke
muss	ist zu … Ist erforderlich … Es ist erforderlich, dass …
darf nicht	es ist nicht zulässig (erlaubt, gestattet) …
darf keine	es ist unzulässig. … (es ist nicht möglich) es ist nicht zu … es hat nicht zu …
sollte	ist nach Möglichkeit … es wird empfohlen ist in der Regel … ist im allgemeinen …
sollte nicht	ist nach Möglichkeit nicht … ist nicht zu empfehlen … ist in der Regel nicht ist im allgemeinen nicht ist nur ausnahmsweise
darf	ist zugelassen (erlaubt, gestattet) ist zulässig … auch …
braucht nicht … zu …	muss nicht ist nicht nötig es ist nicht erforderlich keine … nötig
kann	vermag (sich) eignen zu … es ist möglich, dass … lässt sich … in der Lage (sein), zu …
kann nicht	vermag nicht eignet sich nicht zu … es ist nicht möglich, dass … … lässt sich nicht …

Schnellübersicht
Zu allen diesen Stichwörtern finden Sie Erläuterungen im Buch

ABB - Allgemeine Blitzschutz Bestimmungen 15
ABB - Ausschuss für Blitzschutz und Blitzforschung 15
Abdichtungsleisten 15
Ableiter 15
Ableiter-Bemessungsspannung 16
Ableitung 16
Ableitung – getrennte 18
Ableitungen aus der Sicht der handwerklichen Ausführung 18
Ableitungen und die Mindestmaße 19
Ablufthaube 19
Abnahmeprüfung 19
Abschmelzung 19
Abspanneinrichtungen 19
AC 19
Alarmanlagen 19
Anerkannten Regeln der Technik 19
Anforderungsklassen 20
Anschlussfahne 20
Anschlussleiter 20
Anschlussstab 20
Ansprechwert und Ansprechspannung 20
Antennen 20
Äquivalente Erdungswiderstände 22
Äquivalente Fangfläche 22
Architekten 23
Attika 24
Aufzug 24
Ausblasöffnung 24
Ausbreitungswiderstand 25
Ausdehnungsstück 25
Ausgleichsströme 25
Auskragende Teile 25
Ausschmelzen von Blechen 26
Außenbeleuchtung 26
Äußere leitende Teile 27
Äußerer Blitzschutz 27
Äußerer Blitzschutz – getrennter 27
Äußerer Blitzschutz – nicht getrennter 27
Ausstülpung einer LPZ 27
AVBEltV 27

Balkongeländer und Sonnenblenden 28
Banderder 28
Baubegleitende Prüfung 28
Bauordnungen 28
Bauteile 29
Begrenzung von Überspannung 29
Beleuchtungsreklamen 29
Bemessungsspannung 29
Berechnung der Erdungsanlage 29
Berufsgenossenschaften 29
Berührungsspannung 29
Beschichtung mit Farbe oder PVC 29
Beseitigen von Mängeln 29
Besichtigen bei Prüfung 29
Bestandschutz 29
Bestandteile, natürliche 30
Bewehrung 30
Bezugserde 30
BGB 30
BGV A 2 30
Bildtechnische Anlagen 30
Bildübertragungsanlagen 30
Blechdicke 30
Blechkante 30
Blechverbindungen 30
BLIDS 31
Blitzableiter 31
Blitzdichte 31
Blitzeinschlag – direkter 31
Blitzeinschlag – indirekter 31
Blitzeinschläge – Häufigkeit 31
Blitzkugel 31
Blitzkugelverfahren 31
Blitzortungssystem 32
Blitzschutzzonenkonzept 33
Blitzstrom 34
Blitzstromableiter 34
Blitzprüfstrom 34
Blitzschutz 35
Blitzschutzanlage 35
Blitzschutzbauteile 35
Blitzschutzexperte 35
Blitzschutzfachkraft 36
Blitzschutzklasse 36
Blitzschutzmanagement 36

Blitzschutznormung 36
Blitzschutz-Potentialausgleich in explosionsgefährdeten Bereichen 36
Blitzschutz-Potentialausgleich in explosivstoffgefährdeten Bereichen 36
Blitzschutz-Potentialausgleich nach VDE V 0185 Teil 3 37
Blitzschutz-Potentialausgleich nach VDE V 0185 Teil 4 39
Blitzschutzsystem, Blitzschutzanlage oder auch Blitzschutz (LPS) 42
Blitzschutzzone (LPZ) 42
Blitzstoßstrom 43
Blitzstoßstromtragfähigkeit 43
Blitzstrom-Parameter 44
Blitzstrom-Parameter und seine Definitionen 44
Blitzstromverteilung 44
Blitzteilstrom 44
BN 45
Bodenwiderstände 45
BPA 45
BRC 45
Brandmeldeanlagen 45
Breitbandkabel 45
Brennbares Material 46
Brennbare Flüssigkeiten und explosionsgefährdete Bereiche 46
Brüstungskanäle 47
Bürgerliches Gesetzbuch 47

CBN 49
CD-ROM
CE-Kennzeichen 49
CECC 49
CEN 49
CENELEC 49
CF 49
Checkliste 49
Computer-Technik 50
Computernetzwerke 50

Dachaufbauten 51
Dachaufbauten auf Blechdächern 51
Dachausbau mit Metallständern 52

10

Stichwortübersicht

Dachflächen – große Dachflächen 52
Dachrinne 52
Dachrinnenheizung 52
Dachständer 52
Dachtrapezbleche 52
Dämpfung 52
Datenverarbeitungsanlagen 53
dB 54
DC 54
Dehnungsstücke 54
DF 55
Differenzstrom-Überwachungsgeräte RCM 55
Direkt-/Naheinschlag 55
Distanzhalter (Isoliertraverse) 55
Doppelboden 55
Drahtverarbeitung 57
Dreieinhalb-Leiter-Kabel 57
Durchgangsmessung 57
Durchhang der Blitzkugel 57
Durchschmelzungen 57
Durchverbundener Bewehrungsstahl 57

EDV Anlagen und -räume 58
Eigensichere Stromkreise in Ex-Anlagen 58
Einbruchmeldeanlage (EMA) 59
Eingangsbereich der Gebäude 59
Einschlaghäufigkeit 60
Einschlagpunkt 60
Einzelerder 60
Elektrische Feldkopplung 60
Elektroinstallationen 60
Elektromagnetischer Impuls des Blitzes 60
Elektromagnetische Verträglichkeit 60
Elektrostatische Aufladung 60
Elektrotechnische Regeln 61
ELV 61
EMI 61
EMV 61
EMVG 61
EMV-Planung 61
EMV-Umgebungsklasse 61
Endgeräteschutz 62
Energiefestigkeit 62
Energiewirtschaftsgesetz 62
Entflammbare Wände 63

Entkopplung 63
Entkopplungsdrossel 63
Erdblitz 64
Erdblitzdichte 64
Erde 64
Erdeinführung 64
Erder 66
Erder-Reparatur 66
Erder-Werkstoffe 66
Erder, Typ A 66
Erder, Typ B 67
Erdernetz 68
Erderspannung 68
Erdertiefe 68
Erdfreier örtlicher Potentialausgleich 68
Erdungsanlage 69
Erdungsanlage
 – Berechnung 69
Erdungsanlage – Größe 69
Erdungsanlage – Prüfung 69
Erdungsanlage auf Felsen 70
Erdungsbezugspunkt 71
Erdungsfestpunkt 71
Erdungsleiter 71
Erdungsleiter – paralleler (PEC) 71
Erdungsmessgerät 71
Erdungswiderstand 71
Ereignis – gefährliches 71
Erhöhungsfaktor 71
Errichter von Blitzschutzsystemen 71
ESD 72
ESE-Einrichtungen 72

Fangeinrichtung 73
Fangeinrichtung auf Isolierstützen 74
Fangeinrichtung gegen Seiteneinschläge 74
Fangeinrichtung und Wasseransammlung 75
Fangmasten 75
Fangspitzen 75
Fangstangen 76
FE 78
Feinschutz 78
FELV 79
Fernmeldeanlagen 79
Fernmeldekabel 79
Fernschreibanlagen 79
Fernsehanlagen 79
Fernsprechanlagen 79
Fernwärmeleitung 79
Fernwirkanlagen 79
Fertigbetonteile 79
Filterung 79

FI-Schutzschaltung 80
Flicker 80
Flussdiagramm 80
Folgeschäden 80
Fourier-Analyse 80
Frequenzumrichter 80
Fundamenterder 82
Fundamenterder und die handwerkliche Verlegung 82
Fundamenterder und Normen 82
Fundamenterderfahnen 85
Funkenstrecke 86

Galvanische Kopplung 87
Galvanische Trennung 87
Gasleitungen 87
Gebäudebeschreibung und Planungsunterlagen 87
Gebäudeschirmung 88
Gefährdungspegel 88
Gefahrenmeldeanlagen 88
Gefährliche Funkenbildung 90
Gegensprechanlagen 90
Geometrischen Anordnung 90
Geräteschutz 90
Gesamtableitstoßstrom 90
Gesamterdungswiderstand 90
Gesetz zur Beschleunigung fälliger Zahlungen 90
Getrennter Äußerer Blitzschutz 90
Gleitentladung 91
Grafische Symbole 91
Grobschutz 91
Großtechnische Anlagen 91
Grundfrequenz 91
Grundschwingungsanteil 91
Grundwellen-Klirrfaktor THD 91

Häufigkeit von Blitzeinschlägen neben der bauliche Anlage 94
Häufigkeit von Blitzeinschlägen neben eingeführter Versorgungsleitung 94
Häufigkeit von direkten Blitzeinschlägen in eingeführte Versorgungsleitung 94
Häufigkeit von direkten Blitzeinschlägen 94

Stichwortübersicht

Haupterdungsklemme,
   Haupterdungsschiene 94
Hauptpotentialausgleich 94
Hauptschutzleiter 95
Heizungsanlagen 95
HEMP 95
HF-Abschirmung 96
Hilfserder 96
Hindernisbefeuerungs-
   anlage 96
HPA 96
HVI®-Leitung 96

IBN 98
Impulsstrom 98
Induktionsschleife 98
Induktive Einkopplung 98
Informationsanlagen 98
Informationstechnik 98
Informationsverarbeitungs-
   einrichtungen 98
Innenhöfe 98
Innenliegende Rinnen 98
Innere Ableitung 98
Innerer Blitzschutz 99
Isolationskoordination 99
Isoliermaterial 99
Isolierte Ableitung 99
Isolierte Blitzschutz-
   anlage 99
Isolierte Fangeinrichtungen
   99
Isolierung des Standortes 99
IT-System 99

Kabel 100
Kabelkanäle 100
Kabelführung und Kabel-
   verlegung 100
Kabelkategorien 100
Kabellänge in Abhängigkeit
   des Schirmes 101
Kabelrinnen und Kabel-
   pritschen 101
Kabelschirm 104
Kabelschirm-
   behandlung 106
Kabelschirmung 106
Kabelschutz außerhalb der
   baulichen Anlage 106
Kabelstoßspannungsfestig-
   keit 106
Kabelverschraubungen
   (EMV) 106
Kehlblech 107
Kirche 107
Kläranlagen 108
Klassen 108

Klassische Nullung 108
Klimaanlagen 108
Koeffizient 108
Kombi-Ableiter (I) 108
Kombi-Ableiter (II) 108
Koordination der Überspan-
   nungsschutzgeräte 108
Kopplungen 109
Kopplungen bei Überspan-
   nungsschutzgeräten 111
Korrosion 111
Korrosion der Metalle 112
Krankenhäuser und Kliniken
   112
Kreuzerder 112

L– 113
L+ 113
Landwirtschaftliche
   Anlagen 113
Lautsprecheranlagen 113
Leckströme 113
Leitungsführung 113
Leitungsschirmung 113
LEMP 113
LEMP-Schutz-
   Management 114
LEMP-Schutz-System 115
Leuchtreklamen 115
Lichtwellenkabel 115
Literatur 115
LPS 117
LPZ 117
Lüftungsanlagen 117
LWL 117

Magnetfelder 118
Magnetische
   Feldkopplung 118
Mangel 118
Mangel-Beseitigung 118
Maschenerder 118
Maschenförmiger Potential-
   ausgleich 118
Maschenverfahren 118
Maschenweite 118
Maximaler Ableitstoß-
   strom 119
MDF 119
Mehrdrahtiger Leiter
   (H07V-K) 119
MESH-BN 119
Messen 119
Messgeräte und
   Prüfgeräte 119
Messstelle 124
Messungen
   – Erdungsanlage 126

Messungen
   – Netzqualität 136
Messungen
   – Potentialausgleich 136
Messungen
   – Temperatur 136
MET 136
Metalldach 136
Metalldachstuhl 136
Metallene
   Installationen 137
Metallfassade und
   Metalldach 137
Metallfolie 138
Metallkanäle 139
Metallschornstein 139
Mindestschirmquerschnitt
   für den Eigenschutz der
   Kabel und Leitungen 139
Mittelschutz 139
Mittlerer Radius 139
Mobilfunkanlagen und
   Antennen 139
Moderne Nullung 143
Mülldeponie 143

Naheinschlag 144
Näherungen 144
Näherungen aus Sicht
   der Architekten 148
Näherungen aus Sicht der
   Blitzschutzexperten 148
Näherungsformel 149
Natürliche Erder 158
Natürliche Gebäudebestand-
   teile für Ableitungen 158
Natürliche Gebäude-
   bestandteile für
   Fangeinrichtung 159
NEMP 159
Nennspannung 159
Nennstrom 159
Neutralleiter 159
Netzrückwirkungen 159
Netzsysteme 159
Neutralleiter 162
Nichtlineare Lasten 162
N-Leiter 162
Normen und Richtlinien 164
Notstromaggregat 171
N-PE-Ableiter 171
NT 171
Nullleiter 171
Nullung 171
Nutzungsänderung 171

Oberflächenerder 173
Oberschwingungen 173

Stichwortübersicht

Oberschwingungen und die zugehörigen Schutzmaßnahmen 174
Oberschwingungsspannungen 174
Oberschwingungsströme 174
Oberwellen-Klirrfaktor 175
Optokoppler 175

PA 176
Parkhäuser 176
PAS 176
Pausengang 176
PE 177
PE-Material 177
PEC 178
PE-Leiter 178
PELV 178
PEN-Leiter 178
Photovoltaikanlagen 178
Planer von Blitzschutzsystemen 179
Planungsprüfung 179
Potentialausgleich (PA) 179
Potentialausgleich Prüfung 179
Potentialausgleichsanlage – gemeinsame (CBN) 180
Potentialausgleichsanlage – getrennte (IBN) 180
Potentialausgleichsanlage – vermaschte (MESH-BN) 180
Potentialausgleichsanlage (BN) 181
Potentialausgleichsleiter 181
Potentialausgleichsleiter-Querschnitte 181
Potentialausgleichsnetzwerk 181
Potentialausgleichsschiene (PAS) 184
Potentialsteuerung 186
Potentialausgleichsbänder 187
Potentialausgleichsmatte 188
Probegrabung 188
Prüfbericht 188
Prüfer 189
Prüffristen 189
Prüfklasse der SPD 189
Prüfturnus für Wiederholungsprüfungen 189
Prüfung der Elektroinstallation 189

Prüfung der Planung 189
Prüfung der technischen Unterlagen 189
Prüfungsleitfaden 189
Prüfungsmaßnahmen 189
Prüfungsmaßnahmen – Besichtigen 190
Pylon 190

Querspannung 191

RAL 642 192
Raumschirm-Maßnahmen 192
RCD (FI-Schalter) 193
Rechtliche Bedeutung der DIN-VDE-Normen 193
Reduktionsfaktoren 193
Regeln der Technik 193
Regenfallrohre 193
Reusenschirme 193
Ringerder 193
Ringleiter 193
Rinnendehnungsausgleicher 194
Risikoabschätzung 194
Risikoanalyse 194
Rückkühlgeräte 194
Rückwirkungen 194
Rufanlagen 194
Rundfunkanlagen 194

Sachverständiger 195
Sammelschienensysteme 195
Schäden 196
Schadensfaktor 196
Schadensrisiko 196
Schadensrisiko – akzeptierbares 196
Schadenwahrscheinlichkeit 196
Schaltschrankaufbau 196
Schaltüberspannungen 197
Scheitelfaktor (crest factor) 197
Scheitelwert 197
Schirmanschlussklemmen 199
Schirmdämpfung 199
Schirmung 199
Schirmungsmaßnahmen 200
Schleifenbildung 202
Schnelle Nullung 202
Schornstein 202
Schrankenanlage 202
Schraubverbindung 202

Schritt- und Berührungsspannung 202
Schritt- und Berührungsspannung und die Schutzmaßnahmen 204
Schutzbedürftige bauliche Anlagen 204
Schutzbereich oder auch Schutzraum 205
Schutzerdung 207
Schutzfunkenstrecke 207
Schutzklasse 207
Schutzklassen-Ermittlung 208
Schutzklasse und die Wirksamkeit 211
Schutzleiter 211
Schutzleitungssystem 211
Schutz-Management 211
Schutzpegel 211
Schutzraum 212
Schutzwinkel und Schutzwinkelverfahren 212
Schweißverbindung 212
SE 212
Seitenblitzschlag 212
SELV 213
SEMP 213
SEP Prinzip
Sicherheitsabstand 213
Sicherheitstechnische Anlagen 213
Sicherungen 213
Sicherungsanlagen 213
Sichtprüfung 213
Signalanlagen 213
Sinnbilder für Blitzschutzbauteile 213
Software 213
Sondenmessung 213
Sonnenblenden 213
Spannungsfall 214
Spannungsfestigkeit 214
Spannungstrichter 214
Spannungswaage 214
SPD 214
Spezifischer Erdwiderstand 214
Spezifischer Oberflächenwiderstand 214
Sportanlagen 214
SRPP 215
Staberder 215
Stahlbewehrung 215
Stahldübel 215
Stand der Normung 216
Stand der Technik 217

13

Stichwortübersicht

Stand von Wissenschaft
  und Technik 217
Standortisolierung 217
Stehstoßspannung 217
Sternpunkt 217
Störfestigkeit 218
Störgrößen 218
Störpegel 218
Störphänomene 218
Störsenke 218
Stoßerdungswiderstand 219
Stoßspannungs-
  festigkeit 219
Strahlenerder 219
Strahlenförmiger Potential-
  ausgleich 219
Suchanlagen 219
Summenstromableiter 219
Systembezugspotential-
  ebene(SRPP) 219

TAB 220
Tankstellen 220
TE 220
Technische Anschluss-
  bedingungen (TAB) 220
Teilblitz 221
Teilblitzstrom 221
Telekommunikations-
  endeinrichtung 221
Telekommunikations-
  kabel 222
THD 222
Tiefenerder 222
TN-C-S-System 223
TN-C-System 223
TN-S-System 223
Tonanlagen 224
Traufblech 224
Trennfunkenstrecken 224
Trennstelle 225
Trenntransformatoren 225
Trennungsabstand 225
Tropfbleche 225
TT-System 225

Umgebungsfaktor 226
Umstellung eines TN-C(-S)-
  Systems auf ein TN-S-
  System 226
Unfallverhütungsvor-
  schriften 226
Unterdachanlage 227
USV-Anlagen 228

Überbrückung 229
Überbrückungsbauteil 229
Überspannungen 229

Überspannungsableiter
  (SPD) 229
Überspannungsableiter
  (SPD) Klasse II 229
Überspannungs-
  kategorien 230
Überspannungsschutz
  an Blitzschutzzonen
  (LPZ) 230
Überspannungsschutz an
  Transformatoren 233
Überspannungsschutz
  für die Informations-
  technik 233
Überspannungsschutz für
  die Telekommunikations-
  technik 233
Überspannungsschutz im
  IT-System 235
Überspannungsschutz im
  TN-C-, TN-C-S- und
  TN-S-System 236
Überspannungsschutz im
  TT-System 236
Überspannungsschutz
  nach dem RCD-Schalter
  (FI-Schalter) 238
Überspannungsschutz und
  die Praxis 238
Überspannungsschutz
  vor dem Zähler 247
Überspannungsschutz-
  gerät 248
Überspannungsschutz-
  Schutzeinrichtungen 248
Übertragungseinrich-
  tungen 248
Überwachungs-
  anlagen 248
Überwachungskamera 248
ÜSG 248

V-Ausführung 249
Vagabundierende
  Ströme 249
VBG 4 249
VDE 249
VdS 249
VdS 2010 249
Ventilableiter 250
Verbinder 250
Verbindungen 250
Verbindungsbauteil 250
Verdrillte Adern 250
Verkabelung und Leitungs-
  führung 250
Vermaschte Erdungs-
  anlage 250

Verteilungsnetzbetreiber
  (VNB) 250
Verträglichkeitspegel für
  Oberschwingungen 250
VOB 252
Vorschriften 252
Vorsicherungen 252

Wandanschlussprofil 254
Wasser auf dem Dach 254
Wasseraufbereitungs-
  anlage 254
Wechselanlagen 255
Weichdächer 255
Wenner Methode 255
Werkstoffe 255
Wiederholungsprüfung 255
Wirksamkeit eines Blitz-
  schutzsystems (E) 255
Wolke-Wolke-Blitz 255

Zeitabstände zwischen den
  Wiederholungsprüfun-
  gen 258
Zeitdienstanlagen
  (elektrische) 259
Zündspannung 259
Zusatzprüfung 260
Zusatzspannung 260
Zwischentransformator 260

A

ABB – Allgemeine Blitzschutzbestimmungen. Die 8. Auflage des Buches „Blitzschutz und Allgemeine Blitzschutzbestimmungen" ist im Jahr 1968 von dem damaligen Ausschuss für Blitzableiterbau ABB herausgegeben worden.

Im November 1982 wurde es durch die DIN VDE 0185-1 (VDE 0185 Teil 1): 1982-11 Blitzschutzanlage, Allgemeines für das Errichten und Teil 2: Errichten besonderer Anlagen ersetzt. Beide Normen wurden im November 2002 zurückgezogen.

Bestehende Anlagen, die bis Oktober 1984 nach ABB gebaut wurden, dürfen noch heute nach ABB überprüft und müssen nicht an die neuen Normen angepasst werden, vorausgesetzt, dass die geschützten Gebäude und Einrichtungen außen und innen nicht verändert wurden.

Seit 1984 wurden fast alle Gebäude umgebaut oder mit besserer, somit aber auch auf Überspannung empfindlicher reagierender Technik ausgestattet. Allein aus diesem Grund ist die Alternative, die Anlagen nach ABB zu überprüfen, in der Regel heute nicht zulässig und die Gebäude müssen den heutigen Normen angepasst werden.

ABB – Ausschuss für Blitzschutz und Blitzforschung. Der Ausschuss Blitzschutz und Blitzforschung befasst sich mit dem Schutz von Menschen sowie von Gebäuden und deren technischen Einrichtungen bei Blitzeinwirkungen.

Die Einhaltung der Elektromagnetischen Verträglichkeit (EMV) hat aufgrund der Einhaltung eines wirksamen Blitzschutzes der immer empfindlicher werdenden Elektronik an Bedeutung gewonnen. So stellt neben dem inzwischen weitgehend standardisierten „klassischen" Personen- und Gebäudeblitzschutz der Schutz informationstechnischer Geräte, Systeme und komplexer Anlagen einen Schwerpunkt in der Arbeit des ABB dar. Der Ausschuss hat einen Förderkreis, dem Einzelpersonen, Firmen, Organisationen und Behörden beitreten können.

Anschrift: Ausschuss Blitzschutz und Blitzforschung (ABB) des VDE, Stresemannallee 15, 60596 Frankfurt am Main, Telefon: 069/6308235, Telefax: 069/6312925, Internet: www.vde.com/abb, E-mail: ABB@VDE.com.

Abdichtungsleisten → Wandanschlussprofil

Ableiter → Überspannungsableiter (SPD). In der Umgangssprache (kein technischer Begriff) wird das Wort auch für → Ableitungen benutzt.

Ableiter-Bemessungsspannung U_C (maximale zulässige Betriebsspannung) ist der Effektivwert der max. Spannung, die betriebsmäßig an die dafür gekennzeichneten Anschlussklemmen des Überspannungs-Schutzgerätes angelegt werden darf. Sie ist diejenige maximale Spannung, die am Ableiter im definierten, nicht leitenden Zustand liegt und nach seinem Ansprechen das Wiederherstellen dieses Zustandes sicherstellt.

Der Wert von U_C richtet sich nach der Nennspannung des zu schützenden Systems sowie den Vorgaben der Errichter-Bestimmungen (DIN V VDE V 0100-534 (VDE V 0100 Teil 534):1999-4 [N11]) [L25].

Ableitung ist eine elektrisch leitende Verbindung zwischen der → Fangeinrichtung und der → Erde.

Die Abstände der Ableitungen und auch der → Ringleitungen untereinander sind nach der Vornorm DIN V 0185-3 (VDE V 0185 Teil 3):2002-11 [N23], Tabelle 5, (→ **Tabelle A1**) abhängig von der → Blitzschutzklasse.

Um das Auftreten von Schäden zu verringern, sind nach [N23], Absatz 4.3.1, die Ableitungen so installiert, dass vom Einschlagpunkt zur Erde
a) mehrere parallele Strompfade bestehen;
b) die Länge der Stromwege so kurz wie möglich gehalten wird;
c) Verbindungen zum → Potentialausgleich überall dort hergestellt werden, wo sie notwendig sind.

Die geometrische Anordnung der Ableitungen und → Ringleiter sowie die Verbindung der Ableitungen untereinander nahe der Erdoberfläche beeinflussen die → Sicherheitsabstände.

Die Ableitungen sollen möglichst an den Eck- und Knotenpunkten der vermaschten Fangeinrichtung installiert werden. In Abhängigkeit von den Schutzklassen betragen ihre Abstände bei der → Schutzklasse I und II 10 m, bei der Schutzklasse III 15 m und bei Schutzklasse IV 20 m → **Tabelle A1**.

Blitzschutzklasse	Typische Abstände in m
I	10
II	10
III	15
IV	20

Tabelle A1   *Typische Abstände der Ableitungen und Ringleiter in Abhängigkeit von den Schutzklassen*
Quelle: Vornorm DIN V 0185-3 (VDE V 0185 Teil 3): 2002-11 [N23], Tabelle 5

Bei baulichen Anlagen mit geschlossenen Innenhöfen sind ab 30 m Umfang des Innenhofes auch die Ableitungen in einem Abstand von Werten aus der **Tabelle A1** zu installieren, mindestens jedoch zwei Ableitungen sind vorgeschrieben.

Bauliche Anlagen mit einer Abmessung (Länge oder Breite), die größer viermal dem Ableitungsabstand ist, sollten nach DIN V VDE V 0185-3 (VDE V 0185 Teil 3):2002-11 [N23], HA 4, Abs. 2.2.1, mit zusätzlichen → inneren Ableitungen versehen werden. Das Rastermaß sollte ca. 40 m betragen. Andernfalls besteht die Gefahr von Näherungen. Diese Gefahr kann auch durch andere Maßnahmen, z. B. → isolierte Ableitung (→ HVI®-Leitung) oder getrennte Fangeinrichtung auf Isolierstützen umgangen werden.

Anmerkung: In der [N23] wird zwar – wie oben beschrieben – Länge **oder** Breite einer baulichen Anlage betrachtet, aber das Wort **oder** muss durch das Wort **und** ersetzt werden. Begründung: Schmale bauliche Anlagen, die zwar lang sind aber nicht so breit (z. B. nur 15 oder 20 m) brauchen keine inneren Ableitungen oder ähnliche Maßnahmen. Erst dann, wenn Länge und Breite der baulichen Anlage groß sind, sollen die oben beschriebenen Maßnahmen durchgeführt werden.

Die mit Fangstangen geschützten Anlagen müssen über mindestens eine Ableitung je → Fangstange mit der Erdungsanlage verbunden werden.

Kirchtürme bis zu 20 m Höhe benötigen nur eine Ableitung. Kirchtürme über 20 m Höhe müssen jedoch über zwei außen installierte Ableitungen verfügen ([N23], HA 2, Absatz 7.3). Nach [N23], Absatz 7.2, darf im Inneren des Turmes keine Ableitung installiert werden. Nach [N23], Absatz 4.2.4, HA 2, Abs. 7.5, muss die → Blitzschutzanlage des Kirchenschiffs auf kürzestem Wege mit einer Ableitung des Turmes verbunden werden. Bei der Installation von Ableitungen an Kirchtürmen müssen → Näherungen vermieden werden. Es ist daher sorgfältig zu überlegen, wo diese montiert werden sollen. Im Notfall müssen durch Ableitungen gefährdete Installationen verlegt oder andere Maßnahmen durchgeführt werden, wie z. B. unter den Stichworten → HVI®-Leitung oder → PE-Material beschrieben.

Anordnung der Ableitungen bei getrenntem Äußeren Blitzschutz

Wenn es sich um einen getrennten Äußeren Blitzschutz handelt, kommen nach [N23], Absatz 4.3.2, folgende Ausführungen zur Anwendung:
a) Besteht die Fangeinrichtung aus mehreren nicht verbundenen Fangstangen oder Masten, dann ist für jede → Fangstange oder jeden Mast wenigstens eine Ableitung erforderlich. Wenn die Stahlmasten mit → durchverbundenem Bewehrungsstahl verbunden sind, benötigen sie keine zusätzlichen Ableitungen.
b) Besteht die Fangeinrichtung aus gespannten Drähten oder Seilen (oder einer Leitung), ist für jedes Leitungsende wenigstens eine Ableitung erforderlich.
c) Falls die Fangeinrichtung ein vermaschtes Leitungsnetz enthält, ist mindestens eine Ableitung an jedem Leitungsende notwendig, an dem die Leiter befestigt sind.

Anordnung der Ableitungen bei nicht getrennten Blitzschutzsystemen ([N23], Absatz 4.3.3)
a) Besteht die Fangeinrichtung aus einer → Fangstange, ist mindestens eine Ableitung erforderlich.
b) Besteht die → Fangeinrichtung aus mehreren nicht verbundenen Fangstangen, dann ist für jede Fangstange wenigstens eine Ableitung notwendig.

Ableitungen – getrennte

c) Besteht die Fangeinrichtung aus gespannten Drähten oder Seilen (oder einer Leitung), ist für jedes Leitungsende wenigstens eine Ableitung erforderlich.
d) Falls die Fangeinrichtung ein vermaschtes Leitungsnetz enthält, sind Ableitungen, gleichmäßig auf den Umfang der baulichen Anlage verteilt, notwendig.

Ableitungen – getrennte → Ableitung

Ableitungen aus der Sicht der handwerklichen Ausführung.
Die → Ableitungen sind gerade und senkrecht zu verlegen, sodass sie die kürzeste Verbindung zwischen der → Fangeinrichtung und der → Erdungsanlage darstellen. Nicht immer ist das einfach realisierbar. Zum Beispiel muss bei überhängendem Dach, oder bei anderen Ausbuchtungen die → Schleifenbildung vermieden werden, → **Bild A1**. Die „Eigennäherung" muss auch nach der → Näherungsformel beurteilt werden.

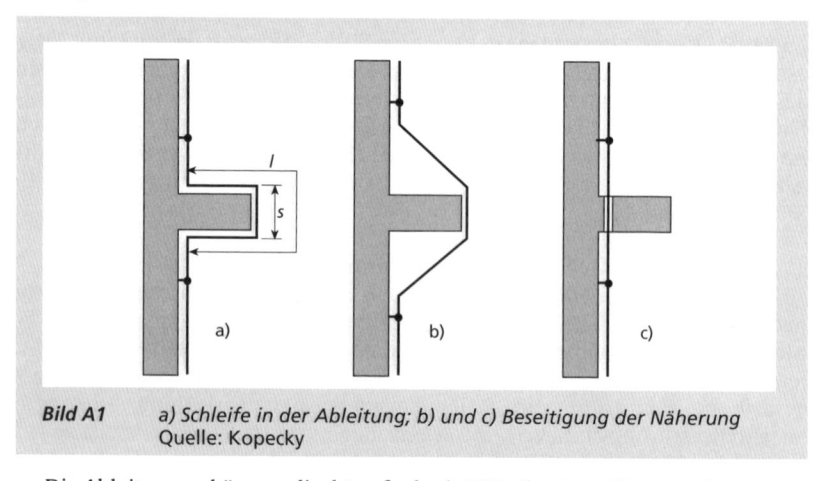

Bild A1   a) Schleife in der Ableitung; b) und c) Beseitigung der Näherung
Quelle: Kopecky

Die Ableitungen können direkt auf oder in Wänden installiert werden, wenn die Wände aus nicht → brennbarem Material bestehen und das Ableitungsmaterial dies erlaubt. Nach DIN V VDE V 0185-3 (VDE V 0185 Teil 3):2002-11 [N23], HA 4, Abs. 4.2, darf Aluminium nicht unmittelbar (ohne Abstand) auf, im oder unter Putz, Mörtel oder Beton sowie nicht im Erdreich verlegt werden. Die Befestigung der Ableitungen hat nach der früheren DIN 48 803 im gleichmäßigen Abstand von 1,2 m und nach dem → RAL-Pflichtenheft [L14] im Abstand von 0,8 bis 1,0 m zu erfolgen. Die Abstände sind sowohl für die Befestigung auf → Regenfallrohren, aber auch für die Befestigung an der Wand gültig. Für eine ganz präzise Arbeit benutzt man einen Zollstock; der Monteur weiß aber auch, dass z. B. drei Bohrmaschinenlängen ohne Bohrer (vom Typ abhängig) genau einen Meter betragen. Die Befestigung wird auf einer vorher mit der Schlagschnur markierten Linie ausgeführt. Nicht immer ist die Benutzung der Schlagschnur machbar, z. B. bei heftigem Wind. Befindet sich die Installation in oder an einer

Ecke, benutzt man den Abstand von der Ecke als Richtwert, vorausgesetzt die Wand ist lotrecht. Eine andere Alternative ist, die Ableitung zuerst oben zu befestigen. Monteure mit längeren Erfahrungen benutzen dann die Ableitung selbst als Lotstellen für die Befestigungen. Die Ableitungen sollten in einem Stück montiert werden, da jede Verbindungsstelle nach ein paar Jahren zur Problemstelle werden kann; vor allem auch deshalb, weil sie später schwer zugänglich ist. Aus Montagegründen kann aber z. B. bei einem Kirchturm die Ableitung nicht in der gesamten Länge installiert werden. Es empfiehlt sich hier daher die Installation der Verbindungsklemme in der Nähe einer leicht zugänglichen Stelle. Die Erfahrungen zeigen, dass die 4-Schrauben-Muffen nach mehreren Jahren erhöhte Durchgangswiderstände oder auch Unterbrechungen verursachen.

Ableitungen und ihre Mindestmaße → Tabelle W1 bei → Werkstoffe

Ablufthaube → Dachaufbauten

Abnahmeprüfung ist eine → Prüfung nach Fertigstellung der kontrollierten Anlage. Bei dieser Prüfung werden die Einhaltung der normgerechten Schutzkonzeption und die handwerkliche Ausführung kontrolliert. Die Kontrollen beinhalten alle unter dem Stichwort → Prüfmaßnahmen hier im Buch beschriebenen Aktivitäten. Alle diese Maßnahmen sind auch in DIN V VDE V 0185-3 (VDE V 0185 Teil 3):2002-11 [N23], HA 3, Abs. 4 festgehalten.

Abschmelzung → Ausschmelzen von Blechen

Abspanneinrichtungen von → Schornsteinen, → Antennen und ähnlichen Einrichtungen müssen unten geerdet werden. Gleiche Abspanneinrichtungen, die nur auf dem Dach sind, müssen mit der → Fangeinrichtung bzw. jene, die die die Erdebene erreichen mit der → Erdungsanlage, verbunden werden. Wenn der Schornstein etc. mit einer Abspanneinrichtung durch eine → HVI®-Leitung geschützt ist, muss diese Maßnahme auf die HVI®-Leitung angepasst werden und die Abspanneinrichtungen dürfen nicht auf dem Dach mit der Fangeinrichtung verbunden werden.

AC [alternating current] Wechselstrom

Alarmanlagen → Gefahrenmeldeanlagen, → Datenverarbeitungsanlagen.

Anerkannte Regeln der Technik. Dieser Begriff umfasst nach der Definition des Bundesverfassungsgerichtes alle technischen Festlegungen, die von einer Mehrheit repräsentativer Fachleute als Wiedergabe des → Standes der Technik angesehen werden, in Zusammenarbeit oder Konsensverfahren verabschiedet wurden und von den Praktikern allgemein angewendet werden (→ **Tabelle S8**).

Die Europäischen Normen EN und die DIN-VDE-Normen (→ Normen) gelten als → anerkannte Regeln der Technik.

Anforderungsklassen

Anforderungsklassen der → Überspannungsschutzgeräte (SPDs) sind in der **Tabelle Ü1** unter dem Stichwort → Überspannungs-Schutzeinrichtungen enthalten und werden in diesem Buch als Klassen bezeichnet.

Anschlussfahne → Erdeinführungen, → Fundamenterderfahnen

Anschlussleiter ist ein Leiter, der mit den Bewehrungsstäben (→ Bewehrung) im Stahlbeton eines Gebäudes verbunden und zum Anschluss des Potentialausgleichs innerhalb der baulichen Anlage bestimmt ist. Mit der Verbindung zur Bewehrung werden die eingeführten Ströme auf die Bewehrung verteilt.

Anschlussstab ist ein gewöhnlicher Stahlstab, der mit weiteren Bewehrungsstäben (→ Bewehrung) im Stahlbeton der baulichen Anlage verbunden ist. An den Anschlussstab können Anschlussstellen, Erdungsfestpunkte und Verbindungsleiter für den → äußeren und inneren Blitzschutz angeschweißt oder angeklemmt werden.

Ansprechwert und Ansprechspannung → Zündspannung

Antennen. Mit dem Begriff Antennen sind folgende Antennen aus DIN EN 50083-1 (VDE 0855 Teil 1):1994-03 [EN2] und DIN 57855-2 (VDE 0855 Teil 2): 1975-11[N38] gemeint:
- Gemeinschaftsantennen-Anlagen (GA-Anlagen)
- Einzelempfangsantennen-Anlagen (EA-Anlagen).

Für Mobilfunkantennen gilt DIN VDE 855-300 (VDE 0855 Teil 300):2002-07 [N39].

Die o. g. Antennenanlagen müssen nach [EN2], Abschnitt 10.1.1, mit den Gebäudeblitzschutzanlagen verbunden sein. Ebenso sind die Außenleiter aller Koaxialantennen-Niederführungskabel über einen Potentialausgleichsleiter mit einem Mindestquerschnitt von 4 mm^2 Kupfer mit dem Mast zu verbinden.

Bei Gebäuden ohne → Blitzschutzanlage [EN2], Abschnitte 10.1.2 und 10.2, wird gefordert, dass Mast und Außenleiter der Koaxialkabel auf kürzestmöglichem Weg über Erdungsleiter mit der Erde verbunden werden. Nach [EN2], Abschnitt 10.2.2, sind als → Erdungsanlagen für Antennen zulässig:
- → Fundamenterder,
- → Staberder von 2,5 m Länge,
- zwei horizontale Erder von mindestens 5 m Länge, die mindestens 0,5 m tief liegen und 1 m vom Fundament entfernt sind.

Der Erdungsleiter für die Erdung muss nach [EN2], Abschnitt 10.2.3, aus Einzelmassivdraht mit einem Mindestquerschnitt von 16 mm^2 Kupfer, isoliert oder blank, oder aus 25 mm^2 Aluminium isoliert oder 50 mm^2 aus Stahl bestehen.

Diese Schutzmaßnahmen können in folgenden Fällen entfallen ([EN2], Abschnitt 10):
- wenn die Außenantennen mit dem obersten Teil mehr als 2 m unterhalb der Dachkante und weniger als 1,5 m vom Gebäude entfernt installiert sind,
- bei Antennenanlagen, die sich innerhalb des Gebäudes befinden.

Antennen

Gerade bei Installationen von Antennen gibt es häufig grobe Verstöße gegen gültige Normen, da sie sehr oft von Privatleuten angebracht und dann nur selten geerdet werden. Aber auch Fachbetriebe begehen diesen Fehler leider mitunter.

Die Norm [EN2], Abschnitt 10, muss um die Gefahr der → Näherungen erweitert werden, da man Antennen oft unterhalb der Dachhaut unmittelbar in der Nähe von → Fangleitungen, an der Wand direkt neben → Ableitungen oder leitfähigen → Regenfallrohren findet. Auch in diesem Fall müssen die Antennen geerdet und mit den „benachbarten" Teilen aus Näherungsgründen verbunden werden.

Bei Antennen mit langen Masten darf man nicht vergessen, auch die Anker zu erden.

In [EN3], Abschnitt 10, sowie Bilder 8 und 11, sind Beispiele der Blitz- und Überspannungsschutzmaßnahmen dargestellt.

In der Vornorm DIN V 0185-3 (VDE V 0185 Teil 3):2002-11 [N23], Bild 32 (→ **Bild A2**) findet sich das Beispiel eines Blitzschutzsystems einer baulichen Anlage mit Fernsehantennen, deren Mast als Fangstange benutzt wird.

Die Darstellung in der Vornorm ist so nicht ideal und könnte zu falschen Installationen führen. Deshalb erfolgt hier für den Leser eine Beschreibung einer richtigen Schutzmaßnahme.

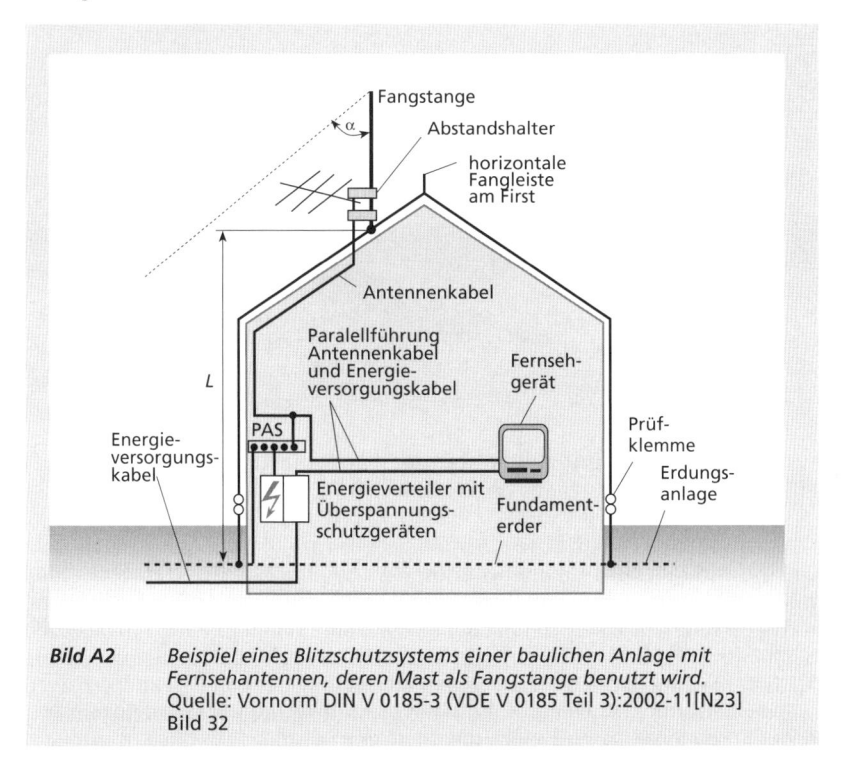

Bild A2 *Beispiel eines Blitzschutzsystems einer baulichen Anlage mit Fernsehantennen, deren Mast als Fangstange benutzt wird. Quelle: Vornorm DIN V 0185-3 (VDE V 0185 Teil 3):2002-11[N23] Bild 32*

Äquivalente Erdungswiderstände

Der Mast der Fernsehantenne ist häufig tief im Speicher verankert und überragt die Fernsehantenne oft nur geringfügig. Das bedeutet, dass mit der Ankerung im Speicher Näherungen verursacht werden und die Höhe des Mastes nicht immer einen ausreichenden Schutzbereich für die Antenne gewährleistet. Aus diesem Grund ist es besser, die Antenne auf dem Mast zu belassen und am Mast die → Isoliertraversen, auch als → Distanzhalter bekannt, zu installieren. An ihnen wird dann die getrennte Fangstange, wie auf dem **Bild A3** zu sehen, befestigt. Somit können die Fernsehantenne oder auch andere Antennen von keinem direkten Blitzschlag getroffen werden.

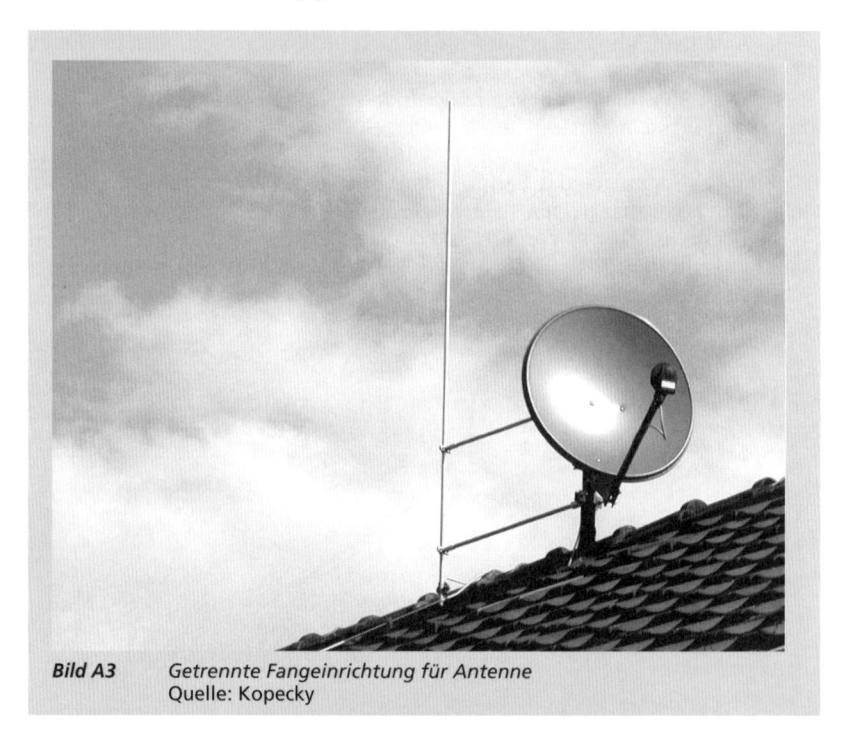

Bild A3 *Getrennte Fangeinrichtung für Antenne*
Quelle: Kopecky

Äquivalente Erdungswiderstände Z_U und Z_E in Abhängigkeit des → spezifischen Bodenwiderstandes siehe **Tabelle A2**.

Äquivalente Fangfläche einer freistehenden baulichen Anlage ist die Fläche, die ermittelt wird aus den Schnittlinien der Grundfläche und einer Geraden mit der Neigung 1 : 3, welche die Oberkanten der baulichen Anlage berührt und um diese rotiert. Die Berechnung der äquivalenten Fangfläche ist zum besseren Verständnis auf **Bild A4** dargestellt. Man geht davon aus, dass die berechnete äquivalente Fangfläche die gleiche jährliche Häufigkeit von Direkteinschlägen wie die bauliche Anlage hat, was auf die Ermittlung der Blitzschutzklasse Einfluss hat. Weiteres → Umgebungsfaktor C_d und → Schutzklassen-Ermittlung.

ρ in Ωm	Z_u in Ω	Äquivalenter Erdungswiderstand Z_E in Ω für die Schutzklassen		
		I	II	III, IV
≤100	8	4	4	4
200	13	6	6	6
500	16	10	10	10
1000	22	10	15	20
2000	28	10	15	40
3000	35	10	15	60

Tabelle A2 Äquivalente Erdungswiderstände Z_U und Z_E in Abhängigkeit des spezifischen Bodenwiderstandes.
Anmerkung: Die in der Tabelle genannten Werte verstehen sich als der Stoßerdungswiderstand einer in Erde verlegten Leitung unter Impulsbelastung (10/350 µs)
Quelle: Vornorm DIN V 0185-3 (VDE V 0185 Teil 3): 2002-11 [N23] Anhang B (normativ) Tabelle B.1

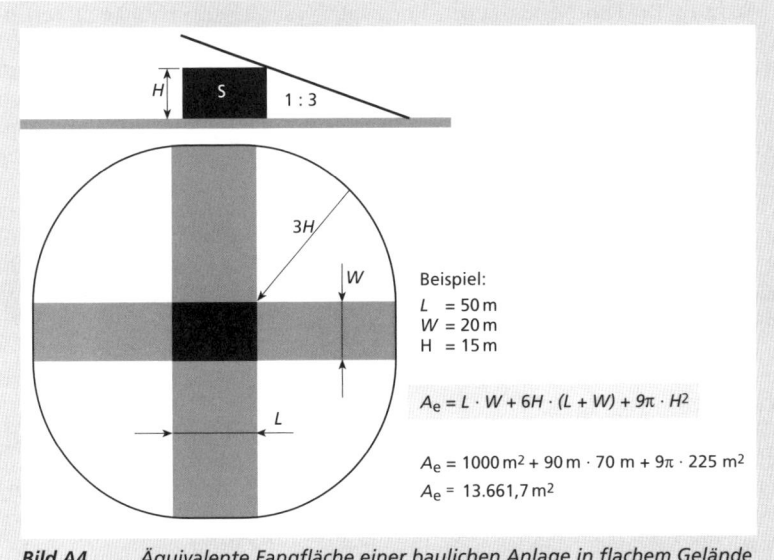

Beispiel:
$L = 50\,m$
$W = 20\,m$
$H = 15\,m$

$A_e = L \cdot W + 6H \cdot (L + W) + 9\pi \cdot H^2$

$A_e = 1000\,m^2 + 90\,m \cdot 70\,m + 9\pi \cdot 225\,m^2$
$A_e = 13.661{,}7\,m^2$

Bild A4 Äquivalente Fangfläche einer baulichen Anlage in flachem Gelände
Quelle: Vornorm DIN V 0185-2 (VDE V 0185 Teil 2):2002-11[N22], Bild A.1

Architekten und Ingenieurbüros sind dafür verantwortlich, schon in der Planungsphase zukünftige EMV- und Blitzschutzmaßnahmen richtig festzulegen. Die Planung der EMV- und Blitzschutzmaßnahmen erfordert großes Spezialwissen und üblicherweise werden Architekten → Blitzschutzexperten mit diesen fundierten Kenntnissen beauftragen. Für einen fehlerfreien, technisch und wirtschaftlich optimierten Entwurf eines → LEMP-Schutz-Systems wird

Attika

ein LEMP-Schutz-Management benötigt. Der geplante LEMP-Schutz sollte gemeinsam mit dem Entwurf der → LPS durchgeführt werden.

Ohne Heranziehen eines → Blitzschutzexperten durch ein Architekten- oder Ingenieurbüro können bei einer nicht ausreichenden Kenntnis grobe Fehler verursacht werden, die dann nachträglich größere finanzielle Ausgaben erfordern.

Für Architekten- und Ingenieurbüros sind folgende Stichwörter in diesem Buch wichtig: → Unfallverhütungsvorschriften, → Spezifischer Erdwiderstand, → Erdungsanlagen, → Potentialausgleich, → Eingangsbereiche, → Schrittspannung, → Berührungsspannung → Dachaufbauten, → Näherungen, → Netzsysteme und hauptsächlich das → LEMP-Schutz-Management.

Attika. Leitende Attiken sind → „natürliche" Bestandteile von Bauwerken und können als → Fangeinrichtungen verwendet werden, vorausgesetzt das Material entspricht den Mindestdicken und die Verbindungsstellen zwischen den Abschnitten verfügen über leitende → Überbrückungen oder eine gute, dauerhafte Verbindung. Weiteres → Ausschmelzen von Blechen.

Aufzug. Die Führungsschienen eines Aufzuges müssen, unabhängig von einer Blitzschutzanlage, nach DIN VDE 0100-410 (VDE 0100 Teil 410):1997-01 [N1] Abschnitt 413.1.2.1 und dort, wo sich eine Blitzschutzanlage befindet, nach Vornorm DIN V 0185-3 (VDE V 0185 Teil 3):2002-11[N23], Abschnitt 5.2.2 unten im Schacht mit dem → Potentialausgleich (PA) oder → Blitzschutzpotentialausgleich (BPA) verbunden sein. Die Führungsschienen müssen außerdem oben über bewegliche Leitungen mit dem Maschinenrahmen verbunden sein.

Bei → Prüfungen der → Blitzschutzanlagen entdeckt man oft Verbindungen nach außen zum → äußeren Blitzschutz oder abgeschnittene alte Drähte dieser Verbindungen. Falls der Draht abgeschnitten ist, so muss dieser auch außen abgeschnitten werden, da es sonst weiterhin bei einem zu kleinen → Trennungsabstand zum Überschlag kommen kann.

Die Aufzugsaufbauten bestehen zumeist auch – wie der Aufzugsschacht – aus Stahlbeton. Bei ordnungsgemäßer Ausführung sind dann die inneren Einrichtungen durch die → Näherungen nicht gefährdet.

In Aufzugsräumen hat man aber auch z.B. in unmittelbarer Nähe von Aufzugsmotoren leitfähige Entlüftungsrohre aus FeZn-Material entdeckt, die auf dem Dach direkt mit der → Fangeinrichtung verbunden waren. Das darf natürlich nicht sein!

Ausblasöffnung. → Überspannungsschutzgeräte (SPD) der Klasse I früherer Herstellung mit ausblasbaren Funkenstrecken müssen laut Einbauweisung der Hersteller so installiert werden, dass sich im Ausblasbereich der SPD keine spannungsführenden, blanken Teile befinden. Beim Ansprechen der SPD wird aus der Ausblasöffnung Feuer geblasen und die so ionisierte Luft kann einen Kurzschluss bei blanken spannungsführenden Teilen verursachen. Ältere Typen verfügen über einen Ausblasbereich nur nach unten; die später entwickelten Modelle besitzen einen Ausblasbereich in alle Richtungen, meistens bis 150 mm.

Ausbreitungswiderstand ist der Widerstand einer Erde zwischen dem → Erder und der → Bezugserde in stromlosem Zustand.

Ausdehnungsstück ist ein Verbindungsteil zum Ausgleich von temperaturbedingten Längenänderungen von Leitern und metallenen Installationen.

Ausgleichsströme entstehen zwischen zwei Einrichtungen oder baulichen Anlagen, die nicht auf dem gleichem → Potentialausgleich oder den gleichen → Erdungsanlagen liegen. Die Potentialunterschiede werden durch die Energieversorgung EMV-ungeeigneter → Netzsysteme, durch → Sternpunktverschiebung, → Netzrückwirkungen, aber hauptsächlich durch die → Kopplungsarten bei einem → Blitzeinschlag verursacht.

Die Ausgleichsströme, die über die → Kabelschirme, Energie- und Telekommunikationskabel ohne Kabelschirme oder andere leitfähige Einrichtungen fließen, verursachen Schaden, neue → magnetische Felder und damit EMV-Störungen.

Abhilfe schaffen → vermaschte Erdungsanlage, → Potentialausgleichsnetzwerk (kein → sternförmiger Potentialausgleich), EMV-geeignetes → TN-S-System und zusätzliche Maßnahmen, die unter dem Stichwort → Netzsysteme beschrieben sind.

Die Praxis zeigt, dass die „Überspannungsschäden" häufig durch Ausgleichsströme verursacht werden.

Auskragende Teile eines Gebäudes, z. B. → Eingangsbereiche der Gebäude, können bei einem Blitzschlag dort befindliche Personen gefährden, falls der → Trennungsabstand s zwischen den auskragenden Teilen und den dort stehenden Personen nicht eingehalten wird. **Bild A5** zeigt, dass die Höhe einer Person mit erhobener Hand 2,5 m beträgt. Der Elektroplaner muss jedoch zusätzlich berücksichtigen, dass z. B. bei einer Sporthalle, in der auch Basketballspieler sind, für die Berechnung größere Personen angenommen werden müssen. Der Trennungsabstand wird wie nachfolgend berechnet.

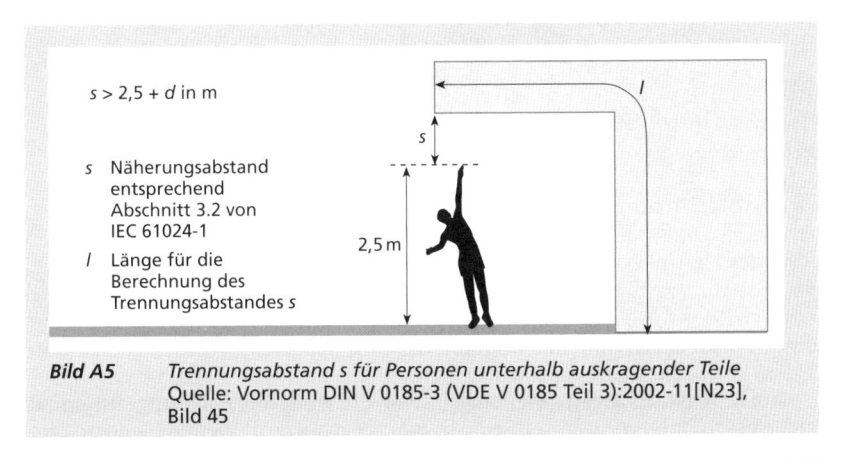

$s > 2,5 + d$ in m

s Näherungsabstand entsprechend Abschnitt 3.2 von IEC 61024-1

l Länge für die Berechnung des Trennungsabstandes s

2,5 m

Bild A5   Trennungsabstand s für Personen unterhalb auskragender Teile
Quelle: Vornorm DIN V 0185-3 (VDE V 0185 Teil 3):2002-11[N23], Bild 45

Ausschmelzen von Blechen

Ausschmelzen von Blechen. Hinsichtlich der Nutzung der → „natürlichen" Bestandteile der → Blitzschutzanlage befand sich in der alten zurückgezogenen Norm [N27] [N28] kein Hinweis auf mögliche Ausschmelzungen des benutzten Materials. Die Vornorm DIN V 0185-3 (VDE V 0185 Teil 3):2002-11 [N23] Tabelle 4 wie auch das → RAL-Pflichtenheft [L14] legen jedoch Mindestdicken von Metallblechen und Metallrohren in → Fangeinrichtungen ohne Gefahr der Ausschmelzungsdurchdringung fest (**Tabelle A3**).

Schutzklasse	Werkstoff	Dicke t^a in mm	Dicke t'^b in mm
I bis IV	Fe	4	0,5
	Cu	5	0,5
	Al/Niro	7	0,7

[a] t im Hinblick auf Durchlöchern, Überhitzung und Entzündung.
[b] t' nur für Metallbleche, wenn Durchlöchern, Überhitzung und Abschmelzen zulässig sind.

Tabelle A3 *Mindestdicke von Metallblechen oder Metallrohren in Fangeinrichtungen*
Anmerkung: Andere Materialien sind in Bearbeitung
Quelle: Vornorm DIN V 0185-3 (VDE V 0185 Teil 3):2002-11[N23], Tabelle 4

Diese Mindestdicken sind notwendig, wenn Durchschmelzungen, unzulässige Erhitzung am Einschlagpunkt oder Entzündung von brennbarem Material unter der Verkleidung nicht erlaubt sind (**Bild A6**, [N28], Abschnitt 2.1.3).

Der Errichter der Blitzschutzanlage ist verpflichtet, auf die Gefahr der Ausschmelzungen bei einem Blitzschlag hinzuweisen, wenn die Bleche, die durchlöchert, überhitzt und entzündet werden können, nicht mit einer Fangeinrichtung (**Bild A6**) geschützt sind.

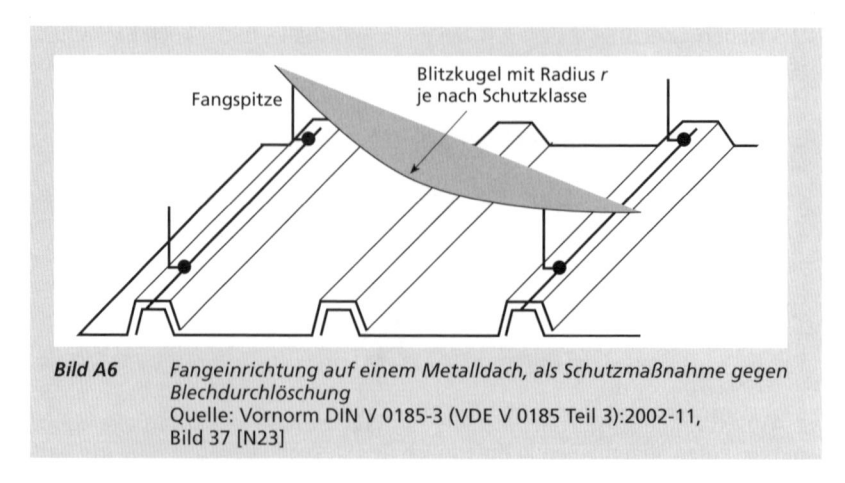

Bild A6 *Fangeinrichtung auf einem Metalldach, als Schutzmaßnahme gegen Blechdurchlöschung*
Quelle: Vornorm DIN V 0185-3 (VDE V 0185 Teil 3):2002-11, Bild 37 [N23]

Außenbeleuchtung. Vielleicht ist es die Außenbeleuchtung außerhalb einer geschützten Anlage selbst nicht wert geschützt zu werden, jedoch kann deren Verkabelung die Blitz- oder Überspannungsenergie in die geschützte Anlage in umgekehrter Stromrichtung verschleppen. Aus diesem Grund müssen die Austrittsstelle wie auch die Eintrittsstelle in den → Blitzschutzpotentialausgleich mittels Überspannungsschutzgeräten der Klasse I einbezogen werden.

Äußere leitende Teile sind alle leitenden Teile, die in geschützte bauliche Anlagen eingeführt werden oder diese verlassen. Das können z. B. → Rohrleitungen, → Metallkanäle, → Kabelschirme, leitfähige Konstruktionen und andere Einrichtungen sein, die einen → Teilblitz führen können.

Äußerer Blitzschutz besteht aus → Fangeinrichtung, → Ableitungseinrichtung und → Erdungsanlage ([N23], HA 1 Abschnitt 3.2).

Äußerer Blitzschutz – getrennter. Die Fangeinrichtung und Ableitungen sind beim getrennten Äußeren Blitzschutz so verlegt, dass der Blitzstrom nicht in Berührung mit der zu schützenden baulichen Anlage kommt.

Äußerer Blitzschutz – nicht getrennter. Die Fangeinrichtung und die Ableitungen sind direkt an der geschützten baulichen Anlage verlegt.

Ausstülpung einer LPZ. Bei der Planung und Ausführung der → Blitzschutzzonen (LPZ) ist es oft nötig, eine Ausstülpung der LPZ, z. B. beim Einspeisungskabel des Transformators, in der baulichen Anlage vorzusehen (→ **Bild A7**). Damit lassen sich die → Überspannungsschutzmaßnahmen auf der Sekundärseite des Transformators gut realisieren.

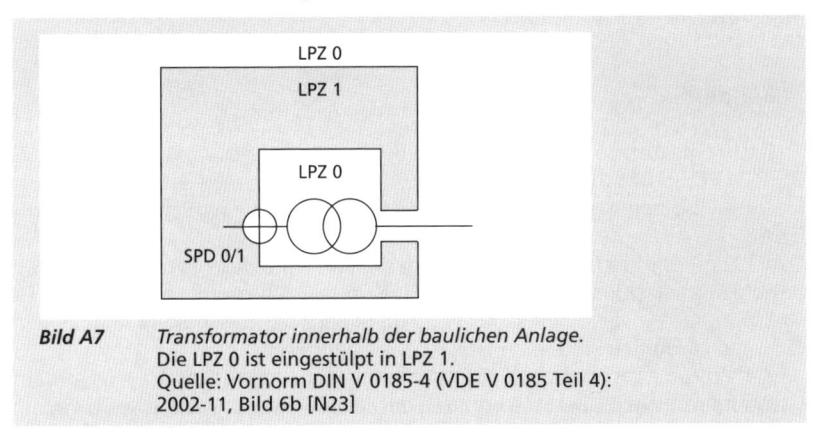

Bild A7   *Transformator innerhalb der baulichen Anlage.*
Die LPZ 0 ist eingestülpt in LPZ 1.
Quelle: Vornorm DIN V 0185-4 (VDE V 0185 Teil 4): 2002-11, Bild 6b [N23]

AVBEltV. Alle Stromabnehmer, die Tarifkunden der Elektrizitätsversorgung, sind nach den allgemeinen Bedingungen der Elektrizitätsversorgung für Tarifkunden AVBEltV vom 21.6.1979 (BGBl. I R 684) verpflichtet, eine eigene Anlage nur nach den → anerkannten Regeln der Technik zu errichten, zu erweitern, zu ändern und zu unterhalten.

B

Balkongeländer und Sonnenblenden müssen mit den → Ableitungen der → Äußeren Blitzschutzanlage nicht verbunden werden, wenn sie im → Schutzbereich sind und einen größeren Abstand als den → Trennungsabstand s von den Ableitungen oder anderen leitfähigen Teilen haben, die mit der → Fangeinrichtung verbunden sind.

Wenn das nicht der Fall ist, müssen sie mit den Ableitungen oder anderen leitfähigen Teilen verbunden werden.

Der vorhandene Abstand ist nach der → Näherungsformel zu beurteilen. Bei Geländern und Sonnenblenden muss die Verbindung zwischen metallenem Geländer, Sonnenblenden und → Ableitungen bei allen → Näherungen durchgeführt werden! Nach Vornorm DIN V 0185-3 (VDE V 0185 Teil 3):2002-11 [N23], HA 1, Abschnitt 4.2.3, müssen bei Gebäuden über 60 m Höhe zum Schutz gegen seitliche Einschläge an den letzten 20 % der Gebäudehöhe senkrechte und waagerechte Fangleitungen (→ Ringleiter und → Fangeinrichtung) vorhanden sein. Die Balkongeländer müssen dann in dieses Fangsystem einbezogen werden, auch wenn sie nicht in der Nähe von Ableitungen sind. Nach Vornorm [N23], HA 1, Abschnitt 4.2.3, beträgt der Abstand zwischen Ringleiter (alternativ Balkongeländer als Ringleiter) und Ableitungen bei den → Blitzschutzklassen I und II 10 m, bei Klasse III 15 m und bei Klasse IV 20 m.

Banderder → Oberflächenerder

Baubegleitende Prüfung. Mit dieser → Prüfung nach Vornorm DIN V 0185-3 (VDE V 0185 Teil 3):2002-11 [N23], HA 3, Abschnitt 3.2, werden die Teile des → Blitzschutzsystems, die später nicht mehr zugänglich sind, kontrolliert.

Dabei handelt es sich hauptsächlich um die Kontrolle der → Fundamenterder, Bewehrungsanschlüsse, → Erdungsanlage und → Schirmungsmaßnahmen. Es ist zu empfehlen, diese Teile, die später nicht oder nur mit großem finanziellen Aufwand erkennbar sind, mit Fotos zu dokumentieren.

Zur Prüfung gehören auch die Durchsicht der technischen Unterlagen auf Vollständigkeit und Übereinstimmung mit den Normen sowie die Besichtigung der Anlage.

Die baubegleitende Prüfung kann auch für größere Überspannungsschutzmaßnahmen empfohlen werden, weil damit erfahrungsgemäß Fehler verhindert werden können.

Bauordnungen → Schutzbedürftige bauliche Anlagen

Bauteile. Für Blitzschutzbauteile gilt die DIN EN 50164-1 (VDE 0185 Teil 201):2000-04 [EN8]. Eine Neuheit für die Fachleute ist die Kennzeichnung der Blitzstromtragfähigkeit auf den Bauteilen mit den Buchstaben „H" und „N". Der Buchstabe „H" gilt für hohe Belastung (I_{max} =100 kA) und „N" für normale Belastung (I_{max} = 50 kA). Für Blitzschutzanlagenplaner, -bauer und -prüfer bedeutet das, dass die Verbindungsbauteile in Abhängigkeit von der → Blitzschutzklasse ausgewählt werden müssen. Zu empfehlen wäre jedoch, immer die Bauteile der Klasse H zu verwenden. Ansonsten müssen bei nachträglicher Benutzungsänderung der baulichen Anlage und Änderung der Blitzschutzklasse von z. B. III in Blitzschutzklasse I die Klemmen von „N" auf „H" gewechselt werden.

Begrenzung von Überspannungen wird mittels → Überspannungsschutzgeräten durchgeführt. Die Überspannungsschutzgeräte beherrschen nur Überspannungen, aber keine erheblichen Blitzströme.

Beleuchtungsreklamen → Leuchtreklamen

Bemessungsspannung U_c → Ableiter-Bemessungsspannung U_C

Berechnung der Erdungsanlage → Erder Typ A, → Erder Typ B und → Erdungsanlage Größe

Berufsgenossenschaften. Die Berufsgenossenschaften mit ihren eigenen Vorschriften schreiben vor, wie oft das → Blitzschutzsystem überprüft werden muss und auch, wer die Bestandteile des Blitzschutzsystems herstellen darf. Die Berufsgenossenschaften vollziehen gegenwärtig eine Neuordnung ihres Vorschriften- und Regelwerkes. Ziel dieser Maßnahme ist unter anderem, die Anzahl der Vorschriften zu verringern und ihre Transparenz zu erhöhen. Folge und Ausdruck dieser Neuordnung sind eine völlig neue Nummerierung und Gliederung des Vorschriften- und Regelwerkes [L2].

Aus dem Grund sind in diesem Buch die → Unfallverhütungsvorschriften unter eigenem Stichwort und der bisherige Begriff VBG-4 unter dem neuen Begriff → BGV A 2 nachzulesen.

Berührungsspannung → Schritt- und Berührungsspannung

Beschichtung mit Farbe oder PVC. Dünne Beschichtungen mit Farbe, 0,5 mm PVC und 1,0 mm Bitumen sind nach Vornorm DIN V 0185-3 (VDE V 0185 Teil 3):2002-11 [N23], Abschnitt 4.2.5, bei Fangeinrichtungen nicht als Isolierung zu betrachten.

Beseitigen von Mängeln → Mängelbeseitigung

Besichtigen bei Prüfung → Prüfungsmaßnahmen – Besichtigen

Bestandsschutz. Wenn einmal eine normgerechte Anlage vorhanden ist, die Errichtung mängelfrei überprüft und abgenommen wurde, so muss sie

Bestandteile

später nicht nach neuen Normen geändert werden, wenn das nicht in der neuen Norm ausdrücklich gefordert wird. Wenn aber, wie auch schon unter dem Stichwort → ABB – Allgemeine Blitzschutzbestimmungen beschrieben, eine bauliche Anlage mit neuen eintretenden Kabeln, neuen → Dachaufbauten, anderen baulichen Änderungen oder neuen, auf Überspannung empfindlicher reagierenden Einrichtungen ausgerüstet wird, müssen die Installationen des → Überspannungsschutzes den aktuellen Normen angepasst werden.

Weiterhin wichtig ist hier z. B. die Norm DIN VDE 105 –100 (VDE 0105 Teil 100):2000-6, Abschnitt 4.1.102. Zitat: *„Werden an und in elektrischen Anlagen Mängel beobachtet, die eine Gefahr für Personen, Nutztiere oder Sachen zur Folge haben, so sind unverzüglich Maßnahmen zur Beseitigung der Mängel zu treffen."*

Bestandteile. Natürliche Bestandteile des Blitzschutzsystems können alle Teile der baulichen Anlage sein, die ausreichende Querschnitte und blitzstromtragfähige Verbindungen haben.

Bewehrung → Stahlbewehrung

Bezugserde ist der Teil der Erde, der sich außerhalb des Einflussbereiches eines Erders oder einer → Erdungsanlage ohne Spannungsunterschied zwischen zwei beliebigen Punkten befindet.

Der Begriff Bezugserde wird u. a. bei Messungen der Erdungsanlage gebraucht, auch wenn es sich nicht um eine echte Bezugserde handelt. Mit dem Begriff Bezugserde sind vom Prüfer z. B. der → PE-Leiter (Schutzleiter), die Wasserleitung usw. gemeint.

BGB → Bürgerliches Gesetzbuch (BGB)

BGV A 2. Unfallverhütungsvorschriften für Elektrische Anlagen und Betriebsmittel werden unter dem Stichwort → Unfallverhütungsvorschriften teilweise beschrieben.

Bildtechnische Anlagen → Datenverarbeitungsanlagen

Bildübertragungsanlagen → Datenverarbeitungsanlagen

Blechdicke → Ausschmelzen von Blechen

Blechkante kann ein natürlicher Bestandteil der → Fangeinrichtung sein. Siehe Stichworte → Beschichtung mit Farbe oder PVC, → Ausschmelzen von Blechen und → Überbrückungen.

Blechverbindungen müssen nach Vornorm DIN V 0185-3 (VDE V 0185 Teil 3):2002-11 [N23], HA1, Abschnitt 4.6.1, an Blechen mit weniger als 2 mm Dicke mit Hilfe von Gegenplatten mit mindestens 10 cm^2 Fläche und mit zwei Schrauben, mindestens M8, hergestellt werden. Bei Blechen, die nur einseitig zugänglich sind, sind die Bleche mit 2 mm Dicke nach [N27], Abschnitt

4.2.4, mittels 5 Blindnieten von 3,5 mm Durchmesser oder 4 Blindnieten von 5 mm Durchmesser bzw. zwei Blechtreibschrauben von 6,3 mm, alles aus nichtrostendem Stahl z. B. Werkstoffnummer 1.4301, zu verbinden. Die Blechtreibschrauben darf man nur bei Anschlüssen von Blechen mit mindestens 2 mm Dicke einsetzen.

BLIDS → Blitzortungssystem

Blitzableiter. Unter dem Begriff Blitzableiter werden in der Umgangssprache sehr oft die → Blitzschutzanlage oder die → Ableitungen verstanden. Mit diesem Begriff werden zwar auch in neuen Normen, wie in DIN VDE 0100-444 (VDE 0100 Teil 444):1999-10 [N9], Bild 5, noch Ableitungen bezeichnet, trotzdem ist es aber kein exakter technischer Begriff. In dem neuen Entwurf [N10] findet sich dieser Begriff nicht mehr.

Blitzdichte. Zahl der Erdblitze pro km^2 und Jahr. Die Zahl der Blitze wird durch Messungen, z. B. mit Hilfe eines → Blitzortungssystems, registriert.

Blitzeinschlag – direkter. Blitzeinschlag in die zu schützende bauliche Anlage oder deren Blitzschutzsystem.

Blitzeinschlag – indirekter. Blitzeinschlag neben die zu schützende bauliche Anlage oder direkter Blitzschlag neben oder in die Leitungen, die mit der baulichen Anlage verbunden sind.

Blitzeinschläge – Häufigkeit N_D ist die zu erwartende jährliche Anzahl von direkten Blitzeinschlägen in die bauliche Anlage.

Blitzkugel ist ein Begriff in den neuen Normen und hat nichts mit dem so genannten Kugelblitz zu tun. Näheres → Blitzkugelverfahren.

Blitzkugelverfahren ist nach Vornorm DIN V 0185-3 (VDE V 0185 Teil 3): 2002-11, Abschnitt 1.4.2.1 [N23] ein neues Verfahren zur Festlegung der Anordnung und der Lage der → Fangeinrichtung.
 Wie im **Bild B1** zu sehen ist, müssen alle Punkte und Kanten, die die Blitzkugel berühren, eine Fangeinrichtung haben. Der Radius der Blitzkugel ist von der → Blitzschutzklasse abhängig (siehe **Tabellen B1** und **S3**). Alle so berührten Teile und Flächen sind mögliche Einschlagpunkte und sollten durch eine natürliche Fangeinrichtung oder durch eine zusätzlich zu installierende Fangeinrichtung geschützt werden. Nicht nur die waagerechten, sondern auch die senkrechten Flächen aus nicht leitfähigem Material sollten mit einem Maschennetz – abhängig von der Blitzschutzklasse – geschützt werden (→ Maschenverfahren und → Maschenweite).

Blitzortungssystem BLIDS

Bild B1   Das Blitzkugelverfahren in der Anwendung
Quelle: Vornorm DIN V 0185-3 (VDE V 0185 Teil 3):2002-11, Bild 18 [N23]

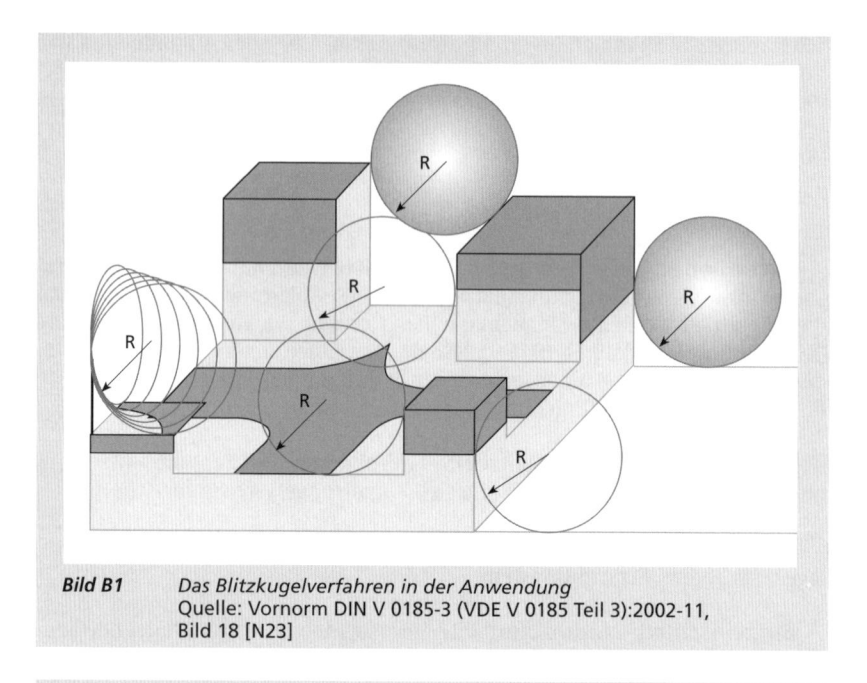

Blitzschutzklasse	Radius der Blitzkugel R in m
I	20
II	30
III	45
IV	60

Tabelle B1   Radius der Blitzkugel R in m in Abhängigkeit von der Blitzschutzklasse
Quelle: Vornorm DIN V 0185-3 (VDE V 0185 Teil 3):2002-11, Tabelle 1 [N23]

Blitzortungssystem BLIDS ist ein **BL**itz**I**nformations**D**ienst von **S**iemens.

Die Blitzortung basiert auf dem TOA (time-of-arrival)-Prinzip. Ein durch Blitzentladung erzeugtes elektromagnetisches Feld breitet sich wellenförmig in alle Richtungen mit Lichtgeschwindigkeit aus. Die vierzehn Messstationen, die in Deutschland verteilt sind, registrieren den Zeitpunkt des Eintreffens der elektromagnetischen Welle beim Empfänger.

Die ermittelten Daten werden in der BLIDS-Zentrale archiviert und innerhalb der Dienstleistungen als spezielle Auswertungen, Statistiken und Einzelnachweise angeboten.

Bei Bedarf informiert Sie die BLIDS-Zentrale per Telefon, Fax oder Pager über das Herannahen eines Gewitters.

Anschrift:
Siemens AG · I&S IT PS
Siemenshalle 84 · D-76187 Karlsruhe
Telefon 0721-595-6925 · Fax 0721-595-6630
www.blids.de

Blitzschutzzonenkonzept gehört seit der Gültigkeit der zurückgezogenen DIN VDE 0185-103 (VDE 0185 Teil 103):1997-09 [N33], also seit 1. September 1997, zu den → Anerkannten Regeln der Technik. Es ist auch Bestandteil der neuen Vornormen [N21 – N24]. Die bauliche Anlage wird dabei in → Blitz-Schutzzonen eingeteilt. Die Schutzzonen werden üblicherweise durch die Armierungen, Wände, Böden und Decken, → Schirme des Gebäudes bzw. einzelne Räume (innerhalb der Räume auch weitere Schirme oder → Doppelböden möglich) sowie durch Verteiler, Rangierschränke oder Geräte gebildet. Die günstigste Lösung für die Bildung von Schutzzonen ist die Verwendung von metallenen Strukturen (Schirm). Aber ein Blitzschutzzonenkonzept lässt sich auch nachträglich in einer baulichen Anlage ohne Armierung realisieren. Die nicht bewehrten Wände können von außen mit → Blechfassaden verkleidet oder auch innen geschirmt werden.

Das Prinzip des Blitzschutzzonenkonzeptes ist die deutliche Reduzierung der feld- und leitungsgebundenen Blitzstörgrößen von außen nach innen. Je größer die Ordnungszahlen der Zonen in Richtung Anlageinneres, desto deutlicher wird die Reduzierung der feld- und leitungsgebundenen Blitzstörgrößen. Im **Bild B2** sind als Beispiel drei Blitzschutzzonen angegeben, bei Bedarf sind aber weitere Zonen realisierbar.

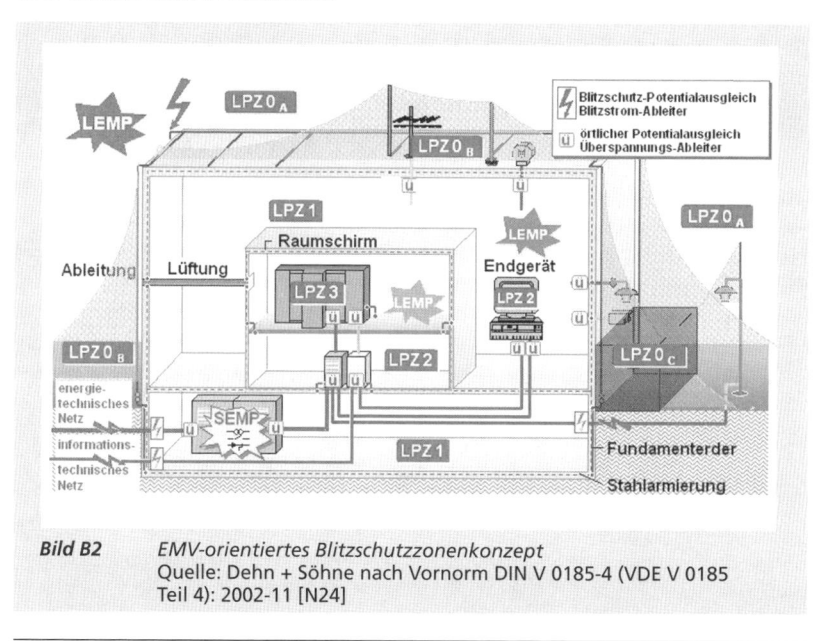

Bild B2 *EMV-orientiertes Blitzschutzzonenkonzept*
Quelle: Dehn + Söhne nach Vornorm DIN V 0185-4 (VDE V 0185 Teil 4): 2002-11 [N24]

Blitzstrom

Die Schirmungsmaßnahmen gewährleisten nur die → Dämpfung der magnetischen und elektromagnetischen Felder. Die leitungsgebundenen Blitzstörgrößen werden bei jeder „Schnittstelle", am Eintritt in die neue Blitz-Schutzzone mittels Blitz- oder Überspannungsableiter und → Potentialausgleichsmaßnahmen, Zone für Zone auf unbedenkliche Pegel reduziert.

Das Blitzschutzzonenkonzept ist nur mit einem → Potentialausgleichsnetzwerk gut realisierbar. Dies muss bei allen „Durchgängen" durch die Blitz-Schutzzonen mit den Einrichtungen, Leitungen, Schirmen und SPDs verbunden werden.

Blitzstrom → Blitzstoßstrom

Blitzstromableiter ist ein Ableiter, ein → Überspannungsschutzgerät (SPD) der Klasse I zum Zweck des → Blitzschutz-Potentialausgleiches. Er ist am Übergang der → Blitz-Schutzzone $0_A/1$ und $0_C/1$ zu installieren. Der Blitzstromableiter ist mit der Wellenform des Prüfstroms 10/350 µs geprüft. Er muss in der Lage sein, mehrere Blitzströme zerstörungsfrei abzuleiten und den zu erwartenden netzfrequenten Folgestrom (Kurzschlussstrom) in der Energietechnik selbst zu unterbrechen, oder die vorgeschalteten Überstrom-Schutzeinrichtungen müssen den Folgestrom abschalten. Weiteres siehe Stichwörter mit → Überspannungsschutz.

Die diesem Buch beiliegende CD-ROM mit Programmen mehrerer Blitzschutzmaterial-Hersteller bietet u. a. auch eine große Auswahl von Blitzstromableitern inklusive technischer Daten und Einbauhinweisen.

Blitzprüfstrom – Impulsstrom [surge]. Die → Überspannungsschutzgeräte (SPDs) sind mit Prüfströmen der Wellenformen 10/350 µs und 8/20 µs mit entsprechender Ladung geprüft. **Bild B3** zeigt die Vergleichstabelle der Blitzströme. Sie ist für Planer und auch für Installateure wichtig. Es kann z. B. aus der Tabelle abgelesen werden, dass eine SPD der Klasse II mit 10 kA 8/20 µs „gleich-

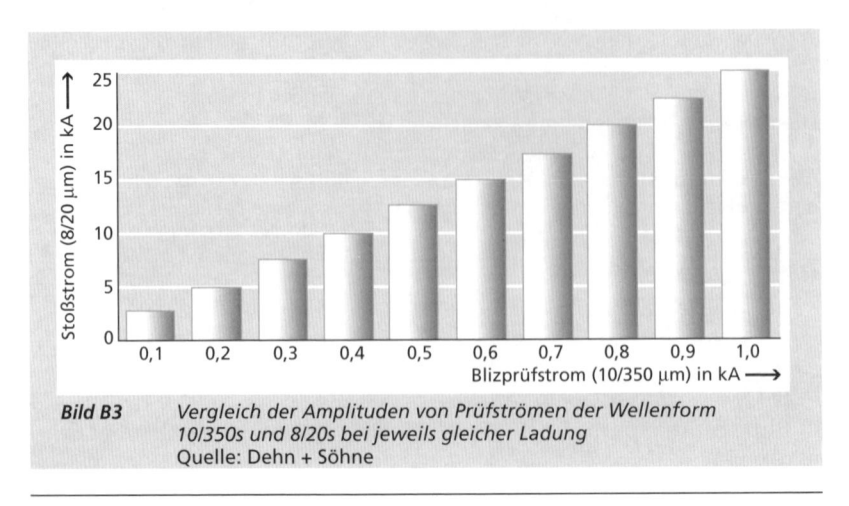

Bild B3 Vergleich der Amplituden von Prüfströmen der Wellenform 10/350s und 8/20s bei jeweils gleicher Ladung
Quelle: Dehn + Söhne

wertig" ist mit einer SPD mit einem Blitzprüfstrom von 0,4 kA 10/35 µs. Bei älteren SPDs, die früher noch nicht durch die Markierung B, jetzt Klasse I (10/350 µs), oder C, jetzt Klasse II (8/20 µs), gekennzeichnet wurden, ist z. b. das Überspannungsschutzgerät (SPD) Klasse I mit der SPD der Klasse II gleichzusetzen. Die Angaben 10/350 µs und 8/20 µs sind jetzt in die SPD-Klassen eingegliedert.

Dieser Vergleich muss auch für die Beurteilung der Blitzstromaufteilung (→ Blitzstromverteilung) bei Kabeln mit mehreren Adern durchführt werden, weil die Berechnung hier mit Blitzströmen 10/350 vorgenommen wurde. Schutzgeräte für Telekom-Einrichtungen gibt es aber u. a. auch für Ströme von nur 8/20. Planer, Monteure und zum Schluss auch Prüfer müssen anhand der Tabelle beurteilen, ob die installierten SPDs mit den Werten 8/20 in der Lage sind, die Teilblitzströme der Blitzstromaufteilung zerstörungsfrei abzuleiten.

Beispiel: Eine MSR-/Fernmeldeleitung wird in eine bauliche Anlage der → Blitzschutzklasse I eingeführt, in die bereits Gasleitung, Wasserleitung und Niederspannungskabel hineinführen. Die Fernmeldeleitung muss einen Teilblitzstrom 25 kA (100kA : 4 = 25 kA (10/350)) zerstörungsfrei ableiten.

Die Fernmeldeleitung mit 100 DA (Doppeladern) hat 50 DA in Betrieb, die weiteren Adern sind als Reserven nicht angeschlossen.

Die 50 DA sind in der LSA-Plus-Leiste mit steckbaren Überspannungsableitern geschützt. Der Nennableitstoßstrom je Einzelader beträgt 5 kA (8/20). Das bedeutet: 50 DA = 100 EA x 5 kA = 500 kA (8/20) aller Adern.

Abgeleitet aus dem **Bild B3** ist ein Strom 500 kA (8/20) gleichwertig mit einem Strom 20 kA (10/350) (Verhältnis 1:25).

Das bedeutet, die steckbaren → Überspannungsableiter haben ein geringeres Ableitvermögen als der oben angegebene → Teilblitz in Höhe von 25 kA.

Die Beispielzahlen sind absichtlich so gewählt, damit man sieht, dass auch bei einer größeren Anzahl steckbarer Schutzgeräte in LSA-Plus-Leisten noch kein zerstörungsfreier Schutz gewährleistet sein muss. Als teure Nachbesserung in diesem Fall könnte man leistungsfähigere SPDs installieren, eine größere Anzahl DA mit den gleichen Schutzgeräten schützen oder – die günstigste und sowieso vorgeschriebene Maßnahme – die Reserven erden. Die geerdeten Reserven werden dann als geschützte Adern berechnet und dies bedeutet in unserem Beispielfall, dass, wenn die Reserven geerdet werden, auch die Überspannungsschutzmaßnahme ausreichend ist.

Achtung! Dieser Beispielfall ist nur für Blitzschutzklasse I und für vier eintretende Installationen gültig. Bei den anderen Blitzschutzklassen und einer anderen Anzahl eintretender Installationen werden andere Ergebnisse entstehen.

Blitzschutz → Blitzschutzsystem

Blitzschutzanlage → Blitzschutzsystem

Blitzschutzbauteile → Bauteile

Blitzschutzexperte ist eine → Blitzschutzfachkraft mit fundierter Kenntnis der EMV.

Blitzschutzfachkraft war nach der zurückgezogenen DIN IEC 61024-1-2 (VDE 0185 Teil 102 Entwurf):1999-02 ein Blitzschutzingenieur, Blitzschutzplaner, Blitzschutzerrichter oder eine kompetente Fachkraft mit Qualifikation. Dabei handelt es sich um Revisionsingenieure, behördlich anerkannte Prüfsachverständige, öffentlich bestellte und vereidigte → Sachverständige oder sachkundige Prüftechniker des Fachbereichs Elektrotechnik oder um von unabhängigen Prüforganisationen und Prüfinstituten geschulte Prüfer. In den neu erschienenen Vornormen [N21 – N24] ist diese Definition nicht mehr erwähnt.

Blitzschutzklasse → Schutzklasse

Blitzschutzmanagement → LEMP-Schutz-Management

Blitzschutznormung → Stand der Normung

Blitzschutz-Potentialausgleich in explosionsgefährdeten Bereichen muss nach Vornorm DIN V 0185-3 (VDE V 0185 Teil 3):2002-11, HA 2, Abschnitt 4 [N23], ausgeführt werden. Blitzschutz-Potentialausgleich für elektrische und elektronische Einrichtungen in explosionsgefährdeten Bereichen ist nur mittels → Überspannungsschutzgeräten (SPDs) für die eigensicheren Stromkreise möglich.
Bei den Installationen findet man z. B. auch → Potentialausgleichsschienen in den Ex-Räumen, die dort jedoch – ebenso wie die Rohrschellen – nicht erlaubt sind ([N23] HA 2, Abschnitt 4.3.1.5). Man kann zwar eine geeignete Potentialausgleichsschiene herstellen, doch weil sie für Prüfungszwecke bestimmt ist (Trennung), darf man sie nicht in den Räumen installieren.

Blitzschutz-Potentialausgleich in explosivstoffgefährdeten Bereichen muss nach Vornorm DIN V 0185-3 (VDE V 0185 Teil 3):2002-11, HA 2, Abschnitt 5.1.5 [N23], ausgeführt werden. Alle Einrichtungen, Apparate, Heizkörper, Rohrleitungen, metallenen großen Teile, leitfähigen Wände, Fußböden, abgehängten Decken, metallenen Türen und Fenster, aber auch die Metallbeschläge von Arbeitsflächen, z. B. von Tischen, müssen mindestens an zwei Stellen mit dem → Ringerder oder → Fundamenterder verbunden werden. Alle in die Anlage eintretenden Rohre müssen unmittelbar am Anlageneintritt mit dem Ringerder oder dem Fundamenterder verbunden werden. Bei dem → Blitzschutz-Potentialausgleich der Eintrittsstellen in unterschiedlichen Höhen müssen mindestens zwei senkrechte Leitungen zum Ringerder oder Fundamenterder geführt werden.
Bei → Prüfungen entdeckt man vielfach auch, dass z. B. Führungsschienen von Schiebetüren nur einmal und nicht, wie vorgeschrieben, zweimal an eine Verbindungsleitung angeschlossen sind. Die Anschlüsse müssen sowohl oben als auch unten durchgeführt werden.
Gerade bei den Anschlüssen findet der Prüfer zumeist Fehler. Die Schraubenverbindungen sind nicht gegen Selbstlockerung abgesichert. Bei Rohren in explosivstoffgefährdeten Bereichen besteht eine Möglichkeit in der Realisierung von Anschlüssen an Rohrleitungen mit Hilfe angeschweißter Fahnen, mit

Blitzschutz-Potentialausgleich

Hilfe von Bolzen oder mit Hilfe von Schrauben, die über Gewindebohrungen in den Flanschen aufgenommen werden.

Blitzschutz-Potentialausgleich nach Vornorm DIN V 0185-3 (VDE V 0185 Teil 3):2002-11, HA 1, Abschnitt 5.2.2 [N23]. Der Blitzschutz-Potentialausgleich (BPA) ist auch unter dem Stichwort Blitzschutz-Potentialausgleich nach Vornorm DIN V 0185-4 (VDE V 0185 Teil 4):2002-11 [N24] beschrieben.

- Der BPA (**Bild B4**) muss im Kellergeschoss oder etwa auf Erdniveau installiert werden. Die → Potentialausgleichsschiene muss für Inspektionszwecke leicht zugänglich sein. Bei größeren baulichen Anlagen können auch mehrere Potentialausgleichsschienen installiert werden, die durch das → Potentialausgleichsnetzwerk miteinander verbunden werden müssen.

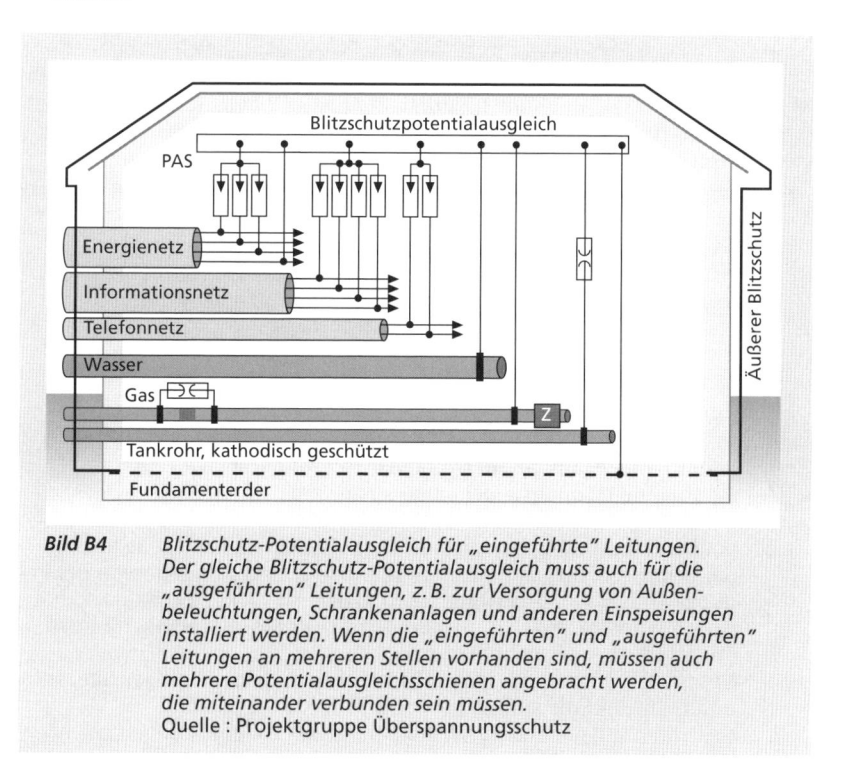

Bild B4 *Blitzschutz-Potentialausgleich für „eingeführte" Leitungen. Der gleiche Blitzschutz-Potentialausgleich muss auch für die „ausgeführten" Leitungen, z. B. zur Versorgung von Außenbeleuchtungen, Schrankenanlagen und anderen Einspeisungen installiert werden. Wenn die „eingeführten" und „ausgeführten" Leitungen an mehreren Stellen vorhanden sind, müssen auch mehrere Potentialausgleichsschienen angebracht werden, die miteinander verbunden sein müssen.*
Quelle : Projektgruppe Überspannungsschutz

- Weiter muss der BPA an Näherungsstellen angeschlossen werden, wenn der notwendige → Trennungsabstand nicht eingehalten wird. Die Potentialausgleichsverbindungen werden dort installiert, wo → Näherungen entstanden sind bzw. dort, wo sich die → Ringleiter der → Ableitungen befinden. Damit sind die besten Voraussetzungen gegeben, den gewünschten Schutz zu erreichen.

- In den Blitzschutzpotentialausgleich sind alle ins Gebäudeinnere eintretenden (austretenden) leitfähigen Einrichtungen inklusive der Einrichtungen der elektrischen Energie- und Informationstechnik einzubeziehen. Alle leitfähigen Einrichtungen sind direkt und die Einrichtungen, die unter Spannung stehen oder stehen können, indirekt mittels Überspannungsschutzgeräten zu verbinden.
- Der BPA für äußere leitende Teile muss nach Möglichkeit in der baulichen Anlage in der Nähe der Eintrittsstelle durchgeführt werden. Die Potentialausgleichsleitungen müssen den durchfließenden Teil des Blitzstromes ohne Beschädigung führen können ([N23] HA 1, Abschnitt 5.2.3).
  Wenn elektrische oder informationstechnische Leitungen nicht geschirmt sind, dann fließt über die aktiven Leiter ein höherer Teilblitzstrom als in geschirmten Leitungen. Zu seiner Ableitung müssen → Blitzstromableiter an der Eintrittsstelle eingebaut werden. In → TN-Systemen können die → PE- oder → PEN-Leiter direkt mit dem Potentialausgleich verbunden werden.
- In der [N23] HA 4, Abschnitt 1.7.2 und im Anhang B befindet sich eine Beschreibung, wie sich die Blitzströme auf die Erdungsanlage und die in die BPA einbezogenen äußeren leitenden Teile verteilen. Dabei unterscheidet man zwischen den Blitzströmen I_U über die Einrichtungen, die unter der Erde liegen, und den Blitzströmen I_O, die über die Leitungen oberhalb der Erde fließen. Der Anteil des Blitzstromes auf jedem äußeren leitenden Teil und jeder Leitung hängt von deren Anzahl, deren äquivalentem Erdungswiderstand und dem äquivalenten Erdungswiderstand der Erdungsanlage ab.

$$I_U = \frac{I \cdot Z_E}{Z_U + Z_E \cdot (n_U + n_O \frac{Z_U}{Z_O})} \qquad I_O = \frac{I \cdot Z_E}{Z_O + Z_E \cdot (n_O + n_U \frac{Z_O}{Z_U})}$$

Z_E äquivalenter Erdungswiderstand der → Erdungsanlage,
Z_U äquivalenter Erdungswiderstand der äußeren leitenden Teile oder der Leitungen, die unter der Erde verlegt sind,
Z_O äquivalenter Erdungswiderstand der äußeren leitenden Teile oder der Leitungen, die oberhalb der Erde verlegt sind, vorausgesetzt der Erdungswiderstand der Erdpunkte ist gleich. Wenn der Wert unbekannt ist, kann der Wert Z_U benutzt werden. (Z_U und Z_E → **Tabelle A2** beim Stichwort → Äquivalente Erdungswiderstände),
n_U Gesamtanzahl der äußeren leitenden Teile und der Leitungen, die unterhalb der Erde sind,
n_O Gesamtanzahl der äußeren leitenden Teile und der Leitungen, die oberhalb der Erde sind,
I_U Blitzstrom in jedem leitenden Teil oder jeder Leitung unterhalb der Erde und entsprechend der Blitzschutzklasse,
I_O Blitzstrom in jedem leitenden Teil oder jeder Leitung oberhalb der Erde und entsprechend der Blitzschutzklasse → **Tabelle B6** unter → Blitzstromkennwerte zu den Schutzklassen und → **Bild B7** unter → Blitzstromverteilung)

Die Telefonleitungen mit geringer Adernzahl, z. B. 2 Doppeladern, sollten bei der Berechnung von n nicht berücksichtigt werden.

Wenn elektrische oder informationstechnische Leitungen nicht geschirmt sind, dann fließt über die aktiven Leiter ein höherer Teilblitzstrom als in geschirmten Leitungen. Zu seiner Ableitung müssen → Blitzstromableiter an der Eintrittsstelle eingebaut werden. In → TN-Systemen müssen die → PE- oder → PEN-Leiter direkt mit dem Potentialausgleich verbunden werden.

- Nach [N23] HA 1, Abschnitt 5.2.4, ist ein Potentialausgleich für Leiter nicht notwendig, wenn die Leiter der elektrischen Energie- und Informationstechnik geschirmt oder in metallenen Rohren verlegt sind.

  Das gilt aber nur, wenn die Querschnitte dieser → Schirme nicht kleiner als der Wert A sind, was unter dem Stichwort → Mindestschirmquerschnitt für den Eigenschutz der Kabel und Leitungen beschrieben ist.

- Nach [N23] HA 1, Abschnitt 5.2.4, sind noch die zulässigen Temperaturerhöhungen der Isolierung von eingeführten Leitungen der elektrischen Energie- und Informationstechnik zu kontrollieren. Eine unzulässige Temperaturerhöhung kann auftreten, wenn der Blitzstrom in den Leitungen größer ist als:

  $I_f = 8 \cdot A$ für geschirmte Leitungen oder

  $I_f = 8n' \cdot A'$ für nicht geschirmte Leitungen

  I_f Blitzteilstrom auf dem Schirm in kA
  n' Anzahl der Leiter
  A Querschnitt des Schirmes in mm^2 (bezogen auf Kupfer)
  A' Querschnitt jedes Leiters in mm^2 (bezogen auf Kupfer)

- Anders gesagt:
  a) Wenn die eingeführten Kabel ausreichend große → Schirme haben, sind die Schirme direkt und die aktiven Leiter – nur wenn notwendig – zur Begrenzung der Spannung über → Überspannungsableiter der Klasse I mit dem → Blitzschutz-Potentialausgleich (BPA) zu verbinden.
  b) Sind die Schirme nicht ausreichend oder die Leitungen nicht geschirmt, müssen die Schirme direkt und die aktiven Leiter über die → Blitzstromableiter mit dem BPA verbunden werden) [N23] HA 1, Abschnitt 5.2.4.

Blitzschutz-Potentialausgleich und Potentialausgleich nach Vornorm DIN V 0185-4 (VDE V 0185 Teil 4):2002-11 [N24]. Der Schwerpunkt beim Schutz gegen elektromagnetischen Blitzimpuls nach [N24] Abschnitt 8.2 ist das Potentialausgleichsnetzwerk. Die Anforderungen an den Potentialausgleich sind gestiegen. Der Potentialausgleich muss an allen → Blitz-Schutzzonen LPZ installiert werden. Die → Potentialausgleichsschienen PAS müssen mindestens alle 5 m mit dem → Potentialausgleichsnetzwerk verbunden werden. Alle Metallteile und -systeme, die die → LPZ kreuzen oder sich innerhalb der Zone befinden, müssen mit der PAS an der entsprechenden Zone verbunden werden. Alle metallenen Installationen werden mittels Potentialausgleichsleitern direkt und die spannungsführenden Adern der elektrischen Leitungen mittels SPDs (Störschutzgeräten, Ableiter) mit der PAS verbunden. Ein Beispiel zeigt das **Bild B5**.

Blitzschutz-Potentialausgleich

Bild B5 Alle ins Gebäude eintretenden und austretenden Kabel der Energieversorgung und der Informationstechnik sind hier in dem Beispiel erst nach unten geführt und dann über SPDs, Klasse I, Entkopplungsspulen und SPDs, Klasse II, zum Elektrohauptverteiler weitergeführt. Die SPDs sind geerdet an Erdungsfestpunkten unterhalb der Gehäuse. Die abgeleitete Energie muss immer in eine andere Richtung als die geschützte Seite fließen. In dem fotografierten Beispiel bildet die Außenwand die Grenze zur LPZ 0/1 und die Kabelbühne oberhalb der SPD bildet die Grenze zur LPZ 1/2.
Foto: Kopecky

Mit anderen Worten heißt das, dass ohne Ausnahme alle äußeren leitenden Teile, die in die bauliche Anlage hineinführen, an jeder → LPZ mit der → PAS verbunden werden müssen. Kabel wie NYCY, NYCWY (Kabel mit konzentrischen Leitern) oder ähnliche Kabel der Energieversorgung sowie die metallischen Umhüllungen der Fernmeldekabel und Leitungen müssen in den → Potentialausgleich einbezogen werden. Die richtige Anschlussart der Schirme ist unter dem Stichwort → Schirmung beschrieben. Der → PE-Leiter muss mit der PAS an allen LPZs verbunden werden. Der → PEN-Leiter darf nur an die LPZ $0_A/1$ oder an LPZ $0_B/1$ angeschlossen werden, da weiter ins Gebäudeinnere hinein nur das TN-S-System angewendet werden sollte (→ TN-C-System). Bei baulichen Anlagen mit Informations- bzw. Datenverarbeitungsanlagen darf weiterhin nur das → TN-S-System eingeführt werden

Spannungsführende Kabel, ob Energieversorgung oder Kabel der Informationstechnik, sind mittels SPD der Klasse I mit der PAS an der LPZ $0_A/1$ anzuschließen. An LPZ $0_B/1$ und weiterer LPZs 1/2 sind die spannungsführenden Kabel mit der PAS mittels SPDs der Klasse II zu verbinden. Eine detaillierte Beschreibung ist unter dem Stichwort → Überspannungsschutz an LPZ zu finden.

Der Architekt oder Planer sollte für den Eintritt aller äußeren leitenden Teile in die geschützte Anlage ein und dieselbe Stelle planen. Das ist sehr wichtig, weil man damit geringe Potentialdifferenzen zwischen den eintretenden leitenden Teilen erreichen kann. In den Fällen, wo dies jedoch nicht möglich ist, müssen alle PAS an den Eintrittsstellen mit einem horizontalen → Ringleiter innerhalb oder außerhalb des Gebäudes verbunden werden. Die Ringleiter müssen mit den → Ableitungen und auch mit der Bewehrung, falls vorhanden, verbunden werden. Die Anschlüsse mit der → Bewehrung werden in der Regel alle 5 m durchgeführt. Alle anderen Schirmelemente, z. B. → Metallfassaden, werden nach dem gleichen Prinzip in das System einbezogen.

Wenn die Eintrittsstellen oberhalb des Erdbodens sind, müssen die PASs mit einem vorher installierten Erdungsfestpunkt oder einer → Fundamenterderfahne (mit PAS) verbunden werden. Bei richtiger Planung werden die Erdungsfestpunkte horizontal, aber auch vertikal untereinander verbunden. Wenn das nicht der Fall ist, muss ein horizontaler Ringleiter innerhalb oder außerhalb des Gebäudes installiert werden. Der Ringleiter muss mit den Ableitungen und Bewehrungen, falls vorhanden, verbunden werden.

Der Mindestquerschnitt der → PAS sollte 50 mm^2 für Kupfer oder verzinkten Stahl betragen. Die PAS müssen mit dem Potentialausgleichsnetzwerk durch einen Erdungsleiter, nicht länger als 1 m, verbunden werden.

Die Klemmen und SPDs für den → Potentialausgleich an der Grenze zu LPZ 0_A und LPZ 1 müssen dem → Blitzstrom-Parameter des ersten Stoßstromes, des Folgestromes und Langzeitstromes standhalten. Die Stromaufteilung auf mehrere Leiter der Kabel ist zu beachten. Bei → LPZ 0_A und LPZ 0_B sind nur induzierte Ströme und kleine Anteile des Blitzstromes zu erwarten. Die Klemmen und SPDs müssen den oben beschriebenen Strömen nicht entsprechen.

Die Belastung der Klemmen und SPDs geschieht nach folgendem Prinzip: Bei dem Blitzeinschlag fließen 50 % des Gesamtblitzstromes i in die → Erdungsanlage des Blitzschutzsystems. Die weiteren 50 % verteilen sich auf die Versorgungsleitungen (**Bild B7**, → Blitzstromverteilung). Die Höhe des fließenden Stromes i_i ist von der Anzahl der Versorgungsleitungen (Rohre und geschirmte Kabel) und der Anzahl der Einzelleiter in ungeschirmten Kabeln abhängig. Bei geschirmten Kabeln fließt der Teilblitzstrom über die → Schirmung zur entfernten Erdung. Das bedeutet, 50 % des Gesamtblitzstromes der konkreten → Schutzklasse dividiert man durch die gesamte Anzahl der Versorgungsleitungen, der geschirmten und der Anzahl der Adern der ungeschirmten Kabel. Damit werden die Parameter für die Klemmen und SPDs berechnet.

Bei Wohnhäusern müssen für die Telefonleitung mindestens 5 % des Blitzstromes angenommen werden.

Alle installierten SPDs müssen in der Lage sein, die berechneten → Teilblitzströme abzuleiten und die Folgeströme aus dem Netz zu unterbrechen. Weitere Informationen siehe → Überspannungsschutz (SPD).

Alle Potentialausgleichsanschlüsse müssen mit minimalen Drahtlängen mit der PAS verbunden werden.

Alle oben beschriebenen Maßnahmen gelten auch für die weiteren LPZs. Die PAS der nachfolgenden LPZ sind mittels Potentialausgleichsleitung zu verbinden.

Innerhalb des zu schützenden Volumens müssen nach Abschnitt 3.4.2.1 der vorn genanten Norm alle leitenden Teile mit „signifikanten Abmessungen" an das Potentialausgleichssystem auf kürzestmöglichem Wege angeschlossen werden. Unter Teilen mit „signifikanten Abmessungen" versteht man alles, was die Energie leiten oder auch induktiv Energie aufnehmen kann. Eine Mehrfachverbindung der leitenden Teile ist vorteilhaft.

Blitzschutzsystem, Blitzschutzanlage oder auch Blitzschutz (LPS)

Der → Potentialausgleich von Informationssystemen nach Abschnitt 3.4.2.2 der o. g. Norm ist ausführlich unter dem Stichwort → Potentialausgleichsnetzwerk beschrieben. Dieses Stichwort gilt sowohl für Informationssysteme als auch für Datenverarbeitungsanlagen nach DIN EN 50310 (VDE 0800 Teil 2-310):2001-09 [EN12].

Blitzschutzsystem, Blitzschutzanlage oder auch Blitzschutz (LPS) [lightning protection system]. Zum Zeitpunkt der Buchherausgabe und wahrscheinlich noch weitere Jahre später wird es keine Einrichtung auf dem Markt geben, die einen Blitzschlag in eine bauliche Anlage verhindern kann. Die einzige Alternative ist, mittels des Blitzschutzsystems die Blitze einzufangen, sicher in den Erdbereich abzuleiten und gleichmäßig im Erdreich zu verteilen.

Das Blitzschutzsystem ist das gesamte System des äußeren und inneren Blitzschutzes zum Schutz eines Volumens gegen die Auswirkungen des Blitzes.

Kein Blitzschutzsystem, das nach den alten oder auch neuen Normen gebaut ist, gewährleistet 100 %igen Schutz. Die Blitzschutzsysteme reduzieren jedoch deutlich die Gefahr eines Schadens durch Blitzschlag und seine Wirkungen. Die Hauptaufgabe des Blitzschutzsystems ist, Menschen und Tiere innerhalb einer baulichen Anlage durch die fachgerecht installierte → Blitzschutzanlage zu schützen. Bei nicht ausreichend geschützten Einrichtungen können durch unzulässige → Näherungen und elektromagnetische Wirkungen auch Schäden entstehen.

Blitzschutzzonen [lightning protection zone (LPZ)] sind in der Vornorm DIN V 0185-1 (VDE V 0185 Teil 1):2002-11 [N21], Abschnitt 3.37, so definiert:
Äußere Zonen
LPZ 0   ist eine Zone, die durch ungedämpfte elektrische und magnetische Felder des Blitzes oder der Teilblitze und Impulsströme gefährdet ist.
LPZ 0_A: Zone, in der Gegenstände direkten Blitzeinschlägen ausgesetzt sind und deshalb den vollen Blitzstrom zu führen haben. Hier tritt das ungedämpfte elektromagnetische Feld auf.
LPZ 0_B: Zone, in der Gegenstände keinen direkten Blitzeinschlägen ausgesetzt sind, in der jedoch das ungedämpfte elektromagnetische Feld auftritt.
LPZ 0_C: Zone mit 3 m Höhe und einem Abstand von 3 m außerhalb der baulichen Anlage, wo für Lebewesen die Gefahr der Berührungs- und Schrittspannung entstehen kann.
Innere Zonen
LPZ 1:   Zone, in der Gegenstände keinen direkten Blitzeinschlägen ausgesetzt sind und die Impulsströme auf alle leitfähigen Einrichtungen direkt oder über → SPDs verteilt und damit reduziert sind. In dieser Zone ist auch das elektromagnetische Feld gedämpft, abhängig von den → Schirmungsmaßnahmen.
LPZ 2 und weitere: Die Blitzschutzzonen ab LPZ 2 beschreiben weitere Verringerungen der leitungsgeführten Ströme durch SPDs an den Zonengrenzen und eine weitere Reduzierung, → Dämpfung des elektromagnetischen Feldes.

Blitzstoßstromtragfähigkeit I_{imp}

Blitzstoßstrom I ist ein standardisierter Stoßstromverlauf mit der Wellenform 10/350 μs. Er bildet mit seinen Parametern (Scheitelwert, Ladung, spezifische Energie) die Beanspruchung natürlicher Blitzströme entsprechend Vornorm DIN V 0185-1 (VDE V 0185 Teil 1):2002-11 [N21] nach. Überspannungsschutzgeräte der Klasse I müssen solche Blitzstoßströme mehrere Male zerstörungsfrei ableiten können [L25].

Blitzstoßstromtragfähigkeit I_{imp} der installierten Überspannungsschutzgeräte der Klasse I in einer baulichen Anlage ist von den → Blitzschutzklassen und der Anzahl der Leiter in dem geschützten Pfad abhängig [N11]. Bei einem Blitzschlag in eine bauliche Anlage verteilt sich der Blitzstrom wie unter dem Stichwort → Blitzstromverteilung beschrieben.

Wenn kein Nachweis über die Beanspruchung der → Überspannungs-Schutzeinrichtungen (SPD) möglich ist, müssen die Blitzstoßstromwerte in den → TN- und → IT-Systemen nach **Tabelle B3** im → TT-System nach **Tabelle B4** eingehalten werden.

Anmerkung: Die Blitzstromtragfähigkeit I_{imp}, wie derzeitig in der Norm dargestellt, wird voraussichtlich bei der nächsten Normenänderung nur auf Blitzstromtragfähigkeit ohne I_{imp} geändert.

Für Blitzschutzklasse	Blitzstromtragfähigkeit
I	≥ 100 kA/m
II	≥ 75 kA/m
III/IV	≥ 50 kA/m

m: Anzahl der Leiter, z.B. L1, L2, N, PE ➜ m = 5

Tabelle B3 *Blitzstoßstromtragfähigkeit der Überspannungs-Schutzeinrichtungen in TN- und IT-Systemen der Klasse B je Schutzpfad*
Quelle: DIN V VDEV 0100-534 (VDE V 0100 Teil 534): 1999-4 [N11], Tabelle 534.3.1.1

Für Blitzschutzklasse	Blitzstromtragfähigkeit	
	Überspannungs-Schutzeinrichtung zwischen L und N	Überspannungs-Schutzeinrichtung zwischen N und PE
I	≥ 100 kA/m	≥ 100 kA
II	≥ 75 kA/m	≥ 75 kA
III/IV	≥ 50 kA/m	≥ 50 kA

m: Anzahl der Leiter, z.B. L1, L2, N, PE ➜ m = 5

Tabelle B4 *Blitzstoßstromtragfähigkeit der Überspannungs-Schutzeinrichtungen in TT-Systemen der Klasse B je Schutzpfad*
Quelle: DIN V VDEV 0100-534 (VDE V 0100 Teil 534): 1999-4 [N11], Tabelle 534.3.2.1

Blitzstromparameter

Blitzstromparameter Zuordnung der maximalen Blitzstromparameter zu den Gefährdungspegeln und ihren Höhen → **Tabelle B5**.

Erster Stromstoß			Gefährdungspegel			
Stromparameter	Symbol	Einheit	I	II	III	IV
Scheitelwert	I	kA	200	150	100	
Ladung Stromstoß	$Q_{Stoß}$	C	100	75	50	
Spezifische Energie	W/R	kJ/Ω	10 000	5625	2500	
Zeitparameter	T_1/T_2	µs/µs	10/350			
Folgestoßstrom			**Gefährdungspegel**			
Stromparameter	Symbol	Einheit	I	II	III	IV
Scheitelwert	I	kA	50	37,5	25	
Mittlere Steilheit	di/dr	kA/µs	200	150	100	
Zeitparameter	T_1/T_2	µs/µs	0,25/100			
Langzeitstrom			**Gefährdungspegel**			
Stromparameter	Symbol	Einheit	I	II	III	IV
Ladung Langzeitstrom	Q_{lang}	C	200	150	100	
Zeitparameter	T_{lang}	s	0,5			
Blitz			**Gefährdungspegel**			
Stromparameter	Symbol	Einheit	I	II	III	IV
Ladung Blitz	Q_{Blitz}	C	300	225	150	

Tabelle B5 *Zuordnung der maximalen Blitzstromparameter zu den Gefährdungspegeln*
Quelle: Vornorm DIN V 0185-1 (VDE V 0185 Teil 1):2002-11, Tabelle 4 [N21]

Blitzstromparameter und seine Definitionen → Bild B6

Blitzstromverteilung. Bei einem Blitzschlag in eine bauliche Anlage werden nach der Vornorm DIN V 0185-4 (VDE V 0185 Teil 4):2002-11, Abschnitt 9.2 [N24], ca. 50 % des Gesamtblitzstromes in die → Erdungsanlage abgeleitet und die weiteren 50 % belasten die aus der baulichen Anlage heraustretenden Versorgungsleitungen (**Bild B7**). Der verteilte Blitzstrom fließt über die metallischen Versorgungsleitungen, über die → Schirmung der geschirmten Kabel und über die Leiter der ungeschirmten Kabel. Die → Überspannungsschutzeinrichtungen Klasse I an nicht geschirmten Kabeln müssen eine ausreichende → Blitzstoßstromtragfähigkeit für → Blitzteilströme besitzen, Anforderungen der maximalen Begrenzungsspannung erfüllen und die Netzfolgeströme löschen. Die Telefonleitungen bei Wohnhäusern bis 2 DA (Doppeladern) müssen als Mindestwert 5 % des Blitzstromes vertragen können. Weiteres → Blitzschutzpotentialausgleich und → Blitzprüfstrom.

Blitzteilstrom ist der Anteil eines Blitzstromes, der sich beim Blitzschutzpotentialausgleich (BPA) auf die Erdungsanlage und die in den BPA einbezogenen leitfähigen Teile verteilt. Näheres → Blitzstromverteilung und → Blitzschutzpotentialausgleich.

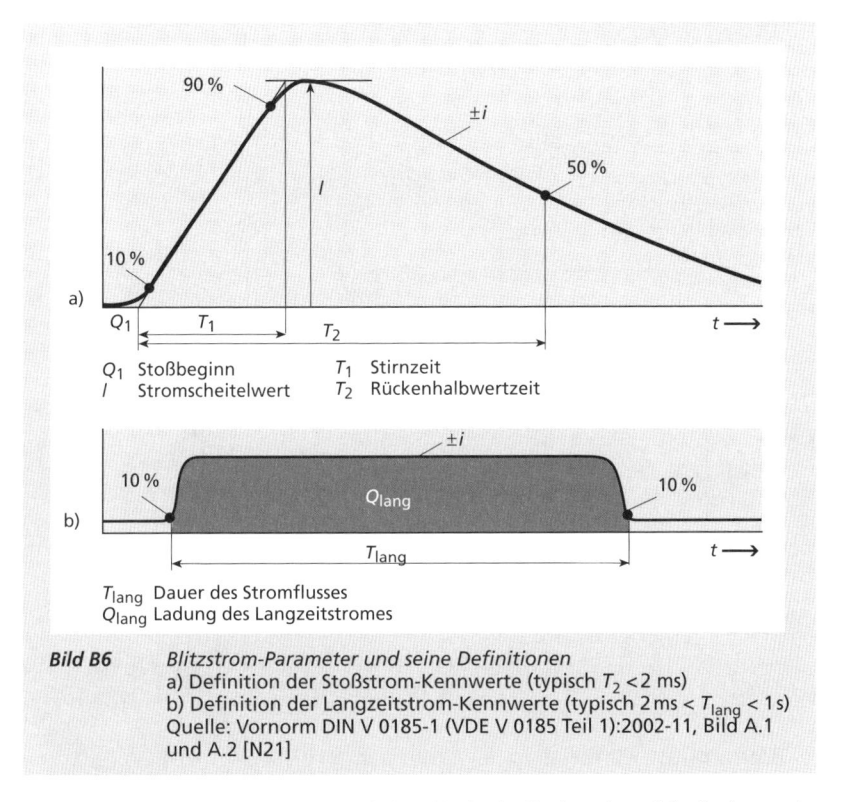

Bild B6 *Blitzstrom-Parameter und seine Definitionen*
a) Definition der Stoßstrom-Kennwerte (typisch T_2 < 2 ms)
b) Definition der Langzeitstrom-Kennwerte (typisch 2 ms < T_{lang} < 1 s)
Quelle: Vornorm DIN V 0185-1 (VDE V 0185 Teil 1):2002-11, Bild A.1 und A.2 [N21]

Q_1 Stoßbeginn
I Stromscheitelwert
T_1 Stirnzeit
T_2 Rückenhalbwertzeit
T_{lang} Dauer des Stromflusses
Q_{lang} Ladung des Langzeitstromes

Die Blitzteilströme können auch bei direkt, indirekt oder nicht fachgerecht angeschlossenen → Dachaufbauten oder → Näherungen entstehen.

BN [bonding network] Potentialausgleichsanlage → alle Begriffe mit Potentialausgleich und → Potentialausgleichsnetzwerk.

Bodenwiderstände → Spezifischer Erdwiderstand

BPA → Blitzschutz-Potentialausgleich

BRC [bonding ring conductor] Potentialausgleichsringleiter → alle Begriffe mit Potentialausgleich und → Potentialausgleichsnetzwerk.

Brandmeldeanlagen → Gefahrenmeldeanlagen und → Datenverarbeitungsanlagen

Breitbandkabel muss bei Gebäudeeintritt (→ Blitz-Schutzzone 0/1) mit dem → Potentialausgleich (→ Blitzschutzpotentialausgleich) nach DIN EN 50083-1 (VDE 0855 Teil 1):1994-03 [EN2] verbunden werden.

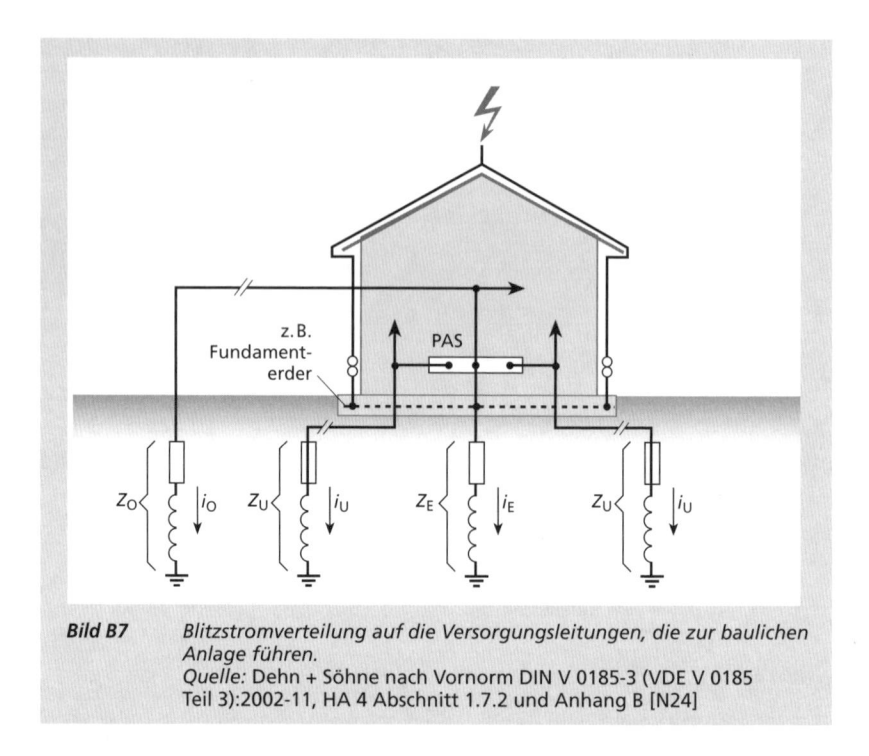

Brennbares Material

Bild B7 Blitzstromverteilung auf die Versorgungsleitungen, die zur baulichen Anlage führen.
Quelle: Dehn + Söhne nach Vornorm DIN V 0185-3 (VDE V 0185 Teil 3):2002-11, HA 4 Abschnitt 1.7.2 und Anhang B [N24]

Brennbares Material nach Vornorm DIN V 0185-3 (VDE V 0185 Teil 3):2002-11 [N23], Anhang E (Informativ). Für die Installation der Blitzschutzanlage, aber auch für die Risikoabschätzung muss man das Brandverhalten von Baustoffen und Bauteilen kennen. Die brennbaren Baustoffe sind unterteilt in schwer – (B1), normal – (B2) und leicht entflammbare Baustoffe – (B3).

Für die Installationsfirmen der Blitzschutzanlage ist es wichtig zu wissen, dass nur Holz und Werkstoffe, die schmaler als 2 mm sind und eine Rohdichte von 400 kg/m^3 haben, zur Baustoffklasse B3 gehören. In einem solchen Fall müssen z. B. die Ableitungen nach [N23], HA 1, Abschnitt 4.3.4, einen Wandabstand von mehr als 10 cm haben.

Brennbare Flüssigkeiten und explosionsgefährdete Bereiche. Bauliche Anlagen mit brennbaren Flüssigkeiten und explosionsgefährdeten Bereichen müssen → Blitzschutzanlagen entsprechend TRbF 100 „Allgemeine Sicherheitsanforderungen":1997-6, Abschnitt 8, und entsprechend Vornorm DIN V 0185-3 (VDE V 0185 Teil 3):2002-11, HA 2, Abschnitt 4.1 [N23] haben. Die Blitzschutzanlage muss der Schutzklasse II entsprechen. In Einzelfällen müssen die zusätzlichen Maßnahmen nach Vornorm DIN V 0185-2 (VDE V 0185 Teil 2):2002-11 [N22] geprüft werden.

Erdüberdeckte Tanks und erdüberdeckte Rohrleitungen benötigen keinen → äußeren Blitzschutz [N23] HA 2, Abschnitt 4.3.2.1.

Nach [N23] HA 2, Abschnitt 4.3.1.3 und TRbF 100, Abschnitt (3), müssen aber alle eigensicheren Stromkreise, z. B. von mess-, steuer- und regeltechnischen Anlagen, über einen → inneren Blitzschutz verfügen, und das gilt auch für unterirdische Tanks im Freien sowie für Tanks in Gebäuden, wenn auf Grund der Zuleitungsführung ein Blitzschlag in die Zuleitung erfolgen kann. Näheres → Eigensichere Stromkreise.

Alle Verbindungs- und Anschlussstellen sind gegen Selbstlockerung zu sichern. Die Anschlüsse an Rohrleitungen sind mittels angeschweißter Fahnen, Bolzen oder Gewindebohrungen in den Flanschen zur Aufnahme von Schrauben auszuführen.

Die BPA-Maßnahmen werden wie unter dem Stichwort → Blitzschutz-Potialausgleich in explosivstoffgefährdeten Bereichen beschrieben durchgeführt.

Die → Fangeinrichtungen an Gebäuden müssen mit Fangmaschen von max. 10 x 10 m ausgeführt werden. Der → Schutzbereich oder auch Schutzraum muss der Blitzschutzklasse II, → **Tabellen S1 bis S3**, entsprechen. Jedes Gebäude muss auf je 10 m Umfang eine Ableitung erhalten, mindestens jedoch vier → Ableitungen. Weitere Maßnahmen sind in der Norm [N23], Abschnitt 4, beschrieben.

Brüstungskanäle aus Metall haben den Vorteil, dass sie die innen verlegten Installationen schirmen. Nicht immer sind aber Brüstungskanäle aus Näherungssicht fachgerecht installiert. Innerhalb der Gebäude mit bewehrten Wänden und Dächern oder durchverbundenen metallenen → Fassaden und durchverbundenen Dächern muss kein Trennungsabstand eingehalten werden. Anders ist das bei allen anderen Arten von baulichen Anlagen; dort muss die Einhaltung des → Trennungsabstands zur Blitzschutzanlage immer kontrolliert werden. Die Brüstungskanäle sind sehr oft unterhalb von Metallfenstern angebracht. Die Metallfenster und die Blechverkleidung verkürzen den Abstand zur Blitzschutzanlage so, dass der Trennungsabstand dann eventuell nicht eingehalten wird. Damit kann es zu einem Blitzüberschlag auf die innere Installation kommen. Weiteres → Näherungen.

Bürgerliches Gesetzbuch (BGB) und die Arbeiten in Zusammenhang mit → EMV, → Blitz- und → Überspannungsschutz haben mit dem neuen Gesetz (seit 7. April 2000) zur Beschleunigung fälliger Zahlungen und Fertigstellungsbescheinigung nach § 641a des BGB mehrere gemeinsame Punkte.

Der Kunde, ob Firma oder Privatperson, muss die ausgeführten Arbeiten innerhalb von 30 Tagen nach Fälligkeit und Zugang der Rechnung zahlen, wenn keine wesentlichen Mängel bestehen.

In dem vorliegenden Buch wird das neue Gesetz nicht komplett beschrieben. Der Schwerpunkt des neuen Gesetzes liegt aber darin, Installationsfirmen zu unterstützen, wenn „Gefahr" besteht, dass der Auftraggeber nicht zahlt. In diesem Fall wird durch eine Industrie- und Handelskammer, eine Handwerkskammer, eine Architektenkammer oder eine Ingenieurkammer ein öffentlich bestellter und vereidigter → Sachverständiger genannt oder das Unternehmen und der Besteller einigen sich auf einen Sachverständigen. Dieser Sachverständige hat dann die Aufgabe, eine Abnahme der ausgeführten Arbeiten durchzuführen und zu bestätigen, dass sie frei von Mängeln ist oder auch nicht. Dabei muss man zwischen wesentlichen und nicht wesentlichen Mängeln unterscheiden. Die Gefährdung von Personen und Sachwerten ist ein wesentlicher Mangel. Schönheitsfehler können aber unwesentliche Mängel sein.

Das o.g. Gesetz ist für Firmen ohne ausreichende Erfahrungen auf dem EMV-, Blitz- und Überspannungsschutzgebiet wichtig, damit keine Zahlungsprobleme mit Kunden entstehen.

Nicht nur der § 641a, sondern auch weitere Paragrafen, z.B. §§ 631, 633, verpflichten die ausführenden Firmen, nach den → anerkannten Regeln der Technik zu arbeiten.

Die hier in diesem Buch veröffentlichten Begriffe und Stichworte beschreiben die Planungen, Arbeiten und Überprüfungen nach den anerkannten Regeln der Technik.

C

CBN (common bonding network) gemeinsame Potentialausgleichsanlage, siehe alle Begriffe mit Potentialausgleich und Potentialausgleichsnetzwerk

CE-Kennzeichen ist ein Verwaltungszeichen und kein Qualitäts- oder Normenkonformitätszeichen. Der Hersteller erklärt damit die Einhaltung der Anforderungen aller produkt-relevanten EG-Richtlinien und er erklärt, dass alle in den Richtlinien für das Produkt vorgeschriebenen Konformitätsbewertungsverfahren durchgeführt worden sind.

CECC Spezifikation des CENELEC-Komitees für Bauelemente der Elektronik

CEN Europäisches Komitee für Normung [Comité Européen de Coordination des Normes]

CENELEC Europäisches Komitee für Elektrotechnische Normung [Comité Européen de Coordination des Normes Electrigues]

CF → Scheitelfaktor (crest factor) CF

Checkliste. Erfahrungen auf dem Gebiet des Blitzschutzes zeigen, dass trotz gleicher Vorschriften die → Prüfungen von → Blitzschutzsystemen je nach → Prüfer unterschiedlich gehandhabt werden und etliche wichtige Kriterien häufig nicht Gegenstand der Prüfung sind. Prüfungsberichte zu ein- und derselben Anlage schwanken im Umfang von einer bis zu mehreren Seiten, wobei auch oft unterschiedliche Prüfergebnisse erzielt werden.

Erfahrene Prüfer benötigen keine Checkliste, aber für diejenigen, die Blitz- und Überspannungsschutzsysteme selten überprüfen, ist eine Checkliste eine gute Hilfe.

Im Anhang dieses Buches und auf der beiliegenden CD-ROM befindet sich eine Checkliste, die dem Prüfer Anhaltspunkte bieten soll. Mit Hilfe gezielter Fragen wird die gesamte Anlage überprüft. In jeder Fragezeile ist von ihm zu beantworten, ob die befragte Position entsprechend der VDE-Norm ausgeführt ist. Nur wenn bei allen Fragepositionen „ja", VDE-gerecht, angekreuzt werden konnte, ist das Blitzschutzsystem in Ordnung und nach den → anerkannten Regeln der Technik errichtet.

Am Ende jeder Fragezeile ist ein Buchstabe mit einer Zahl vermerkt. In dem dann folgenden Text stehen bei jedem Buchstaben mit Zahl Stichworte, die den jeweilig kontrollierten Teil der Anlage beschreiben. Auf der beiliegenden CD-

Computertechnik

ROM befindet sich dieser Prüfungsleitfaden als PDF-Datei. Darin sind keine dieser Markierungen enthalten; der freie Platz ist für Ihre Notizen gedacht.

Ob dieselbe Checkliste als → Prüfbericht benutzt werden kann, hängt von der Geschicklichkeit des Prüfers ab, die optische Gestaltung etwa zu verändern.

In dem Prüfbogen der Checkliste sind alle nur möglichen Fragen enthalten, die bei einer Kontrolle der Blitzschutzanlage und der EMV-Bestimmungen beachtet werden müssen. Wenn nur eine einfache → Blitzschutzanlage zu überprüfen ist, dann ist die Checkliste allerdings zu umfangreich.

Bei etlichen Fragen zum → Inneren Blitzschutz muss der Prüfer auch angeben, ob ihm die gerade abgefragte Einrichtung bekannt ist und ob sie sich im Haus befindet oder nicht. Kreuzt er in der ersten Spalte „unbekannt" an, so ist er abgesichert, wenn er die kompletten technischen Unterlagen nicht erhalten bzw. keinen Zugang zu allen Räumen bekommen hat. Er ist dann einzig und allein auf Informationen der Begleitpersonen angewiesen.

Computertechnik → Datenverarbeitungsanlagen

Computernetzwerke → Datenverarbeitungsanlagen

D

Dachaufbauten müssen – ob nach alter oder neuer Norm – immer geschützt werden. Dachaufbauten mit leitfähiger Verbindung ins Gebäudeinnere können nur mit dem ⟶ Schutzbereich einer oder mehrerer ⟶ Fangstangen, ⟶ Fangmaste oder einer höher installierten ⟶ Fangeinrichtung geschützt werden. Die Dachaufbauten dürfen nicht direkt oder über eine ⟶ Funkenstrecke an die ⟶ Blitzschutzanlage angeschlossen werden, weil die ⟶ Teilblitze bei direktem ⟶ Blitzschlag in die Blitzschutzanlage ins Gebäudeinnere dringen.

Die Vornorm DIN V 0185-3 (VDE V 0185 Teil 3):2002-11, HA 4, Abschnitt 2.1.2.3 und 4 [N23] erwähnt zwar nur, dass die Dachaufbauten, die elektrische oder ⟶ Informationsverarbeitungseinrichtungen enthalten, so geschützt werden sollen, aber es ist zu empfehlen, auch andere Einrichtungen wie Entlüftungsrohre, Klimaanlagenkanäle und ähnliche nur mit dem ⟶ Schutzbereich zu schützen. Andernfalls können durch ⟶ Teilblitzströme über diese Einrichtungen gefährliche ⟶ Kopplungen zu den elektrischen oder Informationsverarbeitungseinrichtungen entstehen.

Unter dem Begriff Dachaufbauten werden jetzt alle Einrichtungen auf dem Dach verstanden [N23] HA4, Abschnitt 2.1.2.3 und 4. Nur die Dachaufbauten, die keine leitfähige Verbindung ins Gebäudeinnere haben und eine geringere Höhe über dem Dach als 0,3 m aufweisen, eine Gesamtfläche von 1,0 m^2 ⟶ oder eine Länge von 2,0 m nicht überschreiten, müssen nicht geschützt werden.

In VdS 2010:2002-07 (01) Risikoorientierter Blitz- und Überspannungsschutz; Richtlinien zur Schadenverhütung, Abschnitt 7.1 [N51] ist auch die [N23] HA 4, Abschnitt 2.1.2.5 zitiert mit der Ergänzung, dass bestehende Anlagen an diese Anforderungen anzupassen sind.

Dachaufbauten auf Blechdächern mit leitfähiger Verbindung nach innen müssen gegen direkten Blitzschlag geschützt werden. Die elektrische Einrichtung des Dachaufbaus ist nach Vornorm DIN V 0185-3 (VDE V 0185 Teil 3):2002-11, HA 4, Abschnitt 1.5.5 [N23] mit der ⟶ Fangeinrichtung und mit den leitenden Teilen der baulichen Anlage durch den metallenen ⟶ Kabelschirm verbunden, der einen wesentlichen Teil des ⟶ Blitzstromes ableiten kann. Der Kabelschirm muss dicht am Gebäude oder der Stahlstütze entlang installiert werden und darf keine ⟶ Induktionsschleifen verursachen.

Das Bild 33 der [N23] zeigt eine entsprechende Installation. Es ist ratsam, die Verbindungsleitung „3" von Bild 33 der [N23] nicht auszuführen, um die Kabel nicht noch mehr mit Teilblitzströmen zu belasten.

Dachausbau mit Metallständern wird häufig auch nachträglich unter dem Dach zur Schaffung neuer Räume durchgeführt; er weist oft → Näherungen mit der äußeren → Fangeinrichtung auf dem Dach auf. Bei der Planung müssen die Wände mit Metallständern so vorgesehen werden, dass sie nicht direkt unter der Fangeinrichtung oder anderen → „natürlichen" Bestandteilen der → Blitzschutzanlage angebracht werden. Abhilfe → Näherungen und → HVI®-Leitung.

Dachflächen – große Dachflächen → Ableitungen, → Fangeinrichtung, → Dachaufbauten und → Näherungen

Dachrinne, wenn sie aus leitfähigem Material ist, darf als → „natürlicher" Bestandteil der → Blitzschutzanlage benutzt werden. Die Dehnungsstellen der Dachrinnen müssen aber überbrückt werden.

Dachrinnenheizung ist durch den direkten Blitzschlag gefährdet und muss aus diesem Grund am Gebäudeeintritt LPZ 1 mit → Überspannungsschutzgeräten der Klasse I (SPD) beschaltet werden. Wenn am Gebäudeeintritt auch der direkte Übergang in die → Blitz-Schutzzone LPZ 2 liegt, so müssen an diesen Stellen zusätzlich →Überspannungsschutzgeräte (SPD) der Klasse II oder ein Kombigerät für Klasse I und II eingebaut werden.

Dachständer müssen bei baulichen Anlagen mit einer → Blitzschutzanlage mittels → Funkenstrecke mit dieser verbunden werden. Handelt es sich um einen Ständer mit langem Ankerseil, so musste bisher, laut der zurückgezogenen Norm, auch das Ankerseil gleich am „Fuß" über eine → Funkenstrecke angeschlossen werden. Nach den neuen Normen [N21–N24] sollte (→ modale Hilfsverben) dies nicht so ausgeführt werden, weil ein Dachständer nun auch als Dachaufbau gilt. Wenn ein Dachständer auf diese Art geschützt werden muss, so darf man die Unterschiede zwischen → Funkenstrecken und → Schutzfunkenstrecken nicht vergessen und die Funkenstrecken einsetzen. Die eintretenden Elektrokabel müssen dann mit → Überspannungsschutzgeräten der Klasse I geschützt werden!

Dachtrapezbleche werden mit oder ohne Wärmedämmmaterialen bei baulichen Anlagen benutzt. Bei den Dachtrapezblechen, die überwiegend 0,8 mm dick sind, entsteht die Gefahr von Ausschmelzungen, → Ausschmelzen von Blechen. Eine weitere Gefahr entsteht bei nicht verbundenen Dachtrapezblechen auf Grund von Durchschlägen durch das Wärmedämmmaterial, hauptsächlich z. B. bei → Fangstangen. Aus diesem Grund müssen die Trapezbleche mit den → Ableitungen verbunden werden. Damit wird auch die Länge l zur Berechnung des → Sicherheitsabstandes kurz gehalten.

Dämpfung ist eine Verringerung eines elektrischen oder magnetischen Feldes, einer Spannung oder eines Stromes. Die Dämpfung wird in Dezibel (→ dB) angegeben.

Datenverarbeitungsanlagen. Nach → EMV-Gesetz dürfen nur solche elektrischen und elektronischen Geräte und Anlagen auf dem Markt verkauft und betrieben werden, die andere Geräte nicht unzulässig stören und die in eigener Umgebung zuverlässig funktionieren. In Gewitterzeit arbeiten die Informations- und Datenverarbeitungsanlagen oft nicht einwandfrei, verursachen Störungen, falsche Alarme oder werden selbst zerstört. Die Probleme mit Störungen und falschen Alarmen treten aber nicht nur in der Gewitterzeit auf, sondern auch außerhalb dieser Phasen bei Anlagen, deren Technik aus EMV-Sicht nicht richtig installiert wurde.

Ursachen sind oft falsch ausgewählte → Netzsysteme, aber auch nicht ausreichende → Erdung und mangelnder → Potentialausgleich, kein → Überspannungsschutz oder fehlende → Schirmung. Die Notwendigkeit all dieser Maßnahmen wurde im Jahr 1985 in der DIN VDE 0800-2 (VDE 0800 Teil 2):1985-07 [N33] niedergeschrieben. Diese Norm gilt für Informations- und Datenverarbeitungsanlagen als → anerkannte Regel der Technik. Ab dem Jahr 1999 sind dann auch die gleichen Maßnahmen mit weiteren Ergänzungen in DIN VDE 0100-444 (VDE 0100 Teil 444):1999-10 [N9] enthalten. Aussagen zu den einzelnen Maßnahmen kann man unter den zugehörigen Stichworten finden.

Nach DIN VDE 0800-1 (VDE 0800 Teil 1):1989-05 [N32], Abschnitt 1.1, muss die Sicherheit der Informations- bzw. Datenverarbeitungsanlagen, für die keine eigene Norm über die Sicherheit der Anlagen gilt, nach der Norm für die Sicherheit von Anlagen der Fernmeldetechnik durchgeführt werden.

In der Anmerkung 1 dieser Norm steht, dass z. B. zur Fernmeldetechnik gehören:

- *Fernsprech-, Fernschreib- und Bildübertragungsanlagen jeder Art und Größe für leitungsgeführte und nicht leitungsgeführte Übertragung,*
- *Wechsel- und Gegensprechanlagen,*
- *Ruf-, Such- und Signalanlagen mit akustischer und optischer Anzeige,*
- *Lautsprecheranlagen,*
- *elektrische Zeitdienstanlagen,*
- *Gefahrenmeldeanlagen für Brand, Einbruch und Überfall,*
- *andere Gefahrenmeldeanlagen und Sicherungsanlagen,*
- *Signalanlagen für Bahn- und Straßenverkehr,*
- *Fernwirkanlagen,*
- *Übertragungseinrichtungen,*
- *rundfunk-, fernseh-, ton- und bildtechnische Anlagen.*

In der Anmerkung 2 dieser Norm sind auch die Datenverarbeitungseinrichtungen und Büromaschinen erwähnt.

DIN VDE 0800-2 (VDE 0800 Teil 2):1985-07 [N33] beschreibt die Erdungs- und Potentialausgleichsmaßnahmen. Weiteres unter den genannten Stichwörtern.

Schon im Jahr 1985 wurden im Abschnitt 15.2 dieser Norm und in den folgenden Abschnitten die Maßnahmen zur Begrenzung fließender Ströme in Anlagen mit → Potentialausgleich und → Schirmen beschrieben. Dazu zählen das → TN-S-System und die → galvanische Trennung der → Übertragungssysteme.

dB

In DIN VDE 0800-10 (VDE 0800 Teil 10):1991-03 [N35], Abschnitt 6.1.2, ist festgelegt: „Sind Überspannungen zu erwarten, so müssen diejenigen Teile der Fernmeldeanlagen, an denen eine Personengefährdung möglich ist oder die den hierdurch auftretenden Beanspruchungen nicht gewachsen sind, entsprechend geschützt werden".
Im Abschnitt 6.3.1 der Norm ist geschrieben:
„Überspannungsschutzgeräte sind im allgemeinen erforderlich
a) zum Schutz der Fernmeldeleitungen (Freileitungen, Luftkabel, Erdkabel, Zuführungskabel) und der mit ihnen in leitender Verbindung stehenden Geräte gegen Überspannungen infolge atmosphärischer Entladung, durch Einwirkungen aus benachbarten Starkstromanlagen und bei der Möglichkeit eines direkten Spannungsübertritts aus Starkstromanlagen,
b) zum Schutz von hochempfindlichen Bauelementen (elektronische Bauelemente, Halbleiterbauelemente und dergleichen) in Geräten, wobei die Schutzwirkung durch ein Zusammenwirken der Überspannungsschutzgeräte mit weiteren Schaltelementen erreicht wird (integrierter Schutz),
c) zum Herstellen eines Potentialausgleichs zwischen nicht zu Betriebsstromkreisen gehörenden, leitfähigen Anlageteilen, wenn die zwischen diesen Teilen möglichen Überspannungen aus betrieblichen Gründen nicht durch eine leitende Verbindung ausgeglichen werden können."

Die DIN VDE 0800-10 (VDE 0800 Teil 10):1991-03 [N35] gilt schon – wie bereits erwähnt – seit März 1991. Sie ist aber wahrscheinlich nicht ausreichend bekannt oder wird oft falsch interpretiert. Schon der Abschnitt b) über den Schutz von hochempfindlichen Bauelementen zwingt die Installationsfirmen, die ⟶ Überspannungsschutzgeräte zu installieren.

Wenn der Planer vergisst, die Überspannungsschutzgeräte einzuplanen, sind die installierenden Firmen nach ⟶ VOB § 4 Nr. 3 verpflichtet, dem Auftraggeber dies unverzüglich, möglichst schon vor Beginn der Arbeiten, schriftlich mitzuteilen.

Bei ⟶ Gefahrenmeldeanlagen, wie ⟶ Alarmanlagen, ⟶ Brandmeldeanlagen und weiteren ähnlichen Anlagen, muss man auch auf die Vermeidung von Näherungen mit ⟶ Blitzschutzanlagen achten. Weiteres ⟶ Näherungen.

Als weitere, noch nicht immer richtig ausgeführte Arbeiten sind die ⟶ Schirmungsmaßnahmen und die ⟶ Schirmanschlüsse zu nennen. Alle diese Ausführungen sind unter den jeweiligen Stichworten beschrieben.

dB Dezibel. (Einheit, die bei logarithmierten Verhältnisgrößen wie Übertragungsmaß, Verstärkungsmaß, Dämpfungsmaß oder Pegel zum Ausdruck bringt, dass zum Logarithmieren der dekadische Logarithmus verwendet wurde.
1 dB = 0,115 Np) [L1]

DC [direct current] Gleichstrom.

Dehnungsstücke werden bei einer ⟶ Blitzschutzanlage hauptsächlich bei den ⟶ Fangeinrichtungen für den Dehnungsausgleich der installierten Leitungen eingebaut. Auch die langen senkrechten Ableitungen benötigen alternativ Dehnungsstücke. Die Dehnung ist vom benutzten Werkstoff und der Temperaturreflexion des Untergrundes, an dem der Werkstoff befestigt ist, abhängig. In den Normen befinden sich dazu bisher noch keine genauen Werte. → **Tabelle D1** zeigt diesbezüglich Angaben eines Blitzschutzmaterialherstellers. Die Abstände der Dehnungsstücke gelten nur bei geradlinig verlaufenden Leitern, nicht bei Richtungsänderungen.

Werkstoff	Untergrund der Befestigung der Fang- oder Ableitung		Abstand Dehnungsstücke in m
	weich, z.B. Flachdach mit Bitumen- oder Kunststoffdachbahnen	hart, z.B. Ziegelpfannen oder Mauerwerk	
Stahl	X		≈ 15
		X	≤ 20
Edelstahl/Kupfer	X		≈ 10
		X	≤ 15
Aluminium	X	X	≤ 10

Tabelle D1 *Abstände der Dehnungsstücke in Abhängigkeit von Werkstoff und Untergrund*
Quelle: Dehn + Söhne

DF → Oberwellen-Klirrfaktor

Differenzstrom-Überwachungsgeräte (RCM residual current operated monitors) werden eingesetzt zum optimalen Schutz von IT-Ressourcen und Kommunikationsinfrastrukturen. Sie dienen der Überwachung und der Verfügbarkeitsoptimierung der überwachten Anlage.

Direkt-/Naheinschlag verursacht mit eigenem Blitzkanal oder über die getroffene Blitzschutzanlage einen Spannungsfall am → Stoßerdungswiderstand und induziert Stoßspannungen und -ströme in den Schleifen (→ Induktionsschleifen) der baulichen Anlage.

Distanzhalter (Isoliertraverse) dient zur Stabilisierung der → Fangstangen neben den geschützten → Dachaufbauten, → Antennen oder → Schornsteinen.

Doppelböden befinden sich in → EDV-Räumen, Schaltwarten, Niederspannungsstationen und ähnlichen Räumen. Hier werden große Mengen Kabel unterschiedlicher Systeme verlegt und angeschlossen. Der Doppelboden kann auch als „Schnittstelle" zweier → Blitz-Schutzzonen dienen.

In EDV-Räumen hat der Doppelboden nicht nur die Aufgabe, installierte Kabel zu „verstecken" oder klimatisierte Luft im gesamten Raum zu verteilen. Die

Doppelböden

wichtigste Aufgabe ist die statische Entladung der Personen, die im EDV-Raum arbeiten. Die unteren Seiten der Doppelbodenplatten sind leitfähig und über eine leitfähige Zwischenlage besteht Verbindung zu den leitenden Teilen der Unterbodenkonstruktion. Es gibt Firmen, die diese schwarze Zwischenlage (antistatische Gummidichtungen) für Isoliermaterial halten, sie ist jedoch leitfähig. Die Unterbodenkonstruktion muss mit dem ⟶ Potentialausgleichsnetzwerk im Fußboden verbunden werden. DIN EN 50174-2 (VDE 0800 Teil 174-2): 2001-09, Abschnitt 6.7.3.5, schreibt vor: *„dass jeder zweite, oder sogar nur jeder dritte Ständer mit dem Potentialausgleich zu verbinden ist"*. **Bild D1** zeigt einen Ständer, auf dem ein 50 mm^2 Cu-Draht mit Hilfe einer Rohrschelle befestigt ist. Dieser Cu-Draht ist der ⟶ maschenförmige Potentialausgleich. Zwischen den Anschlussrohrschellen mit einem Abstand von 1,8 m (jede dritte Stütze) wird als „Stütze" für den Draht ein Dachleitungshalter verwendet. Die anderen Ständer innerhalb der Maschen (ca. 3 – 4 m Größe) des ⟶ maschenförmigen Potentialausgleichs dürfen mit einem kleineren Querschnitt angeschlossen werden. Er sollte jedoch mindestens 10 mm^2 oder größer sein. Alle leitfähigen Materialien unter dem Doppelboden müssen auch mit dem ⟶ Potentialausgleichsnetzwerk verbunden werden.

Bild D1 Durch die Befestigung des maschenförmigen Potentialausgleichs an dem Ständer wird auch der Doppelboden an den Potentialausgleich angeschlossen.
Foto: Kopecky

Drahtverarbeitung. In Deutschland existiert keine Stelle, die Installateure bezüglich der handwerklichen Ausführung von Blitz- und Überspannungsschutzmaßnahmen schult. Für Elektroarbeiten werden Installateure ausgebildet, ihnen werden jedoch keine Kenntnisse für das Arbeiten an → Äußeren Blitzschutzanlagen vermittelt. Sie haben keine Möglichkeit – auch nicht anhand von Literatur – sich die entsprechenden handwerklichen Arbeitstechniken anzueignen. Aus diesem Grund werden im folgenden und an mehreren weiteren Stellen dieses Buches verschiedene praktische Vorgehensweisen detailliert beschrieben.

→ Fangeinrichtungen und → Ableitungen werden mit Drähten unterschiedlicher Werkstoffe ausgeführt. Harter FeZn- oder Aluminium-Draht wird dabei mit Hilfe einer Richtmaschine, die bei einem Blitzschutzmaterial-Hersteller beziehbar ist, gezogen und gerichtet. Eine weitere Variante besteht darin, den weichen Aluminium- oder Kupferdraht durch Drehen mit Hilfe einer starken Bohrmaschine zu richten. Ein Ende des Drahtes wird dabei an einem festen Gegenstand befestigt oder auch mit einer Drahtschere von einem Arbeitskollegen festgehalten. Das zweite Ende wird an der Bohrmaschine befestigt. Durch die Drehung der Bohrmaschine kommt es zur Drahtdrehung und damit zur Änderung der Struktur. Der Draht wird abhängig von der Drehungsdauer immer härter. Den so gerichteten Draht kann man auch visuell schön verarbeiten. Soll der Draht gebogen werden, benutzt man das so genannte Richteisen, mit dem man auch den Draht richten kann, wenn er nicht gerade ist. Das Biegen kann auch mit einem einfachen Ringschlüssel durchgeführt werden. Der durch den Ring gesteckte Draht wird einfach mit den Fingern zur Handfläche gedrückt. Um einen rechten Winkel zu erhalten, muss man beim 13-mm-Ringschlüssel die Biegung zwei Mal durchführen, beim 10-mm-Ringschlüssel ist der rechte Winkel sofort erreicht. Bei billigen Ringschlüsseln ist auf Drahtbeschädigung infolge scharfer Kanten zu achten.

Dreieinhalb-Leiter-Kabel ist der Begriff für ein Kabel mit 3 Phasenadern und einem reduzierten PEN-Leiter. Diese Kabelart ist ungeeignet für bauliche Anlagen mit elektronischen Einrichtungen, weil sie nur für → TN-C-Systeme einsetzbar ist. TN-C-Systeme sind aber nicht EMV-freundlich, → Netzsysteme.

Ein weiterer Nachteil besteht darin, dass der reduzierte → PEN-Leiter bewirkt, dass auf den Leitern durch → Netzrückwirkungen oder unsymmetrische Belastungen noch größere Verluste und damit Wärme entsteht, wodurch es zu noch größeren → Sternpunktverschiebungen kommt.

Durchgangsmessung → Messungen – Erdungsanlage

Durchhang der Blitzkugel → Schutzbereich oder auch → Schutzraum

Durchschmelzungen → Ausschmelzen von Blechen

Durchverbundener Bewehrungsstahl ist eine elektrisch durchgehend leitende Stahlarmierung.

E

EDV-Anlagen und -Räume sind besonders empfindlich gegen ⟶ Überspannungen und andere Störungen. Deshalb müssen alle Schutzmaßnahmen, die dieses Buch beschreibt, durchgeführt werden. Die EDV-Räume müssen über ⟶ ein einwandfreies Potentialausgleichsnetzwerk verfügen (**Bild P4**). Bei ⟶ Prüfungen entdeckt man häufig auch EDV-Räume mit PA-Maschen unterhalb des ⟶ Doppelbodens, aber die einzelnen Schränke oder Verteiler sind – wahrscheinlich aus Unkenntnis – noch sternförmig (⟶ Potentialausgleichsnetzwerk) mit einer ⟶ Potentialausgleichsschiene verbunden. In den ⟶ Potentialausgleich müssen alle stromleitfähigen Raumeinrichtungen einbezogen werden. Dazu gehören in diesen Räumen auch die Zargen, Metallrahmen, abgehängten Decken, Doppelböden oder leitfähigen Fußböden. Man darf dabei nicht vergessen, die im ersten Moment nicht sichtbaren ⟶ Heizungs-, ⟶ Lüftungs- und ⟶ Klimarohre anzuschließen.

Die ⟶ Überspannungsschutzmaßnahmen und ⟶ Schirmungsmaßnahmen sind, wie in den Stichwörtern dieses Buches beschrieben, durchzuführen. EDV-Räume gehören schon zur ⟶ Blitz-Schutzzone 2 und die eingebauten Verteiler und Schränke zur Zone 3.

Eigensichere Stromkreise in Ex-Anlagen bei elektrischen Einrichtungen im Inneren von Tanks für brennbare Flüssigkeiten mit ⟶ Blitzschutzanlage müssen nach Vornorm DIN V 0185-3 (VDE V 0185 Teil 3):2002-11, HA 2, Abschnitt 5.1.6 [N23], DIN EN 60079-14 (VDE 0165 Teil 1):1998-08, Abschnitt 6.5 [EN13], und TRbF 100 „Allgemeine Sicherheitsanforderungen":1997-6, Abschnitt 8, bei mess-, steuer-, und regeltechnischen Anlagen Überspannungsschutzeinrichtungen haben. Das gilt auch für unterirdische Tanks im Freien sowie für Tanks in Gebäuden, wenn auf Grund der Zuleitungsführung ein Blitzschlag in die Zuleitung erfolgen kann.

Die ⟶ Überspannungsschutzgeräte (SPDs) sind nach TRbF 100, Abschnitt 8, vor Einführung in den Tank in ein metallisches Gehäuse einzubringen. Das metallische Gehäuse ist mit der Tankwand zuverlässig zu verbinden, sodass ein gesicherter ⟶ Potentialausgleich besteht.

Die Zuleitung zu dem metallischen Gehäuse muss mit einem geeigneten geschirmten Kabel (⟶ Kabelschirm) erfolgen oder die Leitung muss im metallischen Schutzrohr verlegt werden. Der ⟶ Schirm oder das metallische Schutzrohr müssen mit der ⟶ Erde verbunden werden. Die Prüfspannung zwischen den Adern und dem Metallmantel ⟶ bzw. dem Schutzrohr muss mindestens 1500 V betragen. Die Zuleitung muss so verlegt werden, dass ein Blitzschlag in diese Leitung unwahrscheinlich ist.

Eingangsbereich der Gebäude

Die für den Schutz in Zone 0 einsetzbaren Überspannungsschutzgeräte müssen für EEx ia-Stromkreise geeignet sein. SPDs mit der Bezeichnung EEx ib sind nur für Ex-Zone 1 verwendbar.

Zone 0 beschreibt Bereiche, in denen die gefährliche explosionsfähige Gasatmosphäre ständig, langfristig oder häufig vorhanden ist.

Einbruchmeldeanlage (EMA) →Gefahrenmeldeanlage

Eingangsbereich der Gebäude. Die Eingänge von öffentlichen Gebäuden, Schulen, Firmen, aber auch anderer Gebäude haben sehr oft Metallüberdachungen, → Metallfassaden (Beispiel **Bild E1),** Metallsäulen oder ähnliche architektonische Gestaltungselemente. Die leitfähigen Gestaltungen, die mit der → Fangeinrichtung oder mit → Ableitungen verbunden sind, die einen kleineren Abstand als den → Trennungsabstand s haben oder die nicht im → Schutzbereich sind, müssen unten geerdet und an der → Näherungsstelle verbunden werden. Bei den → Prüfungen entdeckt man häufig, dass gerade diese Stellen nicht richtig geschützt sind, da sie nicht oder nur nachträglich mit dem → Tiefenerder geerdet sind. Gerade bei Eingängen, die als Unterstellmöglichkeit dienen, bis z. B. das Gewitter vorbei ist, sind Personen gefährdet. Die nachträgliche, oft nicht ausreichende Erdung nur mit dem Tiefenerder verursacht eine → Schrittspannung. Der Architekt oder der Elektroplaner darf bei den Eingangsbereichen die → Erdungsmaßnahmen nicht vergessen und muss im Bedarfsfall auch Maßnahmen gegen → Schritt- und Berührungsspannung einplanen.

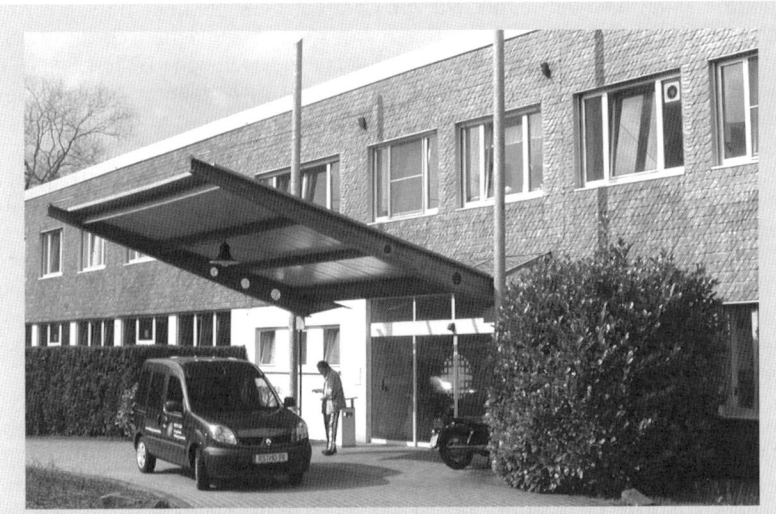

Bild E1   Die Personen unterhalb der Eingangsüberdachung sind in Gewitterzeit durch Berührungsspannung und entstehende Schrittspannung, die von der Erdoberfläche abhängig ist, gefährdet.
Foto: Kopecky

Einschlaghäufigkeit

Einschlaghäufigkeit ist nach der Vornorm DIN V 0185-2 (VDE V 0185 Teil 2):2002-11 [N22] unterteilt in Häufigkeit von direkten Blitzeinschlägen N_D, Häufigkeit von direkten Blitzeinschlägen in die eingeführte Versorgungsleitung N_L, Häufigkeit von Blitzeinschlägen neben der baulichen Anlage N_M und Häufigkeit von Blitzeinschlägen neben eingeführter Versorgungsleitung N_I. All diese Häufigkeiten beeinflussen die Abschätzung des Schadensrisikos für bauliche Anlagen.

Einschlagpunkt ist der Punkt, an dem ein Blitz ein $\longrightarrow$ Blitzschutzsystem oder eine bauliche Anlage, $\longrightarrow$ Erder, Baum usw. trifft.

Einzelerder sind $\longrightarrow$ Oberflächenerder, $\longrightarrow$ Tiefenerder oder $\longrightarrow$ Natürliche Erder.

Elektrische Feldkopplung $\longrightarrow$ Kopplungen

Elektroinstallationen $\longrightarrow$ Potentialausgleichsnetzwerk, $\longrightarrow$ Netzsysteme, $\longrightarrow$ TN-S-System, $\longrightarrow$ Kabelverlegung und Kabelführung

Elektromagnetischer Impuls des Blitzes [lightning electromagnetic impuls (LEMP)] beinhaltet alle transienten Erscheinungen von Blitzeinschlägen wie Blitzströme, elektrisches und magnetisches Feld des Blitzes und induzierte Spannungen und Ströme.

Elektromagnetische Verträglichkeit ist nach dem Gesetz über die elektromagnetische Verträglichkeit von Geräten, 18. September 1998, § 2, Abschnitt 9 [L29], die Fähigkeit eines Gerätes, in der elektromagnetischen Umwelt zufrieden stellend zu arbeiten, ohne dabei selbst elektromagnetische Störungen zu verursachen, die für andere in dieser Umwelt vorhandenen Geräte unannehmbar wären.

In Abschnitt 9 wird zwar nur der Begriff „Gerät" benutzt, aber in Abschnitt 3 wird erklärt, dass Geräte alle elektrischen und elektronischen Apparate, Systeme, Anlagen und Netze sind, die elektrische oder elektronische Bauteile enthalten; insbesondere sind hierunter die in Anlage I genannten Geräte zu verstehen.

In Anlage I sind nur die Geräte, die für dieses Buch wichtig sind, enthalten: Industrieausrüstungen, medizinische und wissenschaftliche Apparate und Geräte, informationstechnische Geräte, Haushaltsgeräte und Haushaltsausrüstungen, elektronische Unterrichtsgeräte, Telekommunikationsnetze und -geräte, Leuchten und Leuchtstofflampen.

Alle weiteren in dem Gesetz genannten Geräte können die bauliche Anlage ebenfalls stören, werden hier aber nicht genannt, da sie vom Leserkreis nicht installiert werden.

Elektrostatische Aufladung ist eine elektrische Feldstärke, die sich bei einem minimalen Abstand zwischen Geräten und z. B. Personen bildet. Aufladungen entstehen u. a. durch Bewegung von Personen über einen nicht geeigneten Fußboden, durch Reibung der Kleidung, durch rotierende Teile usw. Eine von mehreren Abhilfen ist das Ableiten von Aufladung z. B. in einem → EDV-Raum mittels eines leitfähigen Fußbodens oder → Doppelbodens.

Elektrotechnische Regeln sind unter dem Stichwort → Allgemein anerkannte Regeln der Technik beschrieben. Die Berufsgenossenschaften beschreiben die elektrotechnischen Regeln wie folgt:
„*Für das Inverkehrbringen und für die erstmalige Bereitstellung von Arbeitsmitteln, das sind Maschinen, Geräte, Werkzeuge und Anlagen, die bei der Arbeit benutzt werden, sind die Rechtsvorschriften anzuwenden, durch die die einschlägigen Gemeinschaftsrichtlinien auf der Grundlage der Artikel 100 und 100a des EG-Vertrages in deutsches Recht umgesetzt werden. Soweit diese Rechtsvorschriften nicht zutreffen, gelten die sonstigen Rechtsvorschriften, die die Beschaffenheit elektrischer Betriebsmittel regeln. Nach diesen Vorschriften sind bereits zahlreiche Normen oder andere technische Spezifikationen als anerkannte Regeln der Technik oder zur Beschreibung des → Standes der Technik bezeichnet (siehe laufende Bekanntmachungen des BMA im Bundesanzeiger und Bundesarbeitsblatt).*
Diese Normen und Spezifikationen haben auch für die Instandhaltung und Änderung elektrischer Betriebsmittel Bedeutung und sind in diesem Zusammenhang als ‚Elektrotechnische Regeln‘ i. S. der UVV ‚Elektrische Anlagen und Betriebsmittel‘ (VBG 4) anzusehen." [L2]

ELV [extra low voltage] ist eine Abkürzung für Kleinspannung $U \leq 50$ V AC oder 120 V DC.

EMI [electromagnetic interference] elektromagnetische Störung

EMV [electromagnetic compatibility (EMC)] elektromagnetische Verträglichkeit

EMVG → Elektromagnetische Verträglichkeit

EMV-Planung muss gewährleisten, dass die EMV-Maßnahmen mindestens nach den → anerkannten Regeln der Technik ausgeführt werden. Nähere Angaben → LEMP-Schutz-Management.

EMV-Umgebungsklassen sind entsprechend DIN EN 61000 2-4 (VDE 0839 Teil 2-4):2003-05 [EN21], Abschnitt 4, wie folgt gegliedert:
- EMV-Umgebungsklasse 1 mit Störpegel kleiner als in öffentlichen Netzen, z. B. bei der geschützten Versorgung für sehr empfindliche Betriebsmittel.
- EMV-Umgebungsklasse 2 gilt für den Verknüpfungspunkt mit dem öffentlichen Netz und für anlageninterne Anschlusspunkte in der industriellen Umgebung.
- EMV-Umgebungsklasse 3 gilt nur für anlageninterne Anschlusspunkte in industrieller Umgebung, aber nicht mehr für die öffentlichen Netze. Die Klasse besitzt höhere Verträglichkeitspegel der Störungen als die Klasse 2, wenn die Energieversorgung stark störende Lasten aufweist.

Endgeräteschutz

Endgeräteschutz ist sehr wichtig. Er ist hauptsächlich bei den Geräten zu installieren, die mit mehreren Netzen, wie z. B. energietechnischen und informationstechnischen Netzen, verbunden sind (**Bild E2** und → Datenverarbeitungsanlagen). Die Netze können unterschiedliche Potentiale durch → Einkopplungen oder andere Störungen aufweisen. Für diese Endgeräte sind Kombigeräte, die einen örtlichen → Potentialausgleich zwischen den Netzen in einem Störungsfall herstellen, gut geeignet.

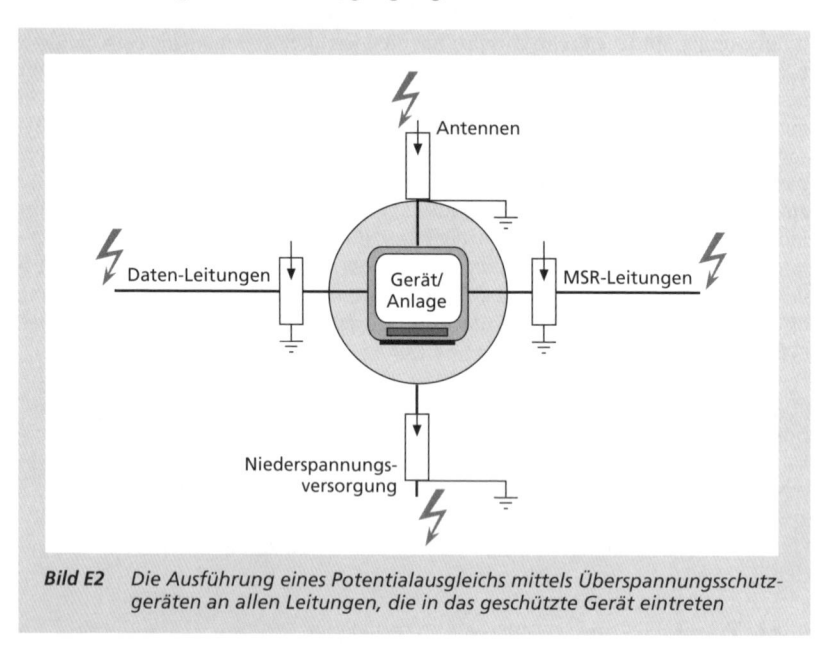

Bild E2 Die Ausführung eines Potentialausgleichs mittels Überspannungsschutzgeräten an allen Leitungen, die in das geschützte Gerät eintreten

Energiefestigkeit W_{max} ist die maximale Energie, die eine elektrische Einrichtung ohne Beschädigung übersteht.

Energiewirtschaftsgesetz. Nach § 1 der Zweiten Verordnung des Energiewirtschaftsgesetzes in der Fassung vom 12. 12. 1985 sind bei der Errichtung von Anlagen zur Erzeugung, Fortleitung und Abgabe von Elektrizität die → allgemein anerkannten Regeln der Technik zu beachten. Von diesen darf abgewichen werden, soweit die gleiche Sicherheit auf andere Weise gewährleistet ist. Soweit Anlagen aufgrund von Regelungen der Europäischen Gemeinschaft dem in der Gemeinschaft abgegebenen Stand der Sicherheitstechnik entsprechen müssen, ist dieser maßgebend.

Die Einhaltung der → allgemein anerkannten Regeln der Technik oder des in der Europäischen Gemeinschaft gegebenen Standes der Sicherheitstechnik wird vermutet, wenn die technischen Regeln des Verbandes der Elektrotechnik, Elektronik und Informationstechnik (VDE) beachtet worden sind.

Entkopplungsdrossel

Entflammbare Wände. Besteht eine Wand aus entflammbarem Werkstoff, müssen die → Ableitungen, die mit ihrer Temperaturerhöhung die Wände gefährden, nach Vornorm DIN V 0185-3 (VDE V 0185 Teil 3):2002-11 [N23], Abschnitt 4.3.4 einen Abstand zur Wand größer als 0,1 m besitzen. Befestigungsstützen dürfen die Wand berühren (→ Brennbares Material).

Entkopplung. Bei der Installation der → Blitz- und Überspannungsschutzgeräte (SPDs) der Klassen I, II und III – auch als mehrstufige Schutzbeschaltung bekannt – müssen die einzelnen Schutzelemente der unterschiedlichen Klassen gegeneinander entkoppelt werden. Zur Entkopplung der Schutzelemente werden Induktivitäten als zusätzliche Bauelemente oder die Eigeninduktivitäten der Leitungen selbst verwendet.

Die Entkopplungslängen sind von den installierten SPDs abhängig und bewegen sich zwischen 10 und 15 m. Alle SPD-Hersteller geben auf der „Einbauanweisung" an, wie groß die Entkopplungslängen sein müssen. Seit dem Jahr 2001 gibt es auf dem Markt auch SPDs der Klasse I mit niedrigerem Spannungspegel, die keine Entkopplung benötigen. Außerdem sind auch so genannte → Kombiableiter auf dem Markt, die schon über eingebaute Überspannungsschutzelemente der Klassen I und II verfügen. All diese SPDs benötigen keine Entkopplungen, → Entkopplungsdrossel.

Die SPDs der Informationstechnik verfügen oft schon über eine eingebaute Entkopplung direkt im SPD selbst. Der Monteur muss lediglich bei der Installation kontrollieren, ob nicht z. B. sein Mitbewerber schon eine SPD eingebaut hat. Das kann z. B. beim → Breitbandkabel (BK) oder anderen → Telekommunikationskabeln passieren. In der Übergabedose von BK ist oft innen eine SPD eingebaut (muss geerdet werden!). In diesem Fall soll die nächste SPD einen Mindestabstand von 1 m zu der vorherigen SPD in der Übergabedose haben.

Entkopplungsdrossel. Auf dem Markt sind Entkopplungsdrosselspulen mit 35 A und 63 A noch problemlos zu beschaffen. Größere Entkopplungsspulen der Reihen 125 A und 250 A mussten beim SPD-Hersteller bestellt werden. Die Entkopplungsdrosseln begrenzten mit ihrem Nennstrom die Leistung der geschützten Anlage und auch die vorgeschaltete → Vorsicherung musste entsprechend bemessen sein. Die Entkopplungsdrosseln werden jetzt durch die neuen SPDs mit niedrigerem Spannungspegel der Klasse I und durch → Kombiableiter ersetzt, wodurch die weiter unten beschriebenen Mängel entstehen können.

SPDs der Klasse II hinter den Entkopplungsdrosseln schützen nur die Einrichtungen, die parallel zu diesen SPDs angeschlossen sind. Die Einrichtungen, die an den → Sammelschienen angeschlossen sind, werden nur von den SPDs der Klasse I geschützt. Bei Prüfungen wird oft der im **Bild E3** gezeigte falsche Anschluss entdeckt. Dies resultiert daraus, dass u. a. die Pläne für die Verdrahtung der Entkopplungsdrosseln (**Bild E3**) oft schon vom Planer falsch gezeichnet werden.

Eine wichtige Information für Planer und auch für Installationsfirmen ist, dass bei der Installation von SPDs der Klasse I zwar „nur" 3 SPDs im → TN-C-System benötigt werden, wenn aber aus dem TN-C-System ein neues → TN-S-

Erdblitz

System entsteht, müssen auch für den → N-Leiter eine Entkopplung (Drossel oder Leitungslänge) und eine SPD der Klasse II geplant und installiert werden.

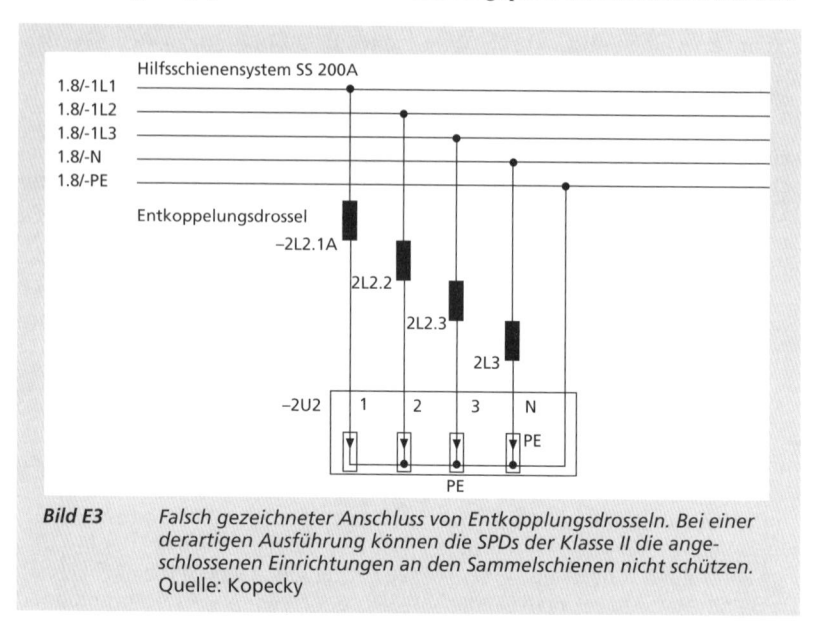

Bild E3 *Falsch gezeichneter Anschluss von Entkopplungsdrosseln. Bei einer derartigen Ausführung können die SPDs der Klasse II die angeschlossenen Einrichtungen an den Sammelschienen nicht schützen.*
Quelle: Kopecky

Erdblitz ist eine elektrische Entladung atmosphärischen Ursprungs zwischen Wolke und Erde. Der Erdblitz besteht aus einem oder mehreren Teilblitzen.

Erdblitzdichte. Die Erdblitzdichte ist in der Vornorm DIN V 0185-2 (VDE V 0185 Teil 2):2002-11 [N22], Anhang E (informativ) festgehalten.

In der **Tabelle E1** sind nach der Blitzstatistik der Jahre 1992 bis 2000 die Mittelwerte der Erdblitzdichte in einem Raster 50 km x 50 km auf der Deutschlandkarte eingezeichnet. Weil dieses Raster sehr groß ist, muss ein Sicherheitszuschlag von 25 % zu den dort empfohlenen Werten addiert werden.

Genaue Informationen über die Erdblitzdichte in Deutschland kann man bei → BLIDS (Blitz Informationsdienst von Siemens) erhalten.

Erde. Außer weiteren Bedeutungen, die in diesem Buch genannt sind, versteht man unter Erde die Bodenart, z.B. Moor, Humus, Sand, Kies und Gestein.

Erdeinführungen mussten nach den zurückgezogenen Normen ab der Erdoberfläche nach oben und nach unten mindestens auf 0,3 m gegen Korrosion geschützt werden. Die Erdeinführungen aus V4A Werkstoffnummer 1.4571 müssen nicht gegen → Korrosion gesichert werden.

Werkstoff, Form und Mindestquerschnitte der Erdeinführungen kann man aus der **Tabelle W1** unter dem Stichwort → Werkstoffe entnehmen.

Erdeinführungen

Bei noch nicht beendeten Baustellen muss der Monteur bei der Installation der Erdeinführungen in Erfahrung bringen, auf welcher Ebene die zukünftige Erdoberfläche liegt. Es geschieht häufig, dass sich die Erdeinführungen dann zu tief im Erdbereich befinden und der Korrosionsschutz nur unterhalb der Erde vorliegt oder umgekehrt. Die Befestigung der Erdeinführung soll in gleichen Abständen erfolgen. Es empfiehlt sich, auf der Wasserwaage Markierungen für die erste und auch die zweite Erdeinführungsbefestigung anzubringen und diese auch bei der Bohrung zu benutzen. In DIN 48 803 „Blitzschutzanlage, Anordnung von Bauteilen und Montagemaße":1985-03, Bild 1, beträgt die Erdeinführung oberhalb des Erdniveaus 1,5 m. Nur im → RAL-Pflichtenheft [L14], Abschnitt Erdeinführung, ist eine Länge von 0,8 bis 1,0 m vorgeschrieben und die erste Erdeinführungsstütze wird 0,3 m vom Erdniveau installiert. Die zweite Stütze ist 0,3 m unterhalb des Trennstückes montiert und damit kann das → Trennstück unproblematisch geöffnet werden. Die nächste Ableitungsstütze oder der Regenfallrohranschluss ist vom Trennstück auch 0,3 m entfernt (**Bild E4**).

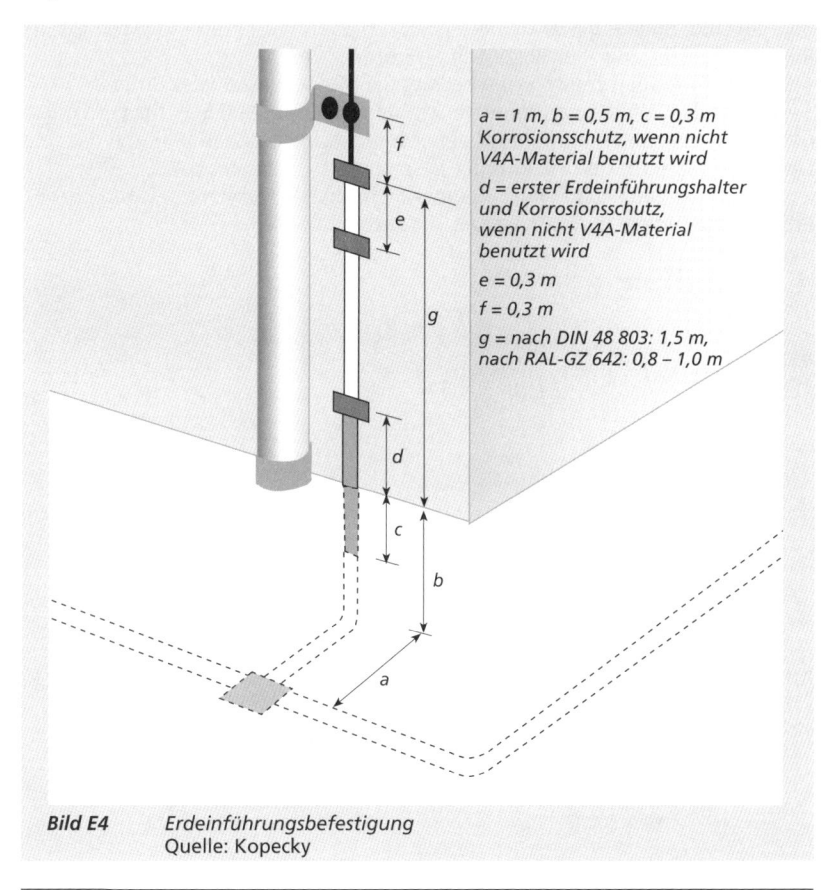

$a = 1\,m$, $b = 0,5\,m$, $c = 0,3\,m$
Korrosionsschutz, wenn nicht V4A-Material benutzt wird

d = erster Erdeinführungshalter und Korrosionsschutz, wenn nicht V4A-Material benutzt wird

$e = 0,3\,m$

$f = 0,3\,m$

g = nach DIN 48 803: 1,5 m, nach RAL-GZ 642: 0,8 – 1,0 m

Bild E4 *Erdeinführungsbefestigung*
Quelle: Kopecky

Erder

Erder [earth electrode] ist ein Teil oder sind mehrere Teile der → Erdungsanlage aus leitfähigem Material, die den direkten elektrischen Kontakt mit der Erde im Erdbereich oder dem → Fundamenterder herstellen.

Erder-Reparatur. Bei der Reparatur hochohmiger → Erder sollten diese mit einem → Oberflächenerder zum nächsten niederohmigen Erder verbunden werden. Die Reparatur nur mit einem → Tiefenerder verursacht eine Vergrößerung des → Trennungsabstandes s. Kann man an der Reparaturstelle nur einen Tiefenerder installieren, so muss dieser mit dem „benachbarten" Erder verbunden werden. Die Verbindung kann auch oberhalb des Erdreiches oder auch als Verbindung zum inneren Potentialausgleichsring ausgeführt werden.

Erder-Werkstoffe → Werkstoffe

Erder, Typ A sind nach Vornorm DIN V 0185-3 (VDE V 0185 Teil 3):2002-11 [N23], HA 1, Abschnitt 4.4.2.1, horizontale → Strahlenerder (→ Oberflächenerder) oder Vertikalerder (→ Tiefenerder), die mit den → Ableitungen verbunden sind. Auch ein → Ringleiter, dessen Kontakt mit der Erde weniger als 80 % der Gesamtlänge beträgt, ist ein → Erder Typ A.

Bei der Erderanordnung Typ A beträgt die Mindestanzahl der Erder 2.

Die Mindestlänge für horizontale Strahlenerder l_1 oder $0{,}5 \cdot l_1$ für Vertikalerder ist **Bild E5** zu entnehmen. Bei den → Blitzschutzklassen III und IV ist eine Länge von 2,5 m für den Tiefenerder ausreichend.

Die Mindestlänge nach **Bild E5** muss nicht installiert werden, wenn ein → Erdungswiderstand von weniger als 10 Ω erreicht wird.

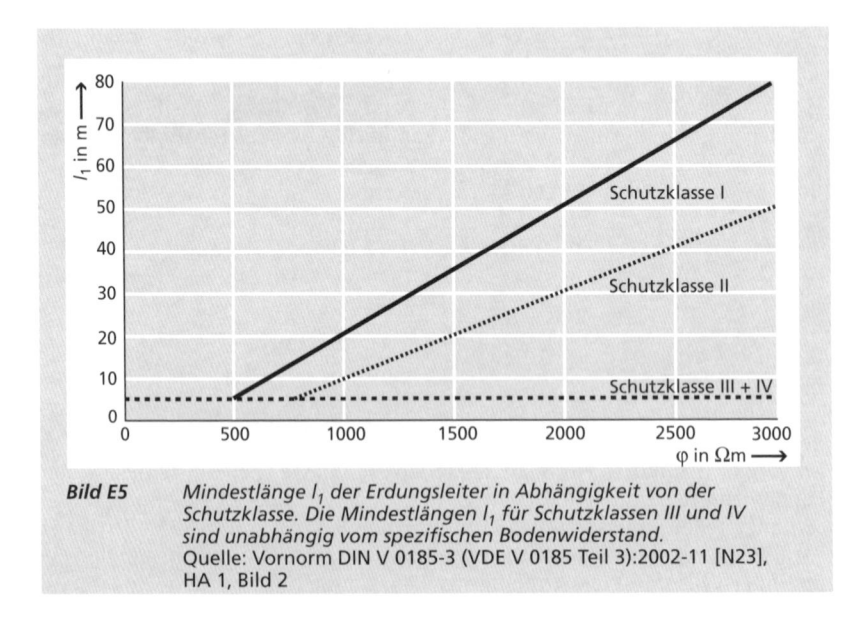

Bild E5 Mindestlänge l_1 der Erdungsleiter in Abhängigkeit von der Schutzklasse. Die Mindestlängen l_1 für Schutzklassen III und IV sind unabhängig vom spezifischen Bodenwiderstand.
Quelle: Vornorm DIN V 0185-3 (VDE V 0185 Teil 3):2002-11 [N23], HA 1, Bild 2

Erder, Typ B ist nach Vornorm DIN V 0185-3 (VDE V 0185 Teil 3):2002-11 [N23], HA 1, Abschnitt 4.4.2.2, ein ⟶ Ringerder außerhalb der baulichen Anlage, der mit mindestens 80 % seiner Länge Kontakt mit der ⟶ Erde hat, oder ein ⟶ Fundamenterder.

Bei der ⟶ Erdungsanlage Typ B darf der ⟶ mittlere Radius r des von der ⟶ Erdungsanlage (Ringerder, Fundamenterder) eingeschlossenen Bereichs nicht weniger als l_1 betragen.

$r \geq l_1$

l_1 ist aus dem **Bild E5**, abhängig von der ⟶ Blitzschutzklasse zu entnehmen. Wenn der geforderte Wert von l_1 nicht erreicht wird, müssen zusätzliche ⟶ Strahlen- oder Vertikalerder (auch Schrägerder) hinzugefügt werden. Die hinzugefügte Länge ist der Unterschied zwischen l_1 und r.

Die erforderliche Länge für die zusätzlichen Horizontalerder beträgt:

$l_r = l_1 - r$

Die erforderliche Länge für die zusätzlichen Vertikalerder beträgt:

$l_v = \dfrac{l_1 - r}{2}$

Die zusätzlichen Erder müssen bei allen ⟶ Ableitungen ausgeführt werden, mindestens jedoch 2 Stück.

Beispiel:
Bei einem geplanten Gebäude entsprechend **Bild E6** mit der ⟶ Blitzschutzklasse II und dem spezifischen Erdwiderstand 700 Ωm müssen keine zusätzlichen Erder installiert werden. Wenn für dieses Gebäude die Blitzschutzklasse I ermittelt würde, betrüge die Mindestlänge l_1 nach **Bild E5** bei einem Bodenwiderstand von 700 Ωm = 10 m. Das ergibt:

$l_r = l_1 - r \qquad l_r = 10 - 8{,}37 \qquad l_r = 1{,}63$

$l_v = \dfrac{l_1 - r}{2} \qquad l_v = \dfrac{10 - 8{,}37}{2} \qquad l_v = \dfrac{1{,}63}{2} \qquad l_v = 0{,}815$

Für Planer, Hersteller und Prüfer bedeutet das, dass schon bei der Planung der Erweiterung der ⟶ Erdungsanlage trotz des guten ⟶ Fundamenterders im Vergleich zur alten Norm an 22 Stellen (bei Klasse I) die Austritte aus dem Fundamenterder mit einbezogen werden müssen. Alle 22 Ableitungsstellen (Erdungsstellen) müssen mit 1,63 m horizontalen oder mit 0,82 m vertikalen ⟶ Erdern erweitert werden. Die Erweiterung kann aus Korrosionsgründen nur mit Erdern aus V4A Werkstoffnummer 1.4571 ausgeführt werden.

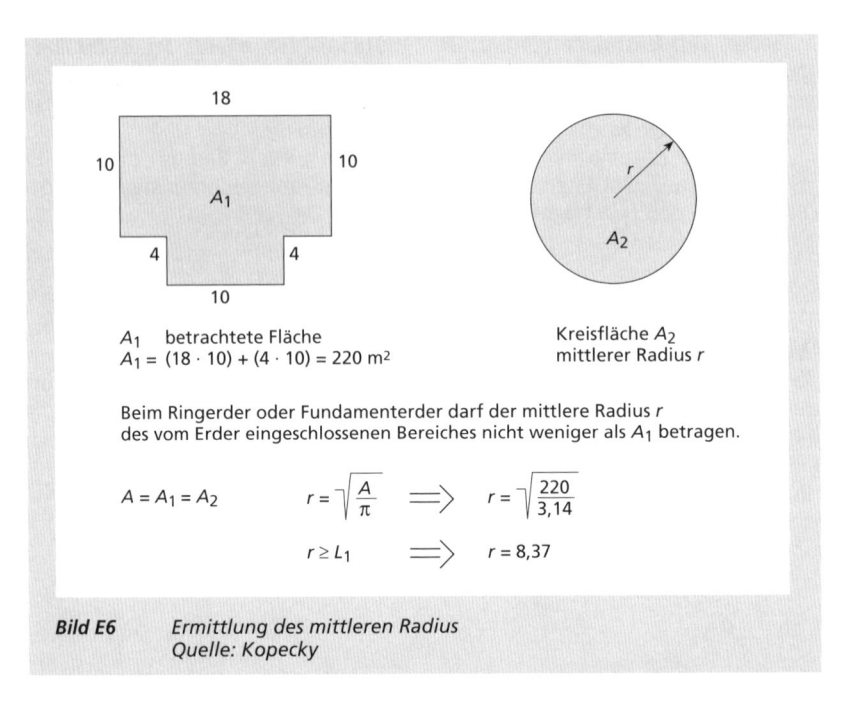

Erdernetz

A_1 betrachtete Fläche
$A_1 = (18 \cdot 10) + (4 \cdot 10) = 220 \text{ m}^2$

Kreisfläche A_2
mittlerer Radius r

Beim Ringerder oder Fundamenterder darf der mittlere Radius r des vom Erder eingeschlossenen Bereiches nicht weniger als A_1 betragen.

$$A = A_1 = A_2 \qquad r = \sqrt{\frac{A}{\pi}} \implies r = \sqrt{\frac{220}{3{,}14}}$$

$$r \geq L_1 \implies r = 8{,}37$$

Bild E6   *Ermittlung des mittleren Radius*
Quelle: Kopecky

Erdernetz [earth electrode] ist ein leitfähiges Material oder sind mehrere leitfähige Materialien, die guten Kontakt mit der Erde haben und eine elektrische Verbindung bilden.

Erderspannung ist der Potentialunterschied zwischen der Erdungsanlage und der fernen Erdungsanlage.

Erdertiefe. Die Oberflächenerder sind in mindestens 0,5 m Tiefe und in 1m Abstand zur baulichen Anlage zu verlegen. Die Erderlängen der → Tiefenerder für die Antennen sollen 2,5 m [N38, N39] betragen; diese Erderlängen gelten außerdem bei Blitzschutzanlagen nach [N23], Bild 1, sowie bei Anlagen der Blitzschutzklassen III und IV. Bei den Blitzschutzklassen I und II ist die Mindestlänge vom spezifischen Bodenwiderstand abhängig. In der [N23], HA 1, Abschnitt 4.4.2.1, Anmerkung 2, ist festgehalten, dass die Mindestlänge nicht installiert werden muss, wenn der Erdungswiderstand weniger als 10 Ω beträgt. Auf der anderen Seite wird in der Anmerkung 4 beschrieben, dass sich Tiefenerder von 9 m Länge als vorteilhaft erwiesen haben.

Erdfreier örtlicher Potentialausgleich ist eine Alternative zum EMV-freundlichen → Potentialausgleich, wenn in seiner Umgebung Hochstromanlagen installiert sind. Damit können keine oder nur geringe Ausgleichsströme über die → Kabelschirme und alle angeschlossenen Einrichtungen fließen und die angeschlossene Technik stören.

Erdungsanlage ist ein Teil des → Äußeren Blitzschutzes, der den Blitzstrom in die Erde leiten und verteilen oder bei Erdblitzen aufnehmen soll.

Die → Erdungsanlage kann aus → Fundamenterder, → Oberflächenerder, → Tiefenerder oder deren Kombinationen bestehen.

Erdungsanlage – Berechnung. Berechnung der Erdungsanlage → Erder Typ A, → Erder Typ B und → Erdungsanlage – Größe.

Erdungsanlage – Größe. Nach den zurückgezogenen Blitzschutznormen war ein → Fundamenterder ausreichend. Nach Vornorm DIN V 0185-3 (VDE V 0185 Teil 3):2002-11 [N23], HA 1, Abschnitt 4.4.2.2, soll nun ein → Ringerder möglichst als geschlossener Ring um das Außenfundament des Gebäudes verlegt werden. Ist ein geschlossener Ring außen um die bauliche Anlage nicht möglich, so ist es zweckmäßig, den Teilring zur Vervollständigung des → Blitzschutzpotentialausgleichs durch Leitungen im Inneren zu ergänzen. Wenn das alles nicht realisierbar ist, muss die kontrollierte → Erdungsanlage hinsichtlich ihrer Länge den Bedingungen für → Einzelerder nach [N23], HA 1, Abschnitt 4.4.2.2, für jede der mindestens erforderlichen → Ableitungen entsprechen. Die Größen der Erdungsanlagen werden unter den Stichworten → Erder Typ A und → Erder Typ B beschrieben.

Erdungsanlage – Prüfung. Bei der → Prüfung der → Blitzschutzanlage muss die Erdungsanlage dahin gehend überprüft werden, ob sie nach den gültigen Normen ausgeführt ist. Gerade bei den Erdungsanlagen, die nachträglich oft schwierig zu kontrollieren sind, werden die meisten Mängel entdeckt. Nach der Vornorm DIN V 0185-3 (VDE V 0185 Teil 3):2002-11 [N23], HA 3, Abschnitt 4.2 müssen bei bestehenden Erdungsanlagen, die älter als 10 Jahre sind, der Zustand und die Beschaffenheit der Erdungsanlage und deren Verbindungen durch punktuelle Freilegungen beurteilt werden. Nicht nur die „Blitzschutznormen", sondern auch DIN VDE 0105 Teil 100:2000-6 „Betrieb von elektrischen Anlagen"; Abschnitt 5.3.101.1.12, und DIN VDE 0101 (VDE 0101):2000-01 [N14], Abschnitt 9.8.1 schreiben schon nach 5 Jahren eine Kontrolle vor. Die Stichprobengrabung dient dem Zweck, eine eventuelle Korrosion der Erdungsanlage überprüfen zu können.

Die geforderten → Messungen an der Erdungsanlage und an den Verbindungen zum → Blitzschutzpotentialausgleich sind unter eigenem Stichwort beschrieben.

Es ist außerdem wichtig zu kontrollieren, ob die Erdungsanlage entsprechend der baulichen Anlage ausreichend groß ist oder nicht. Man vergleicht dazu die Erdungsanlage mit den Forderungen der Normen aus dem Jahr der Installation. Zur korrekten Beurteilung der Erdungsanlage nach den → „neuen" Normen muss man bei der → Prüfung von baulichen Anlagen mit den → Blitzschutzklassen I und II zusätzlich den → spezifischen Erdwiderstand messen.

Erdungsanlage auf Felsen

Beispiel für den Prüfer.
→ Erdungsanlage – Größe nach Vornorm DIN V 0185-3 (VDE V 0185 Teil 3):2002-11 [N23], HA 3, Abschnitt 4.2.

Bei einer baulichen Anlage, wie auf **Bild M16** zu sehen, wurde durch die beschriebene Messungsart ermittelt, dass bei der → Erdungsanlage kein geschlossener Ring außen um die bauliche Anlage installiert wurde und dass sie nicht durch den → Potentialausgleich im Keller vervollständigt wurde. Bei dem Gebäude mit den Maßen 60 m x 60 m und dem Innenhof mit den Maßen 10 m x 10 m müssen im Innenhof 2 Ableitungen und am Umfang der baulichen Anlage außen noch nach den alten, zurückgezogenen Normen insgesamt (60 + 60 + 60 + 60 = 240 : 20 = 12) 12 und nicht 10 Ableitungen sowie die zugehörige Erdungsanlage angebracht werden.

Der → Prüfer kann nicht wissen, ob beim → Erdungsband als → Oberflächenerder, z. B. zwischen EE 4 und EE 7, nicht doch zusätzlich ein oder mehrere → Tiefenerder installiert wurden. Bei feuchtem Tonboden wurde am Tag der Kontrolle ein → spezifischer Erdwiderstand von 90 Ωm gemessen somit kann bei Erden mit 2,9 Ω das installierte Erdungsmaterial „ungefähr" wie folgt kontrolliert werden:

$$L = \frac{2 \cdot \rho_E}{R_E} \qquad L = \frac{2 \cdot 90\,\Omega m}{2,9\,\Omega} \qquad L = 62\,m$$

Durch diese Berechnung erfährt der → Prüfer, dass EE 4 bis EE 7 nur mit einem Erdungsband als → Oberflächenerder mit einer Gesamtlänge von 62 m „verbunden" sind. Die Berechnung ermittelt nicht die genaue Länge, da sich unterschiedliche Erdungsschichten an der kontrollierten Stelle befinden können und es dadurch zu Abweichungen bei den Ergebnissen kommen kann. Mit einer bestimmten Toleranz muss einfach gerechnet werden. Die Messung bestätigt jedoch, dass die Banderdungsanlage zwischen EE4 und EE7 nicht mit einem 9 m in die Erde reichenden Tiefenerder ergänzt wurde.

Weitere Teile der Kontrolle der Erdungsanlage sind die → Prüfung der Ausführung, der Tiefe und des Abstandes zu der zu schützenden Anlage sowie des benutzten Materials. Die Prüfung des Materials umfasst sowohl die Kontrolle der direkten Verbindungen unterschiedlicher Werkstoffe im Erdbereich, aber auch die gleicher Werkstoffe, z. B. Fundamenterder mit Oberflächen- oder Tiefenerdern aus verzinktem Material (→ Korrosion).

Erdungsanlage auf Felsen. Eine gute → Erdungsanlage für eine bauliche Anlage auf Felsen ist schwierig realisierbar. Nach den zurückgezogenen Normen mussten die → Ableitungen an eine etwa 2 m entfernte Ringleitung angeschlossen werden. An diese Ringleitung installierte man zwei → Strahlenerder von je 20 m Länge außerhalb begehbarer Wege, vor allem talwärts. Befanden sich in der Nähe feuchte Stellen oder auch Felsspalten, dann mussten die Strahlenerder an diese Stellen herangeführt werden. Die Ring- und Strahlenerder mussten auf der Erdoberfläche mit Klammern oder Beton befestigt werden.

Auch die neue Vornorm DIN V 0185-3 (VDE V 0185 Teil 3):2002-11 [N23], HA 4, Abschnitt 2.3.5 übernimmt die alten Erfahrungen mit der Priorisierung eines Fundamenterders, weil er auch als Potentialausgleichsleiter dient. Ab den Prüfklemmen sollten dann die zusätzlichen Erder wie oben beschrieben installiert werden. Wo sich keine → Fundamenterder befinden oder ausgeführt werden können, ist ein → Erder Typ B (ein → Ringerder) zu installieren.

Bei den Ausführungen der → Erdungsanlage darf nicht die Gefahr der → Schritt- und Berührungsspannung vergessen werden. In diesem Fall muss in dem → Eingangs- oder Wegbereich eine → Potentialsteuerung und/oder → Standortisolierung der Oberflächenschicht durchgeführt werden.

Erdungsbezugspunkt [earthing reference point (ERP)] ist eine einzige Erdungsstelle für alle Potentialausgleichsanschlüsse und Erdungen von Überspannungsschutzgeräten.

Erdungsfestpunkt verbindet die Erdungs- und Potentialausgleichsmaßnahmen mit der Armierung baulicher Anlagen. Er kann als Anschlussstelle der Ableitungen an die Erdungsanlage dienen. Die Anschlussstelle bildet dann gleichzeitig die Trennstelle.

Bei Fugen der einzelnen Stahlbetonabschnitte verwendet man die Erdungsfestpunkte auch als Anschlussstelle für die Überbrückung. Beim Inneren Blitzschutz ist dies eine „intelligente" Ausführung der Potentialausgleichsmaßnahmen.

Erdungsleiter [earthing network] ist ein Leiter, der die Potentialausgleichsschiene (Haupterdungsklemme) mit dem Erder verbindet.

Erdungsleiter – paralleler (PEC) [parallel earthing conductor (PEC)] ist ein neben den hauptsächlichen → Telekommunikationskabeln parallel installierter → Erdungsleiter mit dem Ziel, die → Induktionsschleife klein zu halten. Der parallel installierte Erdungsleiter entlastet auch die parallel verlegten Kabel und Leitungen von alternativen Ausgleichsströmen.

Der Begriff Erdungsleiter – paralleler (PEC) ist ein Begriff aus den Telekommunikationsnormen der VDE 0800-er Reihe. Der → Erdungsleiter der Blitzschutznormen wird unter dem Begriff → Erdungsleiter beschrieben.

Erdungsmessgerät → Messgeräte und Prüfgeräte

Erdungswiderstand → Äquivalente Erdungswiderstände, → Ausbreitungswiderstand und → Messungen – Erdungsanlage

Ereignis – gefährliches entsteht durch einen Blitzschlag in die oder neben die bauliche Anlage oder in eine in die bauliche Anlage eingeführte Versorgungsleitung.

Erhöhungsfaktor h ist der Schadensfaktor der Gefährdungen einer baulichen Anlage bei der → Schutzklassen-Ermittlung.

Errichter von Blitzschutzsystemen ist eine Person, die kompetent und erfahren in der Errichtung der → Blitzschutzsysteme (LPS) ist. → Errichter und → Planer eines Blitzschutzsystems kann ein- und dieselbe Person sein.

ESE-Einrichtungen

ESD [electrostatic discharge] ist eine Störung durch energiearme ⟶ Überspannungen, die durch elektrostatische Entladung verursacht werden.

ESE-Einrichtungen [early streamer emission devices] oder mit anderen Worten ionisierende Fangeinrichtungen sollen durch eine verstärkte Emission von Ionen das Einfangen der Blitze verbessern. Die behauptete erhöhte Schutzwirkung von ionisierenden Fangeinrichtungen ist wegen der ungenügend bekannten Durchschlagsprozesse und der Schwierigkeit ihrer Nachbildung wissenschaftlich höchst umstritten [L27].

Die ESE-Anlagen entsprechen weder den internationalen (IEC) noch den ⟶ nationalen Vorschriften (DIN VDE) und sind daher abzulehnen.

F

Fangeinrichtung ist der Teil des → Äußeren Blitzschutzes, der zum Auffangen der Blitze bestimmt ist. Die → Fangeinrichtung wird nach Vornorm DIN V 0185-3 (VDE V 0185 Teil 3):2002-11 [N23], HA 1, Abschnitt 4.2 errichtet.

Eine Fangeinrichtung kann durch vermaschte Leiter, → Fangstangen, → Fangspitzen oder auch gespannte Drähte und Seile bzw. ihre Kombinationen entstehen. Auch → natürliche Bestandteile der geschützten Anlage können benutzt werden.

Bei einem Vergleich der neuen Vornorm zu der alten Norm wird jetzt zusätzlich das → Blitzkugelverfahren zur Festlegung der Anordnung und der Lage der Fangeinrichtung eingesetzt. Das → Blitzkugelverfahren wird hauptsächlich komplizierten Anlagen empfohlen, ansonsten verwendet man das → Schutzwinkelverfahren. Für ebene Flächen wird das alte Verfahren (das Maschenverfahren) weiter benutzt.

Die Fangeinrichtung muss alle bevorzugten Einschlagstellen auf Gebäuden, z. B. Firste, Grate, Giebel und Traufkanten, Giebel- und Turmspitzen, Mauerkronen, Fialen, Gaupen und andere → Dachaufbauten, schützen. Die Fangeinrichtung wird dicht an den Gebäudeaußenkanten verlegt. Sind die Fangleitungen unterhalb der Gebäudekanten installiert, dann müssen alle 5 m Fangspitzen aufgestellt werden, die die Gebäudekanten mindestens um 0,3 m überragen.

Die Fangleitungen auf dem First müssen an den Firstenden um mindestens 0,3 m aufwärts gebogen werden.

Dachaufbauten, die 1 m² Grundfläche aufweisen oder 2 m lang sind, weniger als 0,5 m von der Fangeinrichtung entfernt sind und mehr als 0,3 m aus der Maschenebene oder dem → Schutzbereich herausragen, müssen geschützt werden.

Bei der Installation der Fangeinrichtung auf dem Dach nach dem Maschenverfahren empfiehlt es sich genau zu überlegen, wie und wo die Fangleitungen verlegt werden sollen. In erster Linie sind sie immer entlang dem Umfang des Gebäudes anzubringen, wenn dort keine benutzbaren Blechaußenkanten oder → Dachrinnen vorhanden sind. Leitungskreuzungen auf dem Dach sollten dort vorgesehen werden, wo sich die → Ableitungen befinden. Das bedeutet, dass die Querleitungen an den Stellen installiert werden, wo schon → Regenfallrohre oder installierte oder geplante Ableitungen vorhanden sind. Außerdem müssen die Querleitungen so verlegt werden, dass diese keine → Näherungen mit den → Dachaufbauten auf dem Dach verursachen und dabei auch nicht ein bestimmtes Maschenweitemaß überschreiten. Ein Dach ohne Dachaufbauten kann man nach der Maschenweite planen, ein Dach mit Dachaufbauten muss oft auch mehrere kleinere Maschen erhalten.

Fangeinrichtung auf Isolierstützen

Die Fangleitung mit dem gerichteten Draht (nicht nur ausgerollter Draht) wird in der Linie der Maschen verlegt. Erfahrene Handwerker besitzen das richtige Schrittmaß für den Abstand der Dachleitungshalter (auch „Steine" genannt), andere benutzen einen Drahtmaßstab. Wenn es nicht sehr windig ist, wird die Verwendung eines Bandmaßes empfohlen, weil dies in erster Linie die Richtung, aber auch den Abstand zwischen den Dachleitungshaltern zeigt. Auch an den Schweißnähten der Dachfolien kann man sich bezüglich der Richtung oder der Abstände orientieren. Die Dachleitungshalter sollten, wenn sie nicht zum Kleben vorbereitet sind, auch auf glatten Dächern, hauptsächlich Foliendächern, gegen Rutschen abgesichert werden.

Bei → Fangeinrichtungen, die z. B. Rohrleitungen von Rückkühlgeräten oder andere Kabelinstallationen kreuzen, soll auf beiden Seiten der → Kreuzung die Fangstange in sicherem Abstand, der größer als der → Trennungsabstand s ist, installiert und ein Draht zwischen den beiden Fangstangen oben an der Spitze befestigt werden.

Diese Art der Kreuzung ist ähnlich der Ausführung der Fangeinrichtung mit gespannten Drähten oder Seilen, wie auf **Bild F1** zu sehen ist. Eine weitere Alternative stellt die Verwendung einer → HVI®-Leitung dar.

Bild F1 Fangeinrichtung mit gespannten Drähten
Foto: J. Pröpster GmbH

Fangeinrichtung auf Isolierstützen. Wenn unterhalb der Dachhaut Installationen durch → Näherungen gefährdet sind, wenn Ex-Gebäude vorliegen, wenn Einrichtungen auf dem Dach oder andere Installationen durch Kreuzungen mit → Fangeinrichtung gefährdet sind, müssen die Fangeinrichtungen auf Isolierstützen montiert werden. Diese Installationsart kann auch bei nicht ausreichend dicken Blechdächern als Schutz gegen Ausschmelzen von Blechen verwendet werden. Die Länge der Isolierstützen muss größer als der notwendige → Trennungsabstand s auf dem Dach sein. Siehe auch → Fangstangen.

Fangeinrichtung gegen Seiteneinschläge. Nach der Vornorm DIN V 0185-3 (VDE V 0185 Teil 3):2002-11 [N23], HA 1, Abschnitt 4.2.3 muss eine

Fangspitzen

Fangeinrichtung gegen Seiteneinschläge nur an den oberen 20 % bei Gebäuden über 60 m Höhe installiert werden.

In der Anmerkung 2 der Vornorm heißt es aber, dass die elektronischen Einrichtungen an der Gebäudeaußenseite schon bei kleinem Blitzstromscheitelwert beschädigt werden können. Dann muss das Erfordernis der Schutzmaßnahmen überprüft werden.

Seitlich am Gebäude angebrachte Reklameschilder sind ein Beispiel für solche elektronischen Einrichtungen. Durch den → Seitenblitzschlag kann Teil- oder die gesamte Blitzenergie ins Gebäudeinnere eindringen und großen Schaden verursachen.

Bei Gebäuden kleiner 60 m muss das Blitzkugelverfahren angewandt werden. Wie auf **Bild B1** zu sehen ist, müssen alle Flächen und Kanten, die die Blitzkugel der Blitzschutzklasse überrollen kann, eine Fangeinrichtung erhalten.

Fangeinrichtung und Wasseransammlung. Die → Fangeinrichtung auf Dächern, auf denen sich Wasser ansammeln kann, sollte nach Vornorm DIN V 0185-3 (VDE V 0185 Teil 3):2002-11 [N23], HA 1, Abschnitt 4.2.5 Anmerkung 2 oberhalb des maximalen Wasserspiegels angeordnet werden. Die negativen Erfahrungen zeigen, dass es durch den elektrohydraulischen Effekt zum Absturz der baulichen Anlagen – Hallen kommen kann, wenn die Fangleitung mit Blitzenergie belastet ist.

Fangmasten. Nicht überall lassen sich getrennte Fangeinrichtungen oder → HVI®-Leitungen installieren. Manchmal sind auch die → Fangstangen nicht ausreichend hoch. In solchen Fällen kann man Fangmasten benutzen, die jetzt auch mit einer Höhe von 8 m und mehr angeboten werden.

Fangspitzen. Nach der alten zurückgezogenen Blitzschutznorm durfte die Fangspitze aus 8-mm-Material nur bis zu einer Länge von 50 cm über die letzte Befestigung hinausgehen. In den neuen Vornormen wird die Länge nicht mehr erwähnt, aber in der Tabelle 7 der Vornorm DIN V 0185-3 (VDE V 0185 Teil 3):2002-11 [N23] wird die maximale Länge einer Fangstange aus 10 mm Runddraht mit 1 m angegeben. Auch aus dieser Angabe ist ersichtlich, dass die Fangspitze aus 8-mm-Rundmaterial deutlich kürzer sein muss, da sie sonst den mechanischen Beanspruchungen nicht standhält.

Nach [N23], HA 4, Abschnitt 2.1.2, sollen die Fangspitzen an den Eckpunkten der Außenkanten des Daches und entlang der Dachkante installiert werden. Weiterhin müssen die Fangspitzen dort installiert werden, wo die Dicke des Metallbleches auf dem Dach kleiner ist als unter dem Stichwort → Ausschmelzen von Blechen beschrieben. Die Fangspitzen schützen die Blechaußenkante vor direktem Blitzschlag in das Blech und damit gegen → Durchschmelzung des Bleches dort, wo es nicht erlaubt ist.

Auch das Trapezblech muss auf solche Art geschützt werden, wie bereits auf → **Bild A6** unter dem Stichwort → Ausschmelzen der Bleche dargestellt.

Die Firstleitungen müssen am Firstende nach [N23,] HA 4, Abschnitt 2.1.2, aufwärts gebogen werden, damit auch dort Fangspitzen entstehen.

Fangstangen

Fangstangen sind ein Bestandteil der → Fangeinrichtung. Mit Fangstangen werden → Dachaufbauten auf dem Dach geschützt. Dazu gehören z. B. → Schornsteine, Fenster, Rückkühlgeräte, Elektroventilatoren und andere elektrische Installationen oder lose Geräte. Die Fangstangen versehen die Aufbauten mit einem bestimmten Schutzbereich, zu finden in → **Tabelle S3** und **S4** unter dem Stichwort → Schutzbereich oder auch Schutzraum. Es ist besser, auch hier zu erwähnen, dass der Schutzbereich der Fangstangen bis zu einer Höhe von 2 m zwischen 67° und 78° groß und von der Blitzschutzklasse abhängig ist.

Die Werkstoffe und Durchmesser der Fangstangen sind in der → **Tabelle W1** unter dem Stichwort → Werkstoffe festgehalten.

Befestigt werden die Fangstangen an der senkrechten Wand (z. B. Schornstein) mit Stangenhaltern und auf waagerechten Dächern mittels Betonsockel auf die Unterlegplatte gestellt. Gegen → Seitenblitzschläge kann man sich ebenfalls durch Fangstangen schützen, die horizontal installiert sind. In diesem Fall, bei längeren Fangstangen, müssen Abstützungen durch andere Fangstangen installiert werden.

Die Befestigung oder die Einstellung der Fangstangen muss stabil und dauerhaft sein.

Die Fangstangen sind ständig der Vibration durch vorbeiströmende Luft ausgesetzt. Die Vibration verursacht z. B. bei der Befestigung im Betonsockel den Bruch der Fangstange an der Gewindestelle. Es ist zu empfehlen, den Anschlussdraht nicht dicht am Betonsockel anzubringen, da sonst der Draht mit der Zeit teilweise „abgefeilt" wird. Der Anschluss soll in ca. 50 cm Höhe durchgeführt werden. Dadurch wird die Vibration der Fangstange auch teilweise gedämpft.

Der Anschluss in einer Höhe von ca. 50 cm, wie in **Bild F2** dargestellt, hat mehrere Vorteile, die nicht in der Blitzschutz-Vornorm beschrieben sind.

- Der erste Vorteil besteht, wie oben erwähnt, darin, dass keine mechanische Drahtabnutzung durch Reibung über dem Teller auftritt und eine bessere Stabilität der Fangstange erreicht wird.
- Der zweite Vorteil ist, dass sich in einer Höhe von 50 cm der alternative Blitzstrom bei der Fangstange 2 (**Bild F2**) auf zwei Pfade, bei der Fangstange 3 auf drei Pfade und bei der Fangstange 4 auf vier Pfade verteilt, wodurch man einen besseren Koeffizienten k_c für die → Trennungsabstand-Berechnung benutzen kann. Das Bild zeigt die drei Alternativen. Es darf nicht vergessen werden, dass bei einem einfachen Anschluss der Fangstange der Koeffizient $k_c = 1$ ist. In dem Fall entsteht die Gefahr eines Blitzüberschlages von der untersten Seite der Fangstange in dem Befestigungsteller gegen das unterliegende Blechdach. Häufig muss man nach der Trennungsabstand-Berechnung bei größeren → Dächern ohne → Innere Ableitungen den Anschluss noch höher ausführen und die Fangleitung über eine → Fangeinrichtung auf Isolierstützen installieren. Es gibt auch Fälle, in denen der untere Teil der Fangstange aus nicht leitfähigem Material ausgeführt sein muss.
- Der dritte Vorteil besteht darin, dass durch diese Anschlussart an der Stelle sich kein Draht mehr in Geraderichtung befindet und die nächsten 10 m auf ein → Dehnungsstück verzichtet werden kann.

Fangstangen

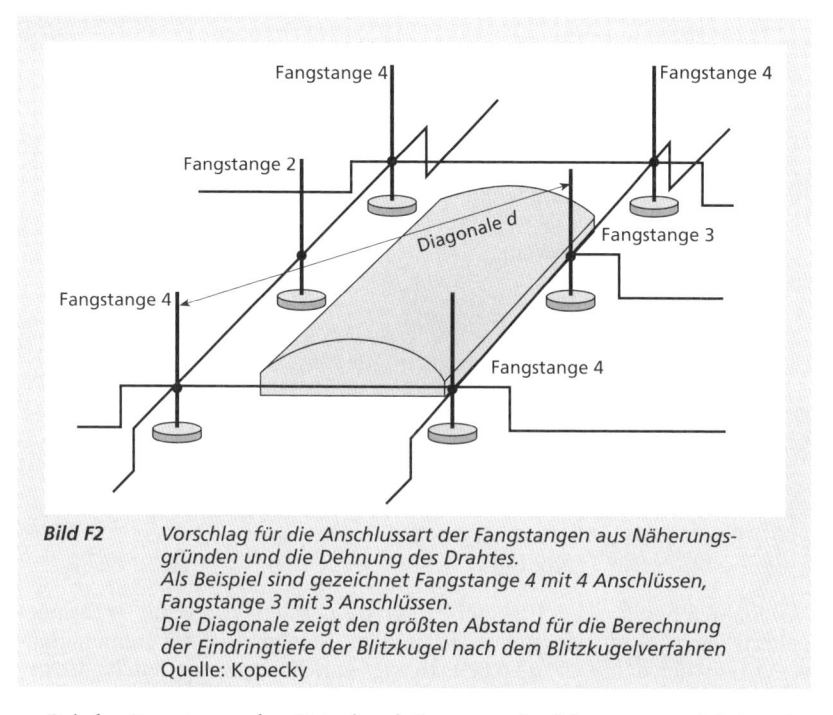

Bild F2 Vorschlag für die Anschlussart der Fangstangen aus Näherungsgründen und die Dehnung des Drahtes.
Als Beispiel sind gezeichnet Fangstange 4 mit 4 Anschlüssen, Fangstange 3 mit 3 Anschlüssen.
Die Diagonale zeigt den größten Abstand für die Berechnung der Eindringtiefe der Blitzkugel nach dem Blitzkugelverfahren
Quelle: Kopecky

Bei der Benutzung der Unterlegplatte muss der Monteur vorsichtig sein. Wird die Unterlegplatte auf eine saubere Folie oder Pappe gelegt, so kann das Dach nicht beschädigt werden. Bei der Platzierung auf Kies verteilt sich der Druck auf die gesamte Fläche und das Dach kann ebenso nicht beschädigt werden. Es gibt jedoch Firmen, die die Unterlegplatte unterhalb vom Kies platzieren, ohne die Steine komplett zu entfernen. In diesem Fall kann das Dach später undicht werden, da einzelne Steine unterhalb der Unterlegplatte Löcher in der Folie oder Pappe verursachen können.

Bei der → Abnahme wird mitunter entdeckt, dass die installierten Fangstangen zu kurz sind oder sich zu nah am schützenden Dachaufbau befinden. Nach der Begründung gefragt, erfährt man dann, dass der → Planer keine Vorstellungen von den noch nicht existierenden → Dachaufbauten hatte. Unter Beachtung nachfolgend beschriebener Informationen kann man schon vorher die Fangstangen planen.

Bei der Planung der Fangstangenhöhe kann man folgendermaßen vorgehen:
Als Erstes muss man ermitteln oder berechnen, wie groß der → Trennungsabstand s zwischen der Fangstange, alternativ Fangstange inklusive leitfähigen Zubehörs, und der zu schützenden Anlage sein muss. Die Schätzwerte vieler Blitzschutzbaufirmen, z.B. 50 oder 70 cm, sind nicht richtig. Wie auf **Bild F3** zu sehen ist, muss man in einem solchen Fall 3 Trennungsabstände beurteilen. Zu dem Blitzüberschlag kommt es wahrscheinlich direkt auf der Dachoberfläche, auch wenn diese oft länger als die Luftstrecke ist, weil der k_m für festes

FE

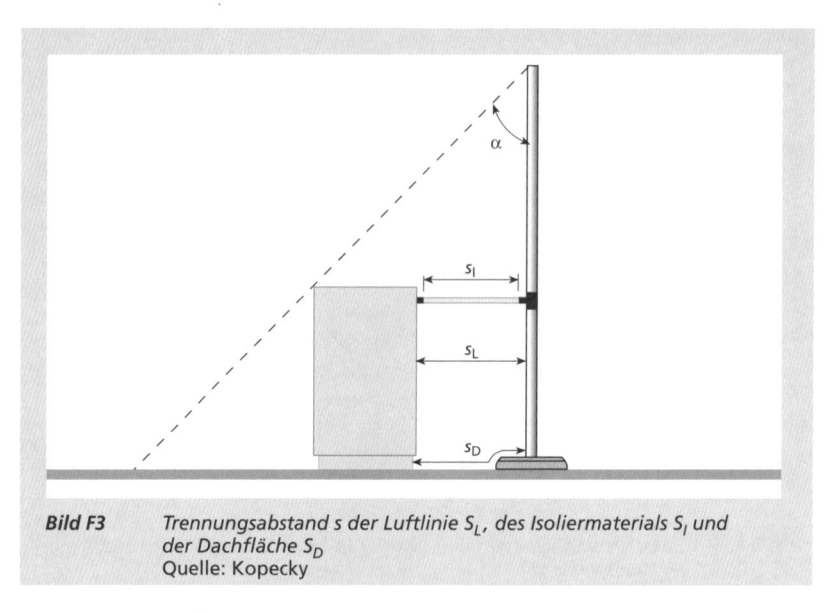

Bild F3 *Trennungsabstand s der Luftlinie S_L, des Isoliermaterials S_I und der Dachfläche S_D*
Quelle: Kopecky

Material 0,5 und für Luft 1 ist. Bei größeren Fangstangen, die mit → Distanzhaltern (auch bekannt als Isoliertraverse) stabilisiert sind, ist der Trennungsabstand zwischen den leitfähigen Befestigungseinrichtungen mit dem k_m des benutzten Isoliermaterials (meistens weniger als k_m = 0,7) zu berechnen.

Beispiel:
Wenn z. B. der berechnete Trennungsabstand für Luft (Linie L) 0,6 m ist, dann muss der Trennungsabstand über die Dachfläche (Linie D) 1,2 m sein. Der Trennungsabstand für das Isoliermaterial (Linie S_L) zwischen den zwei leitfähigen Befestigungswinkeln oder anderen Einrichtungen beträgt 0,84 m.

Das bedeutet, der Trennungsabstand über der Dachfläche ist überwiegend der größte Wert und diesen müssen wir bei den folgenden Fällen und Bildern einsetzen und auch in der Praxis benutzen.

Erst, wenn wir den richtigen Abstand der Fangeinrichtung zum geschützten Dachaufbau wissen, können wir nach → **Tabelle S3** und **S4** unter dem Stichwort → Schutzbereich oder auch Schutzraum die nötige Höhe der Fangstange ermitteln.

Wenn es sich um Schutzmaßnahmen mit mehreren Fangstangen, → Fangmasten oder alternativ auch um Schutzbereiche von benachbarten Wänden handelt, die mit oder auch ohne Fangstangen den Schutzbereich erstellen, muss die diagonale Entfernung zwischen den beiden Fangpunkten, wie auf **Bild F2** dargestellt, genommen werden.

FE [functional earthing conductor] Funktionserdungsleiter

Feinschutz → Überspannungskategorien

FELV [function extra low voltage] bedeutet Funktionskleinspannung ohne sichere Trennung.

Fernmeldeanlagen → Datenverarbeitungsanlagen, → Überspannungsschutz für die Informationstechnik und → Überspannungsschutz für die Telekommunikationstechnik

Fernmeldekabel. Die metallischen Umhüllungen von Fernmeldekabeln müssen nach DIN VDE 0100-410 (VDE 0100 Teil 410):1997-01 [N1], Abschnitt 413.1.2.1, in den → Potentialausgleich einbezogen werden. Vor dem Anschluss ist die Einwilligung des Eigners oder Betreibers einzuholen. Kann diese Zustimmung nicht erreicht werden, so liegt die Verantwortung zur Vermeidung jeder Gefahr in Zusammenhang mit den nicht ausgeführten Arbeiten beim Besitzer oder Betreiber.
Die Fernmeldekabel, die in die geschützte bauliche Anlage eingeführt sind, werden mittels → Blitz- oder Überspannungsschutzgeräten in den → Blitzschutzpotentialausgleich einbezogen.

Fernschreibanlagen → Datenverarbeitungsanlagen

Fernsehanlagen → Datenverarbeitungsanlagen

Fernsprechanlagen → Datenverarbeitungsanlagen

Fernwärmeleitung muss nach Gebäudeeintritt Zone 0/1 mit dem Blitzschutzpotentialausgleich verbunden werden, was oft bei der Umstellung auf Fernheizung vergessen wird.

Fernwirkanlagen → Datenverarbeitungsanlagen

Fertigbetonteile gehören zu den natürlichen → Bestandteilen. Nach Vornorm DIN V 0185-3 (VDE V 0185 Teil 3):2002-11 [N23], HA 1, Abschnitt 4.1.3, muss bei den Betonfertigteilen die elektrisch leitende Verbindung des Bewehrungsstahls der einzelnen Betonteile sichergestellt werden. Die einzelnen Betonteile sind zu überbrücken.
Nach [N23], HA 4, Abschnitt 2.2.3, darf bei bestehenden Gebäuden die Bewehrung nur als natürliche Ableitung verwendet werden, wenn der Errichter der baulichen Anlage garantiert, dass sie durchgehend leitend ist. In anderen Fällen müssen separate Ableitungen verlegt werden.
Wenn die Betonfertigteile auch dazu dienen sollen, → die Schirmungsmaßnahmen und das Potentialausgleichsnetzwerk zu unterstützen, müssen auch die horizontalen Fertigbetonteile überbrückt werden.

Filterung. Zur Filterung gehören auch die Überspannungsschutzmaßnahmen, hier jedoch sind die Filter gemeint, die z.B. direkt bei der Elektronik (Chips) installiert werden mit der Aufgabe, die Störfestigkeit zu erhöhen.

FI-Schutzschaltung

FI-Schutzschaltung ist ein älterer Begriff, → IT- und TT-System

Flicker ist der Eindruck der Unstetigkeit visueller Empfindungen, hervorgerufen durch Lichtreize mit zeitlicher Schwankung der Leuchtdioden oder der spektralen Verteilung [EN26]. Dieser englische Begriff ist auch in die deutsche Sprache eingegangen.

Flussdiagramm siehe **Bild F4**. Flussdiagramm zur Abschätzung des Schadensrisikos → Schutzklassenermittlung

Folgeschäden durch Auftreten von Überspannungen erreichen laut Statistik der Versicherer ein Mehrfaches der direkten Überspannungsschäden.

Fourier-Analyse. Mit der Fourier-Analyse lässt sich die nichtsinusförmige Funktion in ihre harmonischen Bestandteile zerlegen. Die Schwingung mit der Kreisfrequenz ω_0 wird als Grundschwingung bezeichnet. Die Schwingungen der Kreisfrequenz $n \cdot \omega_0$ nennt man harmonische → Oberschwingungen.

Frequenzumrichter sind aus EMV-Sicht starke Störquellen. Das **Bild F5** zeigt aus der DIN EN 501740 (VDE 0800 Teil 174-2):2001-09 [EN10] (Bild 3), die beste Anschlussalternative für alle störenden Geräte. Diese Anschlussart gilt auch für die Frequenzumrichter.

Sie sind in die Verteiler und Schaltschränke eingebaut und beeinflussen negativ die benachbarten elektrischen und elektronischen Einrichtungen. Die → Kabelschirme der Anschlusskabel müssen schon bei Verteilereintritt (→LPZ) geerdet werden. Innerhalb des Verteilers oder Schaltschrankes müssen sie von anderen empfindlichen Einrichtungen abgeschirmt werden und/oder ausreichenden Abstand haben.

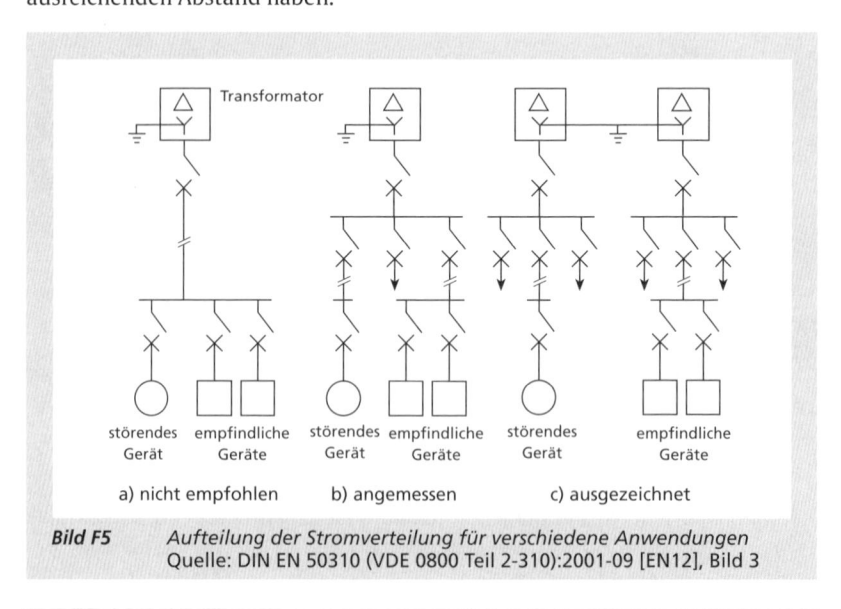

Bild F5 *Aufteilung der Stromverteilung für verschiedene Anwendungen Quelle: DIN EN 50310 (VDE 0800 Teil 2-310):2001-09 [EN12], Bild 3*

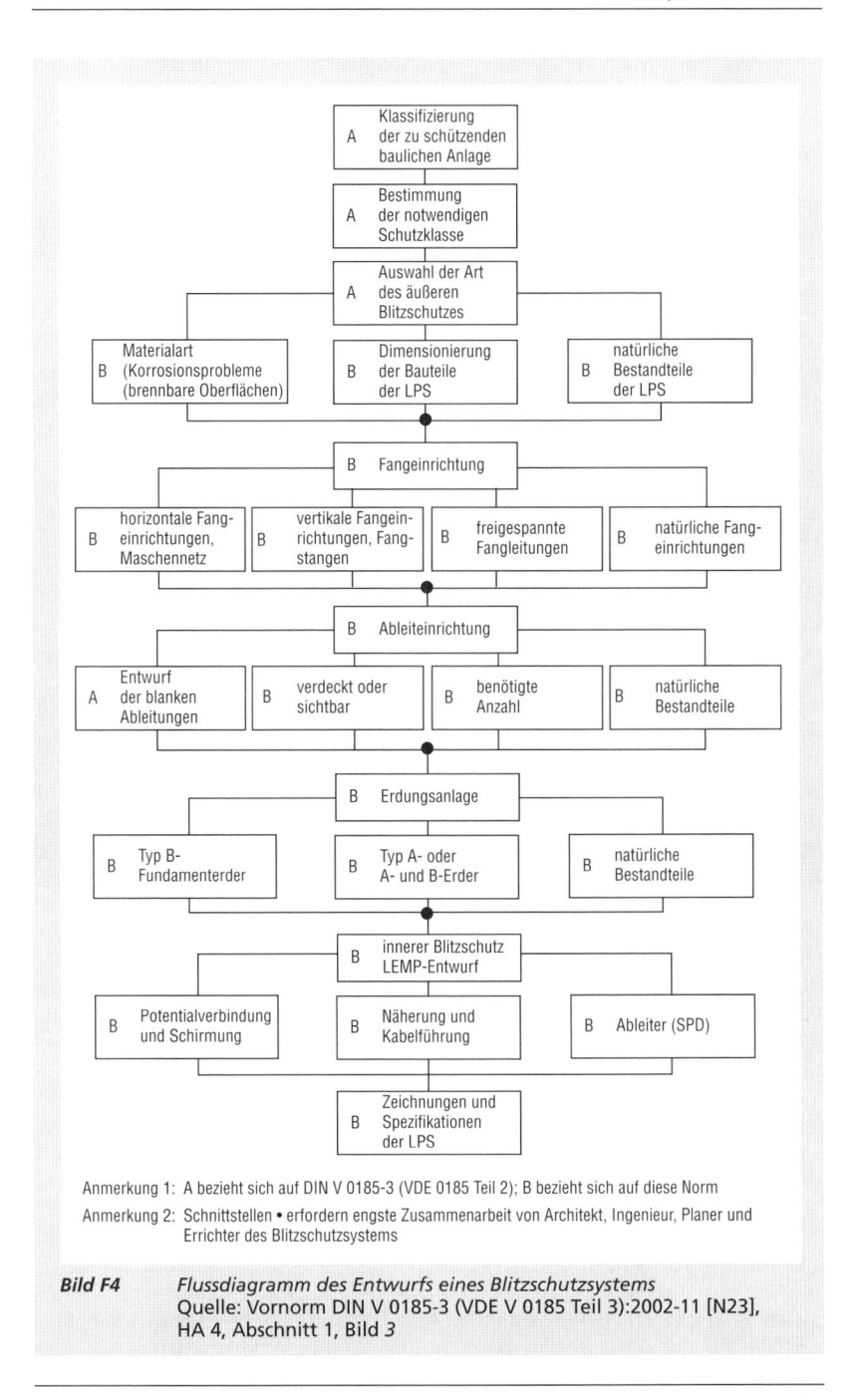

Frequenzumrichter

```
                    ┌─────────────────────┐
                    │   Klassifizierung   │
                  A │   der zu schützenden│
                    │   baulichen Anlage  │
                    └─────────────────────┘
                    ┌─────────────────────┐
                    │   Bestimmung        │
                  A │   der notwendigen   │
                    │   Schutzklasse      │
                    └─────────────────────┘
                    ┌─────────────────────┐
                    │   Auswahl der Art   │
                  A │   des äußeren       │
                    │   Blitzschutzes     │
                    └─────────────────────┘
```

B Materialart (Korrosionsprobleme) (brennbare Oberflächen)	B Dimensionierung der Bauteile der LPS	B natürliche Bestandteile der LPS

B Fangeinrichtung

B horizontale Fangeinrichtungen, Maschennetz	B vertikale Fangeinrichtungen, Fangstangen	B freigespannte Fangleitungen	B natürliche Fangeinrichtungen

B Ableiteinrichtung

A Entwurf der blanken Ableitungen	B verdeckt oder sichtbar	B benötigte Anzahl	B natürliche Bestandteile

B Erdungsanlage

B Typ B-Fundamenterder	B Typ A- oder A- und B-Erder	B natürliche Bestandteile

B innerer Blitzschutz LEMP-Entwurf

B Potentialverbindung und Schirmung	B Näherung und Kabelführung	B Ableiter (SPD)

B Zeichnungen und Spezifikationen der LPS

Anmerkung 1: A bezieht sich auf DIN V 0185-3 (VDE 0185 Teil 2); B bezieht sich auf diese Norm
Anmerkung 2: Schnittstellen • erfordern engste Zusammenarbeit von Architekt, Ingenieur, Planer und Errichter des Blitzschutzsystems

Bild F4 *Flussdiagramm des Entwurfs eines Blitzschutzsystems*
Quelle: Vornorm DIN V 0185-3 (VDE V 0185 Teil 3):2002-11 [N23], HA 4, Abschnitt 1, Bild 3

Fundamenterder

Fundamenterder soll als ein geschlossener Ring in den Fundamenten der Außenwände des Gebäudes oder der Fundamentplatte verlegt werden. Bei einem größeren Gebäudeumfang werden durch Querverbindungen die Maschenweiten verkleinert. Nach DIN 18014 sollen die Maschenweiten ca. 20 x 20 m sein. In Gebäuden, die nach Vornorm DIN V 0185-3 (VDE V 0185 Teil 3):2002-11 [N23]; HA 4, Abschnitt 2.3.2 gebaut sind, sollten die Maschen kleiner sein. Die Maschengrößen sollten den inneren Einrichtungen, Fundamenten von Innenwänden und den → Blitz-Schutzzonen angepasst werden. Die Maschenweiten des Bandstahls können bis zu 5 x 5 m klein sein.

Als Material für den Fundamenterder verwendet man verzinkten und unverzinkten Stahl. Nach langer Diskussion darüber, dass verzinkte Stahlteile nicht mit Beton in Verbindung stehen dürfen, wurde in DIN 1045:1988-07 geschrieben:

„Verzinkte Stahlteile dürfen mit der Bewehrung in Verbindung stehen, wenn die Umgebungstemperatur an der Kontaktstelle + 40 °C nicht überschreitet."

Den nicht rostenden Stahl-Werkstoff-Nr. 1.4571 benutzt man in Fundamenterdern nur für die Fundamentfahnen.

Fundamenterder und die handwerkliche Verlegung. Die Verlegung von Fundamenterdern ist keine einfache Arbeit. Wenn keine Erdungsband-Richtmaschine benutzt wird, muss man beim Ausrollen des Bandes vorsichtig sein und die Bandrolle richtig halten. Bei der Entfernung des Bandes von der Rolle schwingen die Enden nach außen und können dabei Verletzungen verursachen. Das Verlegen des Bandes zwischen die Bewehrungsmatten oder die Armierungsstäbe ist schwer und kann, wie auf **Bild F6** zu sehen ist, durch das Biegen des Bandes erleichtert werden. Das Erdungsband darf in bewehrtem Beton auch waagerecht verlegt werden, da nach heutigem Stand der Bautechnik durch das Verdichten des Betons sich dieser unter dem Bandeisen verteilt. Bei bewehrtem Beton kann man auch eine waagerechte Verlegung des Bandstahls auf einem Bewehrungskorb ausführen (**Bild F7**).

Anders verhält sich das bei Fundamenterdern in unbewehrtem Beton. Hier ist die allseitige Umgebung von 5 cm Beton nur mit geeigneten Abstandhaltern (**Bild F8**) gewährleistet. Das Band muss nach EN 50164-2 (VDE 0185 Teil 202):2003-05 [EN7], Tabelle 3, im Fundament alle 5 m mit dem Bewehrungsstahl mit einer geeigneten Klemme oder durch → Schweißen verbunden werden. Nach → RAL 642 soll der Abstand zwischen 3 bis 5 m sein und Keilverbinder dürfen nicht mehr eingebaut werden.

Mit dem Begriff Fundamenterder ist eigentlich nur die horizontale Bandverlegung gemeint. Wenn aber auch die → Ableitungen in Stahlbeton gemeint sind, muss man zusätzlich den Abschnitt → Potentialausgleichsnetzwerk lesen, weil dann die Maschenweite des Bandstahls bis zu 3 – 4 m klein sein kann.

Fundamenterder und Normen. Nach → Technische Anschlussbedingungen für den Anschluss an das Niederspannungsnetz TAB 2000, Abschnitt 2, müssen in allen Neubauten ein Fundamenterder und ein → Hauptpotentialausgleich nach DIN VDE 0100 vorhanden sein. Der Fundamenterder wurde hauptsächlich für die Verbesserung der Schutzmaßnahmen vorgeschrieben. In DIN

Fundamenterder und Normen

Bild F6 Biegen des Bandes erleichtert das Verlegen des Bandes zwischen die Bewehrungsmatten.
Foto: Kopecky

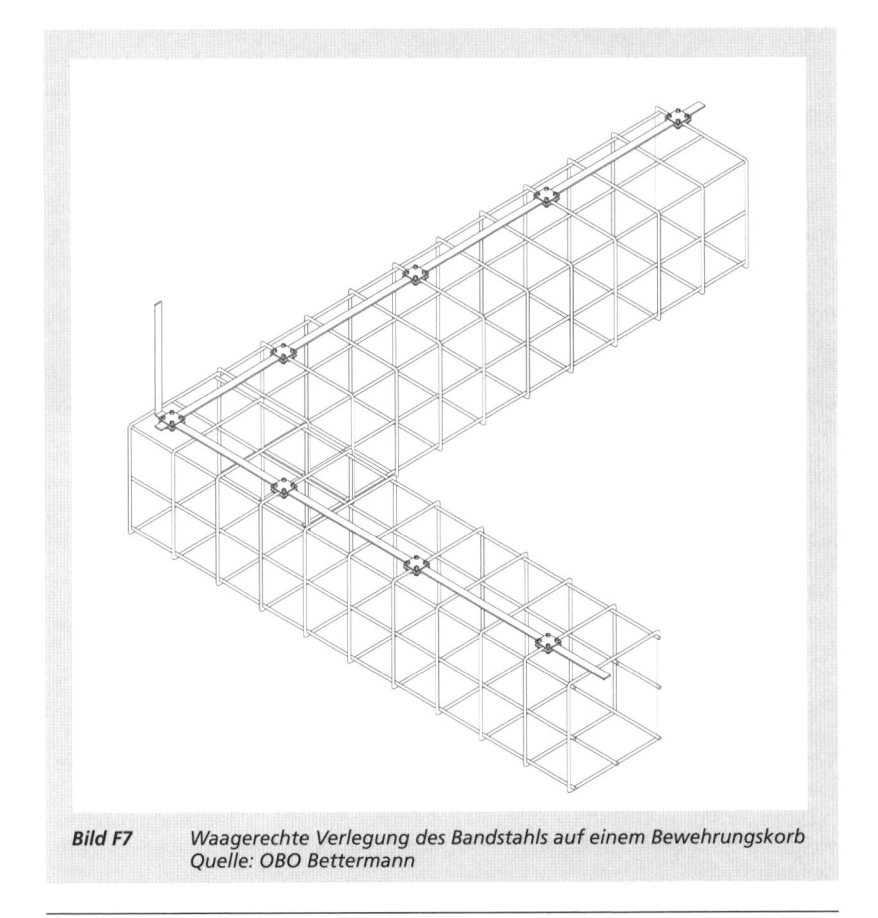

Bild F7 Waagerechte Verlegung des Bandstahls auf einem Bewehrungskorb
Quelle: OBO Bettermann

Fundamenterder und Normen

Bild F8   *Abstandhalter für Band- und Rundstahl*
Quelle: Dehn + Söhne

18014:1994-02 [N41] ist angeführt, dass der Fundamenterder ein Bestandteil der elektrischen Anlagen hinter dem Hausanschlusskasten oder einer gleichwertigen Einrichtung ist.

Nach der Verordnung über Allgemeine Bedingungen für die Elektrizitätsversorgung von Tarifkunden → AVBEltV vom 21.6.1979 § 12 (2) darf die Elektroanlage außer dem Energieversorgungsunternehmen nur von einem ins Installationsverzeichnis eines Elektrizitätsversorgungsunternehmens eingetragenen Installateur nach den Vorschriften der Verordnung und nach anderen gesetzlichen oder behördlichen Bestimmungen sowie nach den → anerkannten Regeln der Technik errichtet, erweitert, geändert und unterhalten werden.

In DIN 18015:1992-03 „Elektrische Anlagen in Wohngebäuden", Teil 1: Planungsgrundlagen, ist bei einem Neubau der Fundamenterder vorgeschrieben. Auch in dieser Norm ist der Fundamenterder ein Bestandteil der elektrischen Anlage. In → BGV A 2 bisher VBG 4, § 3 „Grundsätze" Absatz (1) besagt: *„Der Unternehmer hat dafür zu sorgen, dass elektrische Anlagen und Betriebsmittel nur von einer Elektrofachkraft oder unter Leitung und Aufsicht einer Elektrofachkraft den elektrotechnischen Regeln entsprechend errichtet, geändert und instand gehalten werden".* Die Elektrofirmen tragen die Verantwortung für die Ausführung der Fundamenterder. In der Praxis ist jedoch festzustellen, dass Fundamenterder überwiegend durch Hilfsarbeiter auf der Baustelle in nicht fachgerechter Form ausgeführt werden.

Der Fundamenterder dient nicht nur der Elektroanlage als Erdungsanlage, sondern das Band in der Wand kann auch nach DIN VDE 0100-540 (VDE 0100 Teil 540):1991-11 [N12] als Potentialausgleichsleiter benutzt werden. Nach Vornorm DIN V 0185-1 bis 4 (VDE V 0185 Teil 1 bis 4):2002-11 [N21 bis N24] sowie nach DIN VDE 0800-2 (VDE 0800 Teil 2):1985-07 [N33] und DIN EN 50310 (VDE 0800 Teil 2-310):2001-09 [EN12] benutzt man den Fundamenterder sowohl als Erdungsanlage für das → Blitzschutzsystem als auch für die → Fernmeldeanlage.

Fundamenterderfahnen

Bild F9   *Metallfassadenteile, die mit dem Metalldach oder der Fangeinrichtung verbunden sind oder auch mit kleinerem Abstand als dem Trennungsabstand von der Fangeinrichtung entfernt sind, müssen in das Blitzschutzsystem einbezogen werden. Aus diesem Grund muss schon bei der Planung an dieser Stelle eine Erdungsfahne oder ein Erdungsfestpunkt berücksichtigt und dann ausgeführt werden.*
Foto: Kopecky

Fundamenterderfahnen müssen für die → Blitzschutzanlage an allen Ecken des Gebäudes sein. Weitere Stellen mit senkrecht leitfähigen Teilen (→ Regenfallrohre, Blechabdeckungen, → Metallfassadenteile und andere) (**Bild F9**) vom Dach bis zur Erdebene müssen ebenfalls Erdungsfahnen haben. Außer den vorher genannten Fahnen sind weitere Fahnen in vorgeschriebenen Abständen, die von der → Blitzschutzklasse abhängig sind, zu installieren. Innerhalb des Gebäudes müssen die Fahnen oder Erdungsfestpunkte im Hauptanschlussraum, an allen Eintrittstellen (→ Blitzschutzzone 0/1 LPZ) der äußeren leitenden Teile, in Elektroräumen, Technikräumen, Aufzugsschächten und ähnlichen Räumen installiert werden. Bei neuen Gebäuden und Hallen empfiehlt es sich, in allen Räumen, die später eventuell in Technikräume umgewandelt werden könnten, Erdungsfestpunkte installieren zu lassen. Die Erdungsfestpunkte können auch sehr gut für die Dehnungsüberbrückung benutzt werden. Bei Blitzschutzsystemen mit Blitz-Schutzzonen (LPZ) müssen die Fahnen an allen Schnittstellen der → Blitz-Schutzzonen installiert werden.

Funkenstrecke

Die Fundamenterderfahnen sind durch → Korrosion gefährdet und sollen aus diesem Grund aus nicht rostendem Stahl, Werkstoff-Nr. 1.4571, ausgeführt werden (**Bild F10**). Fundamenterderfahnen aus anderen Werkstoffen mit unterschiedlichen Isolationen sind in der Bauzeit mechanisch gefährdet und werden oft durch Baumaterial beschädigt. Schon kleine Kratzer an der Isolierung verursachen an dieser Stelle eine starke Korrosion.

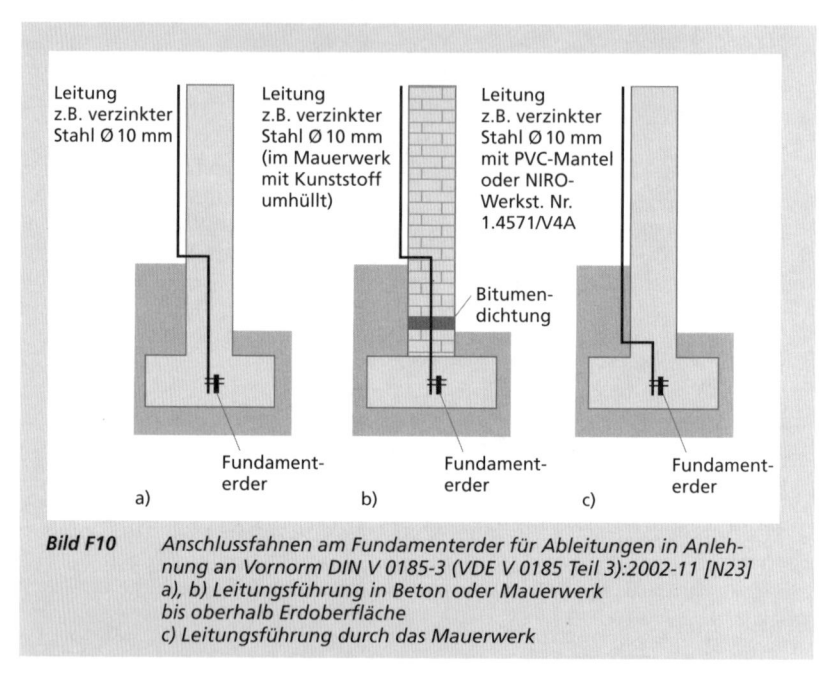

Bild F10 Anschlussfahnen am Fundamenterder für Ableitungen in Anlehnung an Vornorm DIN V 0185-3 (VDE V 0185 Teil 3):2002-11 [N23]
a), b) Leitungsführung in Beton oder Mauerwerk bis oberhalb Erdoberfläche
c) Leitungsführung durch das Mauerwerk

Funkenstrecke trennt elektrisch leitende Anlagenteile. Bei einem Blitzschlag werden die Anlagenteile durch Ansprechen der Funkenstrecke vorübergehend leitend verbunden. Nach Abklingen der hervorgerufenen Überspannung trennt die Funkenstrecke die Verbindung und es entsteht erneut eine galvanische Trennung.

G

Galvanische Kopplung, auch als ohmsche Kopplung bekannt, → Kopplungen

Galvanische Trennung. Bei baulichen Anlagen, die nicht mit einem → TN-S-System ausgerüstet sind oder keine vermaschte Erdungsanlage und/oder kein Potentialausgleichsnetzwerk haben, kann es zu Störungen bis zur Zerstörung durch die Schleife der Energieversorgungsleitung oder Daten- und Telekommunikationsleitung kommen. Aus diesem Grund muss diese Schleife galvanisch unterbrochen werden. Dies wurde bereits im Jahr 1985 in [N33] festgeschrieben und später auch in [EN10, EN 12, N9 und weiteren]. Nähere Erläuterungen unter dem Stichwort → Netzsysteme.

Gasleitungen innerhalb des Gebäudes müssen nach DIN VDE 0100-410 (VDE 0100 Teil 410):1997-01 [N1], Abschnitt 413.1.2.1, mit dem → Hauptpotentialausgleich verbunden werden. Das Gleiche gilt nach Vornorm DIN V 0185-3 (VDE V 0185 Teil 3):2002-11 [N23], HA 1; Abschnitt 5.2.1.

Der Potentialausgleichsanschluss wird hinter dem Isolierstück in Gasflussrichtung ausgeführt. Wenn es in den entsprechenden Betriebsanleitungen gefordert wird, ist die Gasleitung mit Hilfe einer → Funkenstrecke zu überbrücken.

Gebäudebeschreibung und Planungsunterlagen müssen nach DIN 48 830 [N40] angefertigt werden. Nur für einfache Anlagen genügt eine Zeichnung mit Erläuterungen.

Die Gebäudebeschreibung [N40] und [L20] muss folgende Angaben über die geschützte Anlage enthalten:
- Allgemeine Angaben zum Gebäude: Projekt, Nutzung, Besitzer, Bauleitung, Gebäudegefährdung und Lage,
- Gebäudeabmessungen: Länge, Breite, Traufenhöhe, Firsthöhe, Dachneigung,
- Beschaffenheit der Wände: Baustoff, Fassadenverkleidung,
- Beschaffenheit des Daches: Dachkonstruktion, Baumaterial, Dacheindeckung,
- Bauteile auf dem Dach, Dachaufbauten: Metallteile an oder auf dem Dach, aus dem Dach herausragende Bauteile,
- Bauteile im/am Gebäude: größere metallene Bauteile im und am Gebäude,
- Erdungsmöglichkeiten: vorhandene Erdungsanlagen,
- Gelände: Geländebeschreibung um das Gebäude,

Gebäudeschirmung

- Elektrische Anlage: Stromversorgung, Hausanschlusskasten, Zähler, Art der elektrischen Schutzmaßnahme, Versorgungsspannung, Anzahl der Phasen, elektronische Verbraucher, TK-Anbindung.

Ohne die oben beschriebenen Angaben kann man nach den → „neuen" Normen die → Blitzschutzklassen-Ermittlung nicht durchführen und damit auch die → Näherungen nicht beurteilen.

Gebäudeschirmung wird durch eine → Metallfassade und/oder mit Hilfe einer Betonbewehrung ausgeführt. Zur Gebäudeschirmung gehören außerdem Metalldach, metallene Tragkonstruktionen, metallene Rahmen und alle metallenen Rohrsysteme. Wie schon unter dem Stichwort → Fundamenterder und die handwerkliche Verlegung beschrieben, sind die Bewehrungsstäbe im Beton mit dem → Fundamenterder zu verbinden. Der Fundamenterder ist waagerecht und die → Ableitungen im Beton sind senkrecht ausgeführt und mit den Bewehrungsstäben verbunden. Ziel ist es, einen Faradaykäfig herzustellen. Die → Dämpfung ist abhängig von der benutzten Schirmungsart und der Maschengröße (→ Maschenweite), wie unter den Stichwörtern → Schirmungsmaßnahmen und → Raumschirm-Maßnahmen beschrieben und abgebildet.

Gefährdungspegel [protection level] definiert den Blitz als Störquelle. Für jeden Gefährdungspegel (I bis IV) gibt es einen Satz von größter Dimensionierung der Blitzschutzanlage und minimalen Einfangmöglichkeiten der Fangeinrichtung. In der [N21], Tabelle 4 bis 6, sind die Werte und auch die zugehörigen → Blitzkugelradien eingetragen.

Gefahrenmeldeanlagen müssen wie andere ähnliche Anlagen, die unter dem Stichwort → Datenverarbeitungsanlagen beschrieben sind, gegen Blitz- und Überspannung geschützt werden. Besonders zu beachten bei ihrer Installation sind die → Schirmungsmaßnahmen, die Art der Verlegung, → Näherungen mit der → Blitzschutzanlage und sehr oft auch ungünstige Anschlüsse an → TN-C-Systeme und nicht an das für die Elektronik vorgeschriebene → TN-S-System. In der Gewitterzeit hört man nicht nur, sondern liest auch in den folgenden Tagen in den Zeitungen, wie viel Hundert falsche Alarme von nicht richtig installierten Gefahrenmeldeanlagen verursacht worden sind.

Nach dem EMV-Gesetz muss jedes Gerät oder jede Anlage in der elektromagnetischen Umwelt zufrieden stellend arbeiten. Dies gilt auch für Gefahrenmeldeanlagen. Das bedeutet, dass die Gefahrenmeldeanlagen keine Fehlalarme in der Gewitterzeit verursachen dürfen.

Auch der Gefahrenmeldeanlagen-Betreiber kann sich sicher vorstellen, dass der Blitzkanal ein Störsender ist und Linien, die nicht abgeschirmt sind, zu Empfangsantennen von Störungen werden. Die richtige Abhilfe gegen solche Störungen sind geschirmte Kabel, vorausgesetzt, die Schirme sind mindestens beidseitig geerdet.

Bei einem Gewitter können alle Netze, die mit den Gefahrenmeldeanlagen verbunden sind (Energieversorgung, Telekommunikationsnetz und alternativ Mobilfunknetz), durch → Kopplungen erhöhte Potentiale aufweisen. Die Netze können aber auch direkt vom Blitz getroffen werden. Aus diesem Grund müssen alle in Gefahrenmeldeanlagen eintretende Adern mit → Blitz- und Überspannungsschutzgeräten (SPD) ausgerüstet werden. Befinden sich die Meldelinien der Gefahrenmeldeanlagen nur in der baulichen Anlage und sind nicht durch den direkten Blitzschlag gefährdet, genügt es, diese nur mit Überspannungsschutzgeräten der Klasse II zu schützen. Sind die Meldelinien jedoch außerhalb der geschützten baulichen Anlage oder in der Nähe der → Blitzschutzanlage, so müssen auch sie mit Blitz- und Überspannungsschutzgeräten versehen werden. Dabei handelt es sich zum Beispiel um solche Fälle, bei denen die Alarmleuchte direkt neben der Blitzschutzanlage angebracht ist (→ **Bild N5**).

EMV-Experten, Elektroplaner oder ausführende Firmen müssen u. a. auch die Installation der Brandmelder bei Gebäuden mit Blitzschutzanlage richtig vornehmen. Bei Gebäuden mit Satteldach sind z. B. Brandmelder direkt unter dem First praktisch immer in zu kurzem → Trennungsabstand s zur → Fangeinrichtung installiert. Bei größeren Gebäuden hilft auch eine → isolierte Fangeinrichtung nicht, weil die → Trennungsabstände deutlich über einen Meter sein können. In einem solchen Fall kann man die Firststelle, unterhalb derer der Brandmelder installiert ist, mit Fangspitzen nach dem Blitzkugelverfahren schützen (→ **Bild G1**). Die Firstleitung ist auf der anderen Seite als das Elektrokabel zwischen zwei „Schrägen" verbunden. Eine andere Lösung besteht darin, den gewöhnlichen Brandmelder durch Rauchabsaugröhren der neuen Brandmeldegeneration zu ersetzen. Die Rauchabsaugröhren sind aus nicht leitfähigem Material.

Aus diesem Grund müssen EMV-Experten, der Elektroplaner oder auch die ausführenden Firmen Trennungsabstände s für alle Näherungsstellen festlegen. Bei kürzerem Abstand als dem Trennungsabstand s muss dieser natürlich vergrößert werden. Das bedeutet z. B., der Melder muss tiefer installiert werden. Wenn die Norm (DIN VDE 0833 Teil 2:1992-07 oder → VdS) das nicht erlaubt, müssen andere Schutzmaßnahmen gewählt werden. Eine Verbindung zwischen der → Fangeinrichtung und der Brandmeldeanlageninstallation ist nicht zu empfehlen, weil dadurch die Teilblitze ins Gebäudeinnere verschleppt

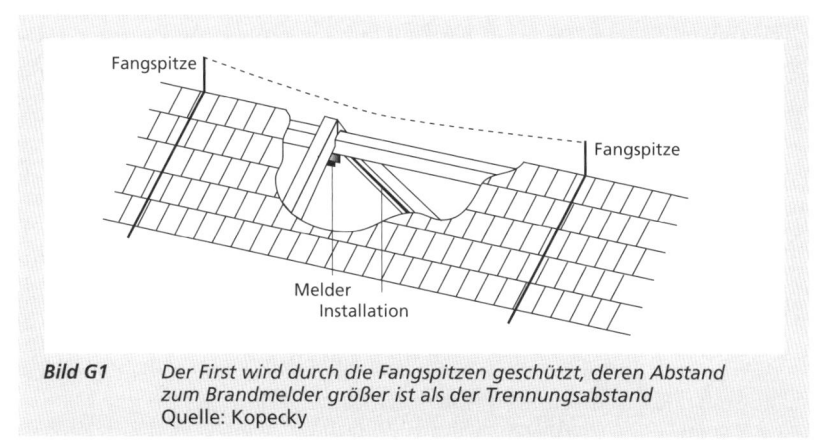

Bild G1 *Der First wird durch die Fangspitzen geschützt, deren Abstand zum Brandmelder größer ist als der Trennungsabstand*
Quelle: Kopecky

Gefährliche Funkenbildung

werden und bei allen → Blitzschutzzonen die zugehörigen SPDs installiert werden müssten. Eine günstigere Ausführung ist die Ausnutzung des maximal erlaubten Abstandes (D) der Melder zum Dach nach Abschnitt 4.9.7 der DIN VDE 0833 Teil 2.

Die Kabel der Gefahrenmeldeanlage dürfen nicht unter dem First installiert werden, wenn oberhalb, auf dem First, eine Fangeinrichtung installiert oder geplant ist. Durch den parallelen Lauf der Einrichtungen würden große → Kopplungen verursacht werden.

Bei zerstörten Gefahrenmeldeanlagen verteidigen sich die Installationsfirmen oft damit, dass sie durch den Hersteller die Information erhalten haben, die Anlage verfüge bereits über eingebaute Überspannungsschutzmaßnahmen. Diese eingebauten Überspannungsschutzmaßnahmen gewährleisten jedoch nur die Spannungsfestigkeit ohne angeschlossene Kabel und Leitungen, die in einem Störungsfall wie „Störungsantennen" wirken. Aus diesem Grund sollen Kabel und Leitungen durch → Kabelschirmmaßnahmen und/oder Überspannungsschutzmaßnahmen geschützt werden. Ob beide Maßnahmen durchgeführt werden müssen, ist von der Schirmqualität, seiner Länge und der Verlegung abhängig.

Gefährliche Funkenbildung ist eine unzulässige elektrische Entladung innerhalb der zu schützenden baulichen Anlage, verursacht durch den → Blitzstrom.

Gegensprechanlagen → Datenverarbeitungsanlagen

Geometrische Anordnung der Ableitungen und der → Ringleiter beeinflusst die Trennungsabstände, → Näherungsformel.

Geräteschutz ist in der Umgangssprache häufig der Begriff für Überspannungsschutzgeräte der Klasse III. Näheres → Überspannungskategorien und → Endgeräteschutz.

Gesamtableitstoßstrom ist ein Wert, der der Gesamtstoßstromtragfähigkeit mehrpoliger → Überspannungsschutzgeräte entspricht sowie der aus einpoligen Elementen bestehenden Schutzgerätekombinationen [L25].

Gesamterdungswiderstand ist der → Widerstand zwischen der/n → Erdungsanlage/n bzw. allen Einrichtungen, die an den → Potentialausgleich angeschlossen sind, auf der einen Seite und der → Bezugserde auf der anderen Seite.

Gesetz zur Beschleunigung fälliger Zahlungen → Bürgerliches Gesetzbuch (BGB)

Getrennter äußerer Blitzschutz. Dort sind die installierten → Fangeinrichtungen und → Ableitungen so verlegt, dass der Blitzstromweg mit der zu schützenden baulichen Anlage nicht in Berührung kommt.

Gleitentladung tritt an der Oberfläche eines Kabels bei einer kritischen Feldstärke von ca. 15 kV/cm auf. Die elektrische Feldstärke bewirkt die Bildung von Gleitentladungskanälen und ruft bei einem Blitzschlag einen „Überschlag" über die Kabeloberfläche hervor. Durch Einsatz der ⟶ HVI®-Leitung bei den Blitzschutzmaßnahmen wurde dieses Problem gelöst.

Grafische Symbole für Zeichnungen sind nach DIN 48820:1967-01 „Sinnbilder für Blitzschutzbauteile in Zeichnungen" [N40] [L20] vereinheitlicht. Ab dem Jahr 1967 wurden sie erweitert. Die wichtigsten aus der Vornorm DIN V 0185-3 (VDE V 0185 Teil 3):2002-11 [N23], Anhang F, sind in der **Tabelle G1** abgebildet.

Grobschutz ist in der Umgangssprache oft ein Begriff für Blitzstrom-Ableiter. Näheres siehe ⟶ Überspannungskategorien.

Großtechnische Anlagen, z. B. Mülldeponien, Kläranlagen, Trinkwasseraufbereitungsanlagen und große Firmen auf großen Flächen, sind durch folgende unterschiedliche Störungsursachen sehr gefährdet:
1. Die einzelnen Anlagen (Gebäude) verfügen zumeist über eine eigene Erdungsanlage, die mit den Erdungsanlagen der anderen Gebäude nicht verbunden ist. Dadurch entstehen ⟶ Potentialunterschiede zwischen den Anlagen.
2. Sehr oft werden die Anlagen durch ein nicht EMV-freundliches Netzsystem versorgt. Auch dadurch entstehen Potentialunterschiede zwischen den Anlagen.
3. Alle nicht geschirmten Kabel oder auch nicht beidseitig geerdeten Schirme zwischen den Anlagen wirken als Störungsempfänger bei den ⟶ Störsenken, die dadurch beschädigt werden können.
4. Durch die moderne konzentrierte Elektronik der Anlagen entstehen gefährliche ⟶ Netzrückwirkungen.

Abhilfe bei diesen Punkten:
1. ⟶ Vermaschte Erdungsanlage,
2. EMV-freundliches ⟶Netzsystem oder ⟶ galvanische Trennung der Übertragungssysteme,
3. ⟶ Schirmungsmaßnahmen, ⟶ Blitz- und Überspannungsschutzgeräte einsetzen und alternativ die nicht angeschlossenen Schirme erden,
4. ⟶ TN-S-System und verdrosselte Kompensation.

Grundfrequenz. Frequenz im Fourierspektrum (⟶ Fourier-Analyse) einer Zeitfunktion, auf die sich alle anderen Frequenzen in diesem Spektrum beziehen [EN26].

Grundschwingungsanteil ist eine Teilschwingung, welche die Frequenz der Grundschwingung besitzt.

Grundwellen-Klirrfaktor THD ist das Maß für den gesamten Gehalt an Oberwellen in Bezug auf die Grundwelle des Signals. ⟶ Verträglichkeitspegel für Oberschwingungen.

Grafische Symbole

Nr.	Symbol	Benennung	Bemerkung
1.1		Gebäudeumriss	
1.2		Dachhöhen	Die auf dem Dreieck angegebene Zahl gibt die Dachhöhe (First- oder Traufenhöhe) in m über dem anschließenden Gelände an.
1.3		Stahlbeton mit Anschluss der Bewehrungen	
1.4	_ I LT _ _	Stahlkonstruktion	
1.5		Metallabdeckung	
1.6		Schornstein	Mit Angabe der Höhe in Meter
1.7		Lichtkuppel	
1.8		Dachventilator	
1.9		Regenrinne, Dachrandabdeckung, Regenfallrohr, Entlüftung usw.	
1.10		Schneefanggitter	
1.11	W / O H	Rohrleitung aus Metall	Die Leitungen können durch Kennbuchstaben für Durchfluss gekennzeichnet werden: G Gas, W Wasser, H Heizung
1.12		Antenne	
1.13		Dachständer	
1.14		Fahnenstange	
1.15		Aufzug	
1.16		Zähler	Der Buchstabe im Symbol weist auf den Verwendungszweck hin: G Gas, W Wasser
1.17	F	feuergefährdeter Bereich	
1.18	Ex	explosionsgefährdeter Bereich	Zusatzbemerkung für Gebäudeteile
1.19	Spr	explosivstoffgefährdeter Bereich, z. B. Sprengstoff	
2.1		Blitzschutzleitung sichtbar verlegt	
2.2		Blitzschutzleitung sichtbar verlegt	bei isolierten oder geschützten Leitungen, Leitungstyp angeben, z. B. NYY
2.3		unterirdische Leitung	
2.4		Fundamenterder	
2.5	∅	Leitung im Schnitt	
2.6	●	Fangstange, Fangspitze und Fangpilz	
2.7		Anschluss an Stahlkonstruktion, Regenrinne, Fallrohr usw.	
2.8		Überbrückung	
2.9		Dehnungsbogen	an Betonfugen

Tabelle G1 Grafische Symbole für Zeichnungen
Quelle: Vornorm DIN V 0185-3 (VDE V 0185 Teil 3):2002-11 [N23], Anhang F

Grafische Symbole

Nr.	Symbol	Benennung	Bemerkung
2.10		Dachdurchführung	
2.11		Messstelle	wird zur Prüfung geöffnet, Bezeichnung mit laufender Nummer
2.12		Staberder (Tiefenerder)	mit Angabe der Länge in Meter
2.13		Erdung allgemein	
2.14		Leitung nach oben führend	
2.15		Leitung nach unten führend	
2.16		Leitung nach oben und unten führend	
2.17		Trennfunkenstrecke, Funkenstrecke geschlossen	explosionsgeschützte Funkenstrecke kann durch Zusatz Ex gekennzeichnet werden
2.18		Potentialausgleichsschiene	
2.19		Anschlussfahne blank	bei isolierter Leitung Leitungstyp angeben
2.20		Blitzstromableiter in einer Energieleitung	
		in einer Informationsleitung	
2.21		Überspannungsableiter in einer Energieleitung	
		in einer Informationsleitung	
3.1		Steigeisen mit Rückenbügel	
3.2		Steigleiter	
3.3		Gleisanlage	
3.4		Schornstein mit Fangstange und Ableitung bei metallenen	
		bei nicht metallenen	
3.5		Rohr senkrecht mit Ableitung bei metallenen	
		bei nicht metallenen	
3.6		Sirene	
3.7		Bewehrungsstahl senkrecht	
		waagerecht	
3.8		Anschlussfahne seitlich	
		nach oben	
3.9		Anschlussplatte seitlich	
		nach oben	
3.10		bewegbarer Leiter, z. B. Dehnungsstück	

Tabelle G1 Fortsetzung

H

Häufigkeit von Blitzeinschlägen neben der baulichen Anlage N_M ist die Anzahl der zu erwartenden Blitzeinschläge in den Erdboden neben der baulichen Anlage. Diese Zahl ist wichtig für die Abschätzung des Schadensrisikos für bauliche Anlagen nach Vornorm DIN V 0185-2 (VDE V 0185 Teil 2):2002-11 [N22].

Häufigkeit von Blitzeinschlägen neben eingeführter Versorgungsleitung N_I ist nach [N22], ähnlich wie im vorangegangenen Stichwort, die Anzahl der zu erwartenden Blitzeinschläge in den Erdboden neben einer Versorgungsleitung, die in die bauliche Anlage hineinführt.

Häufigkeit von direkten Blitzeinschlägen in eingeführte Versorgungsleitung N_L. Ähnlich wie bei beiden vorangegangenen Stichworten handelt es sich nach [N22] um die Anzahl der zu erwartenden Blitzeinschläge in eine Versorgungsleitung, die in die bauliche Anlage hineinführt.

Häufigkeit von direkten Blitzeinschlägen N_D ist nach [N22] die jährliche Anzahl zu erwartender Blitzeinschläge in die bauliche Anlage.

Haupterdungsklemme, Haupterdungsschiene [main earthing terminal; main earthing bar] wird installiert, um Potentialausgleichsleiter-, PE-Leiter- (PEN-Leiter-) und Funktionserdungsleiteranschlüsse mit der Erdungsanlage zu verbinden.

Hauptpotentialausgleich muss nach DIN VDE 0100-410 (VDE 0100 Teil 410):1997-01 [N1], Abschnitt 413.1.2, in jedem Gebäude durchgeführt werden. Befindet sich in einem z. B. größeren Schulungszentrum der Hauptpotentialausgleich nur im Hauptgebäude und nicht in den Nebengebäuden, so ist das nicht erlaubt. Der Hauptpotentialausgleich gehört zu den Schutzmaßnahmen und muss in jedem Gebäude durchgeführt werden!

An die → Hauptpotential-Ausgleichsschiene sind der → Hauptschutzleiter (PEN-, PE-Leiter), der Haupterdungsleiter und alle fremden leitfähigen Teile, wie metallene Rohrleitungen des Gebäudes (Wasser-, Heizungs-, → Gasleitung und Ähnliches), Metallteile der Gebäudekonstruktion, Klimaanlagen und wenn möglich auch metallene Verstärkungen von Gebäudekonstruktionen aus bewehrtem Beton (→ Bewehrung, → Stahldübel), anzuschließen. Alle o. g. Teile, die sich außerhalb des Gebäudes befinden, müssen so kurz wie möglich mit der geerdeten Hauptpotential-Ausgleichsschiene verbunden werden.

Oft wird vergessen, alle metallischen Umhüllungen der → Fernmeldekabel und der Leitungen in den Hauptpotentialausgleich einzubeziehen. Der Einbeziehung in den Hauptpotentialausgleich muss der Eigentümer oder Betreiber zustimmen. Wenn keine Zustimmung erfolgt, so ist der Besitzer oder Betreiber für jegliche Gefahr verantwortlich.

Hauptschutzleiter (→ PE-Leiter) muss nach DIN VDE 0100-410 (VDE 0100 Teil 410):1997-01 [N1], Abschnitt 413.1.2.1, mit einem → Hauptpotentialausgleich verbunden werden.

Heizungsanlagen. Die Heizungsfirmen müssen auch einen bestimmten Beitrag zur EMV-Festigkeit der gesamten baulichen Anlage leisten. Die Heizungsanlagen sind elektronisch gesteuert in Abhängigkeit von der äußeren Temperatur. Die Thermostate sind überwiegend in der Nähe von → Regenfallrohren installiert. Sind dies PVC-Rohre und befindet sich dort keine Ableitung, ist dies ungefährlich. Sind es aber FeZn-Rohre, dann sind sie bei Blitzschlag mit einem → Teilblitz belastet und es kommt zum Überschlag und zur Zerstörung der Steuereinheit der Heizungszentrale. Durch die Thermostatinstallation in der Nähe von Regenfallrohren, aber auch unterhalb der → Dachrinnen und in der Nähe der → Blitzschutzanlage wird nicht nur die Elektroinstallation der Heizungsanlage in Gefahr gebracht, sondern durch → Kopplungen auch andere Installationen in der baulichen Anlage. Außerdem gefährden ins Gebäudeinnere eindringende Teilblitze natürlich auch Personen, die sich dort befinden! Die Thermostate dürfen stets nur im → Schutzbereich und in größerem Abstand von der → Blitzschutzanlage als dem → Trennungsabstand s installiert werden.

Die Heizungsanlagen müssen bei baulichen Anlagen ohne Blitzschutzanlage in den → Hauptpotentialausgleich und bei Anlagen mit Blitzschutzanlage in den Blitzschutzpotentialausgleich einbezogen werden.

Bei Heizungsanlagen wird oft vergessen, die Abgasrohre an den → Potentialausgleich anzuschließen. Wegen der in der letzten Zeit verwendeten Edelstahl-Innenrohre in → Schornsteinen muss jedoch mit → Teilblitzen oder Einkopplungen (→ Kopplungen) in Heizungsräumen gerechnet werden. Die kleinen Ölröhrchen von Ölanlagen sind mehrere Meter lang und ebenfalls oft nicht an den Potentialausgleich angeschlossen. Bei der Heizungsanlage größerer Gebäude oder für mehrere Gebäude wie Schulen und andere muss der → Blitzschutz-Potentialausgleich immer an der Eintrittsstelle der Heizungsrohre sein. Die Erdung muss in Richtung nach außen und nicht nach innen ausgeführt werden. Bei größeren Gebäuden muss ein → maschenförmiger Potentialausgleich mit Erdung an den Eintrittsstellen ausgeführt werden.

Bei → Prüfungen des Potentialausgleichs werden oft auch alte Heizungsrohre früherer Heizungsanlagen entdeckt, die nicht mit dem Blitzschutz-Potentialausgleich (BPA) verbunden sind. Diese Heizungsrohre müssen mit dem BPA verbunden werden, auch wenn sie außer Betrieb sind.

HEMP [high altitude electromagnetic pulse] bedeutet eine Kernexplosion in großer Höhe.

HF-Abschirmung

HF-Abschirmung einzelner Kabel oder Kabeltrassen kann auch nachträglich auf einfache Weise mit Hilfe von HF-Abschirmungsmaterialien durchgeführt werden. Auf dem Markt gibt es unterschiedliche Materialien. Von hochflexiblen Ummantelungen mit Polyurethan-Folie auf einem Nickel/Kupfer-Gewebe über hochflexible abgeschirmte Flechtschläuche mit verzinntem Kupfer auf Polyestermonofilen bis hin zu blitzstromtragfähigen Schirmschläuchen für den Außenbereich ist alles erhältlich. HF-Abschirmungsmaterial wird von mehreren Firmen hergestellt und ist als Meterware zu beziehen. Sonderausfertigungen sind ebenfalls realisierbar. Ummantelungsmaterial, Schlauchmaterial oder andere Ausführungen werden in „geschnittener" Version geliefert. Damit werden die Kabel umschlossen und dann mit Verschlüssen versehen. Bei Überschreitung der → Blitz-Schutzzonen und der beiden Schirmungsenden sind die → Schirme zu erden. Die → Dämpfungen der Materialien sind von den Frequenzen abhängig.

Hilfserder sind unabhängige → Erder, die sich außerhalb des Wirkungsbereiches der → Erdungsanlage befinden. Hilfserder werden für die Messung des → Ausbreitungswiderstandes benötigt. Der Begriff Hilfserder wird von den Blitzschutzbaufirmen auch für die Erdung ohne Ableitungen, z. B. bei → Regenfallrohren, Stahlleitern benutzt.

Hindernisbefeuerungsanlage sowie weitere ähnliche Einrichtungen werden sowohl oben als auch unten in den → Blitzschutzpotentialausgleich einbezogen [N23] HA 3, Abschnitt 6.1.2.3.

HPA → Hauptpotentialausgleich

HVI®-Leitung ist eine innovative Lösung zur Beseitigung von gefährlichen Überschlägen zwischen den Teilen des Äußeren Blitzschutzes und Einrichtungen in und auf dem Gebäude. Sie wird häufig verwendet bei Schutzmaßnahmen für → Mobilfunkstationen (**Bild M21**).

Das Prinzip der HVI®-Leitung besteht darin, dass ein hochspannungsisolierter 19-mm → Kupferdraht, umhüllt von einem Spezialmantel, mit dem Potentialausgleich verbunden wird und bei einem fachgerechten Anschluss keine → Gleitentladung an der Oberfläche entstehen kann.

Die HVI®-Leitung ist in drei Ausführungen erhältlich. Sie unterscheiden sich in der Anzahl der Kopfstücke. Die HVI®-Leitung I verfügt über ein Kopfstück, die HVI®-Leitungen II und III haben zwei Kopfstücke, die jeweils vom Hersteller im Werk oder auch vom Monteur vor Ort (nicht bei Leitung I) durchgeführt werden. Die HVI®-Leitung I setzt man von der Fangeinrichtung bis zur Erdungsebene ein, die HVI®-Leitungen II und III werden z. B. vom höchsten Fangpunkt bis zur tieferen Etage installiert. Nur das untere Ende der HVI®-Leitung I muss beim Erdanschluss kein Kopfstück haben, weil bei diesem Anschluss keine Gefahr von Überschlägen entsteht (→ Näherungen). Das bedeutet, dass nur die HVI®-Leitungen I und II von der Installationsfirma gekürzt, aber nicht verlängert werden können. Bei der HVI®-Leitung II muss genau die benötigte Länge bestellt werden. Die HVI®-Leitungen II und III sind auch für „Insellösungen" geeignet, weil das „untere" Ende – das Kopfstück – mit einer vorhandenen Fangeinrichtung oder den Ableitungen verbunden werden kann. Die Fangeinrichtung oder die Ableitungen müssen aber von dieser „Insel" getrennt sein.

Im Bereich Endverschluss vom Kopfstück bis zur Potentialausgleichsschelle darf sich kein leitfähiges Material, z. B. eine Metallfassade, befinden. Die installierte Potentialausgleichsschelle darf auch aus Haftungsgründen nicht verschoben werden. Der Potentialausgleichsanschluss muss nicht blitzstromtragfähig sein.

Durch Messungen garantiert der Hersteller, dass die HVI®-Leitung mit ihrer → Spannungsfestigkeit einem → Trennungsabstand für Luft von 0,75 m entspricht. Bei der Installation mehrerer HVI®-Leitungen, die dann am oberen Kopfstück parallel verbunden sind, kommt es zur besseren Stromaufteilung auf mehrere → Ableitungen und damit zur Reduzierung von k_c bei der → Berechnung des Trennungsabstandes.

Auf dem Dach oder an anderen Stellen, wo sonst auch kein ausreichender Abstand zu anderen leitfähigen Konstruktionen oder der Blechkante ist, benutzt man für die Installation der HVI®-Leitung Distanzhalter aus glasfaserverstärktem Kunststoff. Näheres zur HVI®-Leitung befindet sich auf der CD-ROM. Siehe auch → Pausenhalle.

I

IBN [isolated bonding network] getrennte Potentialausgleichsanlage (von → CENELEC fälschlich isolierte Potentialausgleichsanlage genannt)

Impulsstrom [surge] entsteht durch den vollen oder anteiligen Blitzstrom oder wird vom Blitz induziert. Zur Berechnung der Störfestigkeit oder der Koordination von SPDs und auch bei deren Prüfung bei der Herstellung werden Impulsströme simuliert. Dafür verwendet man Ströme der Wellenform 10/350 für den ersten Stoßstrom des Blitzes und Ströme der Wellenform 8/20 für die SPDs der Klasse II. → Blitzprüfstrom, → Blitzstromparameter und seine Definitionen.

Induktionsschleifen haben bei EMV, Blitz- und Überspannungsschutz eine große Bedeutung. In Induktionsschleifen werden, abhängig von der Größe der Schleife und der Steilheit des Blitz-Stoßstromes, Spannungen eingekoppelt (**Bild K6**). Die Induktionsschleifen müssen klein gehalten werden. Näheres unter → Potentialausgleichsnetzwerk und → Überspannungsschutz.

Induktive Einkopplung → Kopplungen

Informationsanlagen → Datenverarbeitungsanlagen

Informationstechnik → Datenverarbeitungsanlagen

Informationsverarbeitungseinrichtungen → Datenverarbeitungsanlagen

Innenhöfe. Bei baulichen Anlagen mit geschlossenen Innenhöfen sind ab 30 m Umfang des Innenhofes auch → Ableitungen in einem Abstand von Werten aus der → **Tabelle A1** zu installieren. Es sind jedoch mindestens zwei Ableitungen vorgeschrieben

Innenliegende Rinnen auf den Stahldächern sind nicht immer blitzstromtragfähig mit den Dachflächen verbunden. Auch die innenliegenden Rinnen müssen in das → Fangeinrichtungssystem einbezogen werden.

Innere Ableitung ist eine → Ableitung im Innern der gegen Blitz geschützten baulichen Anlage. Das kann z. B. eine Stütze aus Stahlbeton oder Stahl sein. Sie wird auch als → „natürliche" Ableitung bezeichnet.

Die → inneren Ableitungen verursachen aber auch neue Einkopplungen in die benachbarten Einrichtungen. Der Elektroplaner muss mit dem Architekten, z. B. bei einer Verkaufshalle, auch die Stützen der Halle planen, die nicht leitfähig sind. In der Praxis sind mehrere Fälle bekannt, wo gerade bei den Stahlbetonstützen die Überwachungskameras, andere → Gefahrenmeldegeräte und auch die Zentralen durch induktive → Kopplungen zerstört wurden.

Innerer Blitzschutz sind alle zusätzlichen Maßnahmen zum → äußeren Blitzschutz, die der Minderung der elektromagnetischen Auswirkungen des Blitzstromes innerhalb des zu schützenden Volumens dienen (Vornorm DIN V 0185-1 (VDE V 0185 Teil 1):2002-11 [N21], Abschnitt 3.31). Alle diese Maßnahmen sind unter eigenen Stichwörtern beschrieben.

Isolationskoordination ist nach DIN VDE 0110-1 (VDE 0110 Teil 1):1997-04 und IEC 60364-4-443 festgelegt. → Überspannungskategorie

Isoliermaterial wird zur Isolierung der Ableitungen bis 3 m Höhe an jenen Stellen verwendet, wo die Gefahr der Berührungsspannung besteht. Das Isoliermaterial muss einer Stehstoßspannung von 100 kV widerstehen. Dazu gehört z. B. vernetztes Polyethylen von mindestens 3 mm Dicke.

Isolierte Ableitung → HVI®-Leitung

Isolierte Blitzschutzanlage (der richtige Begriff lautet → getrennte Blitzschutzanlage) ist eine → Blitzschutzanlage, bei der die → Fangeinrichtungen und → Ableitungen mit Hilfe eines Abstandes oder mit Hilfe einer → HVI®-Leitung getrennt von der zu schützenden Anlage errichtet sind (Vornorm DIN V 0185-3 (VDE V 0185 Teil 3):2002-11 [N23], HA 1, Abschnitt 3.3).

Isolierte Fangeinrichtungen werden mittels → Fangstangen, mittels Fangleitungen und Fangnetzen oder durch deren Kombinationen errichtet. Sie sind unter eigenen Stichwörtern beschrieben.

Isolierung des Standortes muss dort ausgeführt werden, wo die Gefahr → der Schritt- oder Berührungsspannung in der Nähe von → Ableitungen und → Erder besteht. Als ausreichende Erhöhung des → spezifischen Widerstandes der obersten Bodenschicht gilt z. B. eine 5 cm starke Asphaltschicht nach [N23] HA 4, Abschnitt 5.3.1.1. Lassen sich eine Isolierung des Standortes oder andere Schutzmaßnahmen gegen Schritt- und Berührungsspannung nicht durchführen, müssen vor Ort Maßnahmen ergriffen werden, damit sich Personen den Ableitungen nicht nähern können.

IT-System ist ein nicht EMV-freundliches Energieversorgungssystem (→ Netzsysteme). Im IT-System lassen sich jedoch bei der Verwendung von → Trenntransformatoren die angeschlossenen Geräte EMV-freundlich betreiben. Eine weitere Alternative für die EMV-freundliche Installation ist die → galvanische Trennung (Glasfasertechnik/Lichtwellenleiter) bei nachrichtentechnischen Kabeln.

K

Kabel sind weniger empfindlich gegen Störungen, wenn es sich um geschirmte Kabel mit verdrillten Adernpaaren (DA) handelt, z. B. Telefon- und Datenverarbeitungsanlagen sowie Energiekabel mit konzentrischem Leiter (Schirmleiter).

Für Handwerker ist es wichtig zu beachten, dass bei der Kabelabisolierung die ursprünglich verdrillten Adernpaare (DA) bis zur Anschlussstelle verdrillt bleiben müssen (DIN EN 50174-2 (VDE 0800 Teil 174-2):2001-09 [EN10], Abschnitt 5.9). In der Praxis bedeutet das, dass der Kabelmantel nur soweit wie erforderlich entfernt werden darf.

Kabelkanäle → Kabelrinnen und Kabelpritschen

Kabelführung und Kabelverlegung. Wie auch unter dem Stichwort → Potentialausgleichsnetzwerk beschrieben, ist die Art der Kabelführung in der baulichen Anlage aus EMV-Sicht sehr wichtig. Kabel sollten generell keine Induktionsschleifen bilden (**Bild K8**) und nicht an/in Außenwänden ohne Stahlbeton installiert werden. → Näherungen an Stellen, wo sich an der Außenwand → Ableitungen befinden, sind zu vermeiden.

Bei Signal- oder Datenleitungen ist darauf zu achten, dass sie einen möglichst großen Abstand (> 20 cm) zu den Stromkreisen haben, auf denen im normalen Betrieb mit schnellen Strom- und Spannungsänderungen zu rechnen ist.
→ Kabelkategorien

Innerhalb der Gebäude empfiehlt sich die Unterbringung in geerdeten, durchgehend elektrisch gut leitend verbundenen und abgedeckten Kabelkanälen. Die Kanäle können mehrere Kammern haben, in denen unterschiedlich mit Störgrößen behaftete bzw. unterschiedlich empfindliche Kabel getrennt geführt werden. Die einzelnen Kammern oder auch Kabelpritschen unterscheiden sich in den Kabelkategorien. Diese sind abhängig von der Empfindlichkeit der an die Kabel angeschlossenen → Störsenken. Bei senkrechter Ausführung der Kabelkanal-Pritschen werden die Energiekabel mit Mittelspannung im unteren Bereich installiert, weiter höher die Energieversorgungskabel 230/400 V, dann die Pritschen mit den Steuerungskabeln 230 V und anschließend die Kabel der Nachrichtentechnik [L21 und EN10].

Kabelkategorien [EN10, L21]. Da die Kabel sich gegenseitig beeinflussen können, müssen sie zueinander einen Mindestabstand haben.

Alle Kabel können nach folgenden Kriterien geordnet werden:
- Netzspannungsverkabelung
- Hilfsleitungen

Kabelrinnen und Kabelpritschen

- T-Verkabelung
- empfindliche Stromkreise.

Die Kabelkategorien sollten mit den in **Tabelle K1** (Seite 102) angegebenen Mindestabständen in Millimetern zueinander installiert werden.

Die fachgerechte Installation kann z.B. nach **Bild K1** durchgeführt werden. Wenn aber Kabel unterschiedlicher Kategorien auf einer Kabelrinne liegen, muss der Abstand zwischen ihnen mit einem, besser mit zwei Trennstegen gewährleistet werden. Wenn nur ein Trennsteg installiert ist, dann müssen die Kabel dauerhaft befestigt und mit dem Mindestabstand installiert werden. Die Kabelkreuzungen müssen in einem rechten Winkel durchgeführt werden. Man darf auch nicht vergessen, auf den Abstand von mindestens 130 mm zwischen den informationstechnischen Kabeln und fluoreszierenden Lampen, Neonlampen und Quecksilberdampflampen zu achten ([EN10] Abschnitt 6.5.3).

Kabellänge in Abhängigkeit des Schirmes. Die Kabellänge in Abhängigkeit von der Bedingung des Schirmes muss bei der Berechnung des Mindestschirmquerschnitts für den Eigenschutz der Kabel und Leitungen berücksichtigt werden. In der **Tabelle K2** sind die zu berücksichtigenden Kabellängen in Abhängigkeit von der Bedingung des Schirmes enthalten.

Bedingung des Schirmes	Zu berücksichtigende Länge I_c
In Kontakt mit dem Erdboden mit einem spezifischen Widerstand ρ (in Ωm)	$I_c \leq 8 \cdot \sqrt{\rho}$
Isoliert vom Erdboden oder in Luft	I_c Abstand zwischen der baulichen Anlage und dem nächstliegenden Erdungspunkt des Schirmes

Tabelle K2 Zu berücksichtigende Kabellänge in Abhängigkeit von der Bedingung des Schirmes
Quelle: Vornorm DIN V 0185-3 (VDE V 0185 Teil 3):2002-11 [N23], Anhang C (Normativ)

Kabelrinnen und Kabelpritschen müssen mit dem → Potentialausgleich verbunden werden. Der Potentialausgleichsanschluss wird an allen Enden und an allen Durchgängen der → Blitz-Schutzzonen durchgeführt. Die Verschraubungen der Einzelteile der Rinnen oder Pritschen müssen auf beiden Seiten und nicht nur auf einer Seite angebracht werden. Die Schraubverbindungen sollten gegen Selbstlockerung mit einer Zahn- oder Federscheibe abgesichert werden.

Den Kabelkanälen, Kabelrinnen und Kabelpritschen wird jetzt in mehreren Normen Platz eingeräumt. Hauptsächlich sind das die [EN10], aber auch die [N24] oder auch [N9] und ihr neuer Entwurf aus dem Jahr 2003. Alle Normen beschreiben Maßnahmen, vor allem zur Ausführung und Erdung. Die Kabelkanäle, -rinnen und -pritschen sind nach den Normen zu erden und in das → Potentialausgleichsnetzwerk einzubeziehen. Das bedeutet, dass z.B. die Verbindung mit dem vermaschten Potentialausgleichsnetzwerk nach [EN10], Abschnitt 6.7.2, alle 3 bis 4 Meter durchgeführt werden soll, hauptsächlich in Bereichen mit einer hohen Konzentration an elektronischen Einrichtungen.

Kabelrinnen und Kabelpritschen

Art der Installation	Abstand A in mm		
	ohne Trennsteg oder nichtmetallener Trennsteg[1]	Trennsteg aus Aluminium	Trennsteg aus Stahl
Ungeschirmte Stromversorgungsleitungen und ungeschirmte informationstechnische Kabel	200	100	50
Ungeschirmte Stromversorgungsleitungen und geschirmte informationstechnische Kabel[2]	50	20	5
Geschirmte Stromversorgungsleitungen und ungeschirmte informationstechnische Kabel	30	10	2
Geschirmte Stromversorgungsleitungen und geschirmte informationstechnische Kabel[2]	0	0	0

1 Es wird angenommen, dass im Falle metallener Trennstege die Dimensionierung des Kabelführungssystems eine dem Werkstoff des Trennstegs entsprechende Schirmdämpfung erreicht.

2 Die geschirmten informationstechnischen Kabel müssen den Normen der Reihe EN 50288 entsprechen.

Tabelle K1 Trennung von informationstechnischen Kabeln und Stromversorgungsleitungen.
Quelle: DIN EN 50174-2 (VDE 0800 Teil 174-2):2001-09 [EN10], Tabelle 1

Bild K1 Trennung von Kabeln in Kabelführungssystem
Quelle: DIN EN 50174-2 (VDE 0800 Teil 174-2):2001-09 [EN10], Bild 8

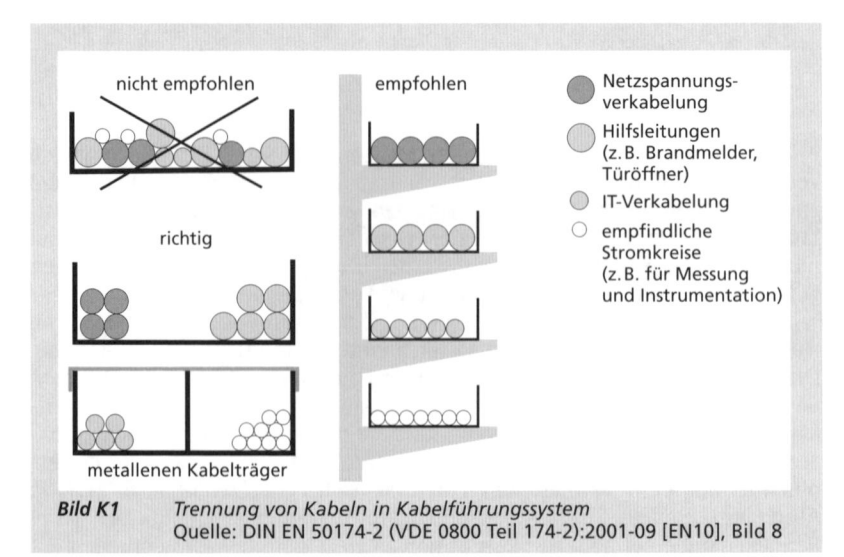

Kabelrinnen und Kabelpritschen

Unter dem Stichwort → Potentialausgleichsnetzwerk werden die Vorteile des vermaschten Potentialausgleichs beschrieben. Die Potentialausgleichsanschlüsse von Kabelkanälen sind oft sternförmig und nicht maschenförmig ausgeführt. Auf **Bild K3a** ist ein sternförmiger Anschluss und auf **Bild K3b** ein maschenförmiger Anschluss (geschleift) dargestellt. Wenn bei dem sternförmigen Anschluss (**Bild K3a**) keine zufällige Verbindung zwischen den zwei Kanälen besteht, dann liegen die Kabel im unteren Kabelkanal (Kabelpritsche) bei einem Störungsfall in einem starken magnetischen Feld, das von der Länge des Potentialausgleichskabels abhängig ist. Eine fachgerechte Ausführung ist auf den **Bildern K3b** und **P2** zu sehen.

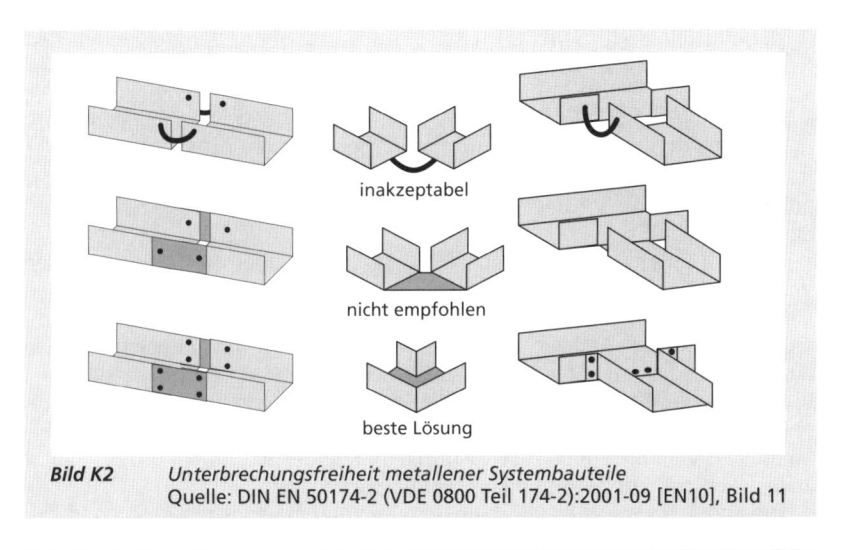

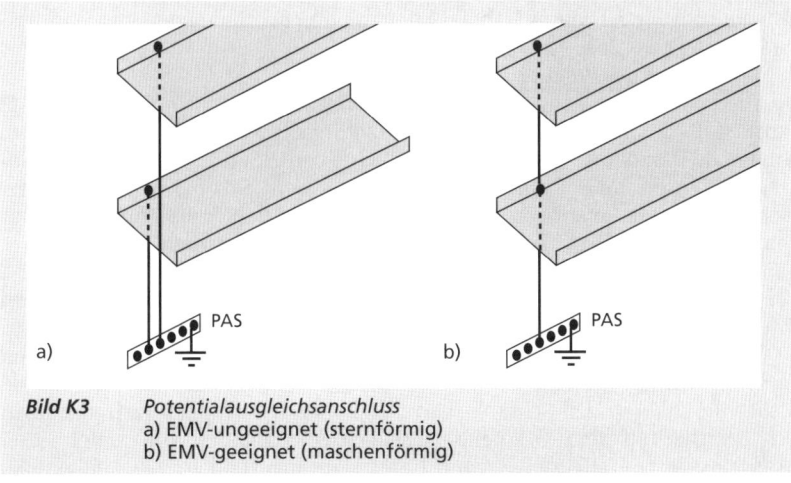

Bild K2   *Unterbrechungsfreiheit metallener Systembauteile*
Quelle: DIN EN 50174-2 (VDE 0800 Teil 174-2):2001-09 [EN10], Bild 11

Bild K3   *Potentialausgleichsanschluss*
a) EMV-ungeeignet (sternförmig)
b) EMV-geeignet (maschenförmig)

Kabelschirm

Kabelschirm schützt einzelne Adern oder den gesamten Verseilverband gegen elektromagnetische Beeinflussungen. Die Schirme sind aus gut leitendem Material. Das kann z.b. ein Geflecht aus blanken Kupferdrähten (Schirmgeflecht, Flechtdichte 80%), aus Kupferdrähten mit Querleitwendeln, aus Kupferbändern oder aus leitfähigen Kunststoffschichten sein. Das Wichtigste bei Kabelschirmen ist aber die beidseitige Erdung der Schirme. Einseitig geerdete Schirme schützen gegen kapazitive → Kopplungen. Beidseitig geerdete Schirme schützen gegen induktive Kopplungen. Nur bei kleiner Spannung und kleinen Frequenzen schützt die einseitige Erdung. Bei einem Blitzschlag entstehen jedoch große Frequenzen und Spannungen. Das bedeutet: Die Schirmung muss hier mindestens beidseitig geerdet werden. Dies ist auch in der DIN EN 50310 (VDE 0800 Teil 2-310):2001-09 [EN12], Abschnitt 5.5 mit dem folgenden Text festgehalten: *„Kabelschirme müssen mindestens an beiden Enden mit Gestellen, Schränken oder, falls erforderlich, mit der zugeordneten Systembezugsebene (SRPP) leitend verbunden werden. Rundumkontaktierungen (d.h. 360°) sind am wirksamsten ...".* Dies wird in der Vornorm DIN V 0185-4 (VDE V 0185 Teil 4):2002-11 [N24], Abschnitt 11.3 und weiteren Bildern beschrieben, da die Kabelschirme bei Überschreitung der Blitzschutzzonen mit dem Potentialausgleich verbunden sind.

In bestimmten Fällen können Ausgleichsströme über die Schirme fließen und Störungen verursachen. Dies entsteht bei nicht normgerecht ausgeführten Elektroinstallationen oder bei Anlagen in einem Gebäude ohne → Potentialausgleich oder bei Anlagen zwischen zwei Gebäuden mit unterschiedlichen Potentialen oder separaten Einspeisungen über das → TN-C-System. In diesen Fällen muss ein Kabelschirmende indirekt über eine → Funkenstrecke oder einen Gasableiter geerdet werden. Bei einem Blitzschlag und einer Spannungserhöhung schaltet die Funkenstrecke durch und der → Schirm wirkt und schützt auch gegen induktive Kopplungen bei Blitzeinschlägen.

Die Kabelschirme, die außerhalb der geschützten baulichen Anlagen installiert sind, müssen einen blitzstromtragfähigen Schirm haben oder in Rohrkanälen aus Metall oder in Kabelkanälen mit durchverbundenem Bewehrungsstahl verlegt werden.

Beispiel aus der Praxis:
Die Installationen, die mit einem Telefonkabel, z.B. I-Y(ST)Y-Bd (Kabel mit kunststoff-kaschierter Alufolie mit Beilaufdraht), durchgeführt sind, haben minimale Dämpfung. Oft sind sie auch nicht geerdet, und wenn, dann nur einseitig. Bei den EMV-Maßnahmen oder hinter dem SPD (→ Überspannungsschutz), wo eine Gefahr von neuen Kopplungen entsteht, müssen Schirmkabel, mit z.B. einem Geflecht aus Kupferdrähten, verwendet werden.

In der DIN EN 50174-2 (VDE 0800 Teil 174-2):2001-09 [EN10], Abschnitt 6.3.2 Überlegung 4, heißt es: *„.... Ein Schirmkontakt, der lediglich durch den Beilaufdraht hergestellt wird, hat bei hohen Frequenzen kaum eine Wirkung."*

Die Realität zeigt, dass nicht alle Firmen ausreichende Erfahrungen mit geschirmten Kabeln haben. Mit gutem Willen ziehen manche Firmen das geschirmte Kabel in den Schrank (Verteiler), ohne jedoch beim Schrankeintritt die Schirme mit dem → Potentialausgleich zu verbinden. Oft erfolgt dieser Anschluss erst bei angeschlossenem Gerät. Wird so installiert, so beeinflusst der

Kabelschirm

Kabelschirm bei einer Störung andere benachbarte Leiter und Einrichtungen in dem Schrank und kann sie zerstören. Was für die Erdung der Schirme an den Blitzschutz-Zonen gilt, gilt auch für die Verteiler. Der Verteiler- oder Schrankeintritt ist eine weitere → Blitz-Schutzzone. Auch hier muss der Schirm bei „Schrankeintritt" angeschlossen werden (**Bild S2**)!

Gerade bei Installationen von → Blitz- und Überspannungsschutzgeräten für informationstechnische Systeme sind oft falsche Ausführungen an den Schirmen oder auch nur am Beidraht zu entdecken. Die **Bilder K4** und **K5** erläutern das Prinzip der Erdung.

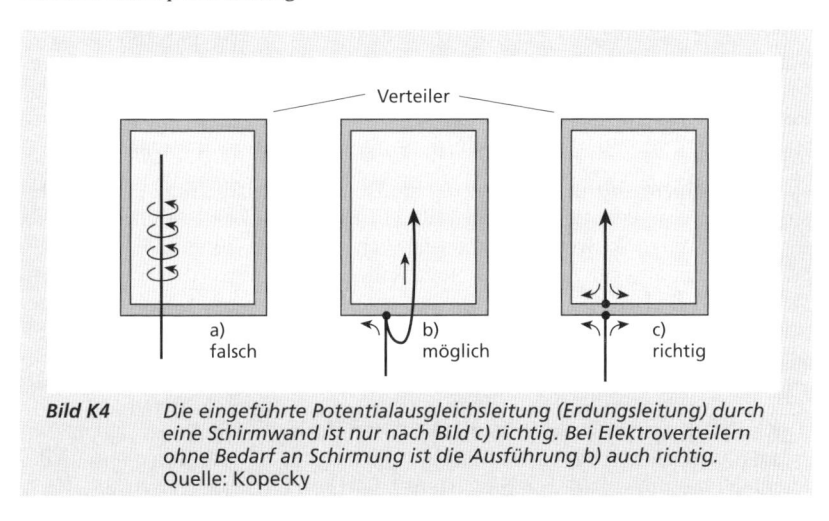

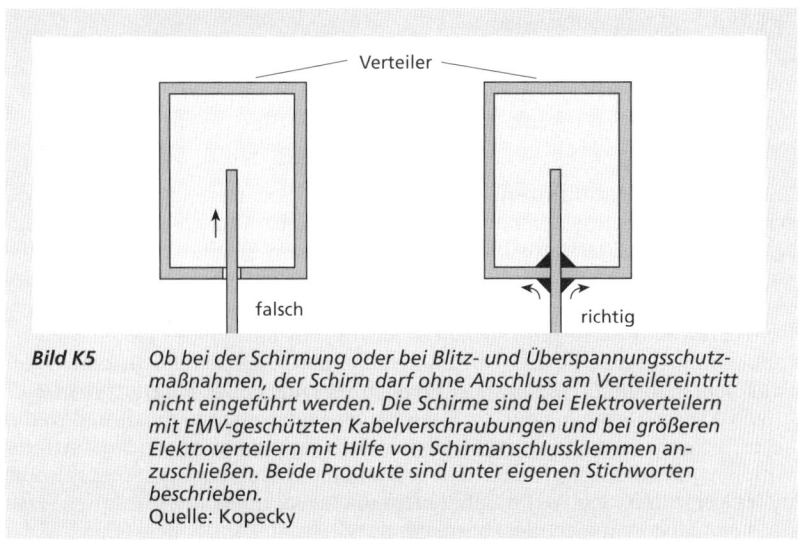

Bild K4 Die eingeführte Potentialausgleichsleitung (Erdungsleitung) durch eine Schirmwand ist nur nach Bild c) richtig. Bei Elektroverteilern ohne Bedarf an Schirmung ist die Ausführung b) auch richtig.
Quelle: Kopecky

Bild K5 Ob bei der Schirmung oder bei Blitz- und Überspannungsschutzmaßnahmen, der Schirm darf ohne Anschluss am Verteilereintritt nicht eingeführt werden. Die Schirme sind bei Elektroverteilern mit EMV-geschützten Kabelverschraubungen und bei größeren Elektroverteilern mit Hilfe von Schirmanschlussklemmen anzuschließen. Beide Produkte sind unter eigenen Stichworten beschrieben.
Quelle: Kopecky

Kabelschirmbehandlung

Kabelschirmbehandlung erfolgt oft falsch. Jede Schirmanschlussüberlänge kann aufgrund von hohen Frequenzen eine Störungsquelle sein. Der beste Schirmanschluss wird bei einem Metallschrank-Verteiler mittels einer → EMV-Kabelverschraubung durchgeführt. Nicht immer ist diese Alternative realisierbar und die → Schirme müssen direkt bei Schrank- oder Verteilereintritt mittels → Schirmanschlussklemmen geerdet werden. Wenn der Schirm nicht beim Zonenübergang geerdet ist und in den Schrank weitergeführt wird, so ist er ein „Störungssender" und kann → Kopplungen in die benachbarten Installationen verursachen.

Nach DIN EN 50174-2 (VDE 0800 Teil 174-2):2001-09 [EN10], Abschnitt 6.3.2 Überlegung 3, sollte der Schirmungskontakt dem Prinzip des Faradayschen Käfigs folgen, das bedeutet Rundumkontaktierung 360° der Schirmoberfläche.

Bei Installationskontrollen wurden mitunter auch abgeschnittene Schirme der Energiekabel gefunden. Der → N-Leiter wurde als → PEN-Leiter benutzt, was natürlich verboten ist. Der Schirm ist als → PE-Leiter anzuschließen.

Kabelschirmung ist eine der wichtigsten Grundmaßnahmen zur Sicherstellung EMV-geeigneter Elektroinstallation. Bei der zur Zeit schnellen Ausbreitung der Elektronik werden voraussichtlich in naher Zukunft nur noch geschirmte Kabel und Lichtwellenleiterkabel benutzt werden dürfen. Mit steigendem Bedarf nach störungsfreien Installationen müssen nicht nur geschirmte Kabel verlegt werden, sondern die Schirme müssen auch richtig angeschlossen werden. Die → Schirmung wird in diesem Buch in mehreren Stichwörtern beschrieben.

Kabelschutz außerhalb der baulichen Anlage. Die Kabeltrassen zwischen den einzelnen baulichen Anlagen sollen mit Erdungsleitern oberhalb der Kabel in einem Abstand von mindestens 0,5 m geschützt werden ([N23], HA 4, Abschnitt 2.3.6). Der Erdungsleiter wird dann bei den baulichen Anlagen in das → Erdungssystem einbezogen.

Kabelstoßspannungsfestigkeit ist eine wichtige Information zur Berechnung des → Mindestschirmquerschnitts für den Eigenschutz der Kabel und Leitungen. Wenn keine spezifizierten Werte bekannt sind, so sind die Werte aus [N23], Anhang C (normativ) Tabelle C.2, hier **Tabelle K3**, zu verwenden.

Kabelverschraubungen. Wie schon unter den Stichwörtern zu Kabelschirmungen beschrieben, hängt die Schirmungswirkung von der Erdungsanschlussart ab. Die beste Lösung für den Anschluss von Kabelschirmen sind die EMV-Kabelverschraubungen, die eine niederimpedante Verbindung vom → Kabelschirm über den Verschraubungskörper zum Gerätegehäuse gewährleisten. Auf **Bild K6** ist eine geeignete Ausführung solch einer EMV-Kabelverschraubung dargestellt. Der Vorteil besteht darin, dass beim Anziehen der Druckschraube der Dichteinsatz auf zwei Konusringe drückt, die auf einen endlosen Federring wirken, der sich dadurch im Durchmesser verjüngt und so das Schirmgeflecht des durchgeführten Kabels sicher kontaktiert. Ein weiterer Vorteil ist, dass bei einigen Typen der Kabelmantel auch nach der Kontaktstelle in der Verschraubung weiterlaufen kann und eventuell bei der nächsten Zone noch einmal geerdet werden kann und muss.

Nennspannung in kV	Stoßspannungsfestigkeit U_c^* in kV
≤ 0,05	5
0,22	15
10	75
15	95
20	125

* Vorzugswerte, wenn keine spezifischen Werte vorliegen

Tabelle K3 Stoßspannungsfestigkeit der Kabelisolierung für verschiedene Nennspannungen
Quelle: Vornorm DIN V 0185-3 (VDE V 0185 Teil 3):2002-11 [N23], Anhang C (Normativ)

Bild K6 UNI IRIS® EMV DICHT Kabelverschraubung
Quelle: Pflitsch, D–Hückeswagen, Werkfoto

Kehlblech auf einem Dach mit einer → Blitzschutzanlage muss mit der Blitzschutzanlage verbunden werden, wenn es sich nicht im → Schutzbereich befindet.

Kirche muss eine Blitzschutzanlage der Schutzklasse III nach Vornorm DIN V 0185-3 (VDE V 0185 Teil 3):2002-11 [N23], HA2, Abschnitt 7, haben. In Einzelfällen und bei besonderen kulturellen Werten der Kirchen muss die Ermittlung der Blitzschutzklasse nach [N22] durchgeführt werden. Kirchtürme über 20 Meter müssen mindestens über zwei äußere → Ableitungen verfügen. Davon muss eine mit der Blitzschutzanlage der Kirche verbunden werden.
Innerhalb des Turmes dürfen keine Ableitungen herabgeführt werden.
Auch wenn die Wände der Kirchtürme sehr dick sind, entstehen mitunter unzulässige → Näherungen zwischen den Installationen innerhalb des Turmes oder der Kirche einerseits und der → Fangeinrichtung sowie den äußeren Ableitungen der Dächer und Wände andererseits. Bei unterhalb von Dächern oder in Türmen angebrachten → Mobilfunkantennen ist darauf zu achten, dass der → Trennungsabstand zur → Blitzschutzanlage eingehalten wird. Bei den Erdungsanlagen der Kirchen darf nicht vergessen werden, die → Schrittspan-

Kläranlagen

nung im Eingangsbereich zu verhindern. Die wichtigsten Schutzmaßnahmen sind unter den zugehörigen Stichwörtern nachzulesen.

Die → Blitz- und Überspannungsschutzmaßnahmen für die allgemeine Elektroinstallation in der Kirche sowie für die Glocken- und Uhrsteuerung sind ebenfalls ein nicht zu trennender Bestandteil der Blitzschutzanlage.

In neuester Zeit muss auch die in Kirchen installierte BUS-Technik gegen Blitz und → Überspannung geschützt werden.

Kläranlagen → Großtechnische Anlagen

Klassen. Nach der DIN EN 50164-1 (VDE 0185 Teil 201):2000-04 [EN8], Abschnitt 6.3, werden die Klemmverbindungen überprüft. Die Klemmen der Klasse H werden mit Strom I_{max} von 100 kA und die Klemmen der Klasse N mit Strom I_{max} von 50 kA überprüft. Die Kennzeichnung der Klemmen muss per Aufschrift erfolgen, bei kleinen Bauteilen z. B. auf der Verpackung. Die Kennzeichnung muss dauerhaft und lesbar sein.

Die Klassen der → Überspannungsschutzgeräte werden im Stichwort → Überspannungskategorien beschrieben.

Klassische Nullung ist ein früherer Begriff, → TN-C-System.

Klimaanlagen müssen mit dem → Potentialausgleich verbunden werden. Die → Rückkühlgeräte der Klimaanlagen müssen – wie unter eigenem Stichwort beschrieben – geschützt werden.

Koeffizient K_i ist ein Koeffizient für die Berechnung des → Trennungsabstandes s, wie unter dem Stichwort → Näherungsformel beschrieben ist. Der Koeffizient ist von der → Blitzschutzklasse, wie in **Tabelle N1** angegeben, abhängig.

Kombi-Ableiter (I) (DEHNventil, POWERTRAB und weitere baugleiche Modelle) sind zwei- bis vierpolige → Blitzstromableiter mit Parallelschaltung von thermisch überwachten Metalloxyd-Varistoren und Gleitfunkenstrecken. Bis Ende des vorigen Jahrhunderts waren das die meisten installierten Blitzstromableiter. Bei einem entfernten Blitzschlag und kleinen → Überspannungen waren die Varistoren aktiv und bei einem direkten Blitzschlag haben die Gleitfunkenstrecken die Blitzströme abgeleitet. Nachteil der Schutzgeräte war der Ausblasbereich der Gleitfunkenstrecken. Die Blitzstromableiter mussten so installiert werden, dass im Ausblasbereich, 15 cm unter der unteren Kante, keine spannungsführenden, nicht isolierten Teile waren. Ein zweiter Nachteil waren die Leckströme der Varistoren. Aus diesem Grund gab es keine Genehmigung durch die Energieversorgungsunternehmen, diese Kombi-Ableiter als Blitzstromableiter vor dem Elektrozähler einzubauen. Die Kombi-Ableiter wurden später ersetzt durch die neuen, nicht ausblasenden Blitzstromableiter.

Kombi-Ableiter (II). Ein Überspannungsschutzhersteller hat seiner neuen Produktlinie von Überspannungsschutzgeräten den gleichen Name wie der

Kopplungen

vorherigen Produktlinie gegeben. Die Produkte dieser beiden dürfen bei Ausschreibungen und Installationen nicht verwechselt werden, da sie unterschiedliche technische Daten haben. Weiteres unter dem Begriff → Überspannungsableiter.

Koordination der Überspannungsschutzgeräte → Überspannungskategorien

Kopplungen sind Wirkungen zwischen Stromkreisen, bei denen Energie von einem Kreis auf den anderen übertragen wird. Die Wirkungen können durch galvanische, kapazitive oder induktive Kopplung entstehen, es können aber auch alle Kopplungen gleichzeitig auftreten.
Galvanische Kopplung (**Bild K7**) entsteht z. B. bei einem Blitzschlag in ein Gebäude, wenn am → Ausbreitungswiderstand ein Spannungsfall von mehreren 10 bis 100 kV entsteht. Wenn das Gebäude mit anderen Gebäuden durch stromleitfähige Kabel verbunden ist, kommt es zum Durchschlag der Isolationen und ein ohmsch eingekoppelter Stoßstrom des Potentialausgleichs fließt zum anderen Gebäude, wo die Teilblitzenergie (Scheitelwert mehrere kA) noch einmal die Isolationen in Richtung → Erdungsanlage durchschlägt. Die Größe des eingekoppelten Stoßstromes ist von den Widerständen der Erdungsanlagen der Gebäude abhängig.
Die gleiche Art von galvanischen Kopplungen entsteht in Stromkreisen mit gemeinsamen Impedanzen.

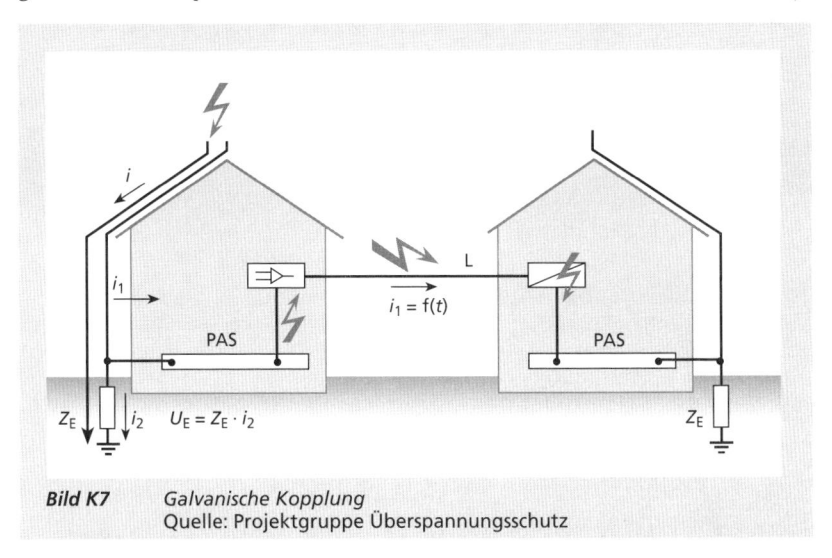

Bild K7 *Galvanische Kopplung*
Quelle: Projektgruppe Überspannungsschutz

Induktive Kopplung (**Bild K8**) entsteht durch Wirkung des magnetischen Feldes eines stromdurchflossenen Leiters auf andere, in der Nähe befindliche nicht abgeschirmte Leiter. Bei einem Blitzschlag in die → Blitzschutzanlage verursacht der Stoßstrom in der → Ableitung mit seiner hohen Steilheit di/dt max.

Kopplungen

ein dem Strom entsprechendes Magnetfeld um diesen Leiter. In andere, in der Nähe befindliche Leiter werden abhängig vom ihrem Abstand zur Ableitung und abhängig von ihrer Länge Überspannungen induziert. Dieser Effekt ist auch als Transformatoreffekt bekannt. Siehe auch Stichwort → Magnetische Feldkopplung. Bei falsch ausgeführten Überspannungsschutzinstallationen entsteht eine induktive Kopplung zwischen den geschützten und ungeschützten Adern oder Erdungsanschlüssen, → Kopplungen bei Überspannungsschutzgeräten.

Kapazitive Kopplung (**Bild K9**) entsteht zwischen zwei Leitungen mit unterschiedlichen Potentialen in einem elektrischen Feld. Die Koppelkapazitäten verursachen einen maximalen eingekoppelten Strom von mehreren Ampere, der dann die angeschlossenen Geräte zerstört.

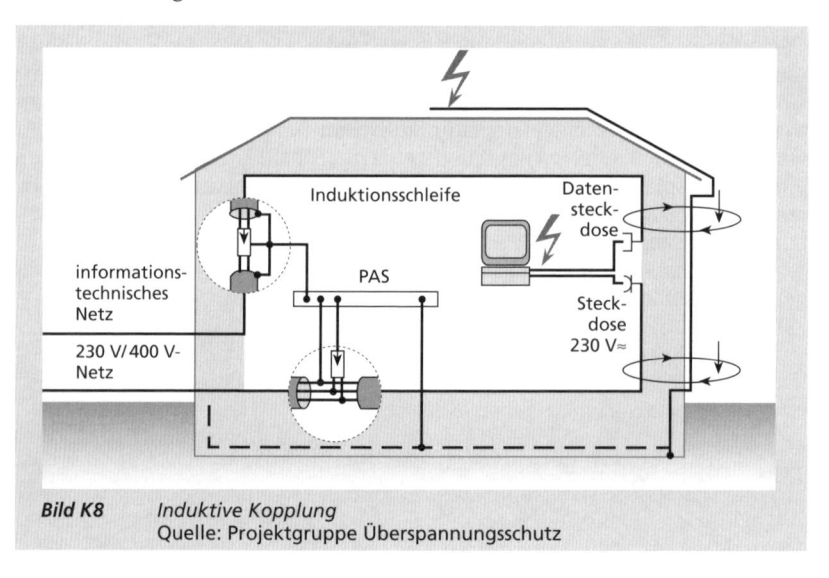

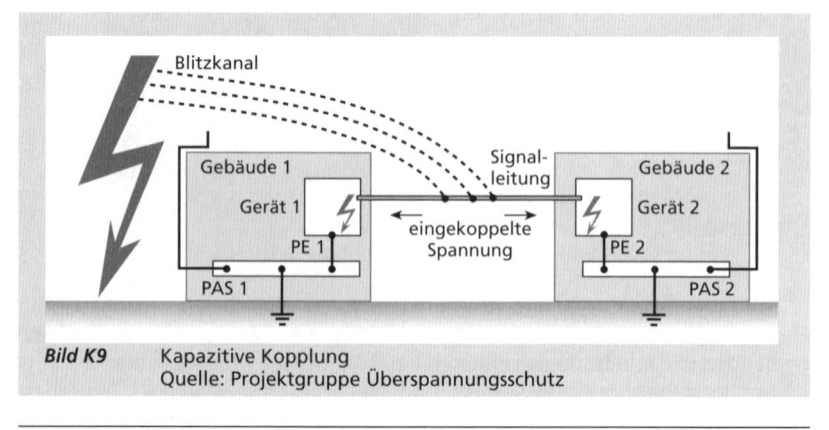

Bild K8 *Induktive Kopplung*
Quelle: Projektgruppe Überspannungsschutz

Bild K9 *Kapazitive Kopplung*
Quelle: Projektgruppe Überspannungsschutz

Kopplungen bei Überspannungsschutzgeräten. Unter dem Stichwort → Überspannungsschutz in der Praxis sind falsche Installationen der → Überspannungsschutzgeräte beschrieben. Häufig wiederholte Fehler sind die Anschlussarten, bei denen es zu Einkopplungen in die eigentlich zu schützenden nicht abgeschirmten Leitungen kommt. Die Hersteller von Überspannungsschutzgeräten bilden solche falschen Installationen in eigenen Versuchsräumen nach, damit sie nachvollziehen und feststellen können, was man in der Praxis nur mit schweren Schäden an den Einrichtungen erfährt.

Bei elektromagnetischen → Kopplungen zwischen parallel laufenden geschützten und ungeschützten Leitungen von 1 m Länge entsteht nämlich eine neue → Überspannung, die ein Mehrfaches höher ist als der Spannungspegel des Überspannungsschutzgerätes.

Bei der galvanischen Kopplung des Stoßstromes während des Ableitvorganges entsteht an der Erdleitung durch den Stoßstrom mit z. B. einer Steilheit von 1 kA/µs ein Spannungsabfall von ca. 1 kV/m. Diesen Wert dürfen die Installationsfirmen nicht vergessen, weil jede Kabelüberlänge eine Erhöhung des Spannungspegels um 1 kV pro Meter Leitung verursacht. → V-Ausführung

Korrosion wäre schon allein ein Thema für ein separates Buch. Deshalb wird hier nur das Wichtigste als Schwerpunkt behandelt.
- → Fangeinrichtungen und → Ableitungen in aggressiven Rauchgasen müssen aus nicht rostendem Stahl sein.
- In den Bereichen der Schornsteine mit nicht aggressiven Rauchgasen darf man kein Aluminium-Material benutzen, sondern muss mindestens FeZn-Materialen verwenden.
- Bei Kupfer-Installationen auf Dächern, ob Blechverkleidungen oder → Blitzschutzanlage, ergeben sich Kupferinhalte im Regenwasser, die dann darunter liegende FeZn- oder Aluminium-Teile (das müssen keine Blitzschutzteile sein) durch Korrosion angreifen.
- Unterschiedliche Werkstoffe, z. B. Kupfer und Aluminium sowie Kupfer mit FeZn-Material, dürfen nicht direkt, d.h. nicht ohne Cupal-Zwischenlage oder Zweimetallklemmen verbunden werden.
- Aluminiummaterial darf nicht auf und in kalkhaltigen Oberflächen, z. B. Beton und Putz, installiert werden.
- Fundamenterder dürfen nicht direkt, d.h. nicht ohne → Funkenstrecke mit FeZn-Erdern im Erdbereich verbunden werden.
Erklärung: Der → Fundamenterder hat ein negativeres Potential als die → Erdungsanlage im Erdbereich und so kommt es zu Ausgleichsströmen zwischen beiden Erdern und damit zur Korrosion der Erdungsanlage im Erdreich. Durch die Installation der → Funkenstrecke werden die Korrosionsströme unterbrochen. Die Erdungsanlage ist nicht mit Strömen belastet und rostet langsamer. Sie wird in diesem Fall nur von der Umgebungserde beeinflusst. V4A-Erdungsmaterial Werkstoffnummer 1.4571 hat dagegen ein positiveres Potential, das in der Nähe des Potentials von Fundamenterdern liegt. Somit entstehen keine Ausgleichsströme zwischen den Erdern. Daher können/müssen beide oder auch mehrere → Erder miteinander verbunden werden.

- → Erdeinführungen, falls sie nicht aus o.g. V4A-Material sind, müssen 30 cm oberhalb und 30 cm unterhalb des Erdbereichs gegen Korrosion durch eine Korrosionsschutzbinde geschützt werden.
- Vielfach wird die Meinung vertreten, dass andere → Netzsysteme anstelle des → TN-S-Systems Ausgleichsströme in den Erdungsanlagen verursachen und damit das Korrodieren sowohl der Erdungsanlage als auch anderer Installationen in der „geschützten" baulichen Anlage zur Folge haben.

Korrosion der Metalle. Dazu gehören alle Korrosionsarten, wie elektrolytische oder chemische Korrosion.

Krankenhäuser und Kliniken müssen nach Vornorm DIN V 0185-3 (VDE V 0185 Teil 3):2002-11 [N23], HA 2, Abschnitt 1, mindestens mit der Schutzklasse II geschützt werden.

In besonderen Fällen, z.B. bei Intensivstationen, muss die Ermittlung der Schutzklasse nach [N22] durchgeführt werden.

Kreuzerder hat eine Mindestlänge von 2,5 m. Man benutzt ihn hauptsächlich für die Erdung von → Antennenanlagen bei Gebäuden ohne Blitzschutzanlage nach DIN EN 50083-1 (VDE 0855 Teil 1):1994-03 [EN 2] und DIN VDE 0855-300 (VDE 0855 Teil 300):2002-7 [N39].

L

L– negativer Gleichstromleiter

L+ positiver Gleichstromleiter

Landwirtschaftliche Anlagen, z. B. PC-gesteuerte Fütterungsautomaten, Melkautomaten oder andere Einrichtungen sind mit moderner Elektronik ausgestattet, werden aber infolge nicht geeigneter Elektroinstallationen häufig beschädigt. Die Installationsfirmen sind nach dem ⟶ EMV-Gesetz für den einwandfreien Betrieb der Gesamt-Anlage, die sich meist über mehrere Gebäude erstreckt, verantwortlich. Dabei ist der Zentral-PC oft im Hauptgebäude und die anderen Anlagenteile, Melder sowie aktiven Elemente wie Motoren, sind in den landwirtschaftlichen Gebäuden oder Hallen an das System angeschlossen. In diesen Fällen ist zu beachten, dass alle Gebäude und Hallen über die Elektroinstallations-Maßnahmen verfügen müssen, die in diesem Buch beschrieben sind. Gefordert werden dabei hauptsächlich eine einheitliche ⟶ Erdungsanlage, ⟶ Potentialausgleich, ⟶ TN-S-System und ⟶ Blitz- und Überspannungsschutzmaßnahmen. Die oft vertretene Meinung, dass Elektrokabel in Metallhallen ohne ⟶ Blitzschutzanlage keinen ⟶ Blitzstromableiter benötigen, ist falsch, weil auch ein Blitzschlag in eine Metallhalle oder eine ⟶ Antenne die Anhebung der Spannung auf den Potentialausgleich verursacht und damit die Überspannungsschutzgeräte der Installationen bei Gebäudeeintritt überlastet sind.

Lautsprecheranlagen ⟶ Datenverarbeitungsanlage

Leckströme ⟶ werden nicht nur durch die Varistoren von ⟶ Überspannungsschutzgeräten, sondern vor allem durch Kondensatoren und andere Einrichtungen der modernen Elektronik verursacht. Durch die Anschlüsse gegen den ⟶ PE-Leiter, alternativ ⟶ PEN-Leiter, addieren sich die Leckströme mit anderen Ausgleichsströmen auf dem PE- oder PEN-Leiter. Bei Einrichtungen wie Varistoren und Kondensatoren ist Abhilfe mit einer „3 + 1"-Schaltung (**Bild Ü9**) oder auch einer „Y"-Schaltung zu schaffen.

Leitungsführung ⟶ Kabelführung und Kabelverlegung

Leitungsschirmung ⟶ Kabelschirmung

LEMP [lightning electromagnetic pulse] elektromagnetischer Blitzimpuls

LEMP-Schutz-Management

LEMP-Schutz-Management ist im Prinzip ein Leitfaden für Architekten, Elektroplaner, Errichter, ⟶ Blitzschutzexperten und Behörden für den Bau neuer Anlagen oder für umfassende Änderungen in der Ausführung oder Nutzung baulicher Anlagen nach Vornorm DIN V 0185-4 (VDE V 0185 Teil 4):2002-11 [N24], Abschnitt 6.2.

Nur mit einem LEMP-Schutz-Management kann man ein technisch und wirtschaftlich optimales ⟶ LEMP-Schutz-System erreichen. Falsch geplante oder nachträgliche Änderungen sind teuer und erreichen oft nicht das erwartete Ergebnis.

Der verantwortliche Architekt oder der am Bau beteiligte Ingenieur wird zum Entwurf des ⟶ Blitzschutzes üblicherweise einen ⟶ Blitzschutzexperten heranziehen. Die LEMP-Schutz-Planung ist ein Spezialgebiet und ohne Kenntnisse der ⟶ EMV und aller in diesem Buch enthaltenen Stichworte nicht realisierbar.

Noch vor der „LEMP-Schutz-Planung" muss der Blitzschutzexperte mit fundierter Kenntnis der EMV die erste Risikoanalyse nach [N22] durchführen.

Im ersten Schritt der „LEMP-Schutz-Planung" muss er dann in engem Kontakt mit dem Eigner, dem ⟶ Architekten, dem Errichter des Informationssystems, dem ⟶ Planer aller anderen relevanten Installationen und den Unterauftragnehmern eine Definition der ⟶ Schutzklassen (LPZs) und ihrer Grenzen vornehmen. All diese und auch die folgenden Aufgaben sind unter eigenen Stichworten, z. B. ⟶ Blitzschutzzonenkonzept, ⟶ Blitzschutz-Potentialausgleich, ⟶ Blitzschutzsystem, ⟶ Flussdiagram, ⟶ Schutzklassen-Ermittlung beschrieben. Zu diesem ersten Schritt gehören auch die Festlegung der ⟶ Raumschirm-Maßnahmen, der ⟶ Potentialausgleichsnetzwerke, der Maßnahmen für Versorgungsleitungen und elektrische Leitungen an den LPZ-Grenzen sowie die Festlegungen der ⟶ Kabelführung und der ⟶ Schirmung.

Im zweiten Schritt „LEMP-Schutz-Auslegung" muss z. B. ein elektrotechnisches Ingenieurbüro die Übersichtszeichnungen, Beschreibungen und Leistungsverzeichnisse erstellen. Die wichtigsten Aufgaben dabei sind insbesondere das Anfertigen der Detailzeichnungen und der Ablaufpläne für die Installationen.

Bei der ⟶ Prüfung der Planung müssen fehlende oder fehlerhafte Detailzeichnungen festgestellt werden. Erhält erst einmal der ausführende Monteur die falschen Pläne, so ist auch die falsche Installation kaum noch abzuwenden. Die Prüfung der Planung und die weitere Kontrolle gehören schon zum dritten Schritt des LEMP-Schutz-Managements, der LEMP-Schutz-Installation einschließlich der Überwachung. Bei der Überwachung haben Systemerrichter, Blitzschutzexperte, Ingenieurbüro oder Überwachungsbehörde die Aufgabe, die Qualität der Installation, der Dokumentation und die eventuell notwendige Überarbeitung von Detailzeichnungen zu kontrollieren.

Der vierte Schritt ist die Abnahme des LEMP-Schutzes durch einen unabhängigen Blitzschutzexperten oder durch die Überwachungsbehörde. Ihre Aufgabe ist die Kontrolle der ausgeführten Arbeiten und der Dokumentation des Systemzustandes.

Nach der Fertigstellung und Abnahme wird von einer unabhängigen Blitzschutz-Fachkraft oder einem Prüfungsbeauftragten die abschließende Risikoanalyse durchgeführt. Dadurch erfährt man, ob das verbleibende Risiko kleiner als das akzeptierbare Risiko ist.

Der letzte Schritt sind wiederkehrende Inspektionen durch Blitzschutzexperten oder Überwachungsbehörden. Bei diesen Kontrollen in vorgeschriebenen ⟶ Zeitabständen wird die Sicherung der Funktionsfähigkeit des Systems überprüft.

Mit einem richtig ausgeführten LEMP-Schutz-Management, wie in den oben genannten Schritten beschrieben, kann man die besten Ergebnisse zum optimalen Schutz der baulichen Anlage bei niedrigsten Kosten erreichen. Alle falsch geplanten oder nachträglichen Maßnahmen verursachen Zusatzkosten.

LEMP-Schutz-System ist ein Schutzsystem gegen den elektromagnetischen Blitzimpuls. Das System beinhaltet den ⟶ Äußeren und ⟶ Inneren Blitzschutz, ⟶ Überspannungsschutz und ⟶ Schirmungsmaßnahmen.

Leuchtreklamen, die auf dem Dach unterhalb der ⟶ Fangeinrichtung oder unterhalb der leitfähigen Blechkante in kleinerem Abstand als dem ⟶ Trennungsabstand s installiert sind, sind durch den direkten Blitzschlag gefährdet und müssen aus diesem Grund am Gebäudeeintritt LPZ 1 mit dem ⟶ Blitzstromableiter (SPD) der Klasse I beschaltet werden. Damit ist die bauliche Anlage geschützt, die Leuchtreklame selbst aber noch nicht. Sie kann ebenfalls geschützt werden. Ist am Gebäudeeintritt auch der direkte Übergang in die ⟶ Blitz-Schutzzone LPZ 2, so müssen an diesen Stellen auch ⟶ Überspannungsschutzgeräte (SPD) der Klasse II oder neue Kombiableiter eingebaut werden.

Wenn sich die Leuchtreklame in einem ⟶ Schutzbereich einer isolierten Fangeinrichtung oder eines größeren Gebäudes befindet und einen größeren Abstand zur ⟶ Blitzschutzanlage hat als den ⟶ Trennungsabstand s, genügt es, SPDs der Klasse II zu installieren.

Lichtwellenkabel sind eine sehr gute „Überspannungsschutzmaßnahme" bei Verbindungen zwischen Gebäuden, die unterschiedliche Energieversorgungsquellen oder eine nicht EMV-freundliche Energieversorgung besitzen.

Lichtwellenkabel haben jedoch auch Nachteile, z. B. geringere Widerstandsfähigkeit gegen Feuchtigkeit und schwierige Kabelortung, z. B. bei Wartungsarbeiten.

Lichtwellenleiter-Erdkabel mit Schirmleitern müssen überall geerdet werden, eine durchgehende Verbindung der Schirme aufweisen sowie mit allen metallischen Elementen der Lichtwellenkabel verbunden werden. Wenn in einer Anlage der direkte Schirmanschluss nicht erlaubt ist, müssen die ⟶ Schirme über ⟶ Funkenstrecken oder über geeignete ⟶ Überspannungsschutzgeräte geerdet werden.

Literatur. Für weitere Informationen aus dem Bereich ⟶ EMV, ⟶ Blitzschutz und ⟶ Überspannungsschutz ist folgende Literatur zu empfehlen. Übernommene, wichtige Passagen aus den einzelnen Literatur-Empfehlungen sind in diesem Buch kursiv gekennzeichnet oder es wird mit eckiger Klammer, z. B. [L1], auf die entsprechende Literaturstelle hingewiesen.

Literatur

Weitere Informationsquellen sind die DIN-VDE-Normen, die unter eigenem Stichwort beschrieben sind.

[L1]   *Müller, K.; Habiger, E.:* Kleines EMV-Lexikon in EMC Kompendium Elektromagnetische Verträglichkeit 2000. Publischindustry Verlag GmbH, München, 2000
[L2]   Berufsgenossenschaft: Unfallverhütungsvorschriften VBG-Sammelwerk als CD-ROM: Carl Heymanns Verlag KG, Köln: 8. Ausgabe: 1999
[L3]   *Hasse, P; Wiesinger, J.:* Handbuch für Blitzschutz und Erdung. 4. Aufl. München: Pflaum Verlag; Berlin: VDE-Verlag, 1993
[L4]   *Hasse, P; Wiesinger, J.:* EMV Blitz-Schutzzonen-Konzept. München: Pflaum Verlag; Berlin: VDE-Verlag, 1994
[L5]   *Hasse, P; Wiesinger, J.:* Blitzschutz der Elektronik. München: Pflaum Verlag; Berlin - Offenbach: VDE-Verlag GmbH, 1999
[L6]   *Habiger, E.:* Elektromagnetische Verträglichkeit. Hüthig Buch Verlag GmbH, Heidelberg, 1998
[L7]   *Schimanski, J.:* Überspannungsschutz – Theorie und Praxis. Hüthig Verlag GmbH, Heidelberg, 2003
[L8]   *Hasse, P.:* Überspannungsschutz von Niederspannungsanlagen. Köln: TÜV-Verlag GmbH; 2001
[L9]   *Trommer, W; Hampe, E.A,:* Blitzschutzanlagen. Hüthig Verlag GmbH, Heidelberg, 1997
[L10] *Raab, V.:* Überspannungsschutz in Verbraucheranlagen. Berlin: Verlag Technik 2003
[L11] Vorträge der VDE/ABB-Fachtagung in Kassel 1996: VDE-Fachbericht 49; Blitzschutz für Gebäude und Elektrische Anlagen, VDE-Verlag Berlin-Offenbach 1996
[L12] Vorträge der VDE/ABB-Fachtagung in Neu-Ulm 1997: VDE-Fachbericht 52; Neue Blitzschutznormen in der Praxis, VDE-Verlag Berlin-Offenbach 1997
[L13] Vorträge der VDE/ABB-Fachtagung in Neu-Ulm 1999: VDE-Fachbericht 56; Der Blitzschutz in der Praxis, VDE-Verlag Berlin-Offenbach 1999
[L14] Gütegemeinschaft für Blitzschutzanlagen e.V.: RAL-Pflichtenheft– Äußerer Blitzschutz, Beuth-Verlag Berlin 1998
[L15] *Rudolph, W; Winter, O.:* EMV nach VDE 0100. Berlin-Offenbach: VDE-Verlag GmbH, 2000
[L16] *Schmolke, H./ Vogt, D.:* VDE-Schriftenreihe 35; Potentialausgleich, Fundamenterder, Korrosionsgefährdung. Berlin-Offenbach: VDE-Verlag GmbH, 2004
[L17] *Chun, E.A.:* Leitfaden zur Planung der Elektromagnetischen Verträglichkeit (EMV) von Anlagen und Gebäudeinstallationen Version 2.0. Berlin-Offenbach: VDE-Verlag GmbH, 1999
[L18] Technische Anschlußbedingungen für den Anschluß an das Niederspannungsnetz TAB 2000 vom Verband der Elektrizitätswirtschaft – VDEW– e.V.
[L19] Überspannungs-Schutzeinrichtungen der Anforderungsklasse B. Richtlinie für den Einsatz von Überspannungs-Schutzeinrichtungen der Anfor-

derungsklasse B in Hauptstromversorgungssystemen. 1. Aufl.: Frankfurt am Main: Verlags- und Wirtschaftsgesellschaft der Elektrizitätswerke m.b.H. – VWEW
[L20] Dehn + Söhne: Blitzplaner. 2004
[L21] *Anton Kohling* (Hrsg.): EMV von Gebäuden, Anlagen und Geräten, VDE Verlag GmbH, Berlin-Offenbach, 1998
[L22] Deutsches Dachdeckerhandwerk „Sonderdruck Blitzschutz auf und an Dächern"; Verlagsgesellschaft Rudolf Müller & Co. KG. Köln, 1999
[L23] Grapentin M.: EMV in der Gebäudeinstallation. Verlag Technik Berlin, 2000
[L24] *Dr. Pigler F.:* VDB -INFO- 7 „Berechnung des Sicherheitsabstandes zwischen Installationen und Blitzschutzsystemen nach DIN V ENV 61024-1:1996-08" Druckerei Hans Zimmermann GmbH, 1996
[L25] Überspannungsschutz Hauptkatalog Dehn + Söhne
[L26] Überspannungsschutz Trabtech Phoenix Contact
[L27] Vortrag von Prof. Dr.-Ing. habil F. Noack über die Wirksamkeit von ESE-Fangeinrichtungen auf der VDE/ABB-Fachtagung in Neu-Ulm 1999: VDE-Fachbericht 56; Der Blitzschutz in der Praxis, Seiten 9 bis 20; VDE-Verlag Berlin-Offenbach 1999
[L28] Vortrag von *Dipl.-Ing. (FH) Klaus Peter Müller* über die Wirksamkeit von Gitterschirmen, zum Beispiel Baustahlgewebematten, zur Dämpfung des elektromagnetischen Feldes auf der VDE/ABB-Fachtagung in Neu-Ulm 1997: VDE-Fachbericht 52; Neue Blitzschutznormen in der Praxis, Seiten 113 bis 126, VDE-Verlag Berlin-Offenbach 1997
[L29] Gesetz über die Elektromagnetische Verträglichkeit von Geräten (EMVG) vom 18. 09. 1998 (2. Novellierung)
[L30] Vorträge der VDE/ABB-Fachtagung in Neu-Ulm 2001: VDE-Fachbericht 58; VDE-Verlag Berlin-Offenbach 2001
[L31] Vorträge der VDE/ABB-Fachtagung in Neu-Ulm 2003: VDE-Fachbericht 60; VDE-Verlag Berlin-Offenbach 2003

LPS [lightning protection system] → Blitzschutzsystem

LPZ [lightning protection zone] → Blitzschutzzone

Lüftungsanlagen müssen immer in den → Potentialausgleich einbezogen werden. Die Querschnitte der Anschlüsse dürfen nicht kleiner sein als der Querschnitt des zugehörigen Potentialausgleichsleiters. Die Stoßstellen bei Ventilatoren müssen auch mit gleichwertigem Material überbrückt werden.

EMV-Experten, Elektroplaner, Lüftungsanlagenplaner und ausführende Firma dürfen die Lüftungsanlage nicht in kleinerem Abstand zur äußeren Blitzschutzanlage als dem → Trennungsabstand s planen und installieren. Damit ist gemeint, dass die Zu- und Abluftrohre auf dem Dach so installiert werden müssen, dass sie mit der isolierten → Fangeinrichtung geschützt werden können.

LWL → Lichtwellenkabel

M

Magnetfelder entstehen in der Nähe des Blitzkanals, blitzstromdurchflossener Leitungen, aber auch in der Nähe von Stromversorgungsleitungen. Ströme auf den Heiz- und Wasserleitungen erzeugen ebenfalls Magnetfelder.

Magnetische Feldkopplung. Bei einem Blitzschlag in einer Entfernung von 100 m entsteht ein vertikales elektrisches Feld von 11 000 V/m, was eine Induktion von 2000 V pro Meter Leitung verursacht. Das bedeutet, dass auch nicht angeschlossene Kabel oder aus der Steckdose herausgezogene Stecker keine Schutzmaßnahmen sind! Alle weiteren Kopplungen → Kopplungen.

Mangel. Werden die Sicherheit und/oder die Zuverlässigkeit einer Anlage gefährdet, so ist dies ein Mangel. Mangel ist eine Abweichung von den → anerkannten Regeln der Technik. Wenn Mängel entstehen, die Gefahren für Personen und Sachen verursachen können, müssen diese Mängel nach → BGV A 2 (VBG 4), § 3, Abschnitt 2, unverzüglich behoben werden. Siehe auch → Mangel-Beseitigung.

Mangel-Beseitigung. In der → BGV A 2 (bisher VBG4), § 3 Grundsätze, Absatz (1), ist festgelegt:
„*Ist bei einer elektrischen Anlage oder einem elektrischen Betriebsmittel ein Mangel festgestellt worden, d.h. entsprechen sie nicht oder nicht mehr den elektrotechnischen Regeln, so hat der Unternehmer dafür zu sorgen, dass der Mangel unverzüglich behoben wird. Falls bis dahin eine dringende Gefahr besteht, hat er dafür zu sorgen, dass die elektrische Anlage oder das elektrische Betriebsmittel im mangelhaften Zustand nicht verwendet werden*".

Maschenerder → Vermaschte Erdungsanlage

Maschenförmiger Potentialausgleich → Potentialausgleichsnetzwerk

Maschenverfahren benutzt man für die Planung und Herstellung der → Fangeinrichtung auf ebenen Flächen. In anderen Fällen werden die → Schutzwinkel- und die → Blitzkugel-Verfahren angewendet.

Maschenweite ist beim → Maschenverfahren von der Norm und der → Blitzschutzklasse abhängig. Die Maschenweite M nach Vornorm DIN V 0185-3 (VDE V 0185 Teil 3):2002-11 [N23], HA 1, ist der Tabelle 3 der Norm zu entnehmen. Die nachfolgende **Tabelle M1** entspricht dieser Tabelle.

Messgeräte und Prüfgeräte

Blitzschutzklasse	I	II	III	IV
Maschenweite in m	5x5	10x10	15x15	20x20

Tabelle M1 *Zuordnung der Maschenweite zu den Schutzklassen.*
Quelle: Vornorm DIN V 0185-3 (VDE V 0185 Teil 3):2002-11 [N23], HA 1, Tabelle 3

Maximaler Ableitstoßstrom I_{max} (bei SPDs) ist der maximale Scheitelwert des Stoßstroms 8/20 µs oder auch 10/350 µs, den das Gerät sicher ableiten kann.

MDF [main distribution frame] Hauptverteiler

Mehrdrahtiger Leiter (H07V-K) wird oft als Potentialausgleichsleiter benutzt, doch die Potentialausgleichsanschlüsse müssen richtig ausgeführt werden. Bei den Anschlüssen muss man Aderhülsen oder Kabelschuhe verwenden, was nur am Anfang und am Ende der Leitung realisierbar ist. Das Verlöten oder Verzinnen des gesamten Leiterendes ist nicht erlaubt. Bei den Potentialausgleichskontrollen findet man mitunter auch durchgehende (geschleifte) Verbindungen mit dem H07V-K-Leiter, die nicht als genormte Anschlüsse anerkannt werden dürfen. Der Leiter H07V-K darf nur innerhalb, nicht außerhalb der bauliche Anlage installiert werden.

MESH-BN [meshed bonding network] vermaschte Potentialausgleichsanlage → Potentialausgleichsnetzwerk

Messen → Messgeräte und Prüfgeräte, → Messungen – Erdungsanlage und → Messungen – Potentialausgleich

Messgeräte und Prüfgeräte. Für die Überprüfung des → Blitzschutzsystems benutzt der Prüfer Messgeräte zur Überprüfung der → Erdungsanlage und des → Potentialausgleichs. Auf dem Markt werden viele Messgeräte angeboten, doch sie sind nicht alle für die Messungen der Erdungsanlage und des Potentialausgleichs geeignet.
Der → Prüfer muss im → Prüfbericht nach Vornorm DIN V 0185-3 (VDE V 0185 Teil 3):2002-11 [N23], HA 3, Abschnitt 5 Angaben über das Messverfahren und den Messgerätetyp machen.
Wenn der Prüfer die → Blitzschutzanlage und das Blitzschutzsystem nach Vornorm DIN V 0185-3 (VDE V 0185 Teil 3):2002-11 [N23] oder DIN VDE 0100 Teil 610 (VDE 0100 Teil 610):1994-04 [N13] überprüft, so darf er nur Messgeräte nach DIN VDE 0413 [EN29 und EN30] benutzen.
DIN EN 61557-5 (VDE 0413 Teil 5):1998-05 [EN30] legt spezielle Anforderungen für Messgeräte zur Messung von → Erdungswiderständen mit Wechselspannung fest. Zu den Anforderungen gehören z. B.:
Die zwischen den Anschlüssen Erder „E" und Hilfserder „H" vorhandene Ausgangsspannung muss eine Wechselspannung sein.

Messgeräte und Prüfgeräte

Mit dem Messgerät muss die Überschreitung von maximal zulässigen Sonden- und Hilfserderwiderständen feststellbar sein.

DIN EN 61557-4 (VDE 0413 Teil 4):1998-05 [EN29] legt Anforderungen für Messgeräte zur Messung des Widerstandes von Erdungsleitern, → Schutzleitern (→ PEN-, → PE-Leiter) und Potentialausgleichsleitern fest. Zu den wichtigsten Anforderungen gehören z. B.:

Der Messstrom muss bei allen Messbereichen mindestens 200 mA betragen.

Bei Messgeräten, an denen die Grenzwerte einstellbar sind, muss eindeutig erkennbar sein, dass der obere oder untere Grenzwert erreicht wurde.

Weitere Messgeräte zur Beurteilung der EMV, Blitz- und Überspannungsschutzmaßnahmen sind insbesondere Zangenampermeter oder besser Zangenampermeter mit Oberwellen-Analysezange, da in letzter Zeit Überspannungsschäden an der Elektronik, verursacht durch → Oberschwingungen, zugenommen haben. Mit der Oberwellen-Analysezange kann man auch Ausgleichsströme über Potentialausgleichsleitungen, über → PE- sowie → PEN-Leiter nachweisen. **Bild M1** zeigt auf dem Display einer Oberwellen-Analysezange den gemessenen Wert 3,05 A auf dem PE-Leiter! Bei der gleichen Messung erhält man auch den PEAK-Wert in Höhe –1548 A und den CF-Wert 69,77. Nach der Umschaltung erhält man auch die THD-Werte.

Eine Ergänzung zur Oberwellen-Analysezange ist auch der flexible Stromwandler. Mit seiner Hilfe können Ausgleichsströme über größere Sammelschienen, Wasserleitungen oder auch Stahlkonstruktionen gemessen und die Störungsursachen ermittelt werden.

Bild M1   Registrierte Ströme, Verzerrungen der Sinuskurve (CF) und PEAK auf dem PE-Leiter mit Oberwellen-Analysezange.
Foto: Kopecky

Messgeräte und Prüfgeräte

Ab dem 01.01.2001 besteht nach der Norm EN 6100-3-2 und 3 die Pflicht, Messungen von Oberschwingungen und Flickern an allen elektrischen Geräten, die eine Stromaufnahme von weniger als 16 A haben, durchzuführen.

Bei der Überprüfung von → Überspannungsschutzmaßnahmen hat sich auch das Speicheroszilloskop zur Registrierung der Überspannung bewährt. Mit dem Speicheroszilloskop können u. a. Oberschwingungen, verzerrte Ströme und Spannungen registriert und ausgedruckt werden (**Bild M2**).

Ein anderes, aber von Prüfern der → Blitzschutzsysteme noch nicht allzu oft benutztes Messgerät ist das Metallsuchgerät zur Beurteilung von → Näherungen. Es wird eingesetzt, wenn der Verlauf der Installationen in der Wand, der Decke oder im Erdbereich unbekannt ist. → Näherungen.

Um die Messung des → spezifischen Erdwiderstandes richtig durchzuführen, muss man den Spannungstrichter der Erde und Hilfserde beachten. Wasserleitungen oder andere im Erdbereich verlaufende Einrichtungen können die neutrale Zone zwischen dem Spannungstrichter beeinflussen. Mit einem Metallsuchgerät für den Erdbereich kann man die unterirdischen Einrichtungen orten und die richtige Stelle für die Hilfserde und die Sonde auswählen.

Mit diesem Messgerät können auch der Verlauf und die Tiefe der Erdungsanlage ermittelt werden.

Um die Ortskoordinaten eines Blitzeinschlagsortes festzustellen (z. B. für das Blitzortungssystem BLIDS) benutzt man ein GPS-Messgerät (auch als Navigationsgerät bekannt). Weitere Informationen → Blitzortungssystem.

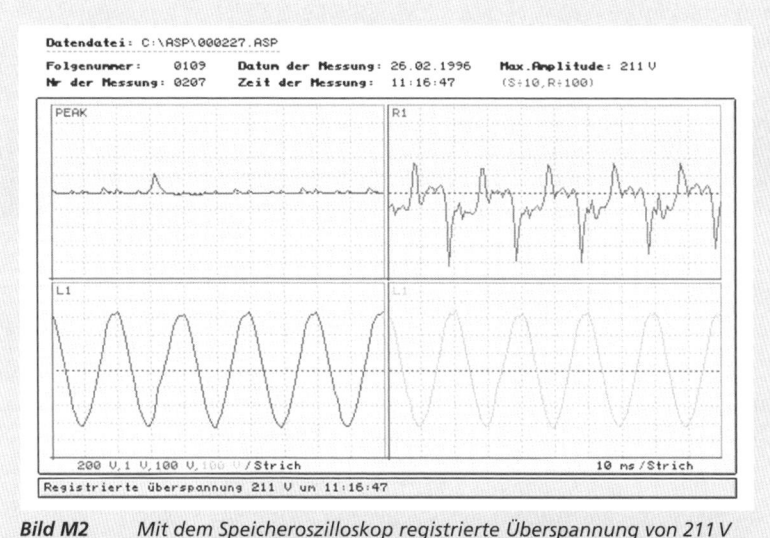

Bild M2 *Mit dem Speicheroszilloskop registrierte Überspannung von 211 V (oben links). Die kleinen Peaks sind durch die Oberschwingungen verursacht. Verzerrte Stromsinuskurve auf dem PEN-Leiter oben rechts. Die zwei Spannungskurven unten sind teilweise verzerrt. Deutliche Verzerrung ist auch auf dem Bild O2 sichtbar.*
Quelle: Kopecky

Eine andere Möglichkeit, um die Koordinaten zu erfahren, ist die Software „Route planen" oder andere ähnliche Software, in der die Koordinaten angegeben sind.

Zur Bestimmung der magnetischen Schirmdämpfung baulicher Anlagen und Räume bei Blitzentladung kann das Feldstärke-Messgerät DEHNmag benutzt werden.

Die Vorgehensweise bei der Messung der magnetischen Schirmdämpfung geschirmter baulicher Anlagen und Räume eines Gebäudes im Langwellenbereich des Rundfunksenders ist einfach. Die Größe der → Magnetfelder außen und innen wird gemessen und die Differenz ist die Schirmdämpfung in → dB (**Bild M3**).

Alle Blitzschutzmaterial-Hersteller haben Messgeräte zur Überprüfung der eigenen → Blitz- und Überspannungsschutzgeräte. Auf **Bild M4** ist der TRABTECH-TESTER zur Überprüfung vieler Phoenix-Überspannungsschutzgeräte abgebildet. Für die Dokumentation ist der TRABTECH-TESTER mit einer RS 232/C, V 24-Schnittstelle ausgestattet. Mit der TRABTECH PRINTBOX lassen sich die Ergebnisse der einzelnen Prüfungen detailliert ausdrucken.

Die → Prüfer müssen jedoch die → Überspannungsschutzgeräte unterschiedlicher Hersteller überprüfen. Für diesen Fall ist ein Ableiterprüfgerät ohne Prüfadapter die bessere Lösung. Mit dem Ableiterprüfgerät erfolgt die Ermittlung der Ansprechspannung mit Hilfe eines eingeprägten Stromes von 1 mA.

Für die Überwachung von Leckströmen der Blitzstrom- und Überspannungsableiter kann die Überwachungseinrichtung DEHNisola benutzt werden. Die Mess- und Auswerteeinheit (1,5 TE) wird auf der Tragschiene installiert. Für die drei Durchsteckwandler können 2 Grenzwerte für die zu überwachenden Leckströme eingestellt und über die LED-Anzeigen vor Ort abgelesen oder fern über den Fernmeldekontakt gemeldet werden.

Für die Registrierung der Ableitvorgänge von Schutzgeräten kann man den Impulszähler P2 benutzen. Der Impulszähler mit 2 TE (Gerätebreite 36 mm) ist auf der Tragschiene zu installieren. Ein aufklappbarer Ringkern im Kunststoffgehäuse wird auf der Erdungsleitung des zu überwachenden Schutzgerätes befestigt. Das Zählgerät arbeitet mit eingebauter 9-V-Batterie mit Ladezustandskontrolle.

Eine preisgünstige Lösung ist der „Peak-Current-Sensor" (**Bild M5a**), mit dem man prüfen kann, ob das → Blitzschutzsystem oder die Blitzstrom- oder → Überspannungsschutzgeräte die Blitzstromenergie abgeleitet haben. Hierbei handelt es sich um eine Magnetkarte im Scheckkarten-Format in einem Kartenhalter für einen 8- oder 10-mm Runddraht. Der Halter mit dem Sensor ist an der Ableitung oder dem Erdungskabel der Überspannungsschutzgeräte befestigt. Durch einen Stromfluss ändert sich auch das Magnetfeld entsprechend stark und damit ändern sich auch die Eigenschaften der Magnetkarte. Bei der Kontrolle des Blitzschutzsystems nach einem Blitzschlag oder bei der Kontrolle der Überspannungsschutzgeräte wird die Current-Karte in dem Lesegerät (**Bild M5c**) ausgewertet. Das Lesegerät zeigt die größte gemessene Feldstärke auf dem Display an. Nach dem Ablesen und Zurückstellen der Karte auf den Wert 0 ist die Karte wieder einsetzbar.

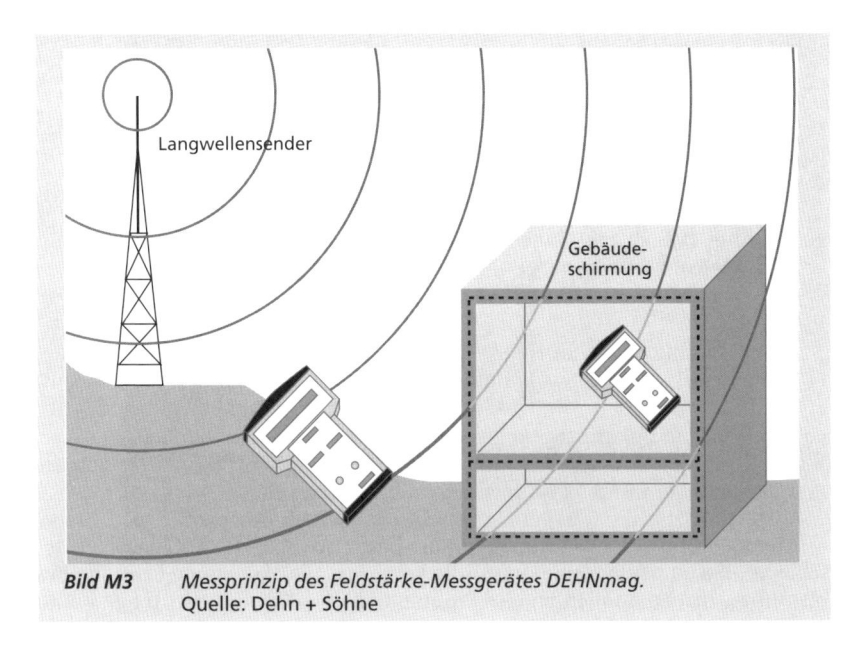

Messgeräte und Prüfgeräte

Bild M3 Messprinzip des Feldstärke-Messgerätes DEHNmag.
Quelle: Dehn + Söhne

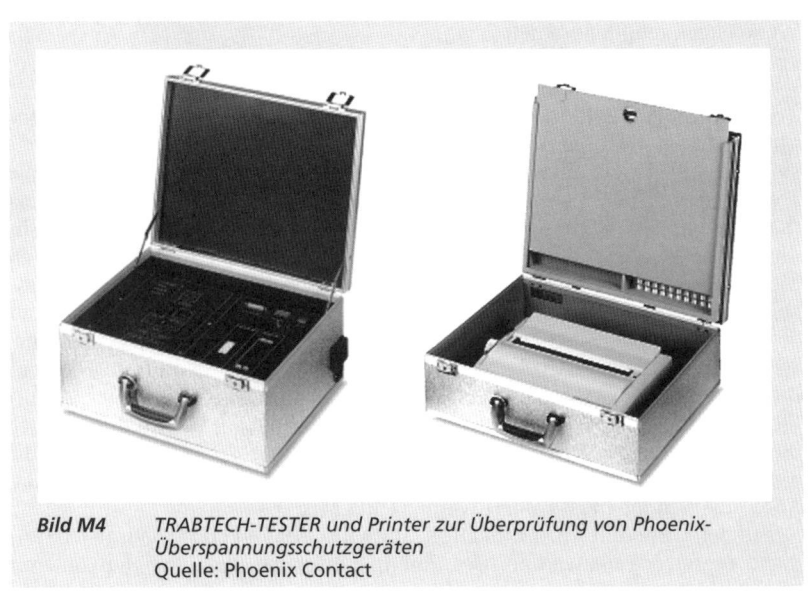

Bild M4 TRABTECH-TESTER und Printer zur Überprüfung von Phoenix-
Überspannungsschutzgeräten
Quelle: Phoenix Contact

Messstelle

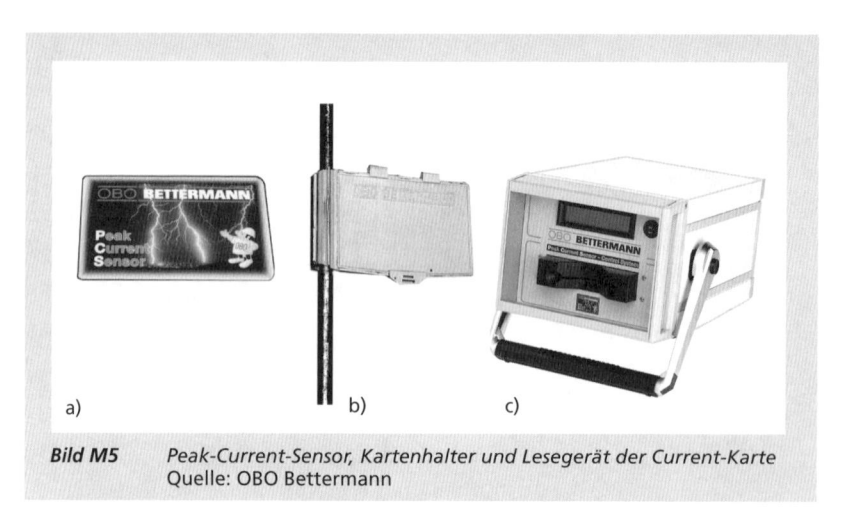

Bild M5   Peak-Current-Sensor, Kartenhalter und Lesegerät der Current-Karte
Quelle: OBO Bettermann

Messstelle ist eine Verbindungsstelle (Trennstelle, → Potentialausgleichsschiene), die so geplant und angeordnet ist, dass die elektrische Prüfung und Messung von Komponenten (→ Erdungsanlage, → Fangeinrichtungen und → Ableitungen) des Blitzschutzsystems unterstützt wird. Die Messstelle muss im Normalfall geschlossen sein und darf nur für Messzwecke mit Hilfe eines Werkzeuges geöffnet werden.

Beispiel aus der Praxis:
Bei Kontrollen entdeckt man, dass fälschlicherweise sowohl die → Erdeinführungen als auch die Ableitungen an dem gleichen Regenfallrohr befestigt sind. Das Gleiche gilt auch für Stahlwände. In diesen Fällen kann man zwar die Trennstellen öffnen, aber die Widerstandswerte sind immer in Ordnung, da man nur eine sehr kleine Schleife über dem leitfähigen Material misst und nicht die Erdungsanlage. Ähnliches gilt auch für Einführungen auf dem Dach durch Metallkanten. Wenn die Einführung nicht aus isoliertem Material, z. B. NYY besteht, erhält man immer gute Widerstandswerte, selbst wenn 1 m tiefer schon keine Erdungsanlage mehr vorhanden ist. In dem ersten Fall (→ Regenfallrohr) schafft man Abhilfe durch eine isolierte Befestigung der Erdeinführung, wie auf **Bild M6** zu sehen ist. In dem zweiten Fall (Dacheinführung) sollten nach [L22] die Ableitungsaustritte aus der Wand schon isoliert sein oder unterhalb der Blechabdeckung muss das nicht isolierte Band oder der Draht gekürzt und mit einer isolierten Leitung, z. B. NYY, verbunden und herausgeführt werden. Die Anschlussklemme muss isoliert werden (**Bild M7**).

Auf der Messstelle einer Erdeinführung sollte der → Potentialausgleich (PA) nicht angeschlossen werden. Der Potentialausgleich muss auf der anderen Klemme der Erdeinführung angeschlossen werden.

Messstelle

Bild M6 Mit der isolierten Befestigung der Erdeinführung kann man die Erdeinführung und auch die Ableitung auf einem leitfähigen Rohr oder der Wand befestigen und dabei eine einwandfreie Messung der Erdungsanlage gewährleisten.
Foto: Kopecky

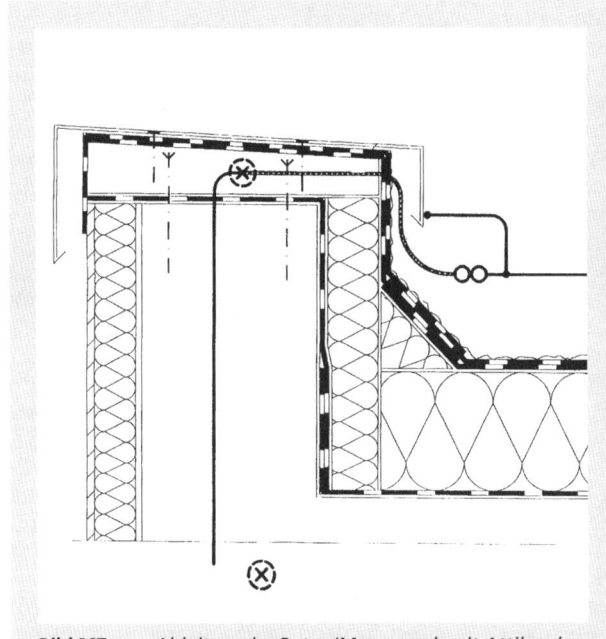

Bild M7 Ableitung im Beton/Mauerwerk mit Attika als Fangeinrichtung und Trennstelle.
Quelle: Deutsches Dachdeckerhandwerk „Sonderdruck Blitzschutz auf und an Dächern"; Verlagsgesellschaft Rudolf Müller & Co. KG. Köln 1999 [L22]

Messungen – Erdungsanlage. Bis zur Veröffentlichung der DIN V ENV 61024-1 (VDE V 0185 Teil 100):1996-08 waren die Größe und die Messwerte der → Erdungsanlage bei → Architekten und → Planern nicht von großem Interesse. Nach Abschnitt 2.3 der oben genannten Norm und jetzt nach Vornorm DIN V 0185-3 (VDE V 0185 Teil 3):2002-11 [N23], HA 1, Abschnitt 4.4.2 muss der Planer neuerdings aber die Erdungsanlage für bauliche Anlagen mit den → Blitzschutzklassen I und II im Zusammenhang mit dem → spezifischen Erdwiderstand koordinieren (→ Erder-Typ B). Noch vor Baubeginn und Planung der Erdungsanlage muss der spezifische Erdwiderstand gemessen werden.

Die Messungen dürfen nicht während eines Gewitters oder bei Gewitteranbahnung durchgeführt werden!

Bei einer eventuell notwendigen Trennung der Erdungsanlage darf man nicht vergessen, dass die überprüfte Einrichtung ohne Erdung ist und für Einrichtung und Personen Gefahr bestehen kann.

Messungsart: 2-Pol-Erdungsmessungen
In einer Stadt oder auf einem Gelände mit befestigten Flächen ist das Setzen von Erdspießen problematisch, ggf. auch gar nicht möglich. In diesem Fall kann man eine Erdungsmessung gegen eine → Bezugserde, z. B. Wasserleitung oder → PE-Leiter, durchführen. Bei der Benutzung der „Bezugserde" darf man die Kompensation des Messleitungswiderstandes nicht vergessen.

In der Praxis wird der PE-Leiter in der Steckdose als Bezugserde benutzt! Wenn der → Prüfer bei der ersten Messung einen größeren Widerstand vorfindet, muss er sich zuerst durch andere Messungen überzeugen, ob es sich nicht um einen größeren Schleifenwiderstand der Steckdose handelt. Bei einer niederohmigen Messung hat er die Bestätigung, dass der Schleifenwiderstand in Ordnung ist und kann den Schutzkontakt der Steckdose als Bezugserde für die Messungen benutzen.

Messungsart: Übergangswiderstand
Die 2-Pol-Messung ist auch für den Übergangswiderstand an allen Messstellen zur Erdungsanlage geeignet. Man misst den Übergangswiderstand (Durchgangswiderstand) zwischen den → Ableitungen und der → Erdungsanlage.

Nach Vornorm DIN V 0185-3 (VDE V 0185 Teil 3):2002-11 [N23], HA 3, Abschnitt 4.3.1 und 2, ist ein Richtwert < 1 Ω für den Übergangswiderstand vorgeschrieben.

An Stellen, an denen keine Ableitungen sind, z. B. unter geerdeten Regenfallrohren oder anderen leitfähigen geerdeten Einrichtungen, wird der Widerstand zur → Bezugserde gemessen, da der Übergangswiderstand über das Regenfallrohr hochohmig ist.

Der Übergangswiderstand kann auch mit der Prüfzange (vom Hersteller als Erdungsprüfzange benannt), ohne eine → Trennstelle abzutrennen, gemessen werden. Nicht alle Hersteller schreiben in der Bedienungsanleitung für die Prüfzange, dass die damit durchgeführte Messungsart der Durchgangswiderstand einer Erdungsschleife und nicht der Erdausbreitungswiderstand der Erdungsanlage ist, was richtig ist. Der gemessene Wert ist nur der Durchgangswiderstand einer Erdungsschleife im Erdbereich (wenn es nicht ein

Einzelerder ist), er darf im Prüfbericht nicht als Erdungswiderstand ausgewiesen werden.

Der Widerstand des Potentialausgleichs wird unter dem Stichwort → Messungen – Potentialausgleich erklärt.

Messungsart: Gesamterdungswiderstand (spießlos)

Der Gesamterdungswiderstand in einem dicht bebauten Gebiet ist mit Sonden schwer zu messen. Die schnellste Möglichkeit, den Gesamtwiderstand zu ermitteln, hat man im Hauptanschlussraum. Nach der → PEN-Leiter- oder auch der → PE-Leiter-Trennung wird der Widerstand zwischen der Potentialausgleichsschiene und dem abgeklemmten PEN(PE)-Leiter gemessen. Es darf nicht vergessen werden, die weiteren PE-Leiter der Erdungsstellen in der überprüften Anlage zu trennen, da sonst im Hauptanschlussraum kein Gesamtwiderstand, sondern nur ein Schleifenwiderstand bis zur anderen Erdungsstelle der PE-Leiter und zurück gemessen wird. Erfahrungsgemäß beträgt der Schleifenwiderstand des PEN-Leiters der Energieversorgung in einer Stadt durchschnittlich bis 0,6 Ω. Der Erdungswiderstand des PEN-Leiters beträgt ca. 0,2 bis 0,3 Ω.

Der Gesamterdungswiderstand ist der gemessene Wert zwischen geerdeter Potentialausgleichsschiene und abgeklemmtem PEN-Leiter abzüglich ca. 0,3 Ω.

Messungsart: Widerstandsmessung mit den Erdspießen

Der Gesamterdungswiderstand, der Erdausbreitungswiderstand und auch der Einzelerderwiderstand können mit einer Drei- oder auch einer Vierpol-Widerstandsmessung ermittelt werden.

Die Messgeräte müssen nach DIN EN 61557-5 (VDE 0413 Teil 5):1998-05 EN30] gebaut sein. Die Messung erfolgt oft automatisch und die Messgeräte müssen anzeigen, dass die Spieße eine ausreichende Verbindung mit der Erde haben. Der → Prüfer selbst muss ebenso wie früher die richtige Stelle zum Einbringen der Erdspieße finden.

Bei kleineren Erdungsanlagen, kleinem → Erdungswiderstand und idealen Bedingungen wird der Erdspieß H (Hilfserde) in einer Entfernung von 40 m von der gemessenen Erde in den Erdbereich eingetrieben. Der Erdspieß S (Sonde) muss in der neutralen Zone, zwischen der Erde und dem → Hilfserder eingesetzt werden (**Bild M8**). Bei größeren Erdungsanlagen ist die Hilfserde in einer 2,5 bis 3fachen Entfernung der Diagonale des Maschenerders anzuordnen. Wenn der → spezifische Erdwiderstand in der Umgebung sehr groß ist, müssen die Abstände von Sonde S und Hilfserder H ein Mehrfaches der Diagonale des Maschenerders sein.

Sind der → Spannungstrichter der → Erdungsanlage und der Hilfserder weit genug voneinander entfernt, so liegt zwischen den beiden Spannungstrichtern eine ausreichend lange neutrale Zone für die Sonde S. Wenn die Spannungstrichter einen zu kleinen Abstand haben und mit dem Spieß der Sonde S die neutrale Zone nicht gefunden wird, so müssen die Abstände vergrößert werden. Die Spannungstrichter einer schlecht leitfähigen Erde sind groß und die eines gut leitfähigen Bodens sind klein.

Ein erfahrener → Prüfer erkennt schon oft vor Ort, wie weit und in welche Richtung die Spieße eingesteckt werden müssen. Die Sonde, evtl. auch die

Messungen – Erdungsanlage

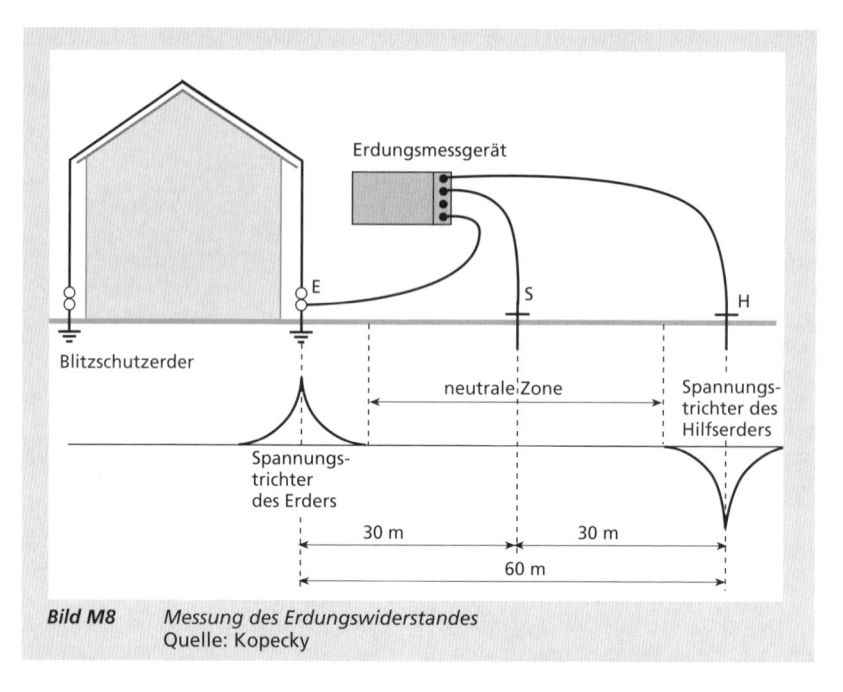

Bild M8 Messung des Erdungswiderstandes
Quelle: Kopecky

→ Hilfserde, müssen so lange versetzt werden, bis der gemessene Wert konstant bleibt. Wasserleitungen, Elektrokabel und auch andere leitfähige Gegenstände im Erdbereich können die Spannungstrichter beeinflussen. Dann muss die Entfernung vergrößert und auch die Richtung geändert werden.

Die Hilfserder- und die Sondenleitungen dürfen nicht zu nah nebeneinander verlegt werden.

Messungsart: Selektive Messungen mit Stromzange

Die selektive Messung mit der Stromzange ist eine neue Messmethode, die der Fachwelt noch nicht umfassend bekannt ist.

Nach der alten bekannten Methode muss bei der Messung der Einzelerder die Trennstelle abgeklemmt werden. Durch den Einfluss des Kopplungswiderstandes zwischen den Erdern, aber auch durch den Einfluss der in den → Potentialausgleich einbezogenen Wasserleitungen und anderen leitfähigen Einrichtungen wird ein niedrigerer Messwert R_E angezeigt, als er in Wirklichkeit vorhanden ist (**Bild M9**).

Auch bei größeren Entfernungen von mehreren zehn Metern ist zwischen zwei Erdern die Kopplung festzustellen.

Bei der selektiven Messung mit einer speziellen Stromwandlerzange (**Bild M10**) dagegen kann der Einfluss parallel liegender Erder eliminiert werden.

Bei dieser Messung teilt sich der Messstrom I_{ges} in die Teilströme I_E über den Erder und $I_{EWasser}$ über die Wasserleitung. Der Kopplungswiderstand R_K beeinflusst die Messung nicht, weil die Potentialausgleichsschiene den R_K kurz-

Messungen – Erdungsanlage

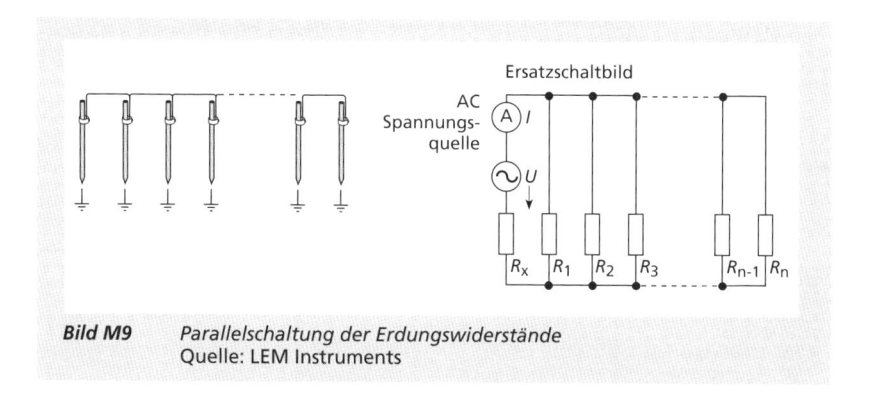

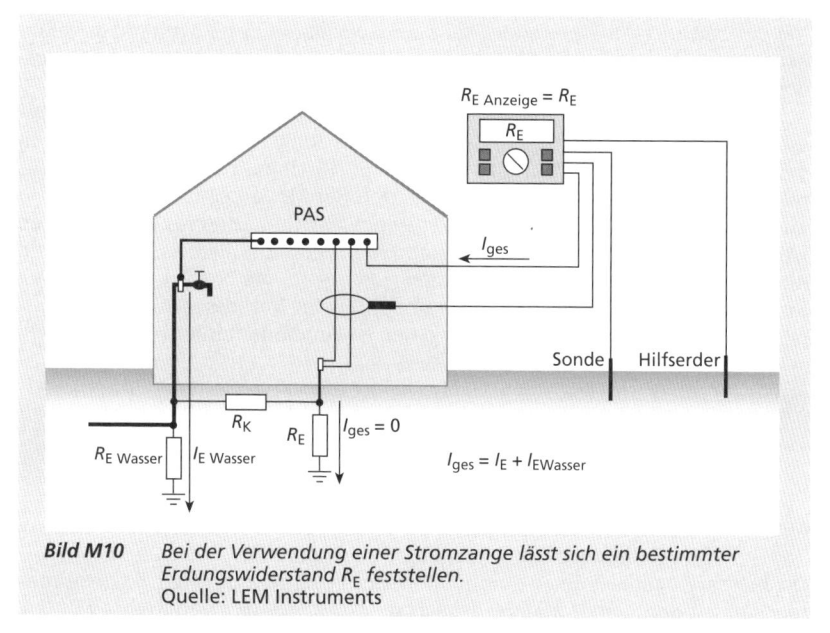

Bild M9 Parallelschaltung der Erdungswiderstände
Quelle: LEM Instruments

Bild M10 Bei der Verwendung einer Stromzange lässt sich ein bestimmter Erdungswiderstand R_E feststellen.
Quelle: LEM Instruments

schließt. Der Zangenstromwandler umgreift die Erdungsleitung zu R_E und erfasst auf diese Weise den über den Erder fließenden Strom I_E. Der Erdungsmesser kennt den Gesamtmessstrom I_{ges}, berechnet aus beiden Stromwerten den Erdungswiderstand R_K und zeigt dies unbeeinflusst von $R_{EWasser}$ direkt an.

Messungsart: Erdungsimpedanzmessung

Die Erdungsimpedanz für Kurzschlussstromberechnung in Energieversorgungsanlagen mit hohen Spannungen und hohen Strömen kann nur mit Erdungsmessgeräten mit einer Messfrequenz, die möglichst nahe der Netzfrequenz ist, gemessen werden.

129

Messungen – Erdungsanlage

Messungsart: spezifischer Erdwiderstand – Wenner-Methode

Der spezifische Erdwiderstand ist eine geologisch-physikalische Größe, die zur Berechnung der Erdungsanlagen benötigt wird.

Auf dem zu überprüfenden Gelände werden vier gleich lange Erdspieße in gerader Linie und im gleichen Abstand a voneinander in den Erdboden eingetrieben. Mit dem Abstand a bestimmt man die Tiefe des gemessenen spezifischen Erdwiderstandes. Die Einschlagtiefe der Erdspieße sollte maximal 30% vom Abstand a betragen.

Aus dem gemessenen Widerstandswert R errechnet sich der spezifische Erdwiderstand.

$\varphi_E = 2\pi \cdot a \cdot R$

φ_E mittlerer spezifischer Erdwiderstand in Ωm
R gemessener Widerstand in Ω
a Sondenabstand in m

Mit der „Wenner-Messmethode" kann der spezifische Erdwiderstand ungefähr bis zu einer Tiefe, die dem Abstand a zweier Spieße entspricht, berechnet werden.

Man erfährt bei der ersten Messung mit dem Abstand a = 0,5 m den spezifischen Erdungswiderstand in 0,5 m Tiefe, in der Ringerder verlegt werden. Mit dem Abstand von 9 m ermittelt man den spezifischen Erdungswiderstand bis in die Tiefe von ca. 9 m für den Tiefenerder. Bei Messungen mit Abständen a zwischen 0,5 und 9 m können die Werte in eine Grafik (**Bild M11**) eingetragen werden. Dabei ergeben sich Kurven, mit denen der Erdbereich ausgewertet und die Erdungsanlage geplant werden kann.

Kurve 1: Mit zunehmender Tiefe ergibt sich keine Verbesserung von φ_E. Der Erdbereich ist nur für einen → Fundamenterder oder → Banderder geeignet.

Kurve 2: Ab einer Tiefe von 5 Metern bringt das Vergrößern der Einschlagtiefe keine Verbesserung φ_E. Es empfiehlt sich, außer Banderder nur die Hälfte eines → Tiefenerders mit einer Länge von 4,5 m einzuplanen. Da der 4,5 m lange Tiefenerder nur die Hälfte der Länge hat, muss die Anzahl der Tiefenerder verdoppelt werden.

Kurve 3: Erst in der Tiefe nimmt der → spezifische Erdwiderstand φ_E ab. Im Erdbereich sind Tiefenerder zu empfehlen.

Die Messergebnisse können durch unterirdische Einrichtungen, z. B. Metallrohre, Wasseradern und andere leitfähige Gegenstände, verfälscht werden. Aus diesem Grund müssen weitere Messungen an anderen Stellen durchgeführt werden und die Achse der Spieße muss um 90° gedreht werden.

Wenn der spezifische Erdwiderstand durch die Wenner-Messmethode bekannt ist, kann man genau planen, wie lang oder wie tief die Erdungsanlage sein muss, wenn ein bestimmter Erdungswert vorgeschrieben ist. Auf der anderen Seite kann man so auch überprüfen, wie lang das Erdungsband oder der Tiefenerder eingebettet ist.

Auf **Bild M12a** ist der Ausbreitungswiderstand R von Oberflächenerdern (aus Band, Rundmaterial oder Seil) und auf **Bild M12b** der eingebrachte Tiefenerder in Abhängigkeit der Länge l bei verschiedenen spezifischen Erdwiderständen zu sehen.

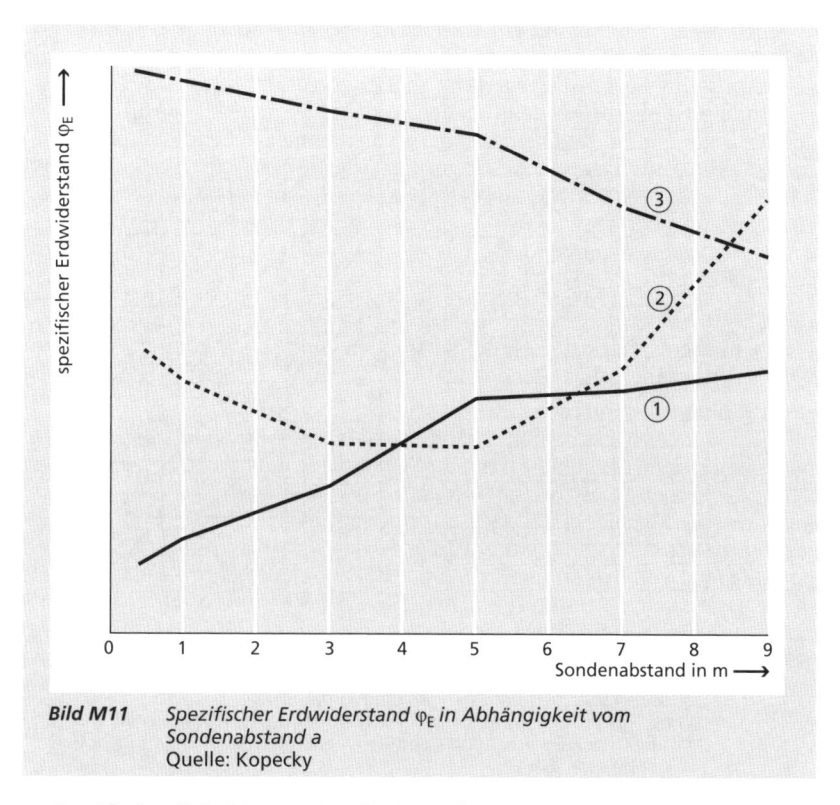

Bild M11 Spezifischer Erdwiderstand φ_E in Abhängigkeit vom Sondenabstand a
Quelle: Kopecky

Spezifischer Erdwiderstand und Jahreszeit

Bei Messungen erzielt man unterschiedliche Messwerte, die von Jahreszeit und Wetterlage abhängig sind. Die Bodenzusammensetzung, Bodenfeuchtigkeit, aber auch die Temperatur wirken sich auf den spezifischen Erdwiderstand aus. Auf dem **Bild M13** ist der von der Jahreszeit abhängige spezifische Erdwiderstand erkennbar, aber ohne Beeinflussung durch Niederschläge.

Vorgehensweise bei der praktischen Überprüfung einer → Erdungsanlage:

Jeder → Prüfer sollte sich bei der Erstprüfung einer ihm unbekannten Erdungsanlage über die Erdungsart informieren. Die Messung „Erdung/Ableitung", auch als Durchgangswiderstand bekannt, und die Messung des Gesamterdungswiderstandes alleine geben keine Auskunft über die Güte der zu beurteilenden Erdungsanlage im Erdbereich. Mit folgender Vorgehensweise, erklärt an einem Beispiel aus der Praxis, erfährt der Prüfer, wie die Erdungsanlage wirklich zu beurteilen ist.

Beispiel aus der Praxis:

Ein Bürogebäude mit einem Gebäudeumfang von 240 m und einem Innenhof von 10 m x 10 m besitzt eine Fangeinrichtung, 12 Ableitungen und 12 Erdeinführungen (**Bild M14**).

Messungen – Erdungsanlage

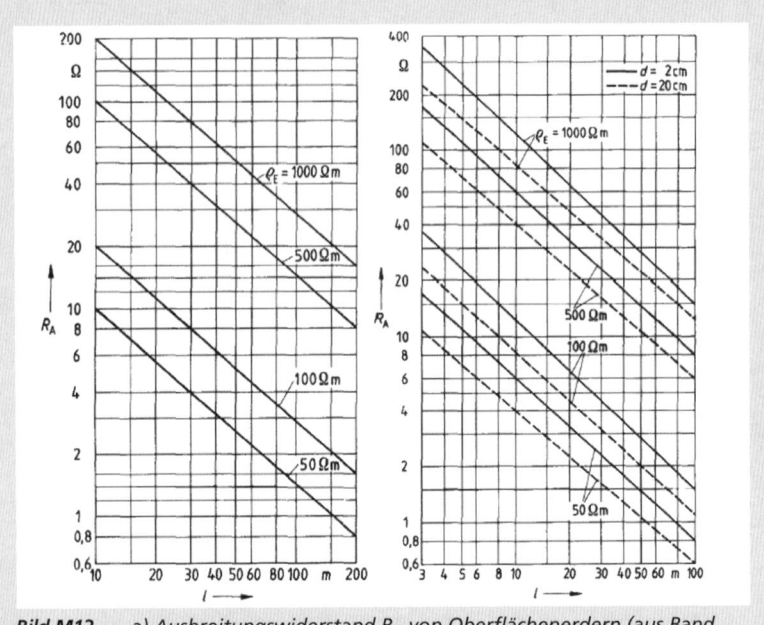

Bild M12 a) Ausbreitungswiderstand R_A von Oberflächenerdern (aus Band, Rundmaterial oder Seil) in Abhängigkeit der Länge L bei verschiedenen spezifischen Erdwiderständen der Erde
b) Ausbreitungswiderstand R_A von eingebrachtem Tiefenerder in Abhängigkeit der Länge L bei verschiedenen spezifischen Erdwiderständen der Erde
Quelle: DIN VDE 0800-2 (VDE 0800 Teil 2):1985-07 [N33]

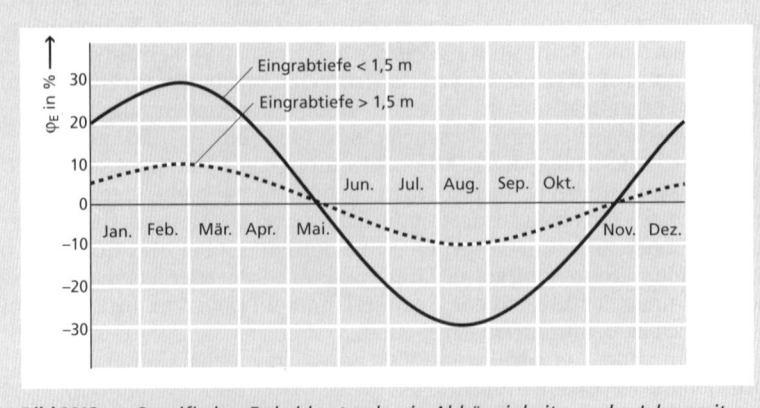

Bild M13 Spezifischer Erdwiderstand φ_E in Abhängigkeit von der Jahreszeit ohne Beeinflussung durch Niederschläge
Quelle: *Hasse, P.; Wiesinger, J.:* Handbuch für Blitzschutz und Erdung

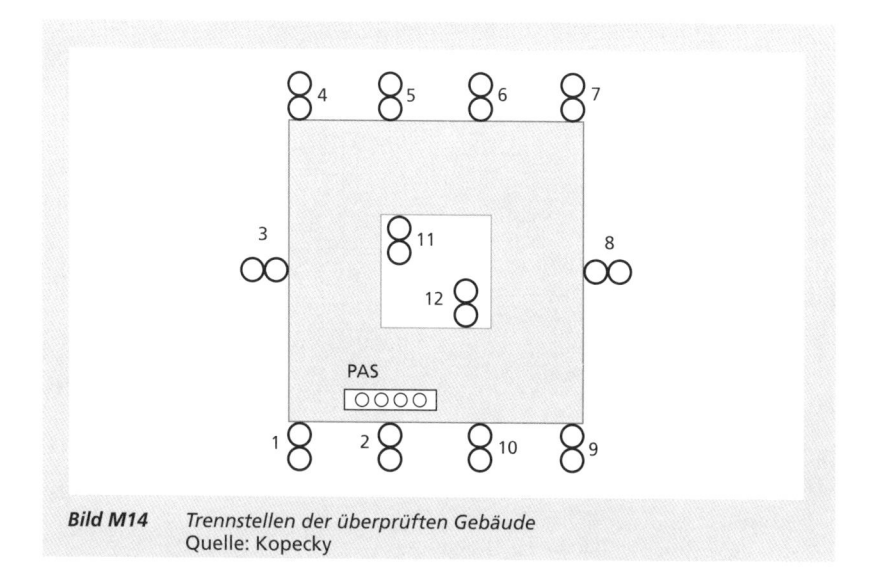

Bild M14   Trennstellen der überprüften Gebäude
Quelle: Kopecky

Im vorgelegten alten Prüfbericht der → Blitzschutzanlage betrugen alle Messwerte bis zu 1 Ω, womit die Anlage als in Ordnung beurteilt wurde.

Der Prüfer wollte nun erfahren, ob die → Erdungsanlage wirklich normgerecht ist.

Nach der Messung des Gesamterdungswiderstandes im Hauptanschlussraum wurde die Erdungsanlage von der → Potentialausgleichsschiene getrennt. Verbunden mit der Potentialausgleichsschiene blieben nach wie vor alle bereits vorher angeschlossenen Einrichtungen. Der Prüfer rollte eine komplette Drahthaspel von 100 m aus. Er hat den Drahtwiderstand gemessen und die Kompensation des Messleitungswiderstandes am Messgerät durchgeführt. Bei älteren Messgeräten ohne Kompensationsmöglichkeit muss der Messleitungswiderstand später vom gemessenen Wert abgezogen werden. Zur Feststellung des Leitungswiderstandes musste der Draht von der Trommel abgerollt werden, da Unterschiede von bis zu 9 Ω (messgerätabhängig) bestehen, wenn der Draht von der Spule nicht abgerollt wird.

Alle → Trennstellen wurden vom Prüfer geöffnet. Die Drahtlänge reichte auf der linken Seite bis zur Erde Nummer 4, auf der rechten Seite bis zur Nummer 8 und im Innenhof bis zu beiden Erden. Er begann mit der Messung der Erdwiderstände von der entferntesten Stelle und trug die netto gemessenen Werte in die Zeichnung (**Bild M15**) ein. Bei den Erden mit höherem Widerstand als 1 Ω blieben die Trennstellen noch geöffnet. War bei der Messung der Wert kleiner 1 Ω, durfte die Trennstelle geschlossen werden und dann konnten auch die Widerstände der anderen Ableitungen gemessen werden. Wenn bei einer benachbarten → Ableitung der Widerstand in Ordnung war, hatte der Prüfer die Bestätigung, dass die vorherige Ableitung niederohmig ist und konnte von da an auch die weiteren Ableitungen messen. Bei guten Erdwiderständen durften

Messungen – Erdungsanlage

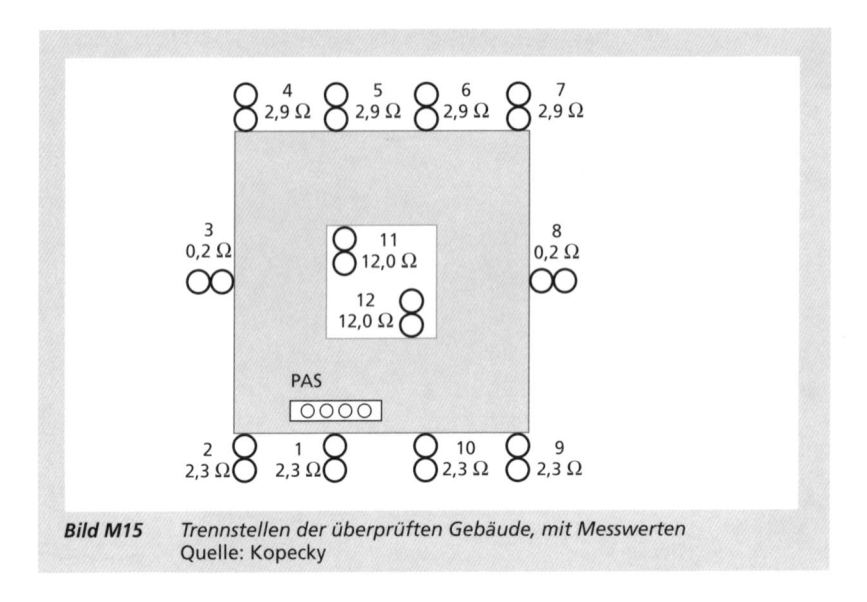

Bild M15 Trennstellen der überprüften Gebäude, mit Messwerten
Quelle: Kopecky

nach der durchgeführten Messung auch die Trennstellen der Ableitungen wieder zusammengefügt werden. In keinem Fall durften die Ableitungen mit den → Erdeinführungen bei schlechtem Widerstand geschlossen werden, da man sonst nicht die folgenden Ergebnisse erfährt.

Die Erden 3 und 8 hatten einen guten Widerstand und der Prüfer konnte sie als neue „Bezugserden" für die restlichen Messungen der Erden 5, 6 und 7 benutzen. Er trug die restlichen Werte in die gleiche Zeichnung (**Bild M15**) ein.

Bei der Kontrolle der gemessenen Werte auf der Zeichnung konnte er feststellen, dass die Erden 4 bis 7 den gleichen Widerstand von 2,9 Ω, die Erden 1, 2, 9, 10 den gleichen Widerstand von 2,3 Ω und die Erden im Innenhof den gleichen Widerstand von 12 Ω hatten. Die Erden sind damit in drei Gruppen mit je einem Erdungsband angeordnet, wie man im **Bild M16** sehen kann. Die drei Gruppen sind aber nicht gegenseitig miteinander verbunden. Es stellt sich die Frage, weshalb die Erden 3 und 8 einen so guten Widerstand haben. Bei der Überprüfung im Keller wurde in der Nähe der Erde 8 eine Verbindung mit einem Heizungsrohr entdeckt. Nach dem Abklemmen des Heizungsrohrs wurde der Wert erneut gemessen und dann mit 76 Ω registriert. Bei der Kontrolle der Erder wurde ein Tiefenerderkopf entdeckt. Beim → spezifischen Erdwiderstand φ_E vor Ort, im Vergleich zu dem Widerstand der 60-Meter-Erdleitung bei den Erden 4 bis 7 war sofort erkennbar, dass der Tiefenerder maximal 1,5 Meter tief ist (→ Erdungsanlage Prüfung).

Im Keller auf der Seite der Erde Nummer 3 wurde kein Anschluss entdeckt. Nach der Entfernung der Pflastersteine stellte sich jedoch heraus, dass die angebliche Erdungsanlage aus Aluminium besteht und nur 40 cm lang ist. Die → Erdungsanlage wurde mit dem Luftschacht (**Bild M17**) und damit mit dem → PE-Leiter des Ventilators verbunden.

Messungen – Erdungsanlage

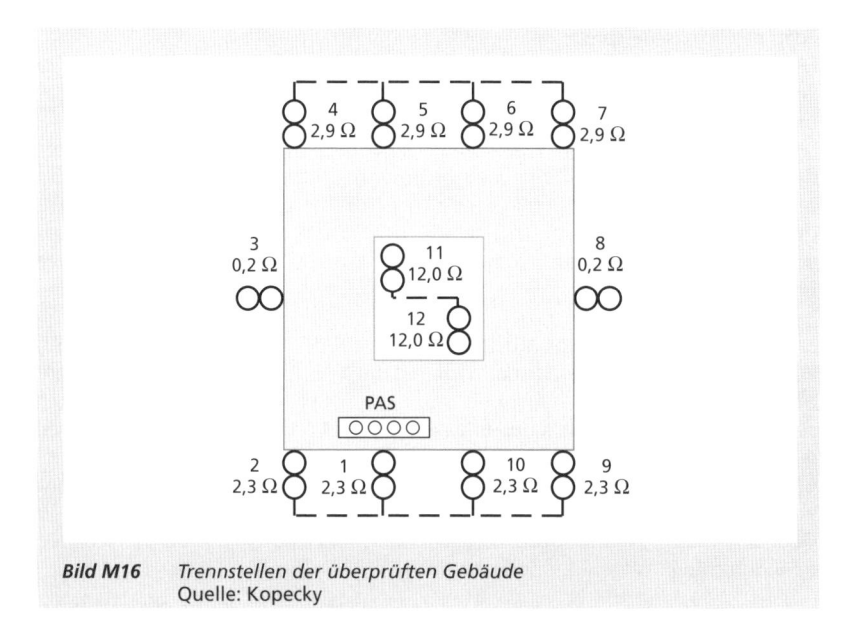

Bild M16 Trennstellen der überprüften Gebäude
Quelle: Kopecky

Bild M17 Angebliche Erdungsanlage mit folgenden Mängeln:
– keine normgerechte Erdeinführung, – Aluminium im Erdbereich benutzt, – keine Erdungsanlage, sondern nur ein Anschluss mit dem Luftschacht und der Schienenklemme, der nicht gegen Korrosion geschützt ist. Weitere häufig vorkommende Mängel kann man dem Stichwort Erdungsanlage entnehmen.
Foto: Kopecky

Fazit des Praxis-Beispiels:
Die Vorgehensweise bei der Messung wurde absichtlich beschrieben, um zu zeigen, dass die vom ersten Prüfer gemessenen guten Messwerte bis 1 Ω nicht unbedingt beweisen, dass die Erdungsanlage tatsächlich in Ordnung ist.

Die beiden sehr guten Widerstände der Erder haben beim Prüfer den Verdacht erweckt, dass auch eine Sichtprüfung der Erder vorgenommen werden musste. Es hat sich gezeigt, die „Erden" der Nummern 3 und 8 haben keine Erdung nach Norm. Dasselbe trifft ebenfalls auf alle anderen Erder des Bürogebäudes zu, was unter anderem auch unter dem Stichwort → Erdungsanlage beschrieben ist.

Messungen – Netzqualität. Im März 2000 wurde die DIN EN 50160: 2000-03 [EN6] veröffentlicht, dann folgten die [EN21, EN22, EN26] und weitere mit Ausführungen zur Netzqualität und der Art der Messungen. Die Messung soll eine Woche lang dauern und erfasst nach DIN EN 61000 4-30 (VDE 0847 Teil 4-30 EMV), 2004-01 [EN26] unter anderem Netzfrequenz, Höhe der Versorgungsleitung, Flicker, Einbrüche und Überhöhungen der Versorgungsspannungen, → transiente Spannungen, Unsymmetrie der Versorgungsspannung, → Oberschwingungsspannungen, zwischenharmonische Spannungen, schnelle Spannungsänderungen und weitere.

Messungen – Potentialausgleich. Seit April 1994 muss nach DIN VDE 0100 Teil 610 (VDE 0100 Teil 610):1994-04 [N13] die Durchgängigkeit der → Schutzleiter, des → Potentialausgleichs und des zusätzlichen Potentialausgleichs durch Erproben und Messen nachgewiesen werden. Für die → Messung müssen Messgeräte mit einem Messstrom vom mindestens 200 mA benutzt werden. Nach 1 Vornorm DIN V 0185-3 (VDE V 0185 Teil 3):2002-11 [N23], HA 3, Abschnitt 4.3.1 und 2, ist ein Richtwert < 1 Ω festgelegt.

Messungen – Temperatur. Die → VdS hat seit 1.1.2004 für VdS-anerkannte Sachverständige in einer eigenen Richtlinie die Temperaturmessungen der Elektroinstallationen vorgeschrieben. Durch diese Messung kann einem Brand vorgebeugt werden. Man erhält auch eine Übersicht über die Überlastung der einzelnen Kontaktstellen und Einrichtungen und damit Hinweise auf eine mögliche Unterbrechung des → N-Leiters und des → PEN-Leiters. Dies ist auch eine Art für mögliche → Überspannungen.

MET [main earthing terminal or bar] Haupterdungsklemme oder -schiene → Potentialausgleichsschiene

Metalldach → Metallfassade und Metalldach

Metalldachstuhl findet man oft bei älteren Gebäuden wie → Kirchen, aber auch bei neuen Gebäuden. Aus statischen Gründen ist dies eine gute Lösung für den → Architekten, aber aus Näherungsgründen eine ungünstige Lösung. In den Fällen, wo ein Metalldachstuhl vorhanden ist, muss bei allen Näherungsstellen die Verbindung des Dachstuhls mit der → Fangeinrichtung ausgeführt

Metallfassade und Metalldach

und an der tiefsten Stelle der Dachstuhl noch einmal mit den → Ableitungen verbunden werden.

Keine leitfähigen Rohr-, Klima- oder Elektroinstallationen dürfen in kleinerem Abstand als dem → Trennungsabstand zum Metalldachstuhl installiert werden. Wenn der Abstand kleiner als der Trennungsabstand ist, müssen die unter den Stichwörtern zu Näherungen beschriebenen Maßnahmen ausgeführt werden.

Metallene Installationen sind ausgedehnte Metallteile in dem zu schützenden Volumen, die einen Pfad für den Blitzstrom bilden können, wie Rohrleitungen, Treppen, → Aufzugführungsschienen, Lüfter, Kanäle von Heizungs- und Klimaanlagen, durchverbundener Armierungsstahl, [N7], Abschnitt 3.2.

Metallfassade und Metalldach haben mehrere Vorteile für → Architekten und auch für die → EMV-Planung. Mit einem Metalldach, einer Metallfassade und mit deren richtiger Ausführung wird eine große Reduzierung der elektromagnetischen Felder (etwa um den Faktor 100) erreicht. Ein weiterer Vorteil ist, dass keine Gefahr durch → Näherungen innerhalb des Metalldachs und der Metallfassade besteht, vorausgesetzt es können keine → Teilblitze über andere Einrichtungen ins Gebäudeinnere eindringen.

Die einzelnen metallenen Elemente der Metallfassade und des Metalldaches müssen blitzstromtragfähig verbunden werden. Die Schirmwirkung ist vom Abstand der Verbindungen der Einzelelemente abhängig.

In der Praxis findet man auch falsch ausgeführte Blechanschlüsse, wie auf **Bild M18** zu sehen ist. Dieser Anschluss ist nicht blitzstromtragfähig. Die selbstschneidenden Schrauben (Blechtreibschrauben) darf man nach [N23], HA 1, Abschnitt 4.6.1 nur bei Blechen mit mindestens 2 mm Dicke verwenden. Die Kontaktstelle muss flach sein und darf keine punktuelle Verbindung herstellen. Ein richtig ausgeführter blitzstromtragfähiger Anschluss ist auf **Bild M19** erkennbar.

Bild M18 Falscher, nicht blitzstromtragfähiger Anschluss der Blechfassade an die Erdungsanlage.
Foto: Kopecky

Metallfolie

Bild M19 Fachgerechter Anschluss des Regenfallrohrs, der Blechfassade und der unteren, sonst nicht leitfähig verbundenen Blechkante an die Erdungsanlage.
Foto: Kopecky

Metallfolie auf dem Isoliermaterial unter dem Dach ist sehr oft durch → Näherungen gefährdet und kann bei einem Blitzschlag Feuer verursachen. Auf **Bild M20** ist eine aus Näherungsgründen geschmolzene Alu-Folie sichtbar. Abhilfe schafft man durch die Vergrößerung des Trennungsabstandes, so dass die Fangeinrichtung weiter entfernt ist.

Bild M20 Geschmolzene Aluminium-Folie auf dem Isoliermaterial, verursacht durch eine Näherung.
Foto: Kopecky

Metallkanäle → Kabelrinnen und Kabelpritschen

Metallschornstein und alternativ seine Anker, falls vorhanden, müssen mit der → Erdungsanlage verbunden werden.
Wenn es sich um einen Metallschornstein auf einem Dach mit einer Blitzschutzanlage handelt, so wird der Schornstein mit einer → getrennten Fangeinrichtung geschützt und unten innerhalb des Gebäudes mit dem Blitzschutzpotentialausgleich verbunden. Weiteres auch bei → Heizungsanlagen.

Mindestschirmquerschnitt für den Eigenschutz von Kabeln und Leitungen. Bei der Einbeziehung der → Schirme in den → Blitzschutzpotentialausgleich verursacht der fließende Teilblitzstrom → Überspannungen zwischen den aktiven Leitern und dem Schirm eines Kabels, abhängig vom Material und von den Abmessungen des Schirmes sowie von der Länge und der Lage des Kabels.
Nach Vornorm DIN V 0185-3 (VDE V 0185 Teil 3):2002-11 [N23], Anhang C (normativ) beträgt der Mindestquerschnitt A_{min} für den Eigenschutz eines Kabels:

$$A_{min} = \frac{I_t \cdot \rho_c \cdot l_c \cdot 10^6}{U_c} \text{ in mm}^2$$

I_t Blitzteilstrom über dem Schirm
ρ_c spezifischer Widerstand des Schirmes in Ωm
l_c Kabellänge in m (siehe **Tabelle K2**)
U_c Stoßspannungsfestigkeit des Kabels in kV (siehe **Tabelle K3**)

Mittelschutz ist häufig in der Umgangssprache der Begriff für Überspannungsschutzgeräte der Klasse II. Näheres → Überspannungskategorien.

Mittlerer Radius ist ein Wert l_1, der als minimaler Wert für den mittleren Radius r des → Ringerders oder Fundamenterders gilt. Näheres ist unter dem Stichwort → Erder, Typ B beschrieben.

Mobilfunkanlagen und Antennen verändern zwar nicht die → Blitzschutzbedürftigkeit der Gebäude, an oder auf denen sie installiert sind, aber mit falsch ausgeführten Blitz- und Überspannungsschutzmaßnahmen erhöht sich das Schadensrisiko der Einrichtungen in dem Gebäude, die nicht in die Blitz- und Überspannungsschutzmaßnahmen einbezogen sind.
Mit anderen Worten, die Mobilfunkbetreiber haben sehr gute Lösungsvorschläge für den Schutz der eigenen Einrichtungen nach dem heutigen → Stand der Technik, was hier in den folgenden Absätzen und unter dem Stichwort → Überspannungsschutz beschrieben ist.
Zur Vermeidung von unkontrollierten Überschlägen bei Mobilfunkanlagen müssen alle auf dem Dach installierten Einrichtungen über einen vermaschten Funktionspotentialausgleich (VFPA) miteinander verbunden werden. Die Maschenweite soll ca. 5 x 5 m sein. Damit wird eine Äquipotentialfläche mit niedriger Impedanz erreicht. Alle Antennenstandrohre, Kabelpritschen, Verteiler,

Mobilfunkanlagen und Antennen

→ Potentialausgleichsschienen und → Kabelschirme müssen mit dem VFPA, der auch teilweise die → Fangeinrichtung ist, verbunden werden. Das bedeutet, wenn die Kabelpritsche an einer Stelle mit dem VFPA verbunden ist und mehrere Meter weiter noch einmal den VFPA kreuzt (Fangeinrichtung bei direktem Anschluss der Antenne), muss auch an dieser Stelle noch einmal ein Anschluss durchgeführt werden. Der Anschluss schließt nicht nur die „geöffnete" Masche, (→ Induktionsschleife), die die Gefahr von Überschlägen verursacht, sondern er verkleinert auch die Impedanz der Äquipotentialfläche.

Wenn aber die Mobilfunkanlage oder die Antenne durch eine → getrennte Fangeinrichtung oder → HVI®-Leitung geschützt ist, so ist der Anschluss ein Potentialausgleichsanschluss, weil der VPFA von der übrigen Fangeinrichtung auch getrennt werden muss.

Die Mobilfunkbetreiber schützen die eigenen Anlagen nach der → Blitzschutzklasse III (Bestimmung der Betreiber in Abhängigkeit der zu schützenden Anlage); dadurch sind die Schutzmaßnahmen den Bedürfnissen angepasst.

Ist die → Blitzschutzanlage auf dem Gebäude installiert, sind die oben beschriebenen Maßnahmen in das vorhandene Blitzschutzsystem eingegliedert und die → Ableitungen und die → Erdungsanlage werden mit benutzt, vorausgesetzt, sie sind in Ordnung.

Antennenkabel, Energieversorgungskabel, Telekommunikationskabel und auch andere sind an den → Blitzschutzzonen mit Blitz- und Überspannungsschutzgeräten (SPD) geschützt. Sehr oft sind die o.g. Kabel aber nicht nur außerhalb, sondern auch innerhalb der Gebäude in einem Steigschacht parallel mit anderen Kabeln der Gebäude installiert angeordnet. Durch diese parallele Installation und durch die bei Blitzschlag entstehenden Einkopplungen in die benachbarten Kabel entstehen Schäden an den Einrichtungen der Mietgebäude. Bei Installationen, die noch nach den zurückgezogenen Normen ausgeführt wurden, konnte und kann es zu Einkopplungen in andere Einrichtungen oder zu → Näherungen an den Einrichtungen der Mietgebäude kommen. Deshalb mussten auch diese Anlagen in das Blitz- und Überspannungsschutzsystem einbezogen werden. Wenn ein Mobilfunkbetreiber mit eigener → Blitzschutzklasse „schwächer" als die Blitzschutzklasse der Mietgebäude ist, muss das Gesamt-Blitzschutzsystem nach der „schärferen" Blitzschutzklasse ausgeführt werden. Das bezieht sich vor allem auf die Leistungen der Blitz- und → Überspannungsschutzgeräte.

Die Erfahrungen zeigen, dass viele Mobilfunkbetreiber diese Näherungen verursachen und nur ihre eigenen Anlagen schützen. So entstehen Schäden an den elektrischen Einrichtungen der Mietgebäude. Im Prinzip wird die Kabelverbindung von Energieversorgung und Potentialausgleich durch die Blitzschutzzone 0/1 installiert und der Blitzschutzpotentialausgleich wird in der Praxis entweder dort nicht oder falsch ausgeführt. Die Vornorm DIN V 0185-3 (VDE V 0185 Teil 3):2002-11 [N23] HA 4, Abschnitt 2.1.2.3 und 4 erlaubt dieses Vorgehen nicht mehr, d. h. alle → Dachaufbauten sollen nun mit getrennter Fangeinrichtung geschützt werden oder die Kabel und Leitungen müssen außerhalb der Gebäude installiert werden.

Auch die VdS 2010:2002-07 (01) Risikoorientierter Blitz- und Überspannungsschutz; Richtlinien zur Schadenverhütung, Abschnitt 7.1 [N51] schreibt

Mobilfunkanlagen und Antennen

vor, dass bestehende Anlagen diesen Anforderungen nach [N23] HA 4, Abschnitt 2.1.2.5 anzupassen sind.

Eine sehr gute, auch nachträgliche Lösung ist die Verwendung einer → getrennten Fangeinrichtung mit Hilfe einer → HVI®-Leitung. Dadurch entsteht keine Verbindung zur Blitzschutzanlage und die Energieversorgung und alternativ andere Kabel dürfen durchs Gebäudeinnere geführt werden.

Zur besseren Übersicht ist das Prinzip der HVI®-Leitung auf **Bild M21** gezeichnet und nicht fotografiert. Bei den Schutzmaßnahmen muss aber der Trennungsabstand richtig berechnet und die Arbeiten müssen fachgerecht ausgeführt werden.

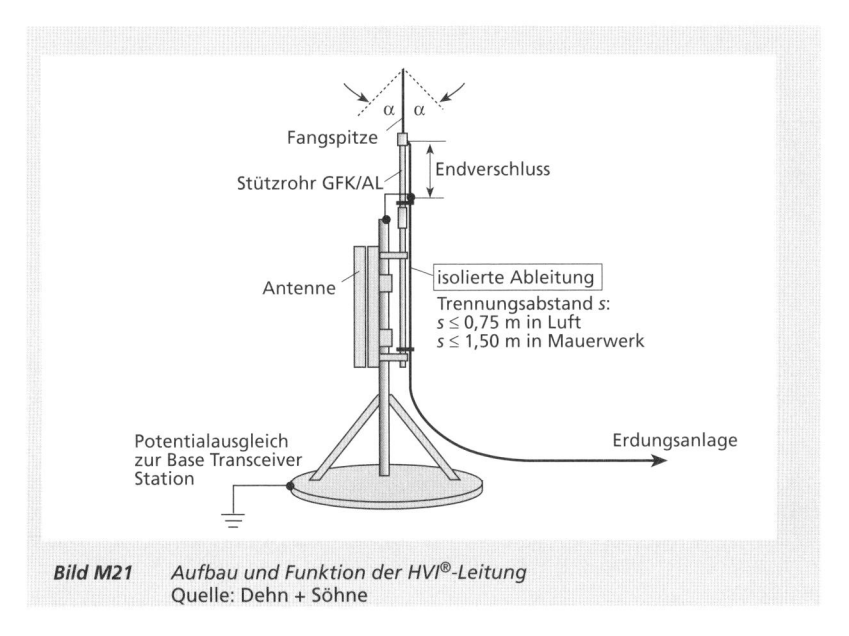

Bild M21   *Aufbau und Funktion der HVI®-Leitung*
Quelle: Dehn + Söhne

Weitere Praxiserfahrungen:
Auf dem Dach werden nicht immer die richtigen Klemmen oder Kabel eingesetzt. Nur die Klemmen, die blitzstromtragfähig sind, können für Anschlüsse verwendet werden.

H07V-K-Kabel (für Nichtfachleute: der gelb-grüne Draht) dürfen nicht außerhalb der Gebäude, wo Sonnenschein möglich ist, benutzt werden.

Die Installationen auf dem Dach befinden sich auch oft außerhalb des → Schutzbereichs und sind damit nicht gegen direkten Blitzschlag geschützt. Auf **Bild M22** ist eine Kabelverlegung oberhalb eines Verteilers abgebildet. Die Stelle ist zufällig auch die höchste Stelle auf dem Dach, aber ohne Schutz. Die → Kabelschirme sind an der auf der Stahlkonstruktion befestigten → Potentialausgleichsschiene (PAS) angeschlossen. Die PAS ist mit dem VFPA (Fangeinrichtung) jedoch nicht verbunden, sondern nur mit 2 Schrauben M 6 locker auf der Stahlkonstruktion befestigt. Diese Schwachstelle des PAS wiederholt sich

Mobilfunkanlagen und Antennen

Bild M22 Nicht fachgerecht ausgeführte Installation der Erdungsmaßnahmen, wie im Text oben beschrieben.
Foto: Kopecky

sehr oft an anderen Gebäuden nur mit dem Unterschied, dass die Stahlkonstruktion mit dem VFPA verbunden ist. Die oft verwendeten M6-Schrauben sind jedoch nicht blitzstromtragfähig und die PAS müsste richtigerweise mittels eines Kabels mit dem VFPA verbunden werden. Bereits vor Erscheinen der ersten Auflage dieses Buches habe ich Hunderte derart falsch ausgeführte Stellen gesehen!

Mobilfunkantennen verursachen sehr oft → Näherungen. Die Näherungen sind jedoch nicht immer auf den ersten Blick erkennbar, wie **Bild N1** zeigt. Es müssen nämlich nicht nur Näherungen mit Antennenmasten oder Kabeln sein. Oftmals wurden auch Cu-Entwässerungsrohre der Klimaanlagen in der → Dachrinne oder in der Nähe von → Ableitungen entdeckt. In diesen Fällen müssten die Betreiber mit PVC-Rohren arbeiten. In der Nähe der Mobilfunkinstallationen befinden sich auch die allgemeinen Installationen der Mietgebäude. Dabei handelt es sich um alle leitfähigen Teile der Gebäude, von Heizungsrohren bis zu → Brandmeldeanlagen, die ebenfalls durch die Näherungen gefährdet sind. Als Erweiterung zu diesem Absatz lesen Sie die Stichworte über → Näherungen.

Näherungen entstehen auch bei Antennen, die unterhalb des Daches installiert sind. Die Betreiber meinen sehr oft, dass die Antennen z. B. in Gauben nicht geschützt werden müssen, da sie im Schutzbereich sind. Die Antennen sind aber zu weit vom Blitzschutz-Potentialausgleich entfernt und es entstehen neue Näherungen. Ein Beispiel für die Beurteilung dieser Näherungen ist unter dem Stichwort → Näherungen beschrieben. Bei hohen Gebäuden mit Satteldächern sind die → Trennungsabstände überwiegend kleiner als die notwendigen → Trennungsabstände s!

Zum heutigen Zeitpunkt müssen nach [N23], Bild 5, nur die Antennen, die mehr als 2 m von der Dachebene entfernt sind, nicht geerdet, aber in den Potentialausgleich einbezogen werden.

Die Blitz- und Überspannungsschutzgeräte (SPD) der Anlagen werden in letzter Zeit schon richtig verdrahtet, nur bei älteren Anlagen findet man noch in der Verdrahtung Fehler. Die SPD-Hersteller liefern für die Mobilfunkbetreiber die Anschlussalternativen in der 3+1-Schaltung. Damit sind die früheren Mängel bei den Systemen beseitigt, da die 3+1-Schaltung auch für → TN-Systeme anwendbar ist. Die Erdung der SPD muss aber weiterhin aufmerksam überprüft werden.

Moderne Nullung ist ein älterer Begriff, → TN-S-System.

Mülldeponie → Großtechnische Anlagen

N

Naheinschlag → Direkt- und Naheinschlag

Näherungen. Von einer Näherung spricht man, wenn der Abstand zwischen der → Blitzschutzanlage und metallenen Gebäudeteilen bzw. elektrischen Anlagen kleiner ist, als der notwendige → Trennungsabstand s.
Bei einem kleineren Abstand als dem Trennungsabstand s besteht beim → Blitzschlag die Gefahr eines Über- oder Durchschlages.
Näherungen können wie folgt beseitigt werden:
- Vergrößerung des → Trennungsabstandes,
- Verwendung von Isoliermaterial zur Verhinderung der negativen Auswirkung der Näherung. Diese Möglichkeit ist nicht mehr in der Norm erwähnt, aber die Blitzschutzmaterialhersteller benutzen jetzt diese Alternative (→ HVI®-Leitung und → PE-Material).
- Verbindung der Blitzschutzanlage mit den gefährdeten metallenen Gebäudeteilen.

Wenn die Vergrößerung des Trennungsabstandes nicht möglich ist, so muss an dieser Stelle eine Potentialausgleichsverbindung (direkt oder indirekt über den → Blitzstromableiter) realisiert werden. Diese Verbindung ist jedoch oft nicht erwünscht oder nicht erlaubt, weil sie auch das Eindringen von → Teilblitzen ins Gebäudeinnere verursacht.

Sichtbare Näherungen können z. B. zu Thermostaten, Überwachungseinrichtungen (**Bild N3**), → Außenbeleuchtungen, Bewegungsmeldern, Telefonanschlüssen, Elektroinstallationen (**Bild N2**), Rohrleitungssystemen, Blechen, Zargen, Metallfenstern, → Sonnenblenden und anderen leitfähigen Materialien in der Nähe der Blitzschutzanlage auftreten. Zur Blitzschutzanlage gehören auch solche leitfähigen Teile wie → Dachrinnen, → Blechkanten, → Regenfallrohre und ähnliches. Die Installationen unterhalb der Dachrinnen oder → Regenfallrohre sind demnach auch gefährdet.

Bei Installationen an Innenwänden und Dachseiten aus durchverbundenem Stahlbeton oder aus → Metallfassaden und Metalldächern muss kein Trennungsabstand eingehalten werden, da keine Gefährdung durch Näherungen besteht. Der Blitzstrom verteilt sich flächenförmig. Innerhalb der Anlage entstehen an den Leitern nur geringe Spannungseinkopplungen.

Anders ist es bei Gebäuden mit gemauerten, aus Holz oder anderen Materialien errichteten Wänden.

Im diesem Fall muss der Trennungsabstand s berechnet werden, um an einzelnen Stellen die Näherungen beurteilen zu können.

Die Berechnung des Trennungsabstands s kann nicht mehr nach der alten

Näherungen

Näherungsformel aus Z DIN VDE 0185 Teil 1 erfolgen. Damals ist man davon ausgegangen, dass sich der Blitzstrom auf alle Ableitungen gleichmäßig verteilt. Heute weiß man jedoch, dass der hochfrequente Blitz sich hauptsächlich an der Einschlagstelle konzentriert. Aus diesem Grund und wegen der falschen Bewertung der Isolationsfestigkeit der festen Baustoffe und der Luft ist die Anwendung der alten Näherungsformel nicht mehr erlaubt.

Für die Berechnung des Trennungsabstands s ist jetzt die neue → Näherungsformel nach Vornorm DIN V 0185-3 (VDE V 0185 Teil 3):2002-11 [N23], HA 1, Abschnitt 5.3, anzuwenden.

Nach der Berechnung erfährt man, ob die Installationen in der Wand oder im Raum gefährdet sind.

Näherungen können nicht nur an der Blitzschutzanlage und deren Teilen, sondern auch an anderen Einrichtungen auftreten. Auf dem Dach installierte Dachaufbauten mit leitfähigen Verbindungen ins Gebäudeinnere verursachen ebenfalls Näherungen. Das können z.B. Lüftungsanlagen, → Rückkühlgeräte der Klimaanlagen, → Antennen (**Bild N1**) usw. sein. Antennenkabel von Mobilfunkantennen können in einem gemeinsamen Kabelschacht ebenfalls Näherungen verursachen. Dabei ist zu beachten, dass Antennenkabel mit bis zu 50 % des → Blitzstromes belastet werden können. Bei einer falsch ausgeführten → Blitzschutzanlage können die Antennenkabel auch mit über 50 % des Blitzstroms belastet werden.

Die Rückkühlgeräte von Klimaanlagen auf dem Dach sind oft direkt mit der → Fangeinrichtung verbunden. Die Klimarohre sowie Steuerungs- und Elektro-

Bild N1 *Beispiel für Näherungen. Auf der inneren Wandseite sind Ankerschrauben einer Mobilfunkantenne zu sehen. Auf dem Dach ist die Antenne direkt mit der Fangeinrichtung verbunden. Bei einem Blitzschlag auf dem Dach werden die Elektro- und Steuerungskabel sowie die Heizungsanlage wegen der Näherung zu den Ankerschrauben gefährdet. Hier muss der Trennungsabstand zwischen den Schrauben und den Kabeln vergrößert werden.*
Auch Kontrollen dieser Art gehören zur Blitzschutzanlagen-Prüfung; die Näherungen müssen im Prüfbericht eingetragen werden.
Foto: Kopecky

Näherungen

kabel führen aber auch direkt in den → EDV-Raum. Es sind damit nicht nur die benachbarten Einrichtungen auf der Kabel- und Rohrstrecke gefährdet, sondern auch der EDV-Raum, da über die Rohre → Teilblitzströme dorthin gelangen können.

Die Cu-Rohre der Rückkühlgeräte, Antennenkabel oder andere Einrichtungen verursachen nicht nur Näherungen, sondern auch → Kopplungen zu den benachbarten Installationen. Deshalb dürfen in das Gebäude eingeführte Leitungen nicht mit anderen Installationen parallel verlegt werden. Bei einer parallelen und nicht ausreichend abgeschirmten Verlegung müssen alle (nicht nur die neuen) Installationen nach dem → Blitzschutzzonenkonzept geschützt werden.

Beispiele für Näherungen aus der Praxis:
Ableitungen werden fälschlicherweise vielfach zur Befestigung von Antennen-, Telefon-, Baustrom- und anderen Elektrokabeln benutzt. Oft werden auch Kabelkanäle, die parallel zur Ableitung installiert sind, gefunden. Dies ist ebenso falsch. Dabei handelt es sich z.B. um auf dem Dach oder dicht unterhalb der Blechkante installierte → Leuchtreklamen. Über → Dachrinnenheizungen können → Teilblitzströme ebenso ins Gebäudeinnere gelangen und nicht geschützte, wichtige und teure Einrichtungen zerstören.

Unter den Dächern befinden sich oft auch → Metalldachstühle, Ausdehnungsbehälter, Heizungsanlagen, → Klimaanlagen, → Brandmeldeanlagen, → Aufzüge, → Dachausbauten mit Metallständern und anderen leitfähigen Materialien. Zu diesen Teilen dürfen ebenfalls keine Näherungen entstehen.

Eine weitere Gefahr für Installationen im Gebäude stellen die unter dem Dach installierten Starkstromkabel und Kabel der Anlagen der Informationstechnik dar. Diese Kabel sind nicht selten nur 20 bis 30 cm von der → Blitzschutzanlage entfernt. Die → Fangeinrichtungen kreuzen diese Elektrokabel, wenn sie nicht sogar parallel zu ihnen verlaufen. Bei Gebäuden, die unter Denkmalschutz stehen, ist eine Verbindungsleitung der Fangspitzen der Fangeinrichtung oftmals über die gesamte Länge parallel zu den Brandmeldeanlagen installiert. Bei Unterdachanlagen sind die Trennungsabstände nur schwer einzuhalten (→ Unterdachanlage und → Gefahrenmeldeanlage).

Auf **Bild N2** ist als Beispiel die Elektroinstallation einer → Kirche neben einer Unterdachanlage zu sehen. Bei dieser Installationsart ist nicht nur die Glockensteuerung gefährdet, sondern auch die Sicherheit der Kirchenbesucher. In einer Kirche in der Eifel ist es z.B. zu einem Blitzüberschlag auf die Kirchenbeleuchtung gekommen, bei dem die Blitzenergie über die Lampe in den Bereich zwischen Pfarrer und Kirchenbesuchern in den Boden eingeschlagen ist.

Bild N3 zeigt eine Überwachungskamera direkt unterhalb eines Metalldaches. Bei einem Blitzschlag können Überwachungskamera und Zentrale zerstört werden.

Bei gemauerten (nicht aus Stahlbeton erstellten) Gebäuden mit einer größeren Grundfläche werden oft auch → innere Ableitungen festgestellt. Eventuelle → Teilblitzströme können hier benachbarte Einrichtungen beeinflussen und zerstören. Toleriert werden kann dies nur beispielsweise bei Räumen ohne besondere technische Einrichtungen und ohne benachbarte Installationen.

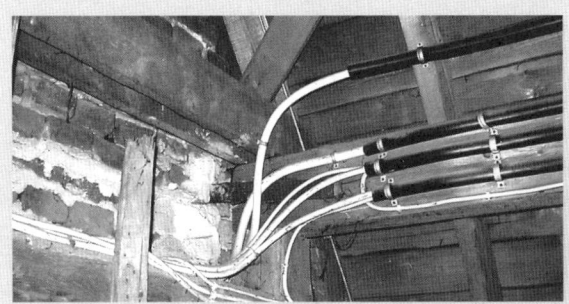

Bild N2 Eine Unterdachanlage einer Kirche in unmittelbare Nähe der Elektroinstallation.
Foto: Kopecky

Bild N3 Gefährdete Überwachungskamera mit Näherung zum Metalldach.
Foto: Kopecky

Ein weiteres Beispiel sei genannt: Hier wurden elektronische Einrichtungen eines → EDV-Raumes unter einem Flachdach beschädigt, was Anlass dazu gab, die Elektroinstallation genau zu überprüfen. Mit dem Metallsuchgerät hat man festgestellt, dass die Elektroinstallation für den EDV-Raum nicht in diesem Raum selbst installiert war, sondern auf dem Flachdach unterhalb der Dachpappe, 8 cm von der → Fangeinrichtung entfernt. Die Ausführung der Elektroinstallation oberhalb der Dachdecke ist jedoch nicht erlaubt.

Bei der Prüfung von → Näherungen braucht man Informationen über Installationen an/in den Wänden/Decken oder die Installationen müssen mit Suchgeräten gefunden werden, um die Näherungen beurteilen zu können.

Firmen, die Näherungen mit direktem Anschluss „beseitigen", müssen auch Näherungen mit Elektrokabeln beachten. Hier funktioniert der direkte Anschluss nicht. Auf **Bild N4** sieht man z. B. einen Blitzstromableiter, der zwischen einer Leuchtreklame und einer Ableitung zusätzlich installiert wurde, um die Näherungen zu beseitigen. Zuzüglich muss man noch beim Übergang in weitere LPZ zusätzliche SPDs der Klasse II installieren.

Bild N4 Beseitigung der Näherung der Elektroinstallation zur Leuchtreklame mittels eines Blitzstromableiters.
Foto: Kopecky

Näherungen aus Sicht der Architekten. Nach Vornorm DIN V 0185-4 (VDE V 0185 Teil 4):2002-11 [N24], Anhang D → LEMP-Schutz-Management sollten → Blitzschutzexperten mit fundierten Kenntnissen auf dem Gebiet der EMV von Architekten beauftragt werden, das LEMP-Schutz-Management zu erstellen und die Pläne relevanter Installationen zu korrigieren und zu überwachen.

Weniger gefährdete Gebäude für empfindliche elektronische Einrichtungen sind Gebäude mit durchverbundenem Stahlbeton oder mit → Metallfassaden. Bei richtiger Ausführung besteht bei diesen Gebäuden keine Näherungsgefahr. Allzu oft findet man bei der Begutachtung der → Blitzschutzanlagen auch Gebäude, bei denen sich die → Ableitungen hinter der Blechverkleidung befinden. In solchen Fällen ist eine gute Abschirmung mit der Blechfassade mehr ein Nachteil, weil die elektromagnetischen Felder im Gebäude nicht reduziert werden.

Bei gut abgeschirmten Gebäuden müssen natürlich auch die Blitz- und Überspannungsschutzmaßnahmen an den → Blitzschutzzonen durchgeführt werden.

Bei gemauerten Gebäuden sollten sich die → EDV-Räume besser in unteren als in oberen Stockwerken befinden. In oberen Stockwerken treten Probleme mit Näherungen eher auf als in unteren. → Näherungsformel.

Näherungen aus Sicht der Blitzschutzexperten. Der Aufgabenbereich der Blitzschutzexperten ist das → LEMP-Schutz-Management, bei dem die Arbeiten aller Handwerker überwacht werden müssen. Darunter fallen auch Arbeiten, die auf den ersten Blick nicht mit Elektroarbeiten in Verbindung stehen. Zum Beispiel muss darauf geachtet werden, dass auf Dächern keine leitfähigen Lüftungsrohre in der Nähe von Blechaußenkanten installiert sein dürfen. Die Rohre befinden sich zwar im Schutzbereich der Fangstangen, doch durch den kleinen Abstand zur Blechkante kann es zum Überschlag von der Blechkante kommen. Handwerker müssen ihre Arbeiten so planen, dass an gefährdeten Stellen keine leitfähigen Kanten installiert werden bzw. Rohre und Kabel an anderer Stelle installiert werden. Die Gefahr des Auftretens von → Näherungen müssen im Voraus festgestellt werden, um Maßnahmen zur Vermeidung dieser Näherungen treffen zu können.

Blitzschutzexperten haben u. a. darauf zu achten, dass z. B.:
a) an Gebäudeecken entweder → Ableitungen **oder** Überwachungskameras installiert werden,
b) Kabel der → Mobilfunkantennen nicht im gleichen Schacht mit anderen ungeschützten Kabeln verlegt werden, wenn die Mobilfunkanlage mit der Blitzschutzanlage verbunden ist,
c) Thermostate von Heizungszentralen nicht hinter leitfähigen → Regenfallrohren angebracht werden und sich Alarmleuchten in ausreichendem Abstand von Ableitungen und der Dachkanten befinden. Bei einem Blitzschlag in beiden genannten Fällen werden nicht nur die Thermostate und die Alarmleuchten (**Bild N5**) zerstört, sondern auch die Zentralen der Einrichtungen, wenn diese nicht geschützt sind.

In der Planungsphase müssen Maßnahmen zur Vermeidung von Näherungen getroffen werden, die zum LEMP-Schutz-Management gehören.

Bild N5 Ungünstige Stelle für eine Alarmleuchte. Hier sind Näherungen nicht nur mit der Ableitung, sondern auch mit der als Fangeinrichtung wirkenden leitfähigen Blechkante vorhanden.
Foto: Kopecky

Näherungsformel. Wie schon unter dem Stichwort → Näherungen angesprochen wurde, muss der → Trennungsabstand s entsprechend Vornorm DIN V 0185-3 (VDE V 0185 Teil 3):2002-11 [N23], HA 1, Abschnitt 5.3, berechnet werden.

Der → Trennungsabstand s zwischen den Teilen der Fangeinrichtungen und Ableitungen einerseits und allen metallenen Installationen bzw. elektrischen und informationstechnischen Einrichtungen innerhalb und auch außerhalb der zu schützenden baulichen Anlage anderseits darf nicht kleiner als der Trennungsabstand s sein:

$d \geq s$

Näherungsformel

Der Trennungsabstand s berechnet sich wie folgt:

$$s = k_i \frac{k_c}{k_m} \, l \, (\text{in m})$$

k_i Koeffizient der gewählten → Schutzklasse des Blitzschutzsystems
k_c Koeffizient der → geometrischen Anordnung
k_m Koeffizient vom Material innerhalb der Trennungsstrecke
l (in m)   Vertikaler Abstand gemessen von der Stelle der → Näherung bis zur nächstliegenden Stelle des → Blitzschutz-Potentialausgleichs

Der Blitzschutz-Potentialausgleich wird im Allgemeinen im Kellergeschoss oder etwa auf Erdniveau durchgeführt. Wird der Blitzschutz-Potentialausgleich jedoch in mehreren Etagen ausgeführt, dann zählt die Länge l nur bis zur nächsten Stelle der Blitzschutz-Potentialausgleichsebene und nicht bis zur untersten Blitzschutz-Potentialausgleichsebene. An der Stelle der Blitzschutz-Potentialausgleichsebene beträgt der Trennungsabstand Null und erst mit zunehmendem Abstand nimmt auch der notwendige → Trennungsabstand zu.

Tabelle N1 gibt die Werte von k_i, **Tabelle N2** die Werte von k_c und **Tabelle N3** die Werte von k_m an.

In der **Tabelle N2** befinden sich nur die ungefähren Werte k_c und es empfiehlt sich, die genauen Werte nach der **Tabelle N3** und **Bild N8** zu ermitteln.

In ZE DIN IEC 817122/CD (VDE 0185 Teil 10):1999-2 [N29], Tabelle 12, und ZE DIN IEC 61024-1-2 (VDE 0185 Teil 102 Entwurf):1999-02 [N32], Abschnitt 8.2.2, waren zusätzlich folgende Koeffizientenwerte angegeben:

PVC-Material $k_m = 20$
PE-Material $k_m = 60$

Diese Materialien werden weiterhin von den Blitzschutzmaterialherstellern benutzt (→ HVI®-Leitung und → PE-Material).

Wenn verschiedene Materialien innerhalb des Trennungsabstandes verwendet wurden, muss die Beurteilung entsprechend dem folgenden Beispiel durchgeführt werden.

Schutzklasse	k_i
I	0,1
II	0,075
III und IV	0,05

Tabelle N1   *Isolation des Äußeren Blitzschutzes; Werte des Koeffizienten k_i*
                 Quelle: Vornorm DIN V 0185-3 (VDE V 0185 Teil 3):2002-11 [N23], HA 1, Tabelle 11

Näherungsformel

Anzahl der Ableitungen n	ungefähre Werte k_c	detaillierte Werte (→ Tabelle N3)
1	1	1
2	0,66*	0,66
4 und mehr	0,44*	0,44

* Diese Werte gelten für Erderanordnung A. Die Alternative, bei der die Einzelerder annähernd gleiche Erdungswiderstände haben, ist nicht mehr gültig. Die Erder müssen zusammen verbunden werden, ansonsten muss der Koeffizient $k_c = 1$ verwendet werden.

Tabelle N2 *Isolation des Äußeren Blitzschutzes; Werte des Koeffizienten k_c*
Quelle: Vornorm DIN V 0185-3 (VDE V 0185 Teil 3):2002-11 [N23], HA 1, Tabelle 12

Typ der Fangeinrichtung	Zahl der Ableitungen n	k_c Erdungsanlage Typ A	Erdungsanlage Typ B
einzelne Fangstange	1	1	1
gespannte Drähte oder Seile	2	0,66[d]	0,5 … 1 (→ Bild N6)[a]
vermaschte Leiter	4 und mehr	0,44[d]	0,25 … 0,5 (→ Bild N7)[b]
vermaschte Leiter	4 und mehr, verbunden durch horizontale Ringleiter	–	$1/n$ … 0,5 (→ Bild N8)[c]

a Bereich der Werte von $k_c = 0,5$ wenn $c \ll h$ bis $k_c = 1$ wenn $h \ll c$ ist (→ Bild N6)
b Die Gleichung für $k_c = 0,5$ in Bild N7 ist eine Näherung für kubische Strukturen für $n \geq 4$ und für Werte von h, c_s und c_d für den Bereich von 5 m bis 20 m.
c Wenn die Ableitungen, insbesondere bei hohen baulichen Anlagen, auch horizontal miteinander verbunden sind, wird die Stromaufteilung vor allem in den unteren Ebenen weiter verbessert und k_c entsprechend verringert.
d Diese Werte gelten, wenn die Einzelerder annähernd gleiche Erdungswiderstände aufweisen.

Tabelle N3 *Aufteilung des Blitzstromes auf die Ableitungen; detaillierte Werte des Koeffizienten k_c*
Quelle: Vornorm DIN V 0185-3 (VDE V 0185 Teil 3):2002-11 [N23], Anhang D (normativ), Tabelle D.1

Material in der Näherungsstelle	k_i
Luft	1
Beton, Ziegel	0,5

Tabelle N4 *Isolation des Äußeren Blitzschutzes; Werte des Koeffizienten k_i*
Quelle: Vornorm DIN V 0185-3 (VDE V 0185 Teil 3):2002-11 [N23], HA 1, Tabelle 13

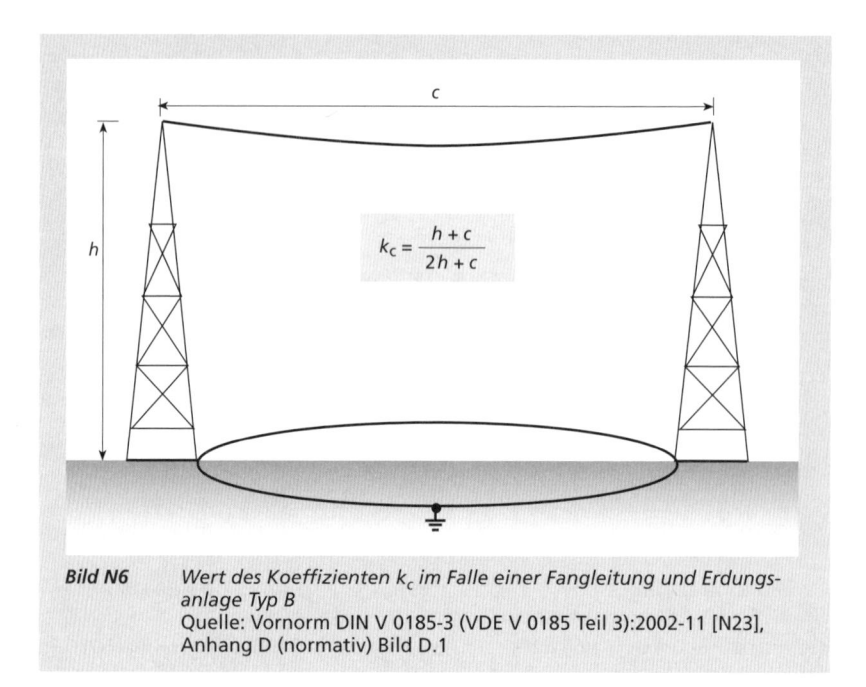

Näherungsformel

$$k_c = \frac{h+c}{2h+c}$$

Bild N6 Wert des Koeffizienten k_c im Falle einer Fangleitung und Erdungsanlage Typ B
Quelle: Vornorm DIN V 0185-3 (VDE V 0185 Teil 3):2002-11 [N23], Anhang D (normativ) Bild D.1

$$k_c = \frac{1}{2n} + 0{,}1 + 0{,}2 \cdot \sqrt[3]{\frac{c_s}{h}} \cdot \sqrt[6]{\frac{c_d}{c_s}}$$

n Gesamtzahl der Ableitungen

c_s Abstand von der nächsten Ableitung

c_d Abstand von der nächsten Ableitung auf der anderen Seite

h Höhe oder Abstand der Ringleiter

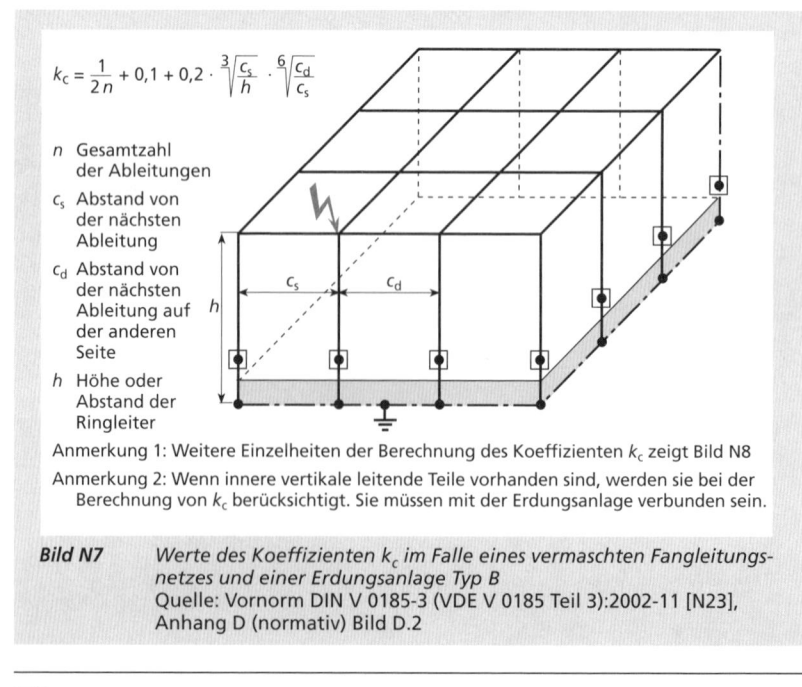

Anmerkung 1: Weitere Einzelheiten der Berechnung des Koeffizienten k_c zeigt Bild N8

Anmerkung 2: Wenn innere vertikale leitende Teile vorhanden sind, werden sie bei der Berechnung von k_c berücksichtigt. Sie müssen mit der Erdungsanlage verbunden sein.

Bild N7 Werte des Koeffizienten k_c im Falle eines vermaschten Fangleitungsnetzes und einer Erdungsanlage Typ B
Quelle: Vornorm DIN V 0185-3 (VDE V 0185 Teil 3):2002-11 [N23], Anhang D (normativ) Bild D.2

Näherungsformel

$$s_a = \frac{k_i}{k_m} \cdot k_{c1} \cdot l_a \qquad s_b = \frac{k_i}{k_m} \cdot k_{c2} \cdot l_b \qquad s_c = \frac{k_i}{k_m} \cdot k_{c3} \cdot l_c \qquad s_e = \frac{k_i}{k_m} \cdot k_{c4} \cdot l_e$$

$$s_f = \frac{k_i}{k_m} \cdot (k_{c1} \cdot l_f + k_{c2} \cdot h_2) \qquad s_g = \frac{k_i}{k_m} \cdot (k_{c2} \cdot l_g + k_{c3} \cdot h_3 + k_{c4} \cdot h_4)$$

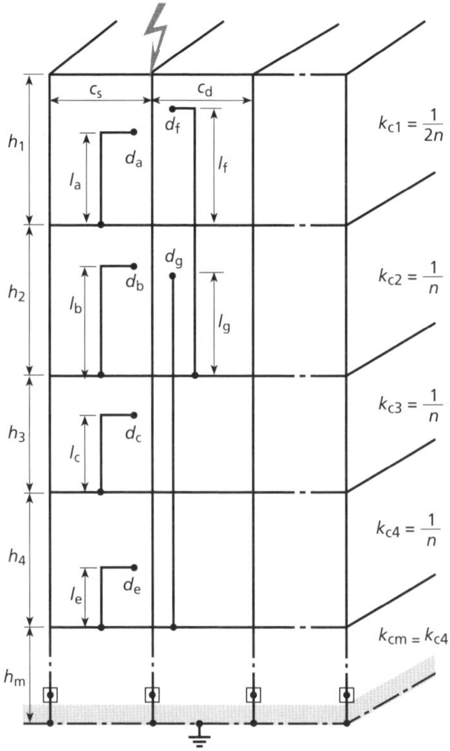

$$k_{c1} = \frac{1}{2n} + 0{,}1 + 0{,}2 \cdot \sqrt[3]{\frac{c_s}{h}} \cdot \sqrt[6]{\frac{c_d}{c_s}}$$

$$k_{c2} = \frac{1}{n} + 0{,}1$$

$$k_{c3} = \frac{1}{n} + 0{,}01$$

$$k_{c4} = \frac{1}{n}$$

$$k_{cm} = k_{c4} = \frac{1}{n}$$

- n Gesamtzahl der Ableitungen
- c_s Abstand von der nächsten Ableitung
- c_d Abstand von der nächsten Ableitung auf der anderen Seite
- h Abstand der Ringleiter
- l Höhe über der Verbindung mit dem Potentialausgleich
- s Trennungsabstand

Bild N8   *Beispiel zur Bestimmung des Trennungsabstandes s bei einem vermaschten Fangleitungsnetz, durch Ringleiter verbundene Ableitungen in jedem Abschnitt und eine Erdungsanlage Typ B*
Quelle: Vornorm DIN V 0185-3 (VDE V 0185 Teil 3):2002-11 [N23], Anhang D (normativ) Bild D.3

Näherungsformel

Beispiel: Vereinfachte Berechnung des notwendigen Trennungsabstandes
Bei der Kontrolle einer Anlage muss beurteilt werden, ob der vorhandene Trennungsabstand größer ist als der berechnete Trennungsabstand s, z. B. 0,45 m für Luft im Fall des folgenden Beispiels.

Dazu werden alle Abstände und Materialbreiten mit dem jeweils zugehörigen Koeffizienten k_m multipliziert. Die Ergebnisse werden dann addiert, wie die folgende Rechnung zeigt:

Abstand Fangleitung zum Dach	5 cm Luft	0,05 x 1,0 = 0,050 m
Dachabdeckung, Holzbalken und die Wände	25 cm festes Material	0,25 x 0,5 = 0,125 m
Abstand zu Elektrokabel	20 cm Luft	0,20 x 1,0 = 0,200 m
Gesamt		0,375 m

Schlussfolgerung:
Der gesamte Trennungsabstand in diesem Beispiel ist zwar größer als 0,45 m, aber durch die Berücksichtigung der geringeren Koeffizienten für festes Material wird nur eine **wirksame Trennung** von 0,375 m erreicht.

Das bedeutet: Der für diese Materialkombination notwendige Trennungsabstand muss also größer sein als der für Luft benötigte Trennungsabstand s.

Zu beachten ist, dass zu „benachbarten" Einrichtungen der Ableitung (z. B. Außenlampen) der Überschlag über Wandflächen erfolgt und nicht über Luft. Das Gleiche gilt für → Fangstangen und → Fangspitzen auf dem Dach. Von ihnen erfolgt der Überschlag zu benachbarten Einrichtungen über das Dachmaterial. In solchen Fällen muss deshalb der Abstand mit dem Koeffizienten für festes Material berechnet werden.

Übungsbeispiel:
Ein altes gemauertes Gebäude (24 m x 12 m x 11 m, **Bild N9**) mit 45 cm dicken Wänden und einer Blitzschutzanlage mit 4 Ableitungen wird in ein Bürogebäude mit einem → EDV-Raum umgebaut. Welche Maßnahmen müssen vom EMV- → Planer vorgesehen werden, damit keine Näherungen auftreten?

Für das Objekt (**Bild N9**) wurde nach [22] die → Blitzschutzklasse III ermittelt.

Nach der zurückgezogenen Norm waren für das Gebäude 4 → Ableitungen ausreichend. Nach Vornorm DIN V 0185-3 (VDE V 0185 Teil 3):2002-11[N23] muss das Gebäude jedoch 5 (oder mehr) Ableitungen haben.

Zunächst wird der Koeffizient der geometrischen Anordnung k_c berechnet.

Dazu müssen wir wissen, welche Erdungsanlage die bauliche Anlage hat, ob → Erder Typ A oder → Erder Typ B. Durch den vorgelegten → Prüfbericht haben wir erfahren und durch die → Probegrabung wurde bestätigt, dass der Erder 1 ein → Einzelerder, ein → Tiefenerder ist. In diesem Fall können wir den Koeffizienten k_c = 1 aus der **Tabelle N2** für die Ableitung mit dem Erder 1 verwenden. Die weiteren Ableitungen der anderen Erder haben nach der **Tabelle N2** den Koeffizienten k_c = 0,66. Genau berechnet werden kann der Koeffizient k_c nach **Tabelle N3** und **Bild N8**, was auch zu empfehlen ist.

Näherungsformel

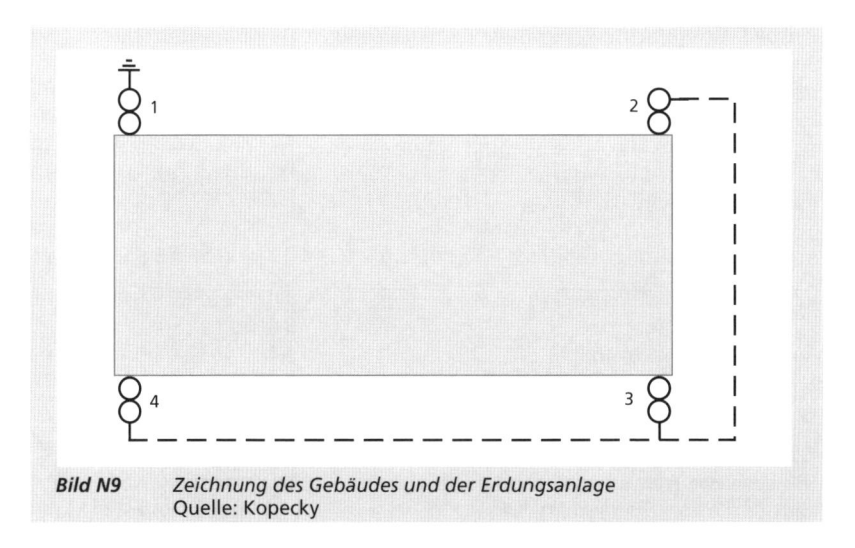

Bild N9 Zeichnung des Gebäudes und der Erdungsanlage
Quelle: Kopecky

Weil in der baulichen Anlage der → Blitzschutzpotentialausgleich noch nicht vollständig ausgeführt wurde, muss der Trennungsabstand zwischen allen Ableitungen und Installationen, die nicht in den Blitzschutzpotentialausgleich einbezogen sind, mit dem Koeffizienten $k_c = 1$ berechnet werden! Das bedeutet, wie auf **Bild N10a** zu sehen ist, dass bereits im Erdgeschoss die Gefahr eines Blitzüberschlags besteht.

Aus den oben genannten Gründen muss der Elektroplaner die folgenden Maßnahmen treffen:
- In der baulichen Anlage muss ein vollständiger Blitzschutzpotentialausgleich ausgeführt werden.
- Die Erdungsanlage muss Typ B entsprechen, um einen besseren Koeffizienten k_c zu erreichen.
- Gemäß der Blitzschutzklasse III erhält die bauliche Anlage weitere 2 Ableitungen.

Nach dieser Festlegung kann dann der Trennungsabstand s neu berechnet werden.

Die Formel für den Stromaufteilungskoeffizienten k_c bei 4 und mehr Ableitungen lautet (**Bild N8**):

$$k_c = \frac{1}{2n} + 0{,}1 + 0{,}2 \cdot \sqrt[3]{\frac{c_s}{h}} \cdot \sqrt[6]{\frac{c_d}{c_s}}$$

Durch die 2 neuen Ableitungen, die symmetrisch in einem Abstand von 12 m verteilt sind, können wir an der Stelle von C_s und C_d 12 einsetzen. Dann ergibt sich die Berechnung:

$$k_c = \frac{1}{2 \cdot 6} + 0{,}1 + 0{,}2 \cdot \sqrt[3]{\frac{12}{11}} \cdot \sqrt[6]{\frac{12}{12}}$$

Näherungsformel

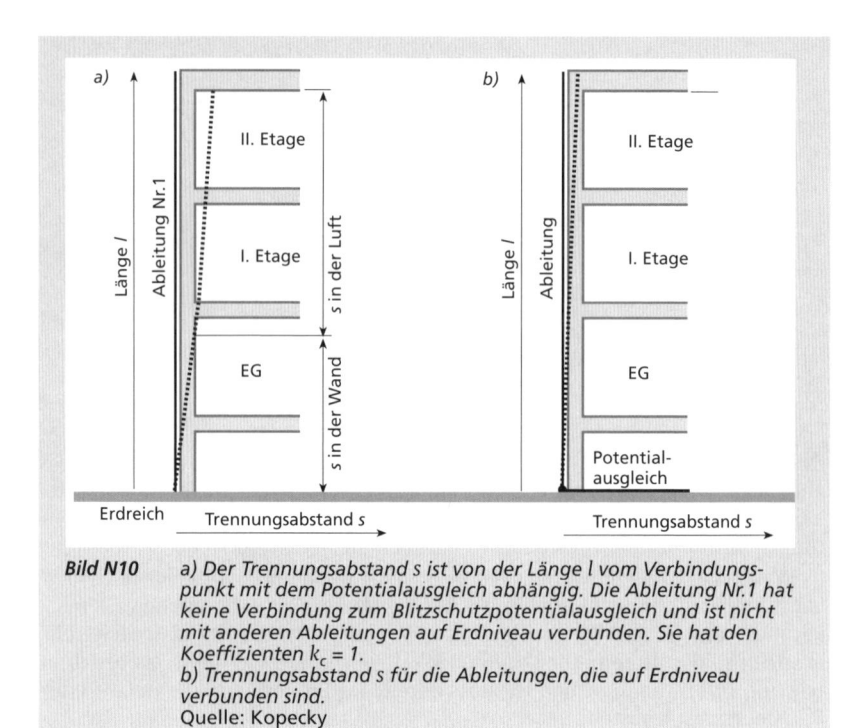

Bild N10 a) Der Trennungsabstand s ist von der Länge l vom Verbindungspunkt mit dem Potentialausgleich abhängig. Die Ableitung Nr.1 hat keine Verbindung zum Blitzschutzpotentialausgleich und ist nicht mit anderen Ableitungen auf Erdniveau verbunden. Sie hat den Koeffizienten $k_c = 1$.
b) Trennungsabstand s für die Ableitungen, die auf Erdniveau verbunden sind.
Quelle: Kopecky

$$k_C = \frac{1}{12} + 0{,}1 + 0{,}2 \cdot \sqrt[3]{1{,}091} \cdot \sqrt[6]{1}$$

$$k_C = 0{,}08 + 0{,}1 + 0{,}2 \cdot 1{,}029 \cdot 1$$

$$k_C = 0{,}08 + 0{,}1 + 0{,}206$$

$$k_C = 0{,}386$$

Durch die Berechnung erkennen wir, dass der ermittelte Wert $k_c = 0{,}386$ kleiner ist als der ungefähre Wert 0,44 aus der **Tabelle N2**. Den berechneten Koeffizienten k_c und weitere Koeffizienten setzen wir in die schon oben erwähnte Formel:

$$s = k_i \frac{k_c}{k_m} l \,(\text{in m})$$

k_i Koeffizient der gewählten Schutzklasse des Blitzschutzsystems
k_c Koeffizient der geometrischen Anordnung
k_m Koeffizient vom Material innerhalb der Trennungsstrecke
l (in m)   Vertikaler Abstand gemessen von der Stelle der Näherung bis zur nächstliegenden Stelle des Blitzschutz-Potentialausgleichs

$$s = 0{,}05 \; \frac{0{,}386}{1} \; l \,(\text{in m}) = 0{,}0193$$

Jetzt wissen wir, dass sich der Trennungsabstand s bei der berechneten baulichen Anlage mit der Blitzschutzklasse III mit jedem Meter vertikalen Abstands von der Blitzschutz-Potentialausgleichs-Ebene um 0,0193 m vergrößert. Dieser Wert gilt für Luft, bei festem Material gilt der doppelte Wert 0,0386 m. In 11,65 m Ableitungshöhe 0,0386 x 11,65 ist der Trennungsabstand größer als die Wanddicke. Das aber bedeutet, dass die Installationen in der Wand in der obersten Etage durch Blitzüberschlag gefährdet sind.

Eine andere Möglichkeit zur Ermittlung des Trennungsabstandes stellen die hier abgebildeten Grafiken der Näherungen im **Bild N10** dar. Zur besseren Veranschaulichung wurde die Länge l senkrecht abgebildet. Der Trennungsabstand s ist waagerecht aufgetragen. Diese Darstellung hat den Vorteil, dass Planer und später auch Prüfer die Näherungen bei Mauerwerk mit gleichen Abmaßen vergleichen können.

Auf **Bild N10 a** sieht man an der Wand die Ableitung Nr. 1 und den gestrichelten Trennungsabstand s, der von der Länge abhängig ist. Die Grafik zeigt, dass die Installationen im Erdgeschoss in der Wand an den Stellen, wo außen die Ableitung installiert ist, gefährdet sind. Auf der ersten und zweiten Etage sind nicht nur die Installationen in der Wand, sondern auch Büroeinrichtungen im Raum gefährdet. Die gestrichelte Linie hat an der Stelle, an der sie aus der Wand austritt, auf der inneren Seite einen Knick, weil die Luft einen anderen Koeffizienten k_m hat als das Wandmaterial.

Auf dem **Bild N10 b** sieht man, dass durch die Verbindung der Ableitungen auf Erdniveau gefährliche Näherungen erst oberhalb der II. Etage beginnen.

Resultat für den Planer:
Das alte Gebäude ist für einen Umbau in ein Bürogebäude nur bedingt geeignet. Der → EDV-Raum darf sich nur in unteren Etagen befinden. Alle → Ableitungen müssen auf Erdniveau verbunden und Elektroinstallationen müssen in den → Blitzschutzpotentialausgleich einbezogen werden.

Auf der zweiten Etage dürfen innerhalb der Außenwand keine Installationen an den Stellen sein, wo Ableitungen verlegt sind.

Was aber ist, wenn Monteur oder → Prüfer vor Ort keinen Taschenrechner oder Computer zur Verfügung hat? Wie beurteilt er, ob die Anlage → Näherungen hat oder nicht? Wie weit entfernt muss der Monteur eine Beleuchtung von der → Ableitung installieren, damit sie nicht gefährdet ist?

Der Monteur muss wie in den oben beschriebenen Fällen die → Blitzschutzklasse kennen und wissen, ob und wo in der baulichen Anlage der → Blitzschutz-Potentialausgleich ausgeführt ist. **Tabelle N5** enthält eine kleine Orientierungshilfe für Trennungsabstände mit aufgerundeten Maßen. Sie gibt den Trennungsabstand s für festes Material in m pro Meter Länge der Ableitungseinrichtung, gemessen von der Stelle der Näherung bis zur nächstliegenden Stelle des Blitzschutz-Potentialausgleichs (BPA) an.

In der vierten und fünften Spalte stehen die Angaben zu solchen baulichen Anlagen, die keinen BPA haben oder bei denen die beurteilte Einrichtung in den BPA nicht einbezogen ist oder die Ableitungen unten auf Erdniveau nicht miteinander verbunden sind. Damit ist z. B. die Lautsprecheranlage auf einem Schulhof gemeint, die nicht in den BPA einbezogen ist und somit für die Lautsprecher der Trennungsabstand der Spalte „ohne BPA" gilt.

Natürlicher Erder

Schutzklasse	Beton, Ziegel $k_m = 0{,}5$	Luft $k_m = 1$	ohne BPA $k_m = 0{,}5$	ohne BPA $k_m = 1$
I	0,09	0,05	0,20	0,10
II	0,07	0,04	0,15	0,08
III und IV	0,05	0,03	0,10	0,05

Tabelle N5 *Aufgerundete Trennungsabstände in m pro Meter Abstand der Näherungsstelle von der Potentialausgleichsebene.*
Quelle: Kopecky

Die Zahlen in der Tabelle sind nur informativ und für die Fälle, in denen Ableitungen und Ringleiter gleichmäßig verteilt sind. Wenn das nicht der Fall ist, muss der Trennungsabstand genau berechnet werden.

Die grobe Ermittlung der Näherungen nach **Tabelle N4** ersetzt nicht die Berechnung der Näherungen in Abhängigkeit aller notwendigen Daten. Werden jedoch schon mit der Grobberechnung negative Ergebnisse erreicht, erzielen Sie mit den PC-Programmen die gleiche Bestätigung. Im umgekehrten Fall können durch das PC-Programm negative Ergebnisse (größerer Trennungsabstand) ausgewiesen werden, obwohl der Überschlag positive Ergebnisse brachte, da das Programm mit mehr Daten arbeitet.

Anwendungsbeispiel:
Ein Blitzschutzanlagen → Prüfer muss bei der Prüfung einer → Mobilfunkstation die → Näherungen an einem Silogebäude beurteilen. Das Silogebäude ist 30 Meter hoch und hat 60 cm dicke Wände. Wenn das Silogebäude die Blitzschutzklasse II hat, folgt daraus:

Die Berechnung des Trennungsabstandes der baulichen Anlage mit Blitzschutzklasse II ergibt schon in 8,5 Meter Höhe (0,6 : 0,07 = 8,5) für für die Installationen und Einrichtungen auf der inneren Wandseite, wo die → Ableitungen installiert sind, eine Gefährdung. Bei nicht ausgeführtem BPA ist das schon in einer Höhe von 4 Metern (0,6 : 0,15 = 4) der Fall. Das bedeutet erstens, dass in der Anlage ein BPA installiert werden muss und zweitens, auf der inneren Wandseite, an der sich außen die Ableitungen befinden, dürfen keine Installationen sein. Nur wenn diese Silos aus Stahlbeton sind, können hier keine Näherungen entstehen.

Natürlicher Erder ist nach Vornorm DIN V 0185-3 (VDE V 0185 Teil 3):2002-11 [N23], Abschnitt 4.4.5, durchverbundener Bewehrungsstahl in Betonfundamenten oder anderen geeigneten unterirdischen Anlagen aus Metall, die den Anforderungen von **Tabelle W2** entsprechen. Diese natürlichen Erder sollen möglichst in das Erdungssystem einbezogen werden.

Natürliche Gebäudebestandteile für Ableitungen z. B. → Metallfassaden, → Metalldächer, Stahlkonstruktionen, Stahlträger, Stahlskelett und hauptsächlich die → Bewehrung dürfen für das → Blitzschutzsystem benutzt werden [N27]. Aus EMV-Sicht ist die Mitbenutzung der natürlichen Gebäudebestandteile vorgeschrieben.

Nach DIN V 0185-3 (VDE V 0185 Teil 3):2002-11 [N23], Abschnitt 4.3.5 können als natürliche Bestandteile alle Metallblechverkleidungen verwendet werden, vorausgesetzt, dass die elektrischen Verbindungen zwischen den Einzelteilen dauerhaft ausgeführt sind. Als dauerhafte Ausführung gelten Hartlöten, Schweißen, Pressen, Schrauben oder Nieten.

Natürliche Gebäudebestandteile für Fangeinrichtungen sind jene Bestandteile nach [N23], Abschnitt 4.2.5, die dem Wert t^a aus der **Tabelle A3** entsprechen, wenn ein Durchschmelzen der Bleche am Einschlagpunkt oder die Entzündung von brennbarem Material unterhalb der Bleche nicht erlaubt ist. Für den Fall, dass das erlaubt ist, müssen die Materialien mindestens dem Wert t^b aus der **Tabelle A3** entsprechen.

In beiden Fällen müssen die Einzelteile durch Hartlöten, Schweißen, Pressen, Schrauben oder Nieten verbunden werden.

Näheres → Ausschmelzen von Blechen und → Blechkante und → Blechverbindungen.

NEMP [nuclear electromagnetic pulse] bedeutet eine Kernexplosion.

Nennspannung U_N (bei SPDs) entspricht der Nennspannung des zu schützenden Systems. Die Angabe der Nennspannung dient bei Schutzgeräten für informationstechnische Anlagen oftmals der Typkennzeichnung. Bei Wechselspannung wird sie als Effektivwert angegeben [L25].

Nennstrom I_N (bei SPDs) ist der höchste zulässige Betriebsstrom, der dauernd über die dafür gekennzeichneten Anschlussklemmen geführt werden darf [L25].

Netzrückwirkungen in Stromversorgungsnetzen werden durch den Einsatz von Betriebsmitteln mit nichtlinearen Lasten verursacht. Näheres → Oberschwingungen.

Netzsysteme haben in der → EMV eine große Bedeutung. Die verschiedenen Netzsysteme unterscheiden sich in der Art der Erdverbindung. In Deutschland sind die drei Systeme TN, TT und IT nach DIN VDE 0100-410 (VDE 0100 Teil 410):1997-01 [N1] erlaubt (→ **Tabellen N6 und N7**).

Beschreibung der drei Systeme:
Der erste Buchstabe bei allen Systemen gibt Auskunft zu den Erdungsverhältnissen der Stromquelle.
T   direkte Erdung eines Netzpunktes
I   Isolierung aller aktiven Teile von Erde oder Verbindung eines Punktes
    über eine Impedanz, z. B. Isolationsüberwachung

Der zweite Buchstabe erklärt die Erdungsverhältnisse der Körper (Verbraucher).
T   Körper ist direkt geerdet
N   Körper direkt mit dem geerdeten Punkt des Systems verbunden

Netzsysteme

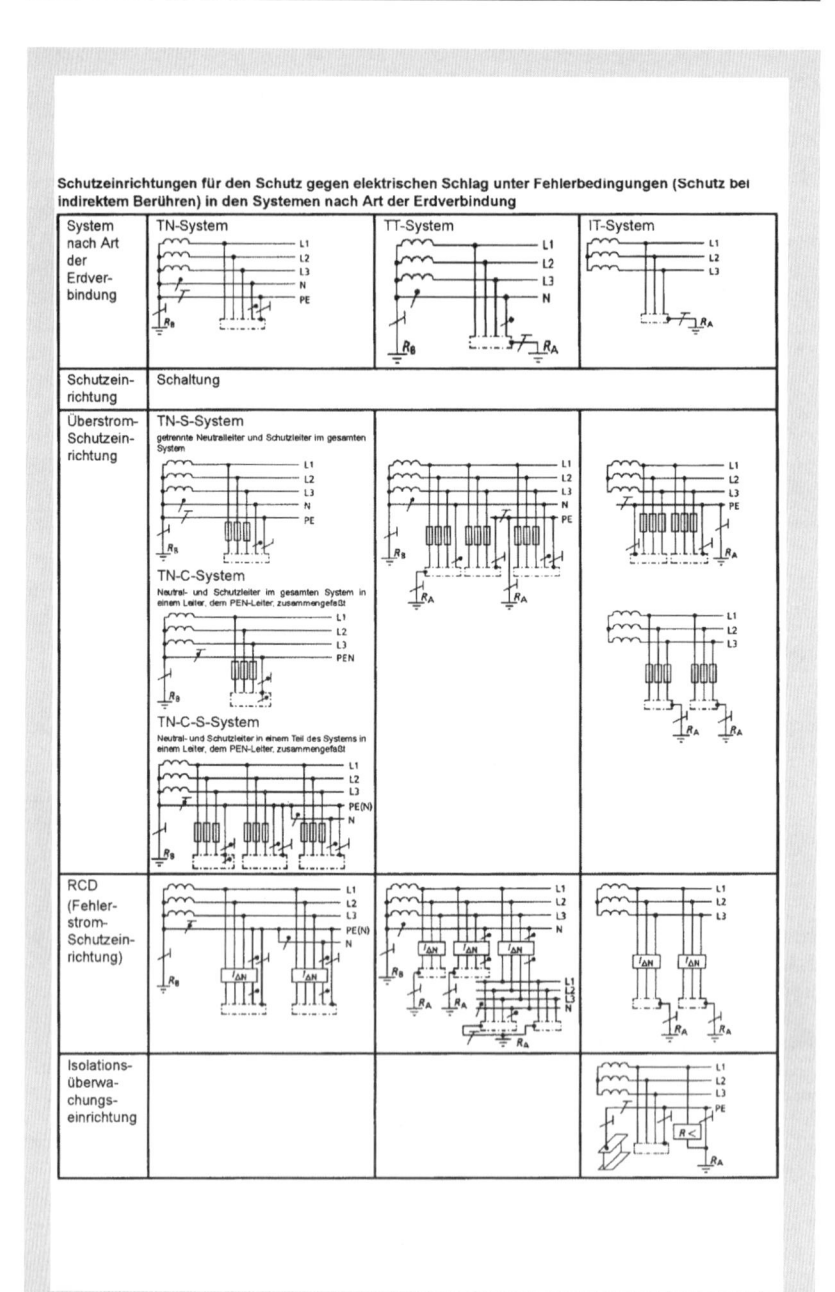

Schutzeinrichtungen für den Schutz gegen elektrischen Schlag unter Fehlerbedingungen (Schutz bei indirektem Berühren) in den Systemen nach Art der Erdverbindung

System nach Art der Erdverbindung	TN-System	TT-System	IT-System
Schutzeinrichtung	Schaltung		
Überstrom-Schutzeinrichtung	TN-S-System: getrennte Neutralleiter und Schutzleiter im gesamten System TN-C-System: Neutral- und Schutzleiter im gesamten System in einem Leiter, dem PEN-Leiter, zusammengefaßt TN-C-S-System: Neutral- und Schutzleiter in einem Teil des Systems in einem Leiter, dem PEN-Leiter, zusammengefaßt		
RCD (Fehlerstrom-Schutzeinrichtung)			
Isolationsüberwachungseinrichtung			

Tabelle N6 Netzsysteme nach Art der Erdverbindung.
Quelle: DIN VDE 0100-410 (VDE 0100 Teil 410):1997-01 [N2], Tabelle N1

Netzsysteme

Stromver-sorgung	Netzsystem	Freundlichkeit zur EMV im Gebäude
TN-S-System	TN-S-System	EMV-freundlich, beste Lösung.
TN-C-System	TN-S-System	EMV-freundlich nur für die einzelnen Gebäude. Bei großtechnischen Anlagen müssen zusätzliche Maßnahmen durchgeführt werden.[1]
TN-C-System	TN-C-S-System	Nicht empfohlen, EMV-freundlich nur in Abhängigkeit von der Ausführungsart[2] her.
TN-C-System	TN-C-System	Ungeeignet, nicht EMV freundlich.
TT-System	TT-System	EMV-freundlich nur, wenn die bauliche Anlage keine weitere leitfähige Verbindung mitanderen Gebäuden hat.[3]
IT-System	IT-System	EMV-freundlich nur, wenn die bauliche Anlage keine weitere leitfähige Verbindung mit anderen Gebäuden hat.[3]
TT-System IT-System		Mit den Trenntransformatoren in der Energieversorgung könnendie informationstechnischen Geräte EMV-freundlich betrieben werden.

Tabelle N7   *Netzsystem-Freundlichkeit, Übersicht über alle Systeme*
              Quelle: Kopecky

1) Bei Großanlagen, z. B. Kläranlagen, Mülldeponien, Rechencentern mit separaten Bürogebäuden und allen anderen baulichen Anlagen, die mit einem TN-C-System energieversorgt sind, können folgende Störungen entstehen.
    Durch den nicht symmetrischen Verbrauch und Störungen aller Art können Ausgleichsströme über alle leitfähigen Verbindungen zwischen den einzelnen Gebäuden, über die Daten-, Steuerungskabel und über weitere Wege entstehen. Durch die Ausgleichsströme können dann die auf Überspannung empfindlich reagierenden Teile zerstört werden.
    Schon im Jahr 1985 wurden in Norm DIN VDE 0800 Teil 2 [N52], Abschnitt 15.2, sowie später in DIN VDE 0100-444 (VDE 0100 Teil 444):1999-10 [N10]; Abschnitt 444.3.15, und in weiteren Normen Maßnahmen zur Begrenzung fließender Ströme in Anlagen mit Potentialausgleich und Schirmen beschrieben. Diese Maßnahmen entsprechen dem TN-S-System oder der galvanischen Trennung der Übertragungssysteme.
    Durch die Veröffentlichung der DIN EN 50310 (VDE 0800 Teil 2-310):2001-09 [EN12], Abs. 6.3 **müssen** die Wechselstromverteilungsanlagen in einem Gebäude mit → Datenverarbeitungsanlagen, → Gefahrenmeldeanlagen, → EDV-Anlagen und -Räumen und weiteren Einrichtungen, die nach DIN VDE 0800-er Reihe zu installieren sind, ein → TN-S-System haben. Daraus folgt, dass im Gebäude **kein PEN-Leiter vorhanden sein darf**, d. h. die Ausführung nach 546.2.1 von HD 384.5.54 S1:1980 darf nicht angewendet werden!
    Mit der Veröffentlichung der Norm [EN12] kam zur Ergänzung der DIN VDE 0100-540 (VDE 0100 Teil 540):1991-11 [N12] der Abschnitt 7.2 und C.2 mit damaliger Empfehlung dazu, die nicht mehr gültig ist. Jetzt muss nur das TN-S-System installiert werden.
    Wenn die Verlegung neuer Kabel (nachträglich) für ein TN-S-System nicht realisierbar oder zu teuer ist, müssen diese Verbindungen über die Steuer- und Meldekreise durch andere Maßnahmen beseitigt werden. Zur Auswahl stehen:
    a) Glasfasertechnik (Lichtwellenleiter),
    b) Anwendung von Betriebsmitteln der Schutzklasse II,
    c) Anwendung von Transformatoren mit getrennten Wicklungen.

Fortsetzung folgende Seite

Neutralleiter

> 2) Ist die Ausführung so beschaffen, dass das TN-C-System nur bei Gebäudeeintritt den Keller oder außen liegende Einrichtungen versorgt und der PEN-Leiter nur beim Gebäudeeintritt geerdet ist, entstehen nur minimale Ausgleichs-Streuströme. Abhängig vom Potentialausgleich und vom Erdungssystem sind dann die auf Überspannung empfindlich reagierenden Einrichtungen in oberen Etagen nicht mit Ausgleichsströmen belastet.
> 3) Bei TT- oder auch IT-Systemen baulicher Anlagen mit getrennten Erdern dürfen keine anderen metallischen Kabel zwischen den baulichen Anlagen vorhanden sein, da es sonst zu Ausgleichsströmen zwischen den einzelnen Anlagen und damit zu nicht erlaubten Störungen oder auch Zerstörungen kommt. Als Alternative ist eine galvanische Trennung der Übertragungssysteme unter 1) beschrieben.
> Bei einem TT-System mehrerer baulicher Anlagen mit einem gemeinsamen Erder entsteht annähernd ein TN-S-System, d. h. ein EMV-freundliches System. Beim TT-System müssen die Blitz- und Überspannungsschutzgeräte in der Energietechnik nur in 3 + 1-Schaltung installiert werden.

Im TN-System werden noch folgende weitere drei Systeme je nach Abhängigkeit der Trennung oder Nichttrennung der Neutralleiter und Schutzleiter unterschieden: die Systeme TN-C, TN-C-S und TN-S.

Der letzte Buchstabe bestimmt die Anordnung des Neutralleiters und des Schutzleiters.

S   getrennte Neutralleiter N und Schutzleiter PE im gesamten System
C   Neutralleiter und Schutzleiter sind im gesamten System in einem einzigen Leiter zusammengefasst (PEN-Leiter).

Seit mehreren Jahren werden Netzsysteme in der EMV-Welt in EMV-freundliche oder nicht EMV-freundliche eingeteilt [L1], [L15], [L17].

Neutralleiter → N-Leiter

Nichtlineare Lasten, wie Fluoreszendenlampen, getaktete Stromversorgungseinheiten und weitere Einrichtungen unter den Stichworten → Oberschwingungen und → Frequenzumrichter, erzeugen auf dem Stromversorgungsnetz Ströme mit Oberschwingungen, die den → N-Leiter überlasten können (→ auch **Bild N11**). Zur Nichtübertragung der Oberschwingungen auf andere Einrichtungen könnte die Installation der Stromverteilung mit verschiedenen Speiseleitungen oder Transformatoren sternförmig nach **Bild F5** erforderlich sein.

Nähere Informationen werden bei den Stichworten → Oberschwingungen und → N-Leiter beschrieben.

N-Leiter [neutral conductor] ist hellblau markiert und mit dem Sternpunkt bzw. Mittelpunkt des Netzes verbunden. In der baulichen Anlage, in der es zur Aufteilung des PEN-Leiters in Neutralleiter (N-Leiter) und Schutzleiter (→ PE-Leiter) kommt, darf der N-Leiter nicht mehr geerdet oder mit dem PE-Leiter verbunden werden.

Die Zeiten, als im N-Leiter keine oder nur minimale Ströme flossen, gehören bei der heutigen Technik der Vergangenheit an. Ursache sind nicht nur die unterschiedliche Belastung der Phasen, sondern hauptsächlich die Wechsel-

N-Leiter

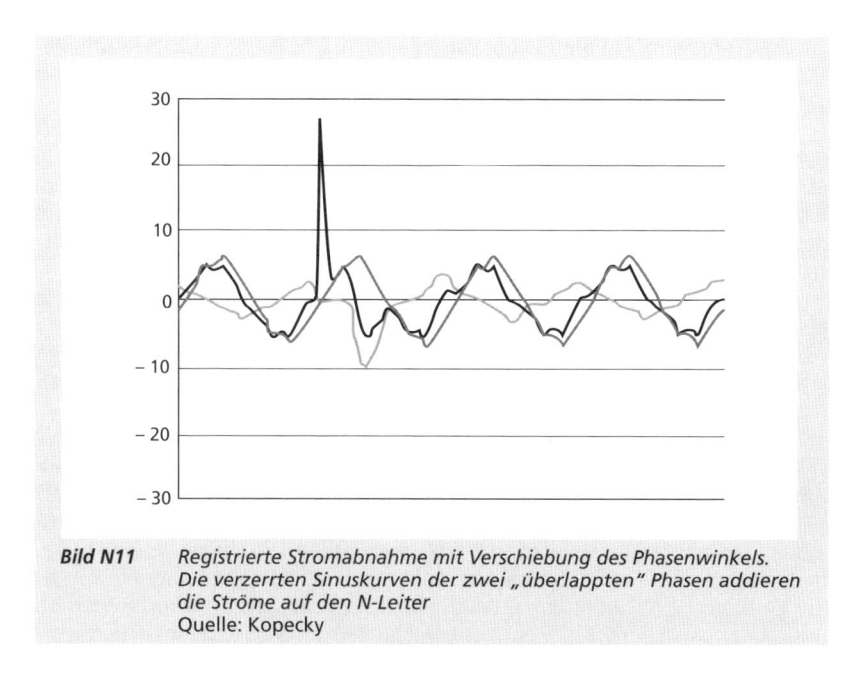

Bild N11 Registrierte Stromabnahme mit Verschiebung des Phasenwinkels. Die verzerrten Sinuskurven der zwei „überlappten" Phasen addieren die Ströme auf den N-Leiter
Quelle: Kopecky

stromverbraucher mit unterschiedlichen Phasenwinkeln. Die Elektronik in Wechselstromverbrauchern verursacht → Netzrückwirkungen. Das sind z. B. elektronische Netzteile zur Spannungsversorgung oder als Vorschaltgeräte in Leuchten / Beleuchtungsregelungen (EVG / ETR) und weitere Geräte, wie unter den Stichworten → Oberschwingungen, → Frequenzumrichter und → nichtlineare Lasten beschrieben.

Dabei handelt es sich nicht nur um bauliche Anlagen wie Bürogebäude, wo diese Probleme entstehen, sondern auch um einfache Wohngebiete, wo sehr viel Elektronik installiert ist. Zur besseren Vorstellung ist auf **Bild N11** eine registrierte Stromerhöhung in dem Moment dargestellt, in dem sich zwei Stromsinuskurven überlappen und die dritte Stromsinuskurve nur um ca. 90° und nicht um 120° „entfernt" ist. Das Ergebnis ist, dass sich die Phasenströme auch bei symmetrischer Lastverteilung nicht aufheben und sich auf dem N-Leiter addieren. Wenn der N-Leiter einen kleineren Querschnitt als die Phasen hat, kann es zur thermischen Überlastung des N-Leiters (alternativ → PEN-Leiter, siehe auch → Dreieinhalb-Leiter-Kabel) kommen.

Alle Elektrofirmen wissen, dass der N-Leiter alternativ einen kleineren Querschnitt haben kann. Dies gilt jedoch nur bei bestimmten Voraussetzungen und das ist oft nicht bekannt.

In der DIN VDE 0100-520 (VDE 0100 Teil 520):2003-06; Errichten von Niederspannungsanlagen, Abschnitt 524.3, ist festgelegt, dass bei mehrphasigen Wechselstromkreisen, in denen jeder Außenleiter einen Querschnitt > 16 mm^2 für Kupfer und 25 mm^2 für Aluminium hat, der Neutralleiter einen kleineren Querschnitt als die Außenleiter haben darf, aber nur dann, wenn der

Normen und Richtlinien

zu erwartende maximale Strom einschließlich Oberwellen im Neutralleiter während des ungestörten Betriebes nicht größer als die Strombelastbarkeit des verringerten Neutralleiterquerschnitts ist.

In der DIN EN 50174-2 (VDE 0800 Teil 174-2):2001-09 [EN10], Abschnitt 6.4.4.1, Unterabschnitt c, ist festgelegt, dass es bei Netzen mit → nichtlinearen Lasten erforderlich ist, einen angemessenen Querschnitt des Neutralleiters zu wählen, der mindestens mit demjenigen des Außenleiters übereinstimmt, um den Auswirkungen einer ungleichmäßigen Lastverteilung und der dritten Oberschwingung entgegenzuwirken.

Aber auch weitere Normen, wie EN 60 439-1 Abs. 7.1.3.4, schreiben diese Maßnahme vor.

Die N-Leiter-Klemmen sind nicht immer für die erhöhten Ströme ausgelegt, aber durch Temperaturmessungen (→ Messungen – Temperatur) kann man alternativ Schäden vorbeugen.

In den letzten Jahren ist zu viel über diese Problematik geschrieben worden, weil, wenn der N-Leiter nicht mit dem Phasenleiter geführt wird (→ Sammelschienen), durch die Belastung des N-Leiters neue → magnetische Felder entstehen. Noch problematischer ist, wenn in der baulichen Anlage ein → TN-C-System installiert ist, weil dadurch Ströme auf allen leitfähigen Teilen entstehen, die in den → Potentialausgleich einbezogen sind. Das bedeutet nicht, dass die Verbindung mit dem Potentialausgleich nicht ausgeführt wurde, sondern dass in der baulichen Anlage ein fachgerechtes → TN-S-System installiert werden muss.

Der N-Leiter ist auch unter dem Stichwort → Oberschwingungen beschrieben.

Normen und Richtlinien. Die Europäischen Normen (EN) werden durch das → CEN, das → CENELEC und durch das → CECC angenommen und veröffentlicht. Zur Übernahme einer EN als nationale Norm sind die Mitglieder dieser Länder verpflichtet. Die EN sind in Deutschland übernommen worden und gelten als anerkannte Regeln der Technik.

Die deutschen Unternehmen sind im gesamten Europa aktiv und auf der anderen Seite ausländische Unternehmen auf deutschem Gebiet. Aus diesem Grund folgt eine Übersicht der Normen, die für die EMV-, Blitz- und Überspannungsschutzmaßnahmen der baulichen Anlagen wichtig sind.

Als Erstes werden die EN angeführt, gefolgt von den VDE-Normen, die noch nicht als EN anerkannt sind.

Europäische Normen (EN)
[EN1]   DIN EN 1127-1:1997-10
         Explosionsschutz, Teil 1: Grundlagen und Methodik
[EN2]   DIN EN 50083-1 (VDE 0855 Teil 1):1994-03
         Kabelverteilsysteme für Ton- und Fernsehrundfunk-Signale.
         Sicherheitsanforderungen. Deutsche Fassung EN 50083-1:1993
[EN3]   Beiblatt 1 zu DIN EN 50083-1 (VDE 0855):2002-01
         Kabelnetze für Fernsehsignale und internaktive Dienste
         Leitfaden für den Potentialausgleich in vernetzten Systemen

Normen und Richtlinien

[EN4] DIN EN 50083-1/A1 (VDE 0855 Teil 1/A1):1999-01
Kabelverteilsysteme für Fernseh-, Ton- und interaktive Multimedia-Signale
Sicherheitsanforderungen
[EN5] Vornorm DIN V ENV 50142 (VDE V 0843 Teil 5):1995-10
Störfestigkeits-Grundnorm. Störfestigkeit gegen Stoßspannungen.
Deutsche Fassung ENV 50142:1994
[EN6] DIN EN 50160:2000-03
Merkmale der Spannung in öffentlichen Elektrizitätsversorgungsnetzen.
Deutsche Fassung EN 50160:1999
[EN7] EN 50164-2 (VDE 0185 Teil 202):2003-05
Blitzschutzbauteile: Teil 2: Anforderungen an Leitungen und Erder;
Deutsche Fassung EN 50164-2:2002
[EN8] DIN EN 50164-1 (VDE 0185 Teil 201):2000-04
Blitzschutzbauteile: Teil 1: Anforderungen für Verbindungsbauteile
[EN9] DIN EN 50173-1:2003-06
Anwendungsneutrale Kommunikationsanlagen;
Teil 1: Allgemeine Anforderungen und Bürobereiche;
Deutsche Fassung EN 50173-1:2002 + Corrigendum Januar 2003
[EN10] DIN EN 50174-2 (VDE 0800 Teil 174-2):2001-09
Installation von Kommunikationsverkabelung; Teil 2: Installationsplanung und -praktiken in Gebäuden.
[EN11] DIN EN 50178 (VDE 0160):1998-04
Ausrüstung von Starkstromanlagen mit elektronischen Betriebsmitteln
[EN12] DIN EN 50310 (VDE 0800 Teil 2-310):2001-09
Anwendung von Maßnahmen für Potenzialausgleich und Erdung
in Gebäuden mit Einrichtungen der Informationstechnik
[EN13] DIN EN 60079-14 (VDE 0165) Teil 1:1998-08
Elektrische Betriebsmittel für gasexplosionsgefährdete Bereiche
[EN14] DIN EN 60099-5 (VDE 0675 Teil 5):2000-09
Überspannungsableiter. Anleitung für die Auswahl und die Anwendung
[EN15] Berichtigung zu DIN EN 60099-1 (VDE 0675 Teil 1):2000-08
[EN16] DIN EN 60099-1 (VDE 0675 Teil 1):2000-08
Überspannungsableiter. Überspannungsableiter mit nichtlinearen Widerständen für Wechselspannungsnetze. (IEC 60099-1:1991 + A1: 1999); Deutsche Fassung EN 60099-1:1994:1999
[EN17] DIN EN 60099-4 (VDE 0675 Teil 4):1994-05
Überspannungsableiter. Metalloxidableiter ohne Funkenstrecken für Wechselspannungsnetze. (IEC 60099-4:1991); Deutsche Fassung EN 60099-4:1993:1993
[EN18] DIN EN 60099-4/A1 (VDE 0675 Teil 4/A1):1999-04
Überspannungsableiter. Metalloxidableiter ohne Funkenstrecken für Wechselspannungsnetze. (IEC 60099-4/A1:1998 modifiziert); Deutsche Fassung EN 60099-4:1993/A1:1998

Normen und Richtlinien

[EN19] DIN EN 60099-4/A2 (VDE 0675 Teil 4/A2):2003-12
Überspannungsableiter. Teil 4: Metalloxidableiter ohne Funkenstrekken für Wechselspannungsnetze. (IEC 60099-4/A2 :2001 modifiziert);
Deutsche Fassung EN 60099-4 :1993/A2:2002

[EN20] DIN V EN V 61000-2-2 (VDE 0839 Teil 2-2 EMV):1994-04
Umgebungsbedingungen, Verträglichkeitspegel für NF-leitungsgeführte Störgrößen in öffentlichen Netzen

[EN21] DIN EN 61000 2-4 (VDE 0839 Teil 2-4 EMV):2003-05
Teil 2-4: Umgebungsbedingungen, Verträglichkeitspegel für NF-leitungsgeführte Störgrößen in Industrieanlagen (IEC 61000-2-4:2002)
Deutsche Fassung EN 61000-2-4:2002

[EN22] DIN EN 61000 2-12 (VDE 0839 Teil 2-12 EMV):2004-01
Elektromagnetische Verträglichkeit (EMV)
Teil 2-12 Umgebungsbedienungen – Verträglichkeitspegel für niederfrequente Störgrößen und Signalübertragung in öffentlichen Mittelspannungsnetzen.
(IEC 61000-2-12:2003) Deutsche Fassung EN 61000-2-12:2003

[EN23] DIN EN 61000 4-5 (VDE 0847 Teil 4-5 EMV):2001-12
Elektromagnetische Verträglichkeit (EMV). Prüf und Messverfahren
– Prüfung der Störfestigkeit gegen Stoßspannungen (IEC 61000-4-5:1995 + A1:2000); Deutsche Fassung EN 61000-4-5:1995 + A1:2001

[EN24] DIN EN 61000 4-9 (VDE 0847 Teil 4-9 EMV):2001-12
Elektromagnetische Verträglichkeit (EMV). Prüfung der Störfestigkeit gegen impulsförmige Magnetfelder. (IEC 61000-4-9:1993 + A1:2000);
Deutsche Fassung EN 61000-4-9:1993 + A1:2001

[EN25] DIN EN 61000 4-10 (VDE 0847 Teil 4-10 EMV):2001-12
Elektromagnetische Verträglichkeit (EMV). Prüf- und Messverfahren – Prüfung der Störfestigkeit gegen gedämpft schwingenden Magnetfelder. (IEC 61000-4-10:1993 + A1:2000); Deutsche Fassung EN 61000-4-10:1993 + A1:2001

[EN26] DIN EN 61000 4-30 (VDE 0847 Teil 4-30 EMV):2004-01
Elektromagnetische Verträglichkeit (EMV). Prüf- und Messverfahren zur Messung der Spannungsqualität (IEC 61000-4-30 2003) Deutsche Fassung EN 61000-4-30:2003

[EN27] DIN EN 61340-5-1 (VDE 0300 Teil 5-1):2002-01
Elektrostatik; Schutz von elektronischen Bauelementen gegen elektrostatische Phänomene – Allgemeine Anforderungen (IEC 61340-5-1: 1998 + Corr. 1999); Deutsche Fassung EN 61340-5-1:2001 + Corr. 2001

[EN28] DIN EN 61340-5-2 (VDE 0300 Teil 5-2):2002-01
Elektrostatik; Schutz von elektronischen Bauelementen gegen elektrostatische Phänomene – Benutzerhandbuch (IEC 61340-5-2:1999);
Deutsche Fassung EN 61340-5-2:2001 + Corr. 2001

[EN29] DIN EN 61557-4 (VDE 0413 Teil 4):1998-05
Geräte zum Prüfen, Messen oder Überwachen von Schutzmaßnahmen Widerstand von Erdungsleitern, Schutzleitern und Potentialausgleichsausgleichsleitern
(IEC 61557-4:1997); Deutsche Fassung EN 61557-4:1997

[EN30] DIN EN 61557-5 (VDE 0413 Teil 5):1998-05
Geräte zum Prüfen, Messen oder Überwachen von Schutzmaßnahmen
Erdungswiderstand
(IEC 61557-5:1997); Deutsche Fassung EN 61557-5:1997
[EN31] DIN EN 61643-11 (VDE 0675 Teil 6-11):1998-05
Überspannungsschutzgeräte für Überspannung – Überspannungsschutzgeräte für den Einsatz in Niederspannungsanlagen. Anforderungen und Prüfungen
(IEC 61643-1:1998 + Corrigendum 1998, modifiziert); Deutsche Fassung EN 61643-11:2002
[EN32] DIN EN 61663-1 (VDE 0845 Teil 4-1):2000-07
Blitzschutz – Telekommunikationsleitungen – Teil 1:
Lichtwellenleiteranlagen (IEC 61663-1:1999 + Corrigendum:1999), Deutsche Fassung EN 61663-1:1999

VDE-Normen
[N1] DIN VDE 0100-410 (VDE 0100 Teil 410):1997-01
Errichten von Starkstromanlagen mit Nennspannungen bis 1000 V
Schutzmaßnahmen; Schutz gegen elektrischen Schlag (IEC 60364-4-41:1992, mod.); Deutsche Fassung HD 384.4.41 S2:1996
[N2] DIN VDE 0100-430 (VDE 0100 Teil 430):1991-11
Errichten von Starkstromanlagen mit Nennspannungen bis 1000 V
Schutzmaßnahmen; Schutz von Kabeln und Leitungen bei Überstrom
[N3] E DIN VDE 0100-443 (VDE 0100 Teil 443 Entwurf):1987-04
Errichten von Starkstromanlagen mit Nennspannungen bis 1000 V
Schutzmaßnahmen; Schutz gegen Überspannungen infolge atmosphärischer Einflüsse; Identisch mit IEC 64(CO)168
[N4] E DIN VDE 0100-443/A1 (VDE 0100 Teil 443/A1 Entwurf):1988-02
Errichten von Starkstromanlagen mit Nennspannungen bis 1000 V
Schutzmaßnahmen; Schutz gegen Überspannungen infolge atmosphärischer Einflüsse; Änderung 1
Identisch mit IEC 64(CO)181
[N5] E DIN VDE 0100-443/A2 (VDE 0100 Teil 443/A3 Entwurf):1993-02
Errichten von Starkstromanlagen mit Nennspannungen bis 1000 V
Schutzmaßnahmen; Schutz gegen Überspannungen infolge atmosphärischer Einflüsse und infolge von Schaltvorgängen; Änderung 2
Identisch mit IEC 64(Sec)614 und IEC 64(Sec)607
[N6] E DIN IEC 64(Sec)675 (VDE 0100 Teil 443/A3 Entwurf):1993-10
Errichten von Starkstromanlagen mit Nennspannungen bis 1000 V
Schutzmaßnahmen; Schutz gegen Überspannungen infolge atmosphärischer Einflüsse und von Schaltvorgängen; Änderung 3 (IEC 64(Sec)675:1993)
[N7] E DIN IEC 64/907/CDV (VDE 0100 Teil 443/A4 Entwurf):1997-04
Elektrische Anlagen von Gebäuden
Schutzmaßnahmen; Schutz gegen Überspannungen infolge atmosphärischer Einflüsse und von Schaltvorgängen; Änderung 4;
(IEC 64/907/CDV.1996)

[N8] E DIN IEC 64/1004/CD (VDE 0100 Teil 443/A5 Entwurf):1998-07
Elektrische Anlagen von Gebäuden
Schutzmaßnahmen; Schutz gegen Überspannungen infolge atmosphärischer Einflüsse und von Schaltvorgängen; Änderung 5
[N9] DIN VDE 0100-444 (VDE 0100 Teil 444):199910
Elektrische Anlagen von Gebäuden
Schutzmaßnahmen – Schutz bei Überspannungen – Schutz gegen elektromagnetische Störungen (EMI) in Anlagen von Gebäuden
[N10] E DIN IEC 60364-4-44/A2 (VDE 0100 Teil 444 Entwurf):2003-4
Elektrische Anlagen von Gebäuden
Schutzmaßnahmen – Schutz bei Überspannungen – Schutz gegen elektromagnetische Störungen (EMI) in Anlagen von Gebäuden
[N11] Vornorm DIN V VDEV 0100-534 (VDE V 0100 Teil 534):1999-4
Elektrische Anlagen von Gebäuden
Auswahl und Errichtung von Betriebsmitteln – ÜberspannungsSchutzeinrichtungen
[N12] DIN VDE 0100-540 (VDE 0100 Teil 540):1991-11
Errichten von Starkstromanlagen mit Nennspannungen bis 1000 V
Auswahl und Errichtung elektrischer Betriebsmittel – Erdung, Schutzleiter, Potentialausgleichsleiter
[N13] DIN VDE 0100 Teil 610 (VDE 0100 Teil 610):2004-04
Errichten von Starkstromanlagen; Prüfungen – Erstprüfungen
(IEC 60364-6-61:1986 + A1;1993 + A2:1997, mod.) Deutsche Fassung HD 384.6.61 S2:2003
[N14] DIN VDE 0101 (VDE 0101):2000-01
Starkstromanlagen mit Nennwechselspannungen über 1 kV
[N15] DIN VDE 0110-1 (VDE 0110 Teil 1):1997-04
Isolationskoordination für elektrische Betriebsmittel in Niederspannungsanlagen Grundsätze, Anforderungen und Prüfungen (IEC 60664-1:1992, mod.) Deutsche Fassung HD 625.1 Sl:1996
[N16] Beiblatt 2 zu DIN VDE 0110-1 (VDE 0110 Teil 1):1997-04
Isolationskoordination für elektrische Betriebsmittel in Niederspannungsanlagen Berücksichtigung von hochfrequenten Spannungsbeanspruchungen
[N17] DIN VDE 0141 (VDE 0141):2000-01
Erdungen für spezielle Starkstromanlagen mit Nennspannungen über 1 kV
[N18] DIN 57150 (VDE 0150):1983-04
Schutz gegen Korrosion durch Streuströme aus Gleichstromanlagen
[N19] DIN VDE 0151 (VDE 0151):1986-06
Werkstoffe und Mindestmaße von Erdern bezüglich der Korrosion
[N20] DIN VDE 0165 (VDE 0165):1991-02
Errichten elektrischen Anlagen in explosionsgefährdeten Bereichen
[N21] Vornorm DIN V 0185-1 (VDE V 0185 Teil 1):2002-11
Blitzschutz Teil 1: Allgemeine Grundsätze
Berechtigung 1 zu DIN V VDE V 0185-2:2004-02

Normen und Richtlinien

[N22] Vornorm DIN V 0185-2 (VDE V 0185 Teil 2):2002-11
Blitzschutz Teil 2: Risiko-Management: Abschätzung des Schadenrisikos für bauliche Anlagen

[N23] Vornorm DIN V 0185-3 (VDE V 0185 Teil 3):2002-11
Blitzschutz Teil 3: Schutz von baulichen Anlagen und Personen

[N24] Vornorm DIN V 0185-4 (VDE V 0185 Teil 4):2002-11
Blitzschutz Teil 4: Elektrische und elektronische Systeme in baulichen Anlagen

[N25] DIN VDE 0228-1 (VDE 0228 Teil 1):1987-12
Maßnahmen bei Beeinflussung von Fernmeldeanlagen durch Starkstromanlagen
Allgemeine Grundlagen

[N26] DIN IEC 66060-1 (VDE 0432 Teil 1):1994-06
Hochspannungs-Prüftechnik
Allgemeine Festlegungen und Prüfbedingungen
(IEC 60060-1:1989 + Corrigendum März 1990) Deutsche Fassung HD 588.1 S1:1991

[N27] DIN VDE 0618-1 (VDE 0618 Teil 1):1989-08
Betriebsmittel für den Potentialausgleich
Potentialausgleichsschiene (PAS) für den Hauptpotentialausgleich

[N28] DIN VDE 0675-1 (VDE 0675 Teil 1):1994-12
Überspannungsableiter mit nichtlinearen Widerständen und Funkenstrecken für Wechselspannungsnetze.

[N29] E DIN VDE 0675-6 (VDE 0675 Teil 6):1989-11
Überspannungsableiter zur Verwendung in Wechselstromnetzen mit Nennspannungen zwischen 100 V und 1000 V

[N30] E DIN VDE 0675-6/A1 (VDE 0675 Teil 6/A1 Entwurf):1996-03
Überspannungsableiter zur Verwendung in Wechselstromnetzen mit Nennspannungen zwischen 100 V und 1000 V Änderung 1

[N31] E DIN VDE 0675 Teil 6/A2 (VDE 0675 Teil 6/A2 Entwurf):1996-10
Überspannungsableiter zur Verwendung in Wechselstromnetzen mit Nennspannungen zwischen 100 V und 1000 V Änderung 2

[N32] DIN VDE 0800-1 (VDE 0800 Teil 1):1989-05
Fernmeldetechnik
Allgemeine Begriffe, Anforderungen und Prüfungen für die Sicherheit der Anlagen und Geräte

[N33] DIN VDE 0800-2 (VDE 0800 Teil 2):1985-07
Fernmeldetechnik
Erdung und Potentialausgleich

[N34] DIN V VDE 0800-2-548 (VDE V 0800 Teil 2-548):1999-10
Elektrische Anlagen von Gebäuden. Teil 5: Auswahl und Errichtung elektrischer Betriebsmittel.
Hautabschnitt 548: Erdung und Potentialausgleich für Anlagen der Informationstechnik (IEC 60364-5-548:1996)

[N35] DIN VDE 0800-10 (VDE 0800 Teil 10):1991-03
Fernmeldetechnik
Übergangsfestlegungen für Errichtung und Betrieb der Anlagen

Normen und Richtlinien

[N36] DIN VDE 0845-1 (VDE 0845 Teil 1):1987-10
Schutz von Fernmeldeanlagen gegen Blitzeinwirkung, statische Aufladungen und Überspannungen aus Starkstromanlagen
Maßnahmen gegen Überspannungen
[N37] E DIN VDE 0845-2 (VDE 0845 Teil 2 Entwurf):1993-10
Schutz von Einrichtungen der Informationsverarbeitungs- und Telekommunikationstechnik gegen Blitzeinwirkungen, Entladung statischer Elektrizität und Überspannungen aus Starkstromanlagen Anforderungen und Prüfungen von Überspannungsschutzeinrichtungen
[N38] DIN 57855-2 (VDE 0855 Teil 2):1975-11
Bestimmungen für Antennenanlagen
Funktionseignung von Empfangsantennenanlagen
[N39] DIN VDE 0855-300 (VDE 0855 Teil 300):2002-7
Funksende-/-empfangssysteme für Senderausgangsleistungen bis
1 kW; Teil 300: Sicherheitsanforderungen

Weitere Normen und Richtlinien
[N40 DIN 48803:1985-03; DIN 48804:1985-03; DIN 48805:1989-08;
DIN 48806:1985-03; DIN 48810:2001-09; DIN 48811:1985-03;
DIN 48812:1985-03; DIN 48820:1967-01; DIN 48821:1985-03;
DIN 48827:1985-03; DIN 48828:1989-08; DIN 48829:1985-03;
DIN 48830:1985-03; DIN 48831:1985-03; DIN 48832:1985-03;
DIN 48839:1985-03; Alle DIN Normen über Blitzschutzmaterialteile,
Bericht eine Prüfung und Blitzschutzanlage Beschreibung
[N41] DIN 18014:1994-02 Fundamenterder; Beuth-Verlag Berlin
[N42] DIN 18015-1:2002-09 Elektrische Anlagen in Wohngebäuden;
Planungsgrundlagen, Beuth-Verlag, Berlin
[N43] DIN 18384
VOB Verdingungsordnung für Bauleistungen
Teil C: Allgemeine Technische Vertragsbedingungen für Bauleistungen
(ATV) – Blitzschutzanlagen
[N44] VG 95 372:1996-03
Elektromagnetische Verträglichkeit (EMV) einschließlich Schutz gegen
den Elektromagnetischen Impuls (EMP) und Blitz (Übersicht)
[N45] VG 95 371 Teil 10:1995-11
Elektromagnetische Verträglichkeit (EMV) einschließlich Schutz gegen
den Elektromagnetischen Impuls (EMP) und Blitz. Allgemeine Grundlagen, Bedrohungsdaten für den NEMP und Blitz. Beiblatt 1:1993-09,
Beiblatt 2:1993-08.
[N46] VG 96 907 Teil 1:1985-12
Konstruktionsmaßnahmen und Schutzeinrichtungen.
[N47] VG 96 9.
Schutz gegen Nuklear-Elektromagnetischen Impuls (NEMP) und Blitzschlag
[N48] DVGW GW 309:
Elektrische Überbrückung bei Rohrtrennungen.

[N49]   Arbeitsgemeinschaft DVGWNDE für Korrosionsfragen (AfK): AfK-Empfehlung Nr. 5/02.86, Kathodischer Korrosionsschutz in Verbindung mit explosionsgefährdeten Bereichen..

[N50]   KTA 2206/06.99: Auslegung von Kernkraftwerken gegen Blitzeinwirkung.

VDS-Richtlinie
[N51]   VdS 2010:2002-07 (01) Risikoorientierter Blitz- und Überspannungsschutz; Richtlinien zur Schadenverhütung

Notstromaggregat. Ist das Notstromaggregat gegen Überspannung zu schützen, so muss es in beiden Netzen mit → Überspannungsschutzgeräten (SPD) beschaltet werden. Das bedeutet, dass z.B. im → TN-S-System sowohl die Phasen vom allgemeinen Netz als auch die Phasen vom Notstromnetz eine SPD erhalten. Auch der → N-Leiter der beiden Netze ist mit einer SPD zu versehen. Damit sind 7 SPDs (wenn der N-Leiter nicht unterbrochen ist) bzw. 8 SPDs notwendig. Der Abluftkamin des Notstromaggregats auf dem Dach muss isoliert geschützt werden. Ist das nicht realisierbar, dann sind bei beiden Netzen SPDs der Klassen I und II einzubauen.

N-PE-Ableiter sind Blitz- und Überspannungsschutzgeräte, die ausschließlich für die Installation zwischen dem → N- und dem → PE-Leiter im → TT- oder → TN-S-System verwendet werden.

NT bedeutet Netzabschluss [network termination]

Nullleiter → PEN-Leiter

Nullung ist ein älterer Begriff, → TN-C-S-System.

Nutzungsänderung. Bei einer Nutzungsänderung der baulichen Anlage muss vom Architekten, vom Elektro- oder Blitzschutzplaner die neue → Schutzklasse des → Blitzschutzsystems nach DIN V ENV 61024-1 (VDE V 0185 Teil 100):1996-08 Anhang F [N30] berechnet werden.

O

Oberflächenerder ist ein → Erder, der in einer Tiefe von mindestens 0,5 m eingebracht ist. In Gebieten, wo die Erde in der Winterzeit gefroren ist, soll die Tiefe größer 0,5 m sein oder der Oberflächenerder ist mit dem → Tiefenerder zu kombinieren. Das Material für den Oberflächenerder muss der Vornorm DIN V 0185-3 (VDE V 0185 Teil 3):2002-11 [N23], Tabelle 8, → **Tabelle W2** entsprechen.

Die Oberflächenerder nach → RAL-GZ 642 [L14] dürfen nur aus Stahl NIRO V4A (Werkstoff-Nr. 1.4571) oder Kupfer bestehen.

Oberschwingungen sind sinusförmige Schwingungen, deren Frequenzen ein Vielfaches der Netzfrequenz betragen. Jeder Oberschwingung ist eine Ordnungszahl n (3., 5., 7., 9. usw.) zugeordnet. Sie gibt an, das Wievielfache der Netzfrequenz die Frequenz der jeweiligen Oberschwingung beträgt. Man nennt die Oberschwingungen auch Netzharmonische.

Die typischen Verursacher der Oberschwingungen sind moderne energiesparende Geräte, die in ihrer Stromversorgung keine linearen Komponenten enthalten. Das sind z. B.:
- Personalcomputer
- Bürogeräte
- Vorschaltgeräte von Leuchtstofflampen
- Gleichrichter
- Stromrichter
- Frequenzumrichter usw.

Mit den nicht sinusförmigen Strömen verursachen die Geräte an den Netzimpedanzen nicht sinusförmige Spannungsabfälle. Dort entstehen somit Oberwellenspannungen, die in der Computertechnik z. B. Abstürze verursachen können. Das Gleiche kann an CNC-gesteuerten Maschinen geschehen. Viele andere elektrische Einrichtungen können ebenfalls dadurch gestört oder zerstört werden. Durch die Resonanz der Stromoberwellen werden die Kondensatoren überlastet und möglicherweise zerstört.

Größere Probleme als die vorher genannten treten bei der Belastung der → N-Leiter (→ PEN-Leiter) mit nicht sinusförmigen Strömen auf, da in ihnen dann größere Ströme als in den einzelnen Phasen fließen. Die Ströme addieren sich nicht mehr zu Null, wie es bei idealen ohmschen, induktiven oder kapazitiven Lasten der Fall wäre, siehe auch **Bild N11**. Die Belastung der N-Leiter (PEN-Leiter) ist damit max. dreimal so groß wie die der Phasenleiter. Für → Planer und auch für Errichter von Elektroinstallationen ist es sehr wichtig, nicht die so genannten → Dreieinhalb-Leiter-Kabel und Vierleiter-Kabel vorzusehen oder zu installieren. Werden sie verwendet, treten nicht nur Probleme mit dem → TN-C-System (siehe Stichwort → TN-C-System) auf, sondern auch mit der thermischen Überlastung der Leiter. Der N-Leiter im Drei-Phasen-System ist mehr belastet als der Phasen-Leiter, wenn Verbraucher mit nicht linearen Lasten angeschlossen sind. Dadurch wird auch eine höhere Erwärmung verursacht und durch den Energieverlust können die N-Leiter-Klemmen, die für diese hohen Ströme nicht vorgesehen sind, verbrennen. In den USA werden bereits neue Netze von Drei-Phasen-Systemen mit einem N-Leiter doppelten Querschnitts verwendet.

Bild O1 zeigt Ströme von 15,7 A des PEN-Leiters, die mit dem Speicheroszilloskop registriert wurden. Diese Ströme verursachten Überspannungen auf dem PEN-Leiter in Höhe von 19 V. Die THD-Werte haben eine Höhe von 359 % erreicht.

Bild O2 zeigt die Verzerrung der Spannungssinuskurve bei einem Phasenleiter mit 145 A Strombelastung.

Die Störungsart durch Oberschwingungen ist mit Schaltüberspannungen vergleichbar und muss ebenfalls kontrolliert werden.

Oberschwingungen und die zugehörigen Schutzmaßnahmen. Wie schon unter dem Stichwort → Oberschwingungen beschrieben, können Oberschwingungen je nach Größe des → Oberwellen-Klirrfaktors DF Störungen bis Zerstörungen verursachen. Je nach Höhe der Oberschwingungen kann die Netzversorgung so „verunreinigt" werden, dass die Störungen auch in Richtung der Energiequelle wirken (→ Netzrückwirkungen) und damit die benachbarten Stromabnehmer beeinflussen.

Wenn die „Verunreinigung" durch Oberwellen, also die Gesamtleistung der nichtlinearen elektrischen Verbraucher, 20 % (Watt-Angabe) oder 40 % (VA-Angabe) der Bemessungsleistung des Stromversorgungssystems erreicht, müssen Schutzmaßnahmen getroffen werden. → Verträglichkeitspegel für Oberschwingungen.

Alle Schutzmaßnahmen gegen Oberschwingungen sind teilweise unter den im Folgenden genannten Stichwörtern beschrieben. Hier die wichtigsten Schutzmaßnahmen:
- → TN-S-System
- niederohmiges → Potentialausgleichsnetzwerk
- keine reduzierten Querschnitte für → N-Leiter
- keine → PEN-Leiter in der baulichen Anlage
- → Differenzstrom-Überwachungsgeräte RCM
- Filter und Kompensation
- verdrosselte Kompensation

Oberschwingungsspannungen entstehen durch den Spannungsabfall an den Netzimpedanzen, verursacht durch die im Netz fließenden Oberschwingungsströme.

Oberschwingungsströme entstehen durch eine nicht sinusförmige Stromabnahme der Geräte und Anlagen. Die Oberschwingungsströme werden dem Stromversorgungsnetz aufgezwungen.

Optokoppler

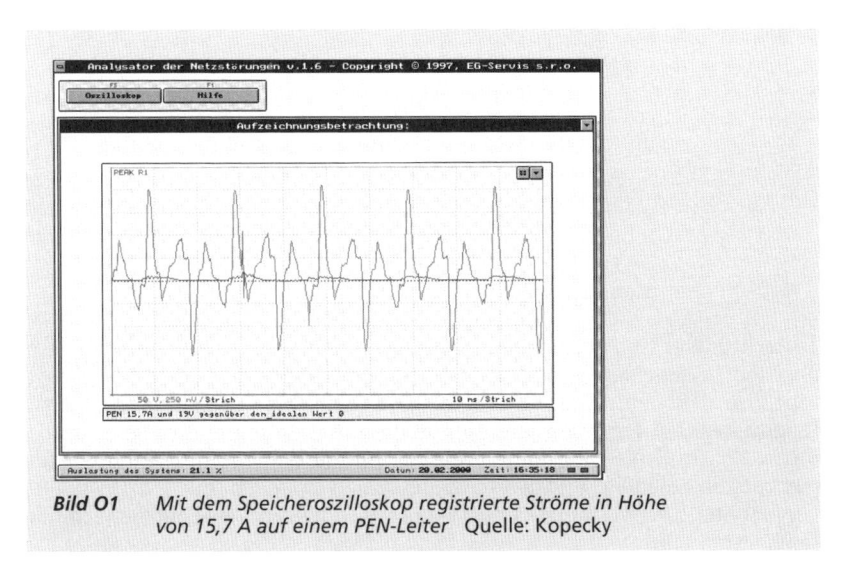

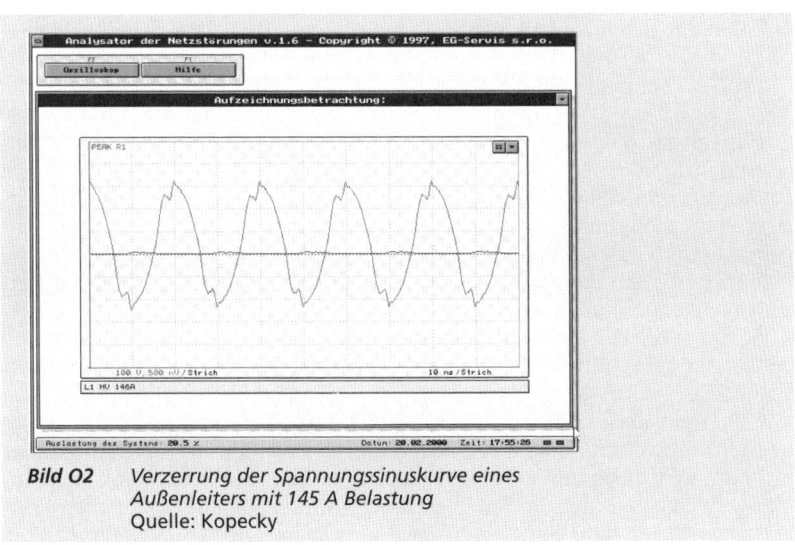

Bild O1 Mit dem Speicheroszilloskop registrierte Ströme in Höhe
von 15,7 A auf einem PEN-Leiter Quelle: Kopecky

Bild O2 Verzerrung der Spannungssinuskurve eines
Außenleiters mit 145 A Belastung
Quelle: Kopecky

Oberwellen-Klirrfaktor DF ist das Maß für den gesamten Gehalt an Oberwellen in Bezug auf den Effektivwert des Signals.

Optokoppler installiert man zur elektrischen Trennung der Schleifen, die durch Stromversorgungsleitungen und informationstechnische Kabel gebildet werden. Damit können wir die elektromagnetische Beeinflussung vermindern. Näheres auch unter dem Begriff → Netzsysteme.

P

PA → Potentialausgleich

Parkhäuser sind überwiegend falsch geschützt, weil die Fangpilze auf dem obersten Deck keinen Schutz für Personen und Wagen, die sich oberhalb der Fangpilze befinden, bieten. Die beste Lösung für das oberste Parkdeck sind Fangmasten, z. B. Fahnenmasten auf dem höchsten Parkdeck. Die Fangmasten müssen nach dem → Blitzkugelverfahren verteilt und mit dem → Ringleiter (sehr oft ein Geländer) und den → Ableitungen verbunden sein. Die → Außenlampen und Überwachungskameras müssen immer im → Schutzbereich der Fangmasten sein.

An den Zufahrten und Zugängen sollten auf dem obersten Parkdeck Hinweisschilder angebracht werden, die auf die Blitzgefahr bei Gewitter hinweisen.

PAS → Potentialausgleichsschiene

Pausengang ist ein überdachter Gang zwischen den Gebäuden, wie Schulgebäuden, Krankenhausgebäuden und ähnlichen baulichen Anlagen. Bei diesen Pausengängen – die oft keine Wände, sondern nur Stahlstützen haben – entsteht eine Gefahr durch → Schritt- und Berührungsspannung. Die Stahlstützen werden sehr oft als → Ableitungen für die oben installierte → Fangeinrichtung benutzt und gefährden damit die unterhalb des Pausenganges befindlichen Personen – häufig Schulkinder.

In einem solchen Fall ist die Isolierung der Stahlstützen nicht nur teuer und aufwändig, sie schützt auch nur gegen Berührungs- und nicht gegen Schrittspannung.

Beim Neubau von Pausengängen lässt sich die → Potentialsteuerung gut planen und durchführen. Bei einer nachträglichen Ausführung dagegen ist dies nicht immer realisierbar und eine Asphaltfläche als Isolierfläche kann nicht immer verwendet werden. Im Fall einer fachgerechten Planung sollten die → Ableitungen in der Nähe der Pausengänge im sicheren Abstand verlegt werden. Auf dem Pausengang wird der → Äußere Blitzschutz demontiert und der Pausengang selbst wird mit dem →Schutzbereich der benachbarten Gebäude geschützt. Diese Methode ist nicht immer realisierbar, wenn die benachbarten Gebäude klein oder der Pausengang lang ist. In diesem Fall hilft die Installation von zusätzlichen Masten mit → HVI®-Leitung oder andere Schutzmaßnahmen mit → PE-Material. Auf dem **Bild P1** ist ein nachträglich installierter Mast mit HVI®-Leitung dargestellt, der zusammen mit dem benachbarten Gebäude, entsprechend dem → Blitzkugelverfahren, einen ausreichenden Schutzbereich gewährleistet. Die HVI®-Leitung ist dann nicht nur bis zur Erdebene installiert, sondern bis ins Erdreich hinein, wo sie nach sicherem Abstand geerdet ist. Bei diesen Maßnahmen muss die HVI®-Leitung gegen mechanische Beschädigung und Feuchtigkeit geschützt werden. Nähere Informationen befinden sich auf der beiliegenden CD-ROM, Abschnitt „Bilder aus der Praxis".

Bild P1 Fangmast mit HVI®-Leitung auf dem Pausengang einer Schule. Mit dem Schutzbereich des benachbarten Gebäudes (im Rücken des Betrachters) und dem Fangmast entsteht ein Schutzbereich für den gesamten Pausengang. Weitere Bilder auf der CD-ROM.
Foto: Kopecky

PE [protective (earthing) conductor] Schutzleiter → PE-Leiter

PE-Material. In den Blitzschutz-Vornormen [N21 – N24] werden die entsprechenden k_m (Koeffizienten) nicht mehr für die Trennungsabstandsberechnung verwendet. In den zurückgezogenen Z DIN IEC 817122/CD (VDE 0185 Teil 10):1999-2, Tabelle 12, und Z DIN IEC 61024-1-2 (VDE 0185 Teil 102 Entwurf):1999-02, Abschnitt 8.2.2, waren zusätzlich folgende Koeffizientenwerte angegeben:
PVC-Material $k_m = 20$
PE-Material $k_m = 60$
Blitzschutzmaterial-Hersteller nutzen den Vorteil der Spannungsfestigkeit dieser Materialien und verwenden PE-Rohre als weitere Alternative für getrennte → Blitzschutzanlagen. Anders als bei der → HVI®-Leitung behandeln die PE-Rohr-Hersteller jedoch nicht die Oberfläche der Rohre, um → Gleitentladungen zu verhindern.

Bei Verwendung von PE-Platten mit ausreichender Spannungsfestigkeit und Größe sowie bei einer fachgerechten Installation kann keine Gleitentladung entstehen. Als Beispiel wäre zu nennen die Trennungsabstands-Vergrößerung mit solchen PE-Platten bei einem Kirchturm, bei dem die Wände „schmaler" als der Trennungsabstand sind. Die Elektrokabel werden auf den PE-Platten verlegt und damit ist der Abstand vergrößert.

Das PE-Material lässt sich nach den neuen Blitzschutzvornormen auch als Schutz gegen Berührungsspannung einsetzen, indem man die Ableitungen, aber auch z. B. leitfähige → Regenfallrohre, mit PE-Platten abdeckt.

PEC [parallel earthing conductor] paralleler Erdungsleiter → Erdungsleiter – paralleler.

PE-Leiter ist ein Schutzleiter, der für Schutzmaßnahmen erforderlich ist. Ist der PE-Leiter isoliert, muss er durchgehend grün-gelb gekennzeichnet sein. Der PE-Leiter muss am Gebäudeeintritt (LPZ 0/1) einer baulichen Anlage und bei allen weiteren → Blitzschutzzonen (LPZ) geerdet und in den → Potentialausgleich einbezogen werden.

PELV ist die internationale Bezeichnung für Funktionskleinspannung mit sicherer Trennung. PELV-Stromkreise müssen eine sichere Trennung zu → SELV-Stromkreisen haben.

PEN-Leiter ist ein kombinierter Leiter mit der Funktion eines Schutzleiters (PE) und eines Neutralleiters (N) [combined protective conductor and neutral conductor].
Nach DIN VDE 0100-540 (VDE 0100 Teil 540):1991-11 [N12], Abschnitt 8.2.3, dürfen nach der Aufteilung des PEN-Leiters in Neutral- und Schutzleiter beide nicht mehr miteinander verbunden werden.
Der → N-Leiter darf danach nicht mehr mit dem → Potentialausgleich oder der Erdungsanlage verbunden werden.
Nach DIN VDE 0100-510 (VDE 0100 Teil 510):1997-1, Abschnitt 514.3.2, müssen die PEN-Leiter, wenn sie isoliert sind, durchgehend in ihrem ganzen Verlauf grün-gelb sein und zusätzlich an den Leiterenden eine hellblaue Markierung aufweisen. An der hellblauen Markierung sollte man auch erkennen, ob es sich um einen PEN- oder → PE-Leiter handelt. Die Praxis zeigt aber, dass man sich durch Kontrolle überzeugen muss, um welches → TN-System es sich handelt, weil diese hellblaue Markierung sehr oft vergessen wird! Der PEN-Leiter muss am Gebäudeeintritt (→ LPZ 0/1) geerdet und in den → Blitzschutzpotentialausgleich einbezogen werden.
Für bauliche Anlagen mit Einrichtungen der → Telekommunikationstechnik, wie → Gefahrenmeldeanlagen, → Datenverarbeitungsanlagen usw., ist die Verwendung des PEN-Leiters ab dem Hauptverteiler des Gebäudes verboten. Weiteres unter dem Stichwort → Netzsysteme.

Photovoltaikanlagen (PV) auf Gebäuden ohne → Blitzschutzanlage erhöhen nicht die → Blitzschutzbedürftigkeit der baulichen Anlage und es muss keine → Blitzschutzanlage gebaut werden.
An baulichen Anlagen mit Blitzschutzanlage müssen die PV-Module dort geschützt werden, wo sich die Blitzschutzanlage befindet. Die → Fangeinrichtung darf keinen Schatten auf die PV-Module werfen. Die PV-Module, aber auch die Unterkonstruktion und die Kabel sollten den → Trennungsabstand s von der Blitzschutzanlage haben. Wenn dies nicht realisierbar ist, müssen die PV-Modul-Konstruktionen direkt an der Näherungsstelle mit der Blitzschutzanlage verbunden werden.
Bei der Verkabelung zwischen der PV-Anlage und der inneren baulichen Anlage benutzt man zur Entlastung der Gleichstromleitungen und der Über-

Potentialausgleich, Prüfung

spannungsschutzgeräte blitzstromtragfähige Schirme mit paralleler Verlegung einer zusätzlichen Potentialausgleichsleitung. Die Trasse der Verlegung muss so ausgewählt werden, dass keine gefährlichen Einkopplungen in andere ungeschützte Einrichtungen verursacht werden können. Der Wechselrichter, die DC-Freischaltstelle und der Generatoranschlusskasten sind – unabhängig ob die bauliche Anlage Blitzschutz hat oder nicht – mit Überspannungsschutzgeräten der Klasse II zu schützen.

Bei den neu entwickelten Photovoltaikanlagen, die direkt in die Dachbahnen eingeschweißt sind, muss die Fangeinrichtung einen ausreichenden Abstand haben, der größer als der Trennungsabstand s ist. Das kann man nur mit Fangeinrichtungen auf Isolierstützen realisieren. Der Schatten darf auch dort nicht auf die Photovoltaikanlage fallen. Das bedeutet, dass der Dachdecker, die Blitzschutzbaufirma und die Elektrofirma vorher genau die Verteilung der Photovoltaikbahnen planen müssen, damit das Maß der Fangmaschen nicht negativ beeinflusst wird.

Weitere Informationen sind der DIN IEC 64/1123/CD (DIN E VDE 0100 Teil 712):2000-08 zu entnehmen.

Planer von Blitzschutzsystemen ist kompetent und erfahren im Entwurf des → Blitzschutzsystems (LPS). Planer und → Errichter eines Blitzschutzsystems kann ein- und dieselbe Person sein.

Planungsprüfung → Prüfung der Planung

Potentialausgleich [equipotential bonding]. Nach der Norm wird zwischen → Blitzschutzpotentialausgleich, → Hauptpotentialausgleich und zusätzlichem Potentialausgleich unterschieden. Der Potentialausgleich für Badezimmer und ähnliche Räume ist in diesem Buch nicht behandelt.

Potentialausgleich; Prüfung. Nach Vornorm DIN V 0185-3 (VDE V 0185 Teil 3):2002-11 [N23] und DIN VDE 0100 Teil 610 (VDE 0100 Teil 610):2004-04 [N13] ist der Potentialausgleich durch Besichtigen, Erproben und → Messen zu überprüfen. Der Potentialausgleich muss zusätzlich in Gebäuden mit Fernmeldetechnik und → Datenverarbeitungsanlagen nach DIN VDE 0800-2 (VDE 0800 Teil 2):1985-07 [N33], DIN V VDE 0800-2-548 (VDE V 0800 Teil 2-548):1999-10 [N34] und DIN EN 50310 (VDE 0800 Teil 2-310):2001-09 [EN12] überprüft werden.

Bei der Sichtprüfung erfolgt die Kontrolle der Ausführung des Potentialausgleichs. Dabei werden nicht nur die Anschlüsse kontrolliert, sondern es wird auch festgestellt, ob es sich um einen → maschenförmigen oder → sternförmigen Potentialausgleich handelt und ob Querschnitt und Installationsart richtig gewählt wurden. Potentialausgleichsleitungen dürfen beispielsweise nicht zu lang sein, denn Potentialausgleichsleiter mit „Reserven" sind ein Mangel. Sie verursachen bei Überspannungsschutzgeräten erhöhte Schutzpegel und vielfach eine Zerstörung der zu schützenden Einrichtung.

Mit der Prüfung des Potentialausgleichs durch Messung muss die Durchgängigkeit der Verbindungen des → Hauptpotentialausgleichs bestätigt

Potentialausgleichsanlage – gemeinsame (CBN)

werden. In [N13] wird kein Richtwert für den maximalen Widerstand genannt. In [N23], HA 3, Abschnitt 4.3.1, ist der Richtwert < 1 Ω für den niederohmigen Durchgang festgelegt.

Bei der Messung der Durchgängigkeit der Verbindungen des zusätzlichen Potentialausgleichs als Ersatz für eine Schutzmaßnahme muss ein kleinerer als der maximal erlaubte Widerstand für die automatische Abschaltung der Schutzeinrichtung erreicht werden.

Der Ort des Potentialausgleichs und seine → Erdung sind ebenfalls wichtige Prüfaspekte. Wenn die Potentialausgleichsschiene sich beispielsweise nicht direkt an der → Blitzschutzzone (LPZ) befindet, so werden die zu ihr führenden Leitungen mit dem Stoßstrom belastet. Dies verursacht Einkopplungen in parallel installierte Leitungen.

Zwei Beispiele aus der Praxis:
Ein Betreiber eines Telekommunikationsgebäudes hatte über eine längere Zeit Überspannungsschäden zu verzeichnen. Eine der Ursachen war die falsche Installation der → Potentialausgleichsschienen im Gebäudeinneren ca. 10 m von der Außenwand entfernt. Alle eintretenden Rohrsysteme, Kabelschirme und anderen leitenden Einrichtungen waren am Gebäudeeintritt angeschlossen und 10 m weiter erst mit der Potentialausgleichsschiene verbunden. Das strombelastete Potentialausgleichskabel verursachte damit eine induktive Einkopplung in das parallel installierte, nicht mehr geschirmte Telekommunikationskabel. Erst nach einer veränderten Installation der Potentialausgleichsschienen in der Nähe der → Trennstellen an der Außenwand konnten die Überspannungsschäden reduziert werden.

Der gleiche Effekt tritt auf, wenn bei mehreren Gebäuden, die durch Rohrsysteme (Heizung oder andere) miteinander verbunden sind, nur in einem Gebäude der Potentialausgleich installiert ist, z. B. im Hauptanschlussraum, eventuell im Heizungsraum. In diesem Fall fließen die Ausgleichsströme aller Gebäude durch jedes einzelne Gebäude und beeinflussen im Fall eines Blitzschlags die parallel installierten Einrichtungen.

Potentialausgleichsanlage – gemeinsame (CBN) [common bonding network]. Die Abkürzung CBN bedeutet eine Gesamtheit aller Metallteile, die absichtlich oder nicht absichtlich miteinander verbunden sind und den Potentialausgleich der baulichen Anlage bilden.

Potentialausgleichsanlage – getrennte (IBN) [isolated bonding network] ist eine getrennte Potentialausgleichsanlage mit einem einzigen Verbindungspunkt (EVP) zu anderen Potentialausgleichsanlagen, ob getrennte oder nicht getrennte.

Potentialausgleichsanlage – vermaschte (MESH-BN) [meshed bonding network] → vermaschte Potentialausgleichsanlage.

Potentialausgleichsanlage (BN) [bonding network] bedeutet miteinander verbundene leitfähige Konstruktionen und Einrichtungen einer baulichen Anlage, wie unter dem Stichwort → Potentialausgleichsnetzwerk beschrieben.

Potentialausgleichsleiter [equipotential bonding conductor] ist ein Leiter zum Sicherstellen des Potentialausgleiches.

Potentialausgleichsleiter-Querschnitte sind von der Potentialausgleichsart abhängig. Man unterscheidet → Hauptpotentialausgleich, → Blitzschutzpotentialausgleich, Potentialausgleich an den Grenzen von → Blitzschutzzonen, → Potentialausgleich für die Fernmeldetechnik und → Datenverarbeitungsanlagen oder andere → Potentialausgleichsnetzwerke.

Nach DIN VDE 0100-540 (VDE 0100 Teil 540):1991-11 [N12], Abschnitt 9, müssen die Querschnitte für Leiter des Hauptpotentialausgleichs mindestens die Hälfte des Querschnittes des größten → Schutzleiters der überprüften Anlage haben. Der Querschnitt darf nicht kleiner als 6 mm^2 und muss nicht größer als 25 mm^2 sein. Das gilt für Kupfer oder andere Materialien mit gleicher Strombelastbarkeit.

Der größte Schutzleiter einer Anlage ist in der Regel der von der Stromquelle oder der vom Hausanschlusskasten kommende oder der vom Hauptverteiler abgehende Schutzleiter. Der → Prüfer weiß oder er muss wissen, wenn sich im Elektrohauptverteiler eine Vorsicherung von z. B. 250 A befindet, dann muss der abgehende Schutzleiter mindestens 50 mm^2 Querschnitt haben und der Hauptpotentialausgleich muss 25 mm^2 Querschnitt aufweisen. Trotzdem findet man in solchen Anlagen den Hauptpotentialausgleich oft nur mit 16 mm^2 durchgeführt, was nicht richtig ist.

In der Vornorm DIN V 0185-3 (VDE V 0185 Teil 3):2002-11 [N23], HA 1, Tabelle 9 gilt schon ein anderes Maß. Hier werden die Mindestforderungen für die Blitzschutz-Potentialausgleichsleitungen, die die Potentialausgleichsschienen miteinander oder mit der Erdungsanlage verbinden, mit 16 mm^2 Kupfer, 25 mm^2 Aluminium und 50 mm^2 Stahl festgelegt. In einer weiteren Tabelle 10 der Vornorm [N23] sind die Mindestabmessungen von Leitern, die innere metallene Installationen mit der Potentialausgleichsschiene verbinden, festgelegt und zwar 6 mm^2 Kupfer, 10 mm^2 Aluminium und 16 mm^2 Stahl.

Viele Blitzschutzbaufirmen benutzen bei der Ausführung des Blitzschutzpotentialausgleichs bereits Aluminium als Draht. Die Verlegung erfolgt schneller als mit einem Elektrokabel und der Querschnitt ist immer richtig – 50 mm^2 Al (**Bild P2**). Zu beachten ist jedoch, dass die Schutzleiter-Anschlüsse (PE oder PEN) mit Elektrokabeln durchgeführt werden.

Die Potentialausgleichsmaßnahmen in den Anlagen der Fernmeldetechnik und → Datenverarbeitungsanlagen müssen nach DIN EN 50310 (VDE 0800 Teil 2-310):2001-09 [EN12] und DIN V VDE 0800-2-548 (VDE V 0800 Teil 2-548):1999-10 [N34] ausgeführt werden. Sie sind in dem folgenden Stichwort → Potentialausgleichsnetzwerk beschrieben.

Potentialausgleichsnetzwerk. Der Potentialausgleich ist eine der wichtigsten Maßnahmen bezüglich → EMV, Blitz- und Überspannungsschutz. In

Potentialausgleichsnetzwerk

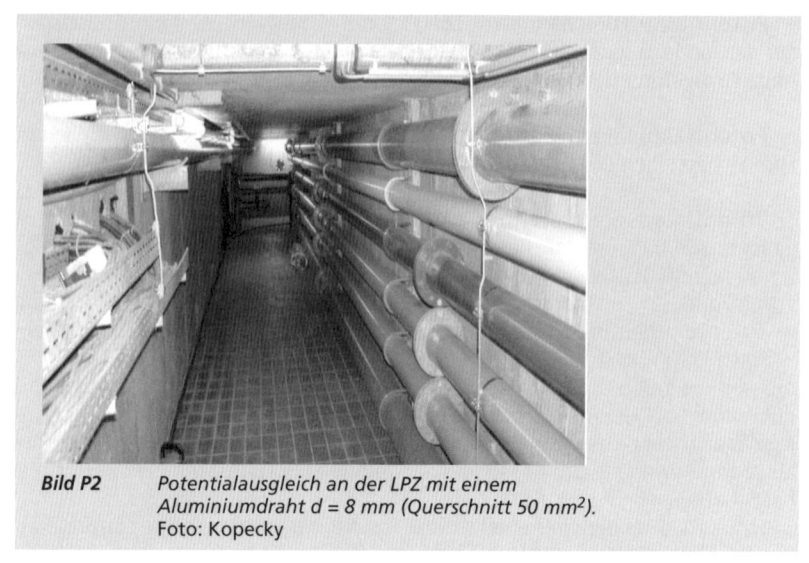

Bild P2 *Potentialausgleich an der LPZ mit einem Aluminiumdraht d = 8 mm (Querschnitt 50 mm²).*
Foto: Kopecky

DIN VDE 0800-2 (VDE 0800 Teil 2):1985-07 [N52], von Abschnitt 15 aufwärts, wurden bereits 1985 die Unterschiede zwischen → sternförmigem (S) und → maschenförmigem (M) Potentialausgleich beschrieben. Diese Norm ist zwar für die Fernmeldetechnik gedacht, aber sie gilt eigentlich – wie schon unter dem Stichwort → Datenverarbeitungsanlage beschrieben – für alle elektrotechnischen Einrichtungen. Sie wurde hier im Buch absichtlich zitiert, weil schon damals ältere Einrichtungen, die durch → Überspannungen beschädigt wurden und deren Ursache eine falsche Potentialausgleichsausführung war, nach dieser Norm hätten richtig geschützt werden können. Die später erschienenen DIN EN 50310 (VDE 0800 Teil 2-310):2001-09 [EN12] und DIN V VDE 0800-2-548 (VDE V 0800 Teil 2-548):1999-10 [N34] erlauben jetzt nur den maschenförmigen Potentialausgleich.

Vorteile und Nachteile der Potentialausgleichssysteme:
Bei einem sternförmigen Potentialausgleich (**Bild P3**) mit einem gemeinsamen Erdungssystem müssen alle Einrichtungen, die an das Potentialausgleichssystem angeschlossen sind, gegenseitig isoliert werden (ausgenommen der Erdungspunkt). Ein sternförmiger Potentialausgleich hat nur einen zentralen Potentialausgleichspunkt und aus diesem Grund müssen alle in dem zu schützenden Raum (Anlage) installierten Kabel nur an diesem zentralen Punkt eintreten. Die Potentialausgleichsleitungen müssen die gleiche Verlegungsstrasse wie die anderen Kabel haben und die Endeinrichtungen dürfen nicht mit anderen Endeinrichtungen dieses sternförmigen Systems über andere leitfähige Kabel verbunden werden.

Erklärung: Wenn an zwei oder mehreren Einrichtungen, die an einen sternförmigen Potentialausgleich (oder auch sternförmige → Erdungsanlage) angeschlossen sind, Datenverarbeitungskabel oder andere Signalaustauschkabel,

Potentialausgleichsnetzwerk

Bild P3 *Sternförmiger Potentialausgleich*
Quelle: Kopecky

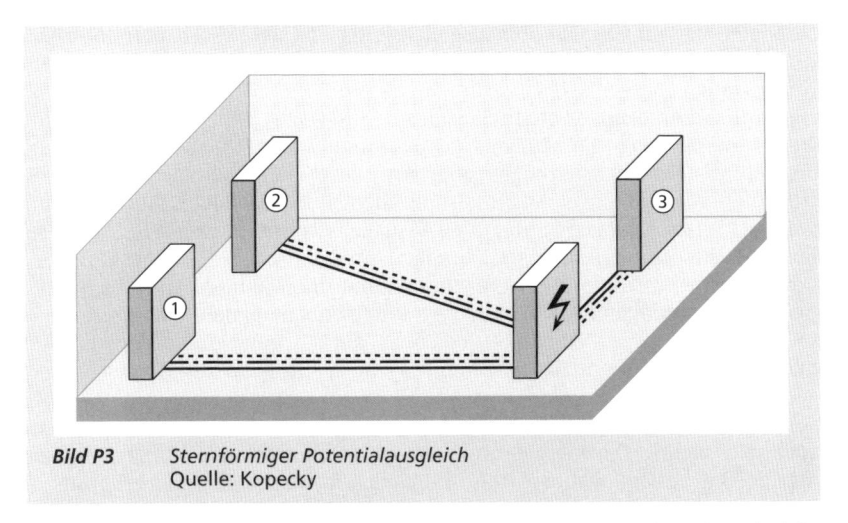

wie in **Bild P3** dargestellt, angebracht werden, entsteht zwischen den Einrichtungen eine Induktionsschleife oder es können durch das Kabel Ausgleichsströme fließen, die die angeschlossenen Einrichtungen beschädigen.

Um das zu verhindern, dürfen Datenverarbeitungskabel oder andere Signalaustauschkabel an eines dieser Geräte (Einrichtungen) nur über Optokoppler, Glasfaserkabel oder andere potentialtrennende Einrichtungen angeschlossen werden. Ist das nicht der Fall, ist eine Störung oder auch Zerstörung vorprogrammiert.

Der Grad der Vernetzung elektronischer Einrichtungen steigt nicht nur Jahr für Jahr, sondern man kann sagen, sogar Tag für Tag. Heute installiert z. B. ein Handwerker alles nach dem sternförmigen System, doch am nächsten Tag kommt eventuell schon ein anderer Handwerker ohne EMV-Kenntnis und „vernetzt" die zwei noch „gestern" voll isolierten Einrichtungen. Bei einer Störung im Gebäude, die z. B. durch einen Kurzschluss, eine → Sternpunktverschiebung, → Netzrückwirkungen oder → Überspannungen ausgelöst wird, werden die nicht mehr richtig installierten Einrichtungen zerstört.

Wenn zwischen den Einrichtungen 1, 2, und 3 jedoch, wie auf dem **Bild P3** zu sehen, zusätzlich Potentialausgleichsverbindungen installiert werden, dann können keine oder nur minimale Ausgleichsströme über das Datenverarbeitungskabel oder andere Signalaustauschkabel fließen.

Durch die Verbindungen zwischen den Einrichtungen 1, 2 und 3 wird der maschenförmige Potentialausgleich hergestellt. Das bedeutet, ein ideales Potentialausgleichsnetzwerk ist nur gegeben, wenn alle Einrichtungen, die zusammen über unterschiedliche Kabel verbunden sind, auch durch Potentialausgleichsleitungen verbunden werden. Dies entspricht den → anerkannten Regeln der Technik.

Nach DIN VDE 0100-444 (VDE 0100 Teil 444): 1999-10 [N9], Abschnitt 444.3.10, ist die Potentialausgleichsverbindung zwischen zwei zusammen gehörenden Betriebsmitteln so kurz wie möglich auszuführen. Durch den

Potentialausgleichsschiene (PAS)

parallelen Verlauf von Potentialausgleichsleiter und der geschirmten Informationsleitung zwischen zwei Betriebsmitteln wird der → Schirm der Informationsleitung von → Ausgleichsströmen entlastet.

Der maschenförmige Potentialausgleich (**Bild P4**) ist impedanzärmer als der sternförmige. Durch die häufigeren Querverbindungen (Kurzschlussschleifen) der Potentialausgleichsleitungen, aber auch durch → Kabelschirme und örtliche Potentialausgleichsmaßnahmen mit allen stromleitfähigen Einrichtungen werden die ohmschen und induktiven Ausgleichsströme auf mehrere Pfade verteilt und die Querverbindungen wirken als magnetische Reduktionsschleifen. Damit werden nicht nur die → magnetischen Felder, sondern auch die Induktions- → kopplungen in allen anderen leitfähigen Kabeln deutlich reduziert.

Der sternförmige Potentialausgleich ist nur an einer Stelle geerdet, der maschenförmige Potentialausgleich muss jedoch an allen realisierbaren Stellen geerdet werden.

Die → Verkabelung und Leitungsführung in der zu schützenden Anlage sind auch sehr wichtig. Die energie- und nachrichtentechnischen Leitungen müssen die gleiche Verlegungstrasse wie die anderen Potentialausgleichsleitungen haben, sonst entstehen Induktionsschleifen (→ **Bild K7** und **P5**), die dann Störungen bis Zerstörungen verursachen.

Mit der Herausgabe von [EN10, EN12, N24 und N34] erhielt der maschenförmige Potentialausgleich eine noch größere Bedeutung und wurde weiter spezifiziert. In der DIN EN 50174-2 (VDE 0800 Teil 174-2):2001-09 [EN10], Abschnitt 6.7.2 Entwurfsleitlinien, ist beschrieben, dass die Induzierung eines stoßförmigen Magnetfeldes in den Erdungsschleifen eine der größten Gefahren darstellt. Das Stoßfeld verläuft im wesentlichen horizontal und induziert die ungünstigsten Streuspannungen in vertikalen Schleifen. Aus diesem Grund liegt die bevorzugte Maschengröße für einen vertikalen Potentialausgleich bei etwa 3 m bis 4 m, hauptsächlich in Bereichen mit einer hohen Konzentration an elektronischen Einrichtungen. Diese Entwurfsleitlinie ist mit dem Potentialausgleichsnetzwerk aus der [N34], Bild 10, hier **Bild P6**, vergleichbar. Man kann von einem 3D-Potentialausgleichsnetzwerk sprechen.

Sehr wichtig ist auch der Text aus der Norm [EN10], Abschnitt 6.7., über Erdung und Potentialausgleich. Im Abschnitt 6.7.1 steht geschrieben: *„Liegen die Erdungssysteme jedoch nicht auf gleichem Potential, beispielsweise dann, wenn sie sternförmig mit dem Erdungsanschluss verbunden worden sind, fließen überall hochfrequente Streuströme, d.h. auch auf den Signalleitungen. Die Geräte können gestört und sogar zerstört werden"*. Dieses Zitat der Norm gibt den Hinweis auf eine alternative Gefahr und keine elektronische Einrichtung darf ohne die in diesem Buch beschriebenen Maßnahmen installiert werden.

Potentialausgleichsschiene (PAS) ist eine Schiene, an der die Potentialausgleichsleiter miteinander verbunden werden und auch metallene Installationen, äußere leitende Teile sowie Leitungen der Energie- und Informationstechnik und andere Kabel und Leitungen mit dem → Blitzschutzsystem verbunden werden können.

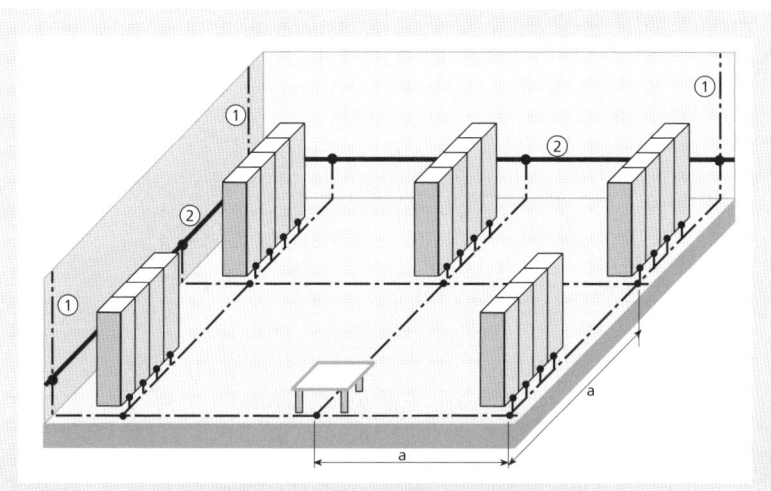

Potentialausgleichsschiene (PAS)

Bild P4 Maschenförmiger Potentialausgleich in einem EDV-Raum.
1 Potentialausgleichsleitungen für abgehängte Decken und Einrichtungen oberhalb der Decken.
2 Erdungssammelleiter: Das kann ein Erdleiter in der Wand sein oder auch eine Potentialausgleichsleitung außerhalb, besser ist jedoch ein Fundamenterder unterhalb des Doppelbodens.
Quelle: Kopecky

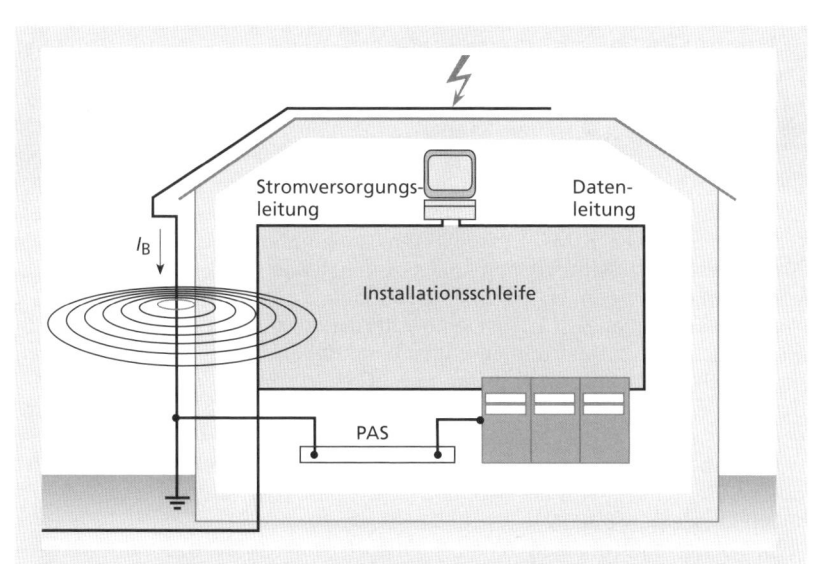

Bild P5 Entstehung von Induktionsschleifen, da Kabel und Leitungen nicht in gleicher Trasse verlegt sind.
Quelle: Phoenix Contact

Potentialsteuerung

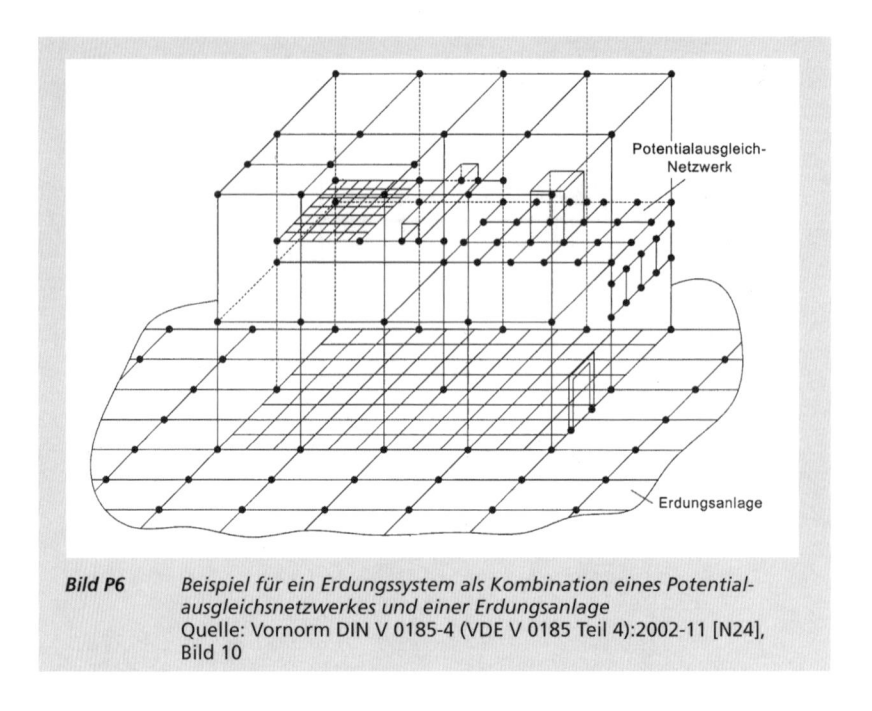

Bild P6   Beispiel für ein Erdungssystem als Kombination eines Potential-
ausgleichsnetzwerkes und einer Erdungsanlage
Quelle: Vornorm DIN V 0185-4 (VDE V 0185 Teil 4):2002-11 [N24],
Bild 10

Potentialsteuerung ist eine Maßnahme gegen die → Schrittspannung. Die Potentialsteuerung kann mit Erdungsbändern durchgeführt werden und darf zusätzlich mit Baustahlmatten verbessert werden, vorausgesetzt, dass diese untereinander verschweißt oder verklemmt sind.

Bei der Potentialsteuerung der Bereiche, die mit Schrittspannung bei einem Blitzschlag gefährdet sind, installiert man zum → Erdungsband der → Erdungsanlage des → Blitzschutzsystems zusätzlich parallele → Erder, Steuererder genannt. Die parallel installierten Steuererder haben mit steigendem Abstand von der zu schützenden Anlage zunehmende Tiefe und sind über Querverbindungen mit dem ersten Erder verbunden.

In dem Blitzplaner [L20] ist eine Alternative der Potentialsteuerung für → Tiefenerder mit isoliertem Anschluss beschrieben. Die Steilheit des → Spannungstrichters in Erdernähe kann wesentlich verringert werden, wenn das obere Erderende nicht nur bis zur Erdoberfläche, sondern ein Stück tiefer eingetrieben wird. Die Anschlussleitung dieses Erders an die zu erdende Anlage wird dann mit einem isolierten Kabel ausgeführt. Mit zunehmender Tiefe des oberen Erderendes wird der Spannungstrichter flacher und somit die Schrittspannung kleiner (**Bild P7**).

Blitzschutzbaufirmen erreichen einen noch besseren Schutz für diese Potentialsteuerung dadurch, dass sie über den Tiefenerder ein PE-Rohr → PE-Material) schieben (Bilder auf der CD-ROM).

Potentialausgleichsbänder

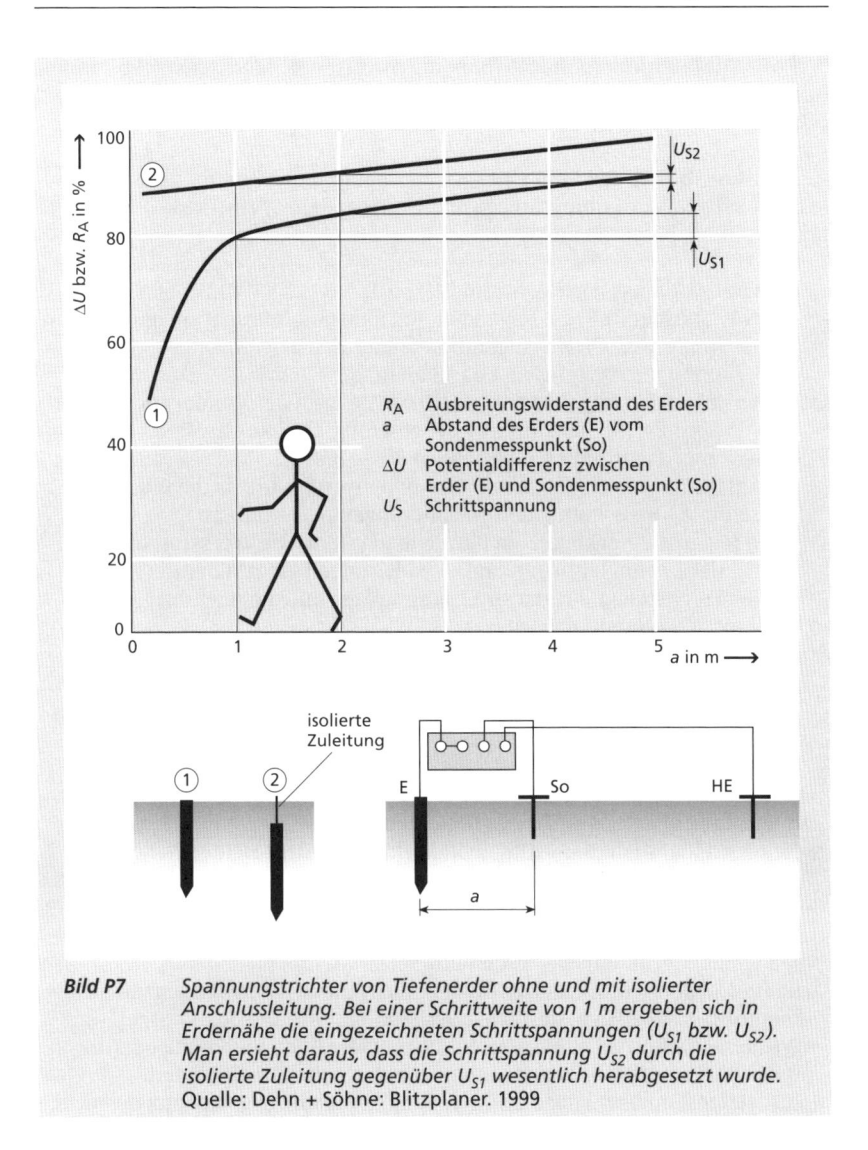

Bild P7 Spannungstrichter von Tiefenerder ohne und mit isolierter Anschlussleitung. Bei einer Schrittweite von 1 m ergeben sich in Erdernähe die eingezeichneten Schrittspannungen (U_{S1} bzw. U_{S2}). Man ersieht daraus, dass die Schrittspannung U_{S2} durch die isolierte Zuleitung gegenüber U_{S1} wesentlich herabgesetzt wurde.
Quelle: Dehn + Söhne: Blitzplaner. 1999

Potentialausgleichsbänder sollten bei hochfrequenten Verbindungen benutzt werden, weil ihre Metallstreifen oder Geflechtstreifen wegen des Skineffekts in diesem Fall besser geeignet sind. Ein runder Leiter hat bei hohen Frequenzen eine größere Impedanz als ein flacher Leiter mit dem gleichen Materialquerschnitt. Nach DIN EN 50174-2 (VDE 0800 Teil 174-2):2001-09 [EN10], Abschnitt 6.7.3.3, ist das Verhältnis Länge-Breite 5:1 spezifiziert und sollte so weit wie möglich eingehalten werden.

Potentialausgleichsmatte

Potentialausgleichsmatte [bonding mat] ist eine Maschenstruktur unter- oder oberhalb einer Gruppe von Betriebsmitteln zur Erstellung einer → Systembezugspotentialebene (SRPP).

Probegrabung. Der Sinn einer Stichprobengrabung besteht in der Kontrolle der Korrosion der Erdungsanlage und ist unter dem Stichwort → Erdungsanlage – Prüfung beschrieben.

Prüfbericht muss nach Vornorm DIN V 0185-3 (VDE V 0185 Teil 3):2002-11 [N23], HA 3, Abschnitt 5, die folgenden Angaben und Informationen enthalten:
- Name, Straße, PLZ, Ort des Eigentümers und des Errichters des → Blitzschutzsystems und das Baujahr.
- Weiter folgen die Angaben zur baulichen Anlage, wie: Standort des Gebäudes mit kompletter Anschrift, Art der Nutzung, Dachkonstruktion, Dacheindeckung, Bauart und hauptsächlich die →Blitzschutzklasse, auch wenn die Anlage noch nach der „alten" Norm überprüft wird, da die Blitzschutzklasse für die Berechnung der → Näherungen notwendig ist.
- Dann folgen die Angaben zum Blitzschutzsystem, wie Werkstoff und Querschnitt der → Fangleitungen und → Ableitungen, Anzahl der Ableitungen und → Trennstellen, Art der → Erdungsanlage und die Ausführung des → Blitzschutzpotentialausgleichs.
- Als Grundlagen der → Prüfung müssen die Beschreibungen und Zeichnungen des Blitzschutzsystems und die Informationen über Blitzschutznormen, Blitzschutzbestimmungen und weitere Prüfgrundlagen zum Zeitpunkt der Errichtung herangezogen werden.
- In dem Prüfbericht muss die Art der Prüfung, z. B. Prüfung der Planung, Wiederholungsprüfung, baubegleitende Prüfung, Zusatzprüfung, Abnahmeprüfung oder Sichtprüfung angegeben werden.
- Natürlich darf nicht das Prüfergebnis fehlen, wenn es sich um einen Prüfbericht handelt. Die festgestellten Änderungen der baulichen Anlage und des Blitzschutzsystems, z. B. die Abweichungen von Normen, Vorschriften und Anwendungsrichtlinien zum Zeitpunkt der Errichtung, müssen in der Mängelübersicht aufgelistet werden.
In dem Prüfbericht werden außerdem die Messwerte an den einzelnen Trennstellen inklusive Angabe des Messverfahrens und des Messgerätetyps festgehalten. Der → Gesamterdungswiderstand wird ohne oder mit Blitzschutzpotentialausgleich in den Prüfbericht eingetragen.
- Als letzter Punkt sind der Name des Prüfers und die Organisation des Prüfers einzutragen. Der Name der Begleitperson, die Anzahl der Berichtseiten, das Datum der Prüfung und die Unterschrift des Prüfers dürfen natürlich auch nicht fehlen.
Eine Empfehlung ist, den Auftraggeber darüber zu informieren, wann der Zeitpunkt der nächsten Sichtprüfung und vollständigen Prüfung nach [N23] ist, auch wenn die [N23], HA 3, Abschnitt 1, dies nicht aussagt.
Die Prüfberichte sollen von der Verwaltungsstelle für den Eigentümer aufbewahrt werden.

Prüfer → Blitzschutzfachkraft

Prüffristen → Zeitabstände zwischen den Wiederholungsprüfungen

Prüfklasse der SPD → **Tabelle Ü1** unter dem Stichwort → Überspannungsschutz-Schutzeinrichtungen.

Prüfturnus für Wiederholungsprüfungen → Zeitabstände zwischen den Wiederholungsprüfungen

Prüfung der Elektroinstallation. In diesem Buch sind unter dem Begriff Prüfbericht Informationen zur Überprüfung der Blitzschutzanlage, aber nicht der Elektroinstallation enthalten. Die Beschreibung der Prüfung der Elektroinstallation könnte ein weiteres Buch ergeben und aus diesem Grund sind nur jene Kontrollen hier erwähnt, die einen direkten Zusammenhang mit der EMV haben.

- In erster Linie muss das → Netzsystem kontrolliert werden. Handelt es sich um ein → TN-S-System, und wenn nicht, sind zusätzliche Maßnahmen für die Unterbrechung der → Induktionsschleifen durchgeführt?
- Weiter muss überprüft werden, ob in der baulichen Anlage ein dreidimensionales → Potentialausgleichsnetzwerk installiert ist und die Kabel- und Leitungen keine Induktionsschleifen verursachen.
- Sind die Kabelschirme mindestens beidseitig geerdet?
- Wie sind die nichtlinearen Lasten angeschlossen und liegen die Netzrückwirkungen in der erlaubten Toleranz?
- Ist der N-Leiter gemeinsam mit dem Außenleiter geführt (→ Sammelschienen) und
- weitere Kontrollen, welche in der → Checkliste ausgeführt sind.

Prüfung der Planung. Nach Vornorm DIN V 0185-3 (VDE V 0185 Teil 3):2002-11 [N23], HA 3, Abschnitt 3.1, muss die Planung des gesamten Blitzschutzsystems inklusive der vorgesehenen Materialien und Produkte nach den geltenden Normen und Vorschriften überprüft werden. Diese Prüfung ist noch vor Baubeginn der Blitzschutzmaßnahmen durchzuführen.

Prüfung der technischen Unterlagen. Der → Prüfer muss die technischen Unterlagen nach Vornorm DIN V 0185-3 (VDE V 0185 Teil 3):2002-11 [N23], HA 3, Abschnitt 4.1, auf Vollständigkeit und Übereinstimmung mit den Normen überprüfen.

Prüfungsleitfaden → Checkliste

Prüfungsmaßnahmen nach DIN V 0185-3 (VDE V 0185 Teil 3):2002-11 [N23], HA 3, Abschnitt 1, umfassen die Prüfung der technischen Unterlagen, das Besichtigen und das Messen der Blitzschutzanlage.

Prüfungsmaßnahmen – Besichtigen

- Bei den Prüfungsmaßnahmen durch Besichtigen nach DIN V 0185-3 (VDE V 0185 Teil 3):2002-11 [N23], HA 3, Abschnitt 4.2, muss das Gesamtsystem mit den technischen Unterlagen verglichen werden. Die Unterschiede und Abweichungen müssen in dem Prüfprotokoll markiert werden.
- Der Schwerpunkt der Besichtigung ist die Kontrolle, ob alle Teile des äußeren und inneren Blitzschutzes in einem ordnungsgemäßen Zustand, z. B. ohne lose Klemmen oder Unterbrechungen, sind und ob alle Teile dauerhaft installiert und funktionstüchtig sind.
- Des Weiteren werden die Elemente kontrolliert, die korrodieren können, besonders in Höhe der Erdoberfläche. Bei den sichtbaren Erdungsanschlüssen wird ebenfalls festgestellt, ob diese in Ordnung sind. Das Ausmaß der → Korrosionswirkungen der Erdungsanlagen und die Beschaffenheit der Erdleitungen, die älter als 10 Jahre sind, können nur durch punktuelle Freilegungen beurteilt werden.
- Eine zusätzliche Kontrolle geschieht bei baulichen Änderungen der Anlage. Es muss festgestellt werden, ob die Änderungen geschützt sind bzw. geschützt werden müssen.
- Innerhalb der Gebäude muss bei der → inneren Blitzschutzanlage festgestellt werden, ob die in energie- und informationstechnische Netze eingebauten Blitzstrom- und Überspannungsschutzgeräte nicht beschädigt sind oder ausgelöst haben, aber auch, ob sie richtig eingebaut wurden. Der richtige Einbau ist unter den Stichworten → Überspannungsschutz und Praxis beschrieben. Man muss bei dieser Kontrolle auch daran denken zu prüfen, ob die vorgeschalteten Vorsicherungen nicht unterbrochen sind.
- Wurden zwischen den Prüfterminen neue Versorgungsanschlüsse installiert, ist zu kontrollieren, ob diese auch in den Potentialausgleich einbezogen wurden oder ob sie mit Blitz- und Überspannungsschutzgeräten geschützt sind. Ist das Ergebnis negativ, muss dies in den Prüfbericht eintragen werden.
- Potentialausgleichsmaßnahmen müssen nicht nur im Keller kontrolliert werden, sondern auch in höheren Ebenen, wenn diese dort vorhanden sind oder dort Installationen vorgenommen werden sollen.
- Bei der Kontrolle der → Näherungen muss man prüfen, ob die Abstände größer als die ausgerechneten → Trennungsabstände sind oder ob die erforderlichen Maßnahmen zur Beseitigung der Näherungen richtig durchgeführt wurden.

Pylon. Pylone von Tankstellen, Fast-Food-Ketten oder anderen Organisationen, für die die Pylone „Werbung" machen, gefährden diese Einrichtungen bei nicht durchgeführten Blitz- und Überspannungsschutzmaßnahmen. In einem solchen Fall muss beachtet werden, dass die Blitzenergie in die gefährdeten Einrichtungen nicht nur von der Energieversorgungsrichtung kommen kann, sondern auch über das Pylon-Anschlusskabel. Die Schutzmaßnahmen sind unter den Stichwörtern → Außenbeleuchtung und → Überspannungsschutz und die Praxis beschrieben.

Q

Querspannung ist die bei einem Störungsfall entstehende Spannung zwischen aktiven Leitern eines Stromkreises.

R

RAL-GZ 642 ist eine Abkürzung für das RAL-Gütezeichen Blitzschutz. Das RAL-Gütezeichen Blitzschutz hat ein eigenes „RAL-Pflichtenheft Äußerer Blitzschutz" für Mitglieder herausgegeben. In dem Pflichtenheft wurde besonderer Wert auf die Qualität der Blitzschutzanlagen und auf den Korrosionsschutz gelegt. Die Mitgliedsfirmen haben ein Eigen- und Fremdprüfungs-Kontrollsystem festgelegt, um damit die eigene Qualität zu sichern.

Anschrift: RAL-Gütegemeinschaft für Blitzschutzanlagen, Brückstraße 1b, 52080 Aachen, Telefon: 00-49-241/ 95 59 97 30, Fax: 00-49-241/ 95 59 97 31

Raumschirm-Maßnahmen sind hier als zusätzliche Schirmungsmaßnahmen aufgeführt. Andere Schirmungsmaßnahmen → Schirmung und → Schirmungsmaßnahmen.

Raumschirm-Maßnahmen sind zusätzlich bzw. nachträglich installierte (auch bereits vorhandene) Gitterschirme zur Dämpfung des elektromagnetischen Blitzfeldes innerhalb oder außerhalb eines Raumes. Diese Gitterschirme müssen mit dem → Potentialausgleichsnetzwerk an allen Stellen verbunden werden, d. h. an allen Eintrittsstellen der Installationen in den geschützten Raum. Außerdem müssen sie mit dem Potentialausgleichsringleiter um den geschützten Raum verbunden sein. Gitterschirme, z. B. verzinkte Baumatten, müssen sich gegenseitig überlappen und geklemmt oder verschweißt werden. Die Dämpfung des Magnetfeldes ist von der Größe der Maschen in den Schirmen und auch von der Entfernung vom Schirm abhängig (**Bilder S3** und **S4**). Als weitere Informationsquellen für den Planer sind zu empfehlen: [L4], [L5], [L28]. In allen drei Quellen gibt es Beispiele zur Dämpfungsberechnung, die in diesem Buch wegen der Komplexität dieses Themas nicht umfassend beschrieben werden konnte.

In Räumen, in denen eine Schirmdämpfung von 100 dB bis in den Gigahertzbereich erreicht werden muss, müssen die Wände mit Stahlblechen oder Stahl- und Kupferfolien bedeckt werden. Türen, Tore und Schleusen müssen HF-mäßig abgedichtet werden. Das Gleiche gilt für Fenster, sie müssen ebenfalls HF-Dämpfungseigenschaften aufweisen.

Die in den Raum eingeführten Installationen müssen durch Überspannungsschutzgeräte und/oder Filter geschützt werden. Die Installation dieser Geräte muss so ausgeführt werden, wie in diesem Buch unter den Stichwörtern → Überspannungsschutz und die Praxis, → Kabelschirm und → Kabelschirmbehandlung beschrieben ist. Bei Lüftungs- und Klimaanlagenkanälen reicht es nicht aus, sie nur in den Potentialausgleich einzubeziehen, sie müssen an Zonen-Schnittstellen Wabenkamineinsätze haben.

RCD (FI-Schalter) → Überspannungsschutz nach dem RCD-Schalter (FI-Schalter)

Rechtliche Bedeutung der DIN-VDE-Normen. Sehr oft wird bei der Planung, Ausführung, Prüfung und Abnahme die Frage gestellt: „Muss das nach DIN-VDE-Normen ausgeführt werden?"

Die Antwort muss nicht immer ja sein, weil die → anerkannten Regeln der Technik keine Rechtsvorschriften, sondern schriftliche Erfahrungssätze für fachgerechte und daher mangelfreie Bauausführung sind.

Da jedoch die Planungs- und Durchführungsarbeiten, die in diesem Buch beschrieben werden, überwiegend Elektroinstallationen oder Hilfsarbeiten für Elektroinstallationen sind, so lautet die Antwort immer: „Ja, die Arbeiten müssen mindestens nach den DIN-VDE-Normen ausgeführt werden".

Als Grundlage für diese Antwort gelten das → AVBEltV, das → EMV-Gesetz, das Gerätesicherheitsgesetz, die → Unfallverhütungsvorschriften der Berufsgenossenschaften, → BGB § 633 Absatz 1, → BGB § 641 (Gesetz zur Beschleunigung fälliger Zahlungen) und VOB/B § 13 Nr. 1.

Reduktionsfaktoren r sind Faktoren, die die einfachen Wahrscheinlichkeiten als Resultat des Einsatzes von Schutzmaßnahmen reduzieren.

Regeln der Technik → Anerkannte Regeln der Technik

Regenfallrohre (metallene) dürfen nach Vornorm DIN V 0185-3 (VDE V 0185 Teil 3):2002-11 [N23]; HA 1, Abschnitt 4.3.5 nur dann verwendet werden, wenn das Material in der **Tabelle W1** aufgeführt ist.

Die metallenen Regenfallrohre müssen mit dem → Potentialausgleich oder der → Erdungsanlage verbunden werden, auch wenn sie nicht als Ableitungen dienen. Bei neuen Blitzschutzanlagen werden die so genannten Hilfserder der Erdungsanlage für den Anschluss der Regenfallrohre benutzt. Der Anschluss der Regenfallrohre wird mittels Regenfallrohrschellen durchgeführt. Die Ableitungen dürfen nicht im Regenfallrohr verlegt werden!

Reusenschirme → Gebäudeschirmung

Ringerder ist ein ringförmig angeordneter Oberflächenerder, der eine Tiefe von mindestens 0,5 m und einen Abstand zur baulichen Anlage von 1 m hat. Der Ringerder kann mit allen anderen Erdern kombiniert werden. Weiteres unter den Stichwörtern „Erder" bis „Erdungsanlage".

Ringleiter sind ringförmige Leiter um die bauliche Anlage, die die → Ableitungen miteinander verbinden. Sie sorgen für eine gleichmäßige Verteilung des → Blitzstromes. Die Höhe, in der die Ringleiter zu installieren sind, ist von der → Blitzschutzklasse abhängig.

Rinnendehnungsausgleicher

Rinnendehnungsausgleicher. Wenn leitfähige Rinnen ein Teil der → Fangeinrichtung sind, müssen bei längeren Ausführungen eventuell notwendige Rinnendehnungsausgleicher blitzstromtragfähig überbrückt werden.

Risikoabschätzung einer baulichen Anlage hängt von der Wahrscheinlichkeit eines Blitzschlages und den daraus zu erwartenden Schäden ab. Dies ist eine von mehreren Ausgangsgrößen für die → Schutzklassen-Ermittlung unter eigenem Stichwort.

Risikoanalyse → Schutzklassen-Ermittlung

Rückkühlgeräte auf dem Dach oder außerhalb der baulichen Anlage gefährden mit Anschlusskabeln und auch mit Anschlussrohren Personen und Installationen im Gebäudeinneren. Die Rückkühlgeräte müssen wie die anderen Einrichtungen geschützt werden, wie z. B. unter dem Stichwort → Leuchtreklamen beschrieben ist.

Rückwirkungen → Oberschwingungen

Rufanlagen → Datenverarbeitungsanlagen

Rundfunkanlagen → Datenverarbeitungsanlagen

S

Sachverständiger ist ein Begriff, der nicht gesetzlich geschützt ist. Jeder kann sich Sachverständiger nennen, aber nicht öffentlicher und vereidigter Sachverständiger. Dies ist gesetzlich geschützt.

Öffentlich bestellte und vereidigte Sachverständige können nur durch Bestellungsorgane vereidigt werden. Das sind Handwerkskammern, Industrie- und Handelskammern, Architektenkammern, Landwirtschaftskammern und Bezirksregierungen.

Nach der Bestellungsvoraussetzung der einzelnen Kammern, z. B. Handwerkskammern, muss der Sachverständige nach der Sachverständigenordnung § 2 Absatz (4) 2. in den letzten 10 Jahren vor Antragstellung mindestens 6 Jahre in einem Handwerksbetrieb des Gewerkes, für das er öffentlich bestellt werden will, praktisch tätig gewesen sein, davon mindestens 3 Jahre als Handwerksunternehmer oder in betriebsleitender Funktion. Er muss noch weitere Voraussetzungen erfüllen, aber – mit anderen Worten –, wenn er persönlich keine Erfahrungen in der handwerklichen Arbeit hat, kann er auch die handwerklichen Arbeiten nicht beurteilen. Weiteres → Gesetz zur Beschleunigung fälliger Zahlungen.

Sammelschienensysteme sind aus EMV-Sicht sehr wichtig. Genau wie beim EMV-ungeeigneten → TN-C-System, bei dem die → vagabundierenden Ströme über leitfähige Konstruktionsteile ins Gebäude fließen und dadurch → magnetische Felder verursachen, entstehen magnetische Felder in Schaltschränken zwischen den Sammelschienen, wenn diese nicht an einer Stelle zusammengeführt sind. Durch die ungünstige Anordnung der Sammelschienen – die PE- und N-Sammelschienen unten und die Phasensammelschienen oben – entstehen zwischen ihnen in den Schaltschränken niederfrequente elektromagnetische Felder, die die dort installierte Elektronik stören können.

Auf dem Markt gibt es bereits Schaltschränke, in denen die N-Sammelschiene schon im oberen Bereich platziert ist und damit die magnetischen Felder deutlich verkleinert werden. Die PE-Sammelschiene befindet sich oft weiterhin im unteren Bereich. Bei normalem Betrieb stört das nicht, aber beim alternativen Ansprechen von im Schaltschrank installierten Blitzstrom- oder → Überspannungsableitern entstehen starke magnetische Felder, die dann dort die auf Überspannung empfindlich reagierenden elektronischen Einrichtungen stören bis zerstören.

Die beste Lösung ist, alle Sammelschienen an einer Stelle anzuordnen, um damit auch im Störungsfall die magnetischen Felder klein zu halten.

Schäden – Überspannungsschäden kann man in direkte und in Folgeschäden unterteilen. Laut Versicherungsgesellschaften sind die Folgeschäden durchschnittlich 12 x größer als die direkten Schäden. Mir selbst sind mehrere Folgeschäden über 1 Million EUR ohne direkte Beschädigung der Einrichtung bekannt. Schon der Absturz des Herstellungsprozesses kann große Folgeschäden verursachen. In einem solchen Fall ist es bei diesen Einrichtungen nötig, die vorgeschriebenen Überspannungsschutzmaßnahmen (→ Datenverarbeitungsanlagen) komplett durchzuführen.

Schadensfaktor ist ein durchschnittlicher relativer Wert des Schadens als Folge eines bestimmten Schadens durch ein gefährliches Ereignis in oder an der baulichen Anlage.

Schadensrisiko *R* ist ein durch Blitzschlag verursachter wahrscheinlicher jährlicher Schaden in einem zu schützenden Objekt.

Schadensrisiko – akzeptierbares R_a ist der maximale Wert des Schadensrisikos, der für ein zu schützendes Objekt toleriert werden kann.

Schadenwahrscheinlichkeit δ ist die Wahrscheinlichkeit, dass ein direkter oder näherer Blitzeinschlag einen Schaden am oder im Gebäude verursacht. Die Schadenwahrscheinlichkeit entsteht aus einer Kombination von einfachen Wahrscheinlichkeiten und → Reduktionsfaktoren.

Schaltschrankaufbau ist für die EMV sehr wichtig. Sehr oft wird bei einem Gutachten das EMV-Zertifikat des Schaltschrankes vorgelegt mit der Begründung, dass der Schaltschrank in Ordnung sei. Dieses Zertifikat gilt aber nur für leere Schaltschränke, d.h. ohne Geräte, Verdrahtung und hauptsächlich ohne angeschlossene → Kabel. Die angeschlossenen Kabel und Leitungen ohne die in diesem Buch beschriebenen Schutzmaßnahmen können in den Schaltschrank → Störungen „einführen". Die Schutzmaßnahmen für Kabel und Leitungen werden in allen Begriffen mit → Kabel, → Schirmung, → Überspannungsschutz, → Potentialausgleichsnetzwerk und → Netzsysteme beschrieben. Im Schaltschrank selbst können auch starke → magnetische Felder entstehen (→ Sammelschienen).

Genau wie bei einer baulichen Anlage, bei der Schutzmaßnahmen an Kabeln und Leitungen beim Gebäudeeintritt durchgeführt werden sollen, sollen die Maßnahmen bei einem Raum (weiteres → Blitzschutzzone LPZ), aber auch bei einem Schaltschrank ausgeführt werden. Wenn die Schutzmaßnahmen nur innerhalb des Schaltschrankes durchgeführt werden, aber nicht beim Schaltschrankeintritt (→ **Bild K2a**, **K3a** und **Ü12a**), können weitere Störungen innerhalb des Schaltschrankes durch → Kopplungen entstehen.

Sehr wichtig ist auch die richtige Verlegung von Kabeln und Leitungen, damit sich diese nicht gegenseitig beeinflussen.

Die Kabel und Leitungen unterschiedlicher Klassen dürfen sich nur im rechten Winkel kreuzen. Unbenutzte Adern, Doppeladern müssen geerdet werden. Aktive Doppeladern sollen die ursprüngliche Verdrillung bis zur Anschlussstelle beibehalten und Kabel und Leitungen sollen keine → Induktionsschleifen bilden.

Schaltüberspannungen sind Ursache von Überspannungsschäden. Durch Abschalten von Hochspannungsanlagen, durch leer laufende Transformatoren, durch Erdschlüsse in ungeerdeten Netzen, durch Abschalten von Induktivitäten unterschiedlicher Arten und Anschlussausführungen entstehen Überspannungsspitzen. Alle Schaltüberspannungsquellen kann man in einem Buch wie diesem nicht beschreiben, die wichtigsten sind jedoch Haushaltsgeräte, die auch im Büro benutzt werden. Dazu gehören z. B. Kaffeemaschinen, Staubsauger, Vorschaltgeräte für Leuchtstofflampen und andere. In Büroräumen sollten diese Geräte an gesonderte Steckdosenstromkreise angeschlossen werden, so dass auf Überspannung empfindlich reagierende elektrotechnische Geräte nicht beeinflusst werden.

Scheitelfaktor (crest factor) *CF*. Er wird mit Hilfe von Oberwellenmessgeräten ermittelt. Messungen des *CF* werden dabei innerhalb von Niederspannungsnetzen, aber auch am Potentialausgleich durchgeführt! Der Scheitelfaktor *CF* berechnet sich:

$$CF = \frac{\text{PEAK-Wert}}{\text{RMS-Wert}}$$

PEAK Spitzenwert (negativ oder positiv)
RMS   Messung in Echt-Effektivwert
Bei einem reinen Sinussignal beträgt der Scheitelfaktor 1,414 (= $\sqrt{2}$).

Die Größe des *CF*-Wertes verrät dem → Prüfer, ob die Elektroinstallation ordnungsgemäß ausgeführt wurde und auch, ob die Installation mit Oberwellen belastet ist.
Auf **Bild S1** ist der gemessene *CF*-Wert 81,31 und der PEAK-Wert −1548 A!

Bild S1   Mit der Oberwellen-Analysezange registriert: PEAK-Wert in Höhe von −1548 A, CF-Wert in Höhe von 81,31 und Strom auf dem PEN-Leiter in Höhe von 2,84 A.
Foto: Kopecky

Scheitelwert (*I*) ist der höchste Wert des Blitzstromes. In der **Tabelle S1** ist die Zuordnung der maximalen Blitzkennwerte zu den Schutzklassen angegeben.

Scheitelwert (I)

In der **Tabelle S2** ist der minimale Scheitelwert des Blitzstromes aufgeführt, der – abhängig vom Radius der Blitzkugel R – wahrscheinlich empfangen wird. Blitze mit kleinerem Scheitelwert können von der Fangeinrichtung nicht sicher eingefangen werden.

Erstblitz			Gefährdungspegel/Schutzklasse			
Kennwerte des Blitzes	Symbol	Einheit	I	II	III	IV
Scheitelwert	I	kA	200	150	100	
Impulsladung	$Q_{Stoß}$	C	100	75	50	
Spezifische Energie	W/R	kJ/Ω	10 000	5625	2500	
Zeitparameter	T_1/T_2	μs/μs	10/350			
Folgeblitz			Gefährdungspegel/Schutzklasse			
Kennwerte des Blitzes	Symbol	Einheit	I	II	III	IV
Scheitelwert	I	kA	50	37,5	25	
Mittlere Steilheit	di/dt	kA/μs	200	150	100	
Zeitparameter	T_1/T_2	μs/μs	0,25/100			
Langzeitstrom			Gefährdungspegel/Schutzklasse			
Kennwerte des Blitzes	Symbol	Einheit	I	II	III	IV
Impulsladung	Q_{lang}	C	200	150	100	
Zeitparameter	T_{lang}	s	0,5			
Mehrfachblitz			Gefährdungspegel/Schutzklasse			
Kennwerte de Blitzes	Symbol	Einheit	I	II	III	IV
Gesamtladung	Q_{gesamt}	C	300	225	150	

Tabelle S1 Zuordnung der maximalen Blitzkennwerte zu den Gefährdungspegeln/Schutzklassen
Quelle: Vornorm DIN V 0185-3 (VDE V 0185 Teil 3):2002-11 [N23], HA 1, Tabelle 2

Gefährdungs-pegel/Schutz-klasse	Radius der Blitzkugel R in m	minimaler Scheitelwert I in kA	Einfang-wahrscheinlichkeit in %
I	20	2,9	99
II	30	5,4	97
III	45	10,1	91
IV	60	15,7	84

Tabelle S2 Beziehung zwischen Gefährdungspegel/Schutzklasse, Radius der Blitzkugel, minimalem Scheitelwert des Blitzstroms und Einfangwahrscheinlichkeit.
Quelle: Vornorm DIN V 0185-3 (VDE V 0185 Teil 3):2002-11 [N23], HA 1, Tabelle 1

Schirmanschlussklemmen sind wichtige Bauteile zur → Erdung geschirmter Kabel. Noch bis 1995 suchte man sie vergeblich auf dem europäischen Markt und so mussten sich die Monteure z. B. bei einer durchgehenden Kabeltrasse mit Rohrschellen, Schirmschellen oder Kabelbindern (!) behelfen, was nicht die richtige Lösung war und auch heute nicht ist. Bei Enderdung waren die Schirme an Erdungsklemmen oder PA-, PE-, alternativ PEN-Schienen mit einem Schirmzopf angeschlossen. Die Schirmzöpfe verursachten oft durch Überlängen und falsche Verlegung neue Kopplungen. Wie schon unter anderen Stichworten (→ Schirmung, → Kabelschirm, → Kabelschirmbehandlung und → Kabelverschraubungen) beschrieben, sind diese Anschlüsse aus → EMV-Sicht nicht mehr fachgerecht. Nach DIN EN 50174-2 (VDE 0800 Teil 174-2):2001-09 [EN10], Abschnitt 6.3.2 Überlegung 3, sollte der Schirmungskontakt dem Prinzip des Faradayschen Käfigs folgen, das bedeutet eine Rundumkontaktierung (360°) der Schirmoberfläche. Auf dem Markt gibt es jetzt von mehreren Herstellern → Schirm-Anschlussklemmen mit Kompensation des Fließverhaltens der eingesetzten Leiterwerkstoffe durch ein nachsetzendes Federelement.

Die Befestigung der Schirme informationstechnischer Kabel auf der → Potentialausgleichsschiene nur mit Hilfe eines Kabelbinders ist nicht als Anschluss erlaubt.

Bei geschlossenem Stahlverteiler sollte der Schirmanschluss mittels einer EMV-Kabelverschraubung erfolgen (→ Kabelverschraubungen).

Bild S2 Schirmanschlussklemme mit Kompensation des Fließverhaltens am „Verteiler -Eintritt" (Zone 2/3)
Foto: Kopecky

Schirmdämpfung S ist die Wirksamkeit des Schirmungsmaterials (→ Kabelschirm, Stahlbetonwand usw.). Man dividiert die gemessenen Werte der Feldstärke ohne → Schirm durch die Werte der Feldstärke mit Schirm.

Logarithmisches Schirmdämpfungsmaß a_s = 20 log S (dB).

Schirmung. Mit einer Schirmung wird die Störabstrahlung des elektromagnetischen Feldes nach außen reduziert. Eine Schirmung verhindert aber auch die Einkopplung elektromagnetischer Felder von außen auf die Einrichtungen oder Leitungen innerhalb des Schirmes. Das gilt sowohl für Gehäuseschirme als

Schirmungsmaßnahmen

auch für Leitungsschirme. → Kabelschirme sind unter einem eigenen Stichwort in diesem Buch beschrieben. Gehäuseschirme, die auch magnetisch entkoppeln sollen, müssen aus gut leitendem Material bestehen.

Zu beachten ist, dass Schirme nur gegenüber solchen Frequenzen wirken, deren Wellenlängen groß gegenüber den Schirmabmessungen (Kabellänge, Kantenlänge) sind [L17].

Schirmungsmaßnahmen sind alle Maßnahmen, die zur Reduzierung der Feldstärke dienen. Das sind in erster Linie Baumaßnahmen, z. B. Zusammenschluss von Armierungen in Fußböden, Wänden und Decken. Durchverbundene → Metallfassaden können auch noch nachträglich als sehr gute → Schirmungsmaßnahmen ausgeführt werden. Auch auf den Dachflächen können nachträglich Baustahlmatten verlegt werden. Die hier beschriebenen, überwiegend baulichen Maßnahmen müssen in das → Blitzschutzsystem einbezogen werden, was bedeutet, alle Einzelteile müssen mit den anderen Teilen verbunden werden. Im Prinzip muss man einen Faradaykäfig herstellen. Die Schirmdämpfung ist von dem benutzten Material und der Maschengröße abhängig. Dem **Bild S3** ist die Abschirmwirksamkeit zu entnehmen.

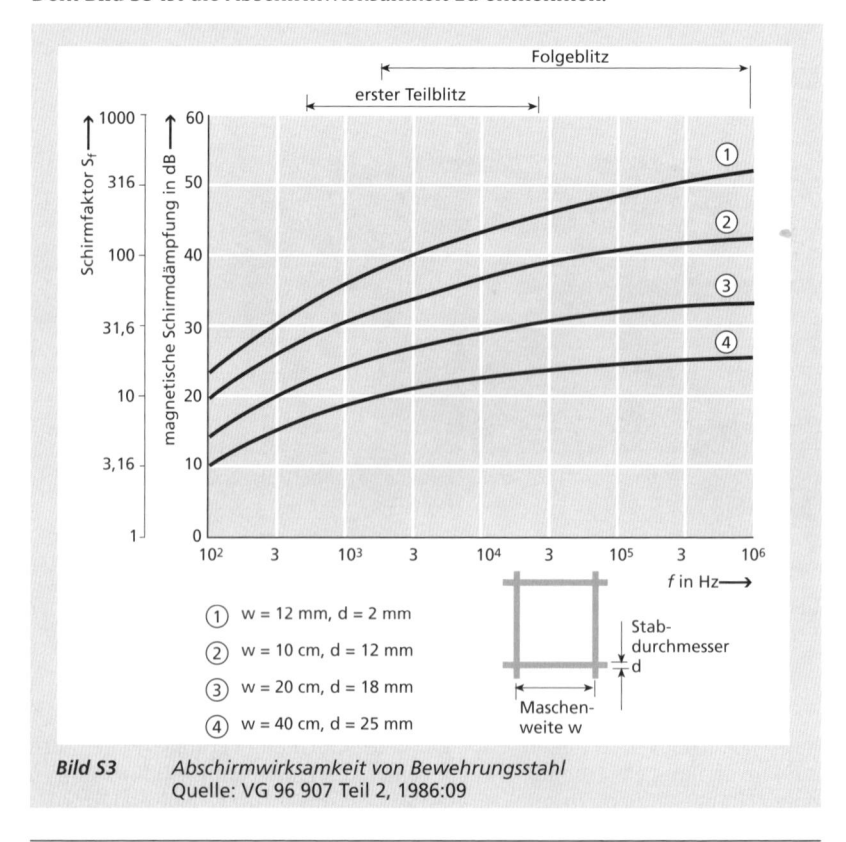

Bild S3   *Abschirmwirksamkeit von Bewehrungsstahl*
Quelle: VG 96 907 Teil 2, 1986:09

① w = 12 mm, d = 2 mm
② w = 10 cm, d = 12 mm
③ w = 20 cm, d = 18 mm
④ w = 40 cm, d = 25 mm

Schirmungsmaßnahmen

Ebenso wie Gebäude können auch Kabelkanäle zwischen zwei und mehreren Gebäuden geschirmt werden. Zu diesem Zweck werden die Kabelkanäle mit durchverbundenem Bewehrungsstahl gebaut. Wenn für Abschirmungszwecke Stahlrohre im Erdbereich genutzt werden, muss beachtet werden, dass verzinkte Stahlrohre aus Korrosionsschutzgründen nur über Trennfunkenendstrecken mit der Erdungsanlage des Fundamenterders verbunden werden dürfen. Mit diesen Baumaßnahmen kann man die → Ausstülpung einer → Blitzschutzzone (LPZ) oder die Vergrößerung der LPZ erreichen. Sind die Rohre außerhalb des Erdbereichs verlegt, werden sie direkt an die Erdungsanlage angeschlossen.

Andere Schirmungsmaßnahmen → Kabelschirm, → Raumschirm und → Stahldübel.

1 Metallene Abdeckung der Attika
2 Stahl-Armierungsstäbe
3 vermaschte Leiter, der Armierung überlagert
4 Anschluss der Fangeinrichtung
5 innere Potentialausgleichsschiene
6 stromtragfähige Verbindung
7 Verbindung, z.B. Rödelverbindung
8 Ringerder (falls vorhanden)
9 Fundamenterder
 (typische Maße: a = ≤5 m, b = ≤1 m)

Bild S4 Schirmungsmaßnahmen einer baulichen Anlage mittels Armierung in der Wand.
Quelle: E DIN IEC 81/105 A/CDV (VDE 0185 Teil 104):1998-09

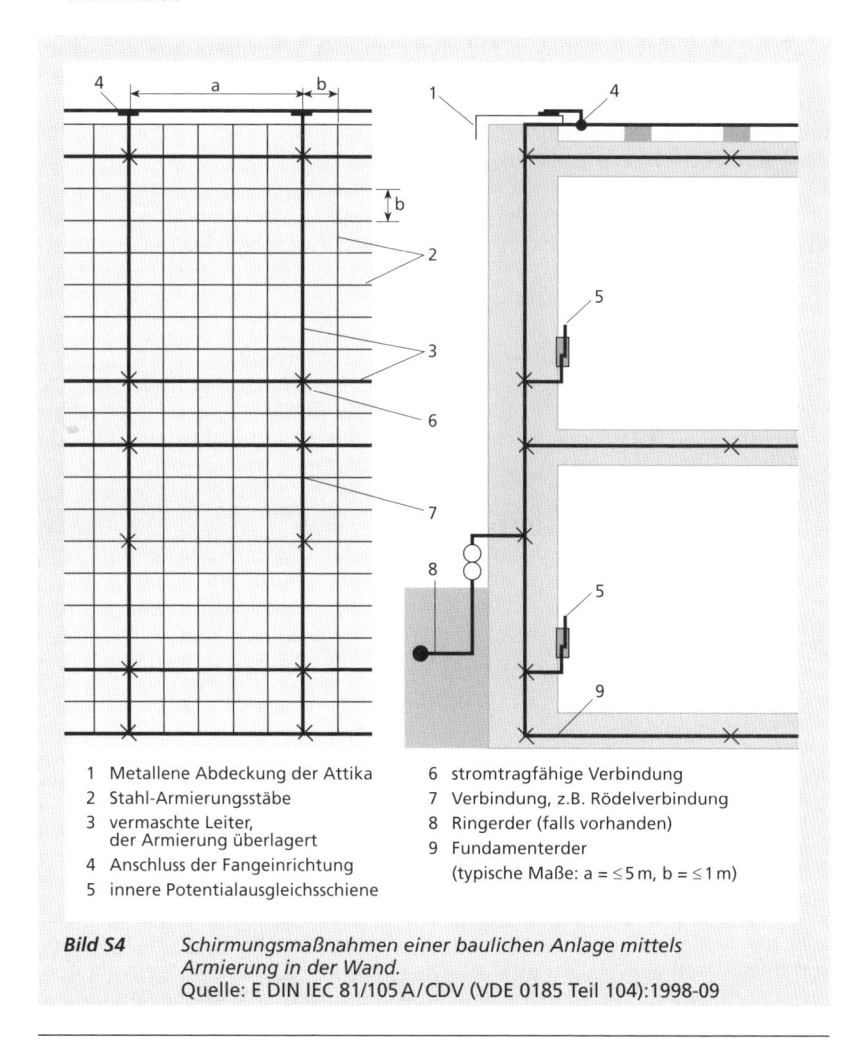

Schleifenbildung

Schleifenbildung bei Installationen (nicht nur Elektroinstallationen) muss vermieden werden. Bei Schleifenbildung (**Bild P5**) entstehen durch induktive → Kopplungen Potentialunterschiede zwischen den Enden einer Leitung, die sehr oft direkt auf überspannungsempfindliche Teilen wirken und diese dann zerstören.

Schnelle Nullung ist ein älterer Begriff, → TN-System.

Schornstein auf einem Dach mit → Blitzschutzanlage ist durch den → Schutzbereich der → Fangstangen, durch den an die → Blitzschutzanlage angeschlossenen Schornsteinrahmen oder durch die angeschlossene Schornsteinhaube geschützt. In letzter Zeit installierte Edelstahlrohre in Schornsteinen verfügen über eine leitfähige Verbindung von der Schornsteinkrone bis zum Heizungsraum. In einem solchen Fall muss der Schornstein mit der isolierten → Fangeinrichtung geschützt werden und natürlich muss in dem Heizungsraum der → Potentialausgleich durchgeführt werden, wie auch teilweise unter dem Stichwort → Heizungsanlagen beschrieben ist.

Schrankenanlagen werden gegen Blitz und → Überspannung nach DIN VDE Reihe 0800, Teil 1, 2 und 10 geschützt. Die notwendigen Maßnahmen entsprechen denen, die unter → Datenverarbeitungsanlagen beschrieben sind. Siehe auch → Schaltschrankaufbau.

Schraubverbindung muss der DIN 48 801 entsprechen.

Für Verbindungen von zwei oder mehreren Flachleitern oder für Anschlüsse von Flachleitern an Stahlkonstruktionen mittels Schrauben müssen mindestens zwei Schrauben M8 oder eine Schraube M10 nach Vornorm DIN V 0185-3 (VDE V 0185 Teil 3):2002-11 [N23], HA 1, Abschnitt 4.6.1 benutzt werden.

Schritt- und Berührungsspannung. Im Nahbereich der → Erdungsanlage entsteht beim Stromfluss durch die Erdungsanlage zwischen zwei Punkten der Erdoberfläche immer eine Potentialdifferenz. Als Schrittspannung wurde die Spannung festgelegt, die zwischen zwei Punkten entsteht, die jeweils einen Meter voneinander entfernt sind. Diese Entfernung kann der Mensch mit einem Schritt überbrücken. Pferde oder Kühe überbrücken mehr als einen Meter und haben damit bei einem Schritt größeren Potentialdifferenzen als der Mensch zu wiederstehen.

Man darf aber nicht vergessen, dass in bestimmten Einrichtungen, beispielsweise bei Veranstaltungen, mehrere Menschen mit ihren aneinander gedrängten Körpern auch größere Abstände als die eines Meters überbrücken und damit noch größere Spannungen als die Schrittspannungen über den eigenen Körper erreichen.

Als Beispiele kann man nennen:

Besucheransammlungen in Stadien und Schlössern, an Haltestellen oder auch bei Festen wie dem Oktoberfest in München, Warteschlangen an Veranstaltungskassen usw. Die verantwortlichen Personen für solche Gegebenheiten, ob → Architekten oder Elektroplaner, müssen sämtliche kritische Situationen berücksichtigen und die richtigen Maßnahmen zur Verhinderung zu großer Potentialdifferenzen planen und realisieren lassen.

In der Praxis lassen sich immer wieder völlig falsche Maßnahmen finden, z.B. Kreuzerder (Tiefenerder ist auch nicht richtig) bei den Ableitungen im Kassenbereich der Museen oder in Stadien so genannte „Wellenbrecher" in der Nähe von Flutlichtmasten mit anderen Potentialen als die der Flutlichtmastenerdung. Diese falschen Ausführungen gefährden die Besucher im Falle eines Blitzschlags.

An allen Stellen, wo sich Personen vor einem Unwetter in der Nähe von Ableitungen oder einer Erdungsanlage verstecken und warten, bis das Gewitter vorbei ist, besteht diese Gefahr. Nach [N21–N23] sind das z.B. Dachüberschreitungen in der Nähe von Ableitungen sowie Stahlstützen von Überdachungen im Eingangsbereich (→ Eingangsbereich der Gebäude und → **Bild E1**).

In der [N23], Abschnitt 4.3.7, heißt es zwar "außerhalb der baulichen Anlage", aber der → Architekt oder der → Planer muss diese Gefahr auch innerhalb der baulichen Anlage beurteilen, wenn z. B. Stahlstützen mit großen Abständen als → innere Ableitungen dienen. Nach den Blitzschutzvornormen handelt es sich hierbei genau um die → Blitzschutzzone LPZ 0_c, die eigentlich ein Teil der Blitzschutzzone LPZ 0_b ist (→ **Bild B2**). Die Blitzschutzzone LPZ 0_c ist 3 m hoch und bis 3 m von der baulichen Anlage entfernt (→ **Bild S5**).

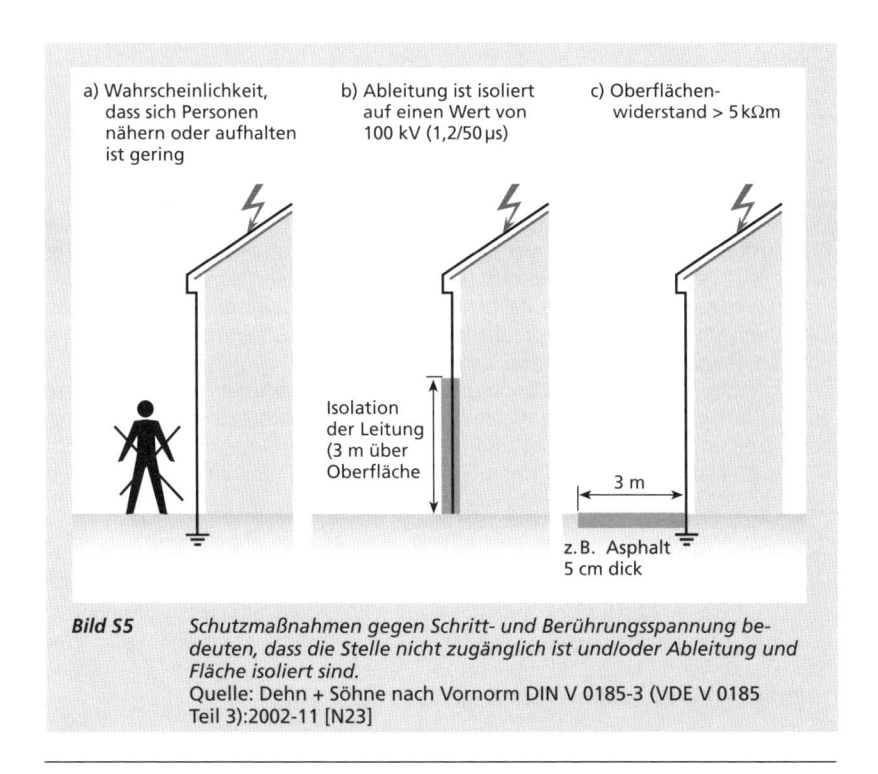

a) Wahrscheinlichkeit, dass sich Personen nähern oder aufhalten ist gering

b) Ableitung ist isoliert auf einen Wert von 100 kV (1,2/50 µs)

Isolation der Leitung (3 m über Oberfläche

c) Oberflächenwiderstand > 5 kΩm

3 m

z.B. Asphalt 5 cm dick

Bild S5   *Schutzmaßnahmen gegen Schritt- und Berührungsspannung bedeuten, dass die Stelle nicht zugänglich ist und/oder Ableitung und Fläche isoliert sind.*
Quelle: Dehn + Söhne nach Vornorm DIN V 0185-3 (VDE V 0185 Teil 3):2002-11 [N23]

Schritt-, Berührungsspannung und die Schutzmaßnahmen

Schritt-, Berührungsspannung und die Schutzmaßnahmen. Nach Vornorm DIN V 0185-3 (VDE V 0185 Teil 3):2002-11 [N23], HA 1, Abschnitt 4.3.7, müssen in der → Blitzschutzzone LPZ 0_c, wenn sie der Öffentlichkeit zugänglich ist, Maßnahmen gegen Schritt- und Berührungsspannung durchgeführt werden. Als gefährdet gelten z. B. Aussichtstürme, Schutzhütten, Kirchtürme, Kapellen, Flutlichtmasten, Brücken und dergleichen, vor allem im Bereich der Eingänge, Aufgänge und am Fußpunkt von Masten.

Weitere Beispiele werden unter dem Begriff → Schritt- und Berührungsspannung erwähnt.

Nach [N23], HA 1, Abschnitt 4.3.7 und 4.3.8 wird die Lebensgefahr verringert, wenn:

- die Wahrscheinlichkeit, dass sich Personen der Blitzschutzzone LPZ 0_c nähern oder dort aufhalten, gering ist;
- die exponierte → Ableitung eine Isolierung hat, die einer → Stehstoßspannung von 100 kV 1,2/50 µs standhält. Zu diesen Isolierungen gehören z. B. 3 mm vernetztes Polyethylen, angebotene → PE-Materialen der Hersteller und ähnliches Material. Diese Maßnahme schützt nur gegen Berührungsspannung und nicht gegen Schrittspannung;
- der spezifische Oberflächenwiderstand der Erde in einem Abstand bis zu 3 m von der → Ableitung nicht kleiner als 5 kΩm ist. Eine 5 cm dicke Asphaltschicht hat diese Parameter.

Nach [N23], HA 4, Abschnitt 5 stehen weitere alternative Maßnahmen zur Verfügung:

- Verringerung des Wertes von k_c (→ Näherungen und → **Tabelle N2**),
- Erhöhung der Anzahl der Ableitungen,
- Verringerung der Maschenweite des Erdungsnetzwerks.

In der Praxis wurden auch schon weitere Maßnahmen durchgeführt, wie z. B. die Verwendung von → HVI®-Leitungen bei → Pausengängen, die → Potentialsteuerung mit → Erdungsband und Baumatten, der Einsatz größerer Fundamenterderplatten, die Verlagerung von → Ableitungen aus dem gefährdeten Bereich, die Verlegung der Erdungsanlage in PE-Rohren usw.

Ein weiteres Beispiel: Die nachträgliche Potentialsteuerung bei einem vorhandenen Stahlgebäude wurde mittels → Stahldübel mit den Moniereisen verbunden. Dadurch wurde das gleiche Potential erreicht.

Als letzte Maßnahme gilt auch die Zugangsverhinderung mit einer Sperre, einem Zaun oder auch einem Warnschild. Die Blitzschutzmaterialhersteller haben bereits diese Warnschilder in ihrem Verkaufsprogramm.

Alle diese Maßnahmen können einzeln oder kombiniert durchgeführt werden.

Schutzbedürftige bauliche Anlagen nach Bauordnungen der Länder sind zwar von Land zu Land sehr unterschiedlich, aber nach Bay Bo Art. 15 (7) sind bauliche Anlagen dann mit dauernd wirksamen Blitzschutzanlagen zu versehen, wenn nach Lage, Bauart oder Nutzung ein Blitzschlag leicht eintreten oder zu schweren Folgen führen kann.

Zur den o. g. baulichen Anlagen gehören z. B.:

Schutzbereich oder auch Schutzraum

- Autobahntankanlagen
- Bahnhöfe, Banken, Betriebsgebäude der Deutschen Bahn, der Deutschen Post, der Flughäfen
- explosionsgefährdete und explosivstoffgefährdete Bereiche
- Fernmeldeämter, Fernmeldetürme, Feuerhäuser
- Gemeindeverwaltung
- Justizvollzugsanstalten
- Kindergärten, Kirchen, Kläranlagen, Krankenhäuser
- Museen
- Polizeistationen
- Sanitätshäuser, Schulen, Sparkassen, Sportstätten, Stadtverwaltung
- wasserwirtschaftliche Anlagen und Wohnheime.

Unabhängig von den Bauordnungen ist die Blitzschutzbedürftigkeit nach Vornorm DIN V 0185-2 (VDE V 0185 Teil 2):2002-11 [N22] zu ermitteln. Sie ist hier im Buch unter dem Stichwort → Schutzklassen-Ermittlung beschrieben.

Schutzbereich oder auch Schutzraum entsteht durch eine oder mehrere → Fangstangen oder durch eine → Fangeinrichtung.

In der Vornorm DIN V 0185-3 (VDE V 0185 Teil 3):2002-11 [N23], HA 1, Tabelle 3, ist die Zuordnung von Schutzwinkel und Blitzkugelradius in Abhängigkeit von der → Schutzklasse beschrieben (**Tabelle S3**).

Welcher Schutzraum durch den Schutzwinkel α in Abhängigkeit von der Schutzklasse in unterschiedlichen Höhen aber wirklich entsteht, kann man der **Tabelle S4** entnehmen.

Handelt es sich um einen Schutzraum bei waagerechten Flächen zwischen zwei Fangstangen oder anderen Objekten, ist der Durchgang der Blitzkugel der **Tabelle S5** zu entnehmen.

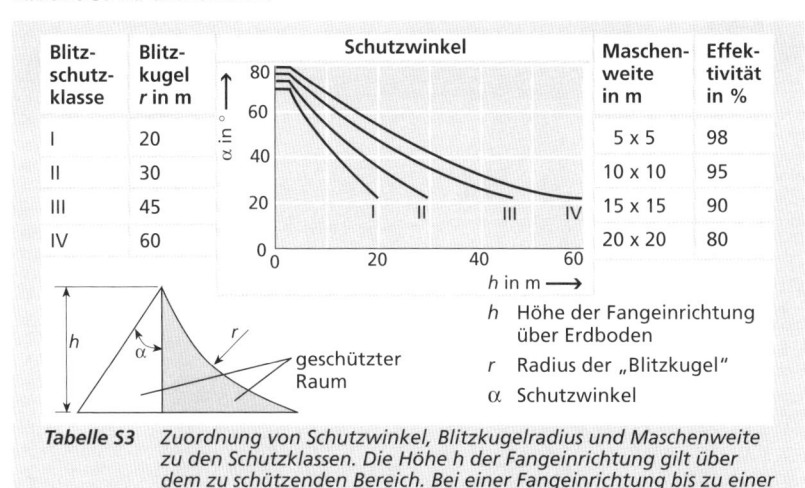

Blitzschutzklasse	Blitzkugel r in m	Maschenweite in m	Effektivität in %
I	20	5 x 5	98
II	30	10 x 10	95
III	45	15 x 15	90
IV	60	20 x 20	80

h Höhe der Fangeinrichtung über Erdboden
r Radius der „Blitzkugel"
α Schutzwinkel

Tabelle S3   Zuordnung von Schutzwinkel, Blitzkugelradius und Maschenweite zu den Schutzklassen. Die Höhe h der Fangeinrichtung gilt über dem zu schützenden Bereich. Bei einer Fangeinrichtung bis zu einer Höhe von 2 m ändert sich der Schutzwinkel nicht.
Quelle: Vornorm DIN V 0185-3 (VDE V 0185 Teil 3):2002-11 [N23], HA 1, Tabelle 3

Schutzbereich oder auch Schutzraum

Höhe h in m	Schutzwinkel α in Abhängigkeit von der Schutzklasse			
	I	II	III	IV
1	67	71	74	78
2	67	71	74	78
3	67	71	74	78
4	65	69	72	76
5	59	65	70	73
6	57	62	68	71
7	54	60	66	69
8	52	58	64	68
9	49	56	62	66
10	47	54	61	65
11	45	52	59	64
12	42	50	58	62
13	40	49	57	61
14	37	47	55	60
15	35	45	54	59
16	33	44	53	58
17	30	42	52	57
18	28	40	50	56
19	25	39	49	55
20	23	37	48	54
21		36	47	53
22		35	46	52
23		33	45	51
24		32	44	50
25		30	43	49
26		29	42	49
27		27	40	48
28		26	39	47
29		25	38	46
30		23	37	45
31			36	44
32			35	44
33			35	43
34			34	42
35			33	41
36			32	40
37			31	40
38			30	39
39			29	38
40			28	37
41			27	37
42			26	36
43			25	35
44			24	35
45			23	34
46				33
47				32
48				32
49				31
50				30
51				30
52				29
53				28
54				27
55				27
56				26
57				25
58				25
59				24
60				23

Tabelle S4 Schutzwinkel α in Abhängigkeit von der Schutzklasse. Die Höhe h ist die Höhe der Fangeinrichtung über dem zu schützenden Bereich. Quelle: J. Pröpster

Schutzklasse

Abstand der Fangstangen in m	Schutzklasse mit Blitzkugelradius in m			
	I; 20	II; 30	III; 45	IV; 60
	Durchhang der Blitzkugeln in m			
2	0,03	0,02	0,01	0,01
4	0,10	0,07	0,04	0,03
6	0,23	0,15	0,10	0,08
8	0,40	0,27	0,18	0,13
10	0,64	0,42	0,28	0,21
12	0,92	0,81	0,40	0,30
14	1,27	0,83	0,55	0,41
16	1,67	1,09	0,72	0,54
18	2,14	1,38	0,91	0,68
20	2,68	1,72	1,13	0,84
22	3,30	2,09	1,37	1,02
24	4,00	2,50	1,63	1,21
26	4,80	2,96	1,92	1,43
28	5,72	3,47	2,23	1,66
30	6,77	4,02	2,57	1,91
32	8,00	4,82	2,94	2,17
34	9,46	5,28	3,33	2,48

Tabelle S5 Schutzraum durch die Methode der Blitzkugel in Abhängigkeit von der Schutzklasse
Quelle: J. Pröpster

Schutzerdung ist ein älterer Begriff, → TT-System.

Schutzfunkenstrecke ist kein Blitzschutzbauteil, weil sie nicht wie die → Funkenstrecke für die Blitzstrombelastung ausgelegt ist und bei einem Blitzschlag explodieren oder beschädigt werden kann. Die Schutzfunkenstrecke wurde „früher" bei Dachständern als Schutz gegen gefährliche Spannungsverschleppung auf die → äußere Blitzschutzanlage montiert.

Schutzklasse [LPS type] oder auch Blitzschutzklasse klassifiziert ein → Blitzschutzsystem entsprechend seinem Wirkungsgrad. Nach Vornorm DIN V 0185-2 (VDE V 0185 Teil 2):2002-11 [N22], aber auch [N21, N23 und N24] gibt es vier verschiedene Schutzklassen. Der Wirkungsgrad (**Tabelle S2** und **S4**) eines → Blitzschutzsystems (Blitzschutzanlage) nimmt von Schutzklasse I zu Schutzklasse IV hin ab. Die notwendige Blitzschutzklasse muss mit Hilfe der Risikoabschätzung – siehe → Schutzklassen-Ermittlung – festgelegt werden.

Schutzklassen-Ermittlung

Schutzklassen-Ermittlung. Die Schutzklassen-Ermittlung in einem Satz zu beschreiben ist nicht einfach, weil für die Schutzklassen-Ermittlung eine eigene Vornorm herausgegeben wurde und dieses Thema für einen Begriff in diesem Buch eigentlich zu umfangreich ist.

Die Abschätzung des Schadensrisikos für bauliche Anlagen und damit die Ermittlung der Schutzlasse wird nach der Vornorm DIN V 0185-2 (VDE V 0185 Teil 2):2002-11 [N22] vorgenommen. Man kann die Ermittlung der Schutzklasse auch bequem mit einer → Software durchführen, in deren Hilfefunktion außerdem die Zusammenhänge der einzelnen Parameter erklärt werden.

Hier folgt nur eine grobe Erklärung:

Das Risiko R für einen Blitzschaden ergibt sich aus der → Häufigkeit N eines Blitzschlags in die jeweilig zu betrachtende Fläche, der → Schadenswahrscheinlichkeit P und dem → Schadensfaktor δ.

$R = N \cdot P \cdot \delta$

N Die → Häufigkeit N ist die Anzahl der → Blitzschläge in der zu betrachtenden Fläche.

P Die Schadenswahrscheinlichkeit P ist die Wahrscheinlichkeit, wann der Blitzschlag → Schaden verursacht.

δ Schadensfaktor der quantitativen Bewertung des Schadens (Schadenshöhe, Ausmaß und die Folgen)

Die Häufigkeit N_D und N_L ist von der → äquivalenten Fangfläche (**Bild A4** und **S6**) der baulichen Anlage und den eingeführten Versorgungsleitungen, vom → spezifischen Erdbodenwiderstand sowie der alternativen Höhe der Freileitungen abhängig. Dazu kommen noch die jährliche Dichte der Erdblitze → Erdblitzdichte und (siehe Blitzplaner auf der CD-ROM) und weitere Korrekturen von Umgebungskoeffizienten wie Bebauung, Gelände usw.

Bei der Häufigkeit N_M muss man die Blitzeinschläge in einem Abstand von 500 m von der baulichen Anlage in Betracht ziehen (**Bild S6**), weil die Blitzeinschläge durch die → magnetischen Felder → Überspannungen in → Installationsschleifen im Inneren der baulichen Anlage verursachen. Auf **Bild S6** sieht man, dass auch die baulichen Anlagen am Ende der Versorgungsleitungen die Risikoberechnung beeinflussen.

Bei der Schadenswahrscheinlichkeit P betrachtet man unterschiedliche Schäden, angefangen von elektrischem Schock bei Lebewesen, Feuer, Explosion bis zu Störungen an elektrischen/elektronischen Systemen.

Die Schadenswahrscheinlichkeiten können/müssen mit Schutzmaßnahmen reduziert werden. Das sind die Reduktionsfaktoren r, wie → Blitzschutzsystem, → Überspannungsschutz, Maßnahmen gegen → Schritt- und Berührungsspannung und weitere.

Die baulichen Anlagen können nach Bauart und Nutzung unterschiedliche Schadensarten haben. Das sind nach [N22]:

D1 Verlust von Menschenleben
D2 Verlust von Dienstleistungen für die Öffentlichkeit
D3 Verlust von unersetzlichem Kulturgut
D4 Wirtschaftliche Verluste

Schutzklassen-Ermittlung

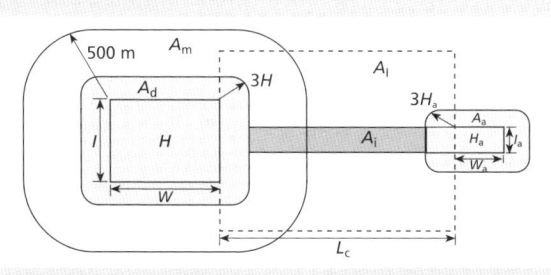

Bild S6 Äquivalente Einfangflächen A_m A_l A_i für indirekte Blitzeinschläge bezüglich der baulichen Anlage
Quelle: Vornorm DIN V 0185-1 (VDE V 0185 Teil 1):2002-11 [N21], Bild A2

Die Schadensarten können durch folgende Schadensursachen hervorgerufen werden:
C1 Elektrischer Schock von Mensch oder Tier, verursacht durch Schritt- und Berührungsspannung,
C2 Physikalische Schäden (Feuer, Explosion, mechanische oder chemische Wirkung) durch die Einwirkung des Blitzstroms einschließlich der Funkenbildung,
C3 Störungen von elektrischen und elektronischen Systemen durch Überspannungen.

Die oben beschriebenen Schadensarten und Schadensursachen müssen nicht immer alle ermittelt werden, weil ihr Auftreten von der baulichen Anlage und der Blitzeinschlagstelle abhängig (**Bild S7**) ist.

Weitere für die Berechnung notwendige Koeffizienten sind die Schadensfaktoren, die in der Norm schon angegeben sind.

Zwischen all diesen Koeffizienten besteht ein enger Zusammenhang ($\rightarrow$ **Tabelle S6**).

Nach der Berechnung aller angegebenen Werte erhält man das Schadensrisiko R. Dieser Wert R soll aber kleiner sein als das akzeptierbare Schadensrisiko R_a. Wenn das nicht der Fall ist, wird die Ermittlung der Schutzmaßnahmen nach dem Flussdiagramm auf **Bild S8** durchgeführt. Man beginnt mit der $\rightarrow$ Blitzschutzklasse von IV bis I und dem $\rightarrow$ Blitzschutzpotentialausgleich. Wenn der Wert R kleiner ist als das akzeptierbare Schadensrisiko R_a, hat man die nötige Blitzschutzklasse ermittelt.

Obwohl am Ende der Ermittlung der vorgeschriebenen Maßnahmen der Wert R bereits kleiner als das akzeptierbare Schadensrisiko R_a ist – noch ohne z. B. Überspannungsschutzmaßnahmen bei den Geräten einzubeziehen – darf man nicht vergessen, dass bei den Einrichtungen der $\rightarrow$ Telekommunikationstechnik ($\rightarrow$ Datenverarbeitungsanlagen) die $\rightarrow$ Überspannungsschutzgeräte auch unabhängig von den Blitzschutzanlagen erforderlich sind.

Die Ermittlung der Schutzklasse sollte mit dem Bauherrn, dem $\rightarrow$ Architekten oder dem Betreiber oder mit allen gemeinsam durchgeführt werden, da der $\rightarrow$ Planer z.B. die Risiken der Panikgefahr oder der Folgeschäden nicht allein beurteilen kann. Die Schadensart D4 – Verlust von wirtschaftlichen Werten – wird vom Eigentümer festgelegt.

Schutzklassen-Ermittlung

Die Sachversicherer haben ihre eigene → VdS-Richtlinie 2010, in der die Zuordnung der Schutzklassen für bauliche Anlagen enthalten ist.

Einschlagstelle	Beispiel	Schadensquelle	Schadensursache	Schadensart
Bauliche Anlage	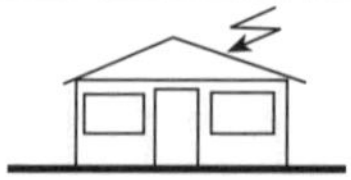	S1	C1 C2 C3	D1, D4[b] D1, D2, D3, D4 D1[a], D2, D4
Erdboden neben baulicher Anlage		S2	C3	D1[a], D2, D4
Eingeführte Versorgungsleitung	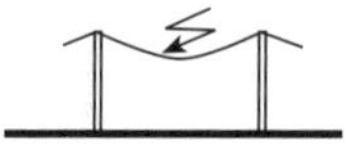	S3	C1 C2 C3	D1 D1, D2, D3, D4 D1[a], D2, D4
Erdboden neben eingeführter Versorgungsleitung		S4	C3	D1[a], D2, D4

a Im Falle von Krankenhäusern und explosionsgefährdeten baulichen Anlagen.
b Im Falle von landwirtschaftlichen Anwesen (Verlust von Tieren).

Bild S7 *Schadensursachen und Schadensarten in Abhängigkeit von der Einschlagstelle.*
Quelle: Vornorm DIN V 0185-1 (VDE V 0185 Teil 1):2002-11 [N21], Bild 1

Schadensursache \ Schadensquelle	Blitzeinschlag (bezogen auf die bauliche Anlage)			
	Direkt		Indirekt	
	S1 direkter Blitzeinschlag in bauliche Anlage	S2 Blitzeinschlag in den Erdboden neben der baulichen Anlage	S3 direkter Blitzeinschlag in eingeführte Versorgungsleitung	S4 Blitzeinschlag in den Erdboden neben eingeführter Versorgungsleitung
C1 Elektrischer Schock von Lebewesen	$R_A = N_D \cdot P_A \cdot \delta_a$		$R_U = N_L \cdot P_U \cdot \delta_u$	$R_S = R_A + R_U$
C2 Feuer, Explosion, mechanische und chemische Wirkungen	$R_B = N_D \cdot P_B \cdot h \cdot \delta_l$		$R_V = N_L \cdot P_V \cdot \delta_l$	$R_f = R_B + R_V$
C3 Störungen an elektrischen und elektronischen Systemen	$R_C = N_D \cdot P_C \cdot \delta_o$	$R_M = N_M \cdot P_M \cdot \delta_o$	$R_W = N_L \cdot P_W \cdot \delta_o$	$R_Z = N_I \cdot P_Z \cdot \delta_o$	$R_o = R_C + R_M + R_W + R_Z$
	$R_d = R_A + R_B + R_C$		$R_i = R_M + R_U + R_V + R_W + R_Z$	

Tabelle S6 *Risiko-Komponenten für verschiedene Schadensquellen und Schadensursachen*
Quelle: Vornorm DIN V 0185-1 (VDE V 0185 Teil 1):2002-11 [N21], Bild 2

Schutzpegel U_p

Bild S8 *Flussdiagramm zur Auswahl von Schutzmaßnahmen*
Quelle: Vornorm DIN V 0185-1 (VDE V 0185 Teil 2):2002-11 [N22], Bild 5

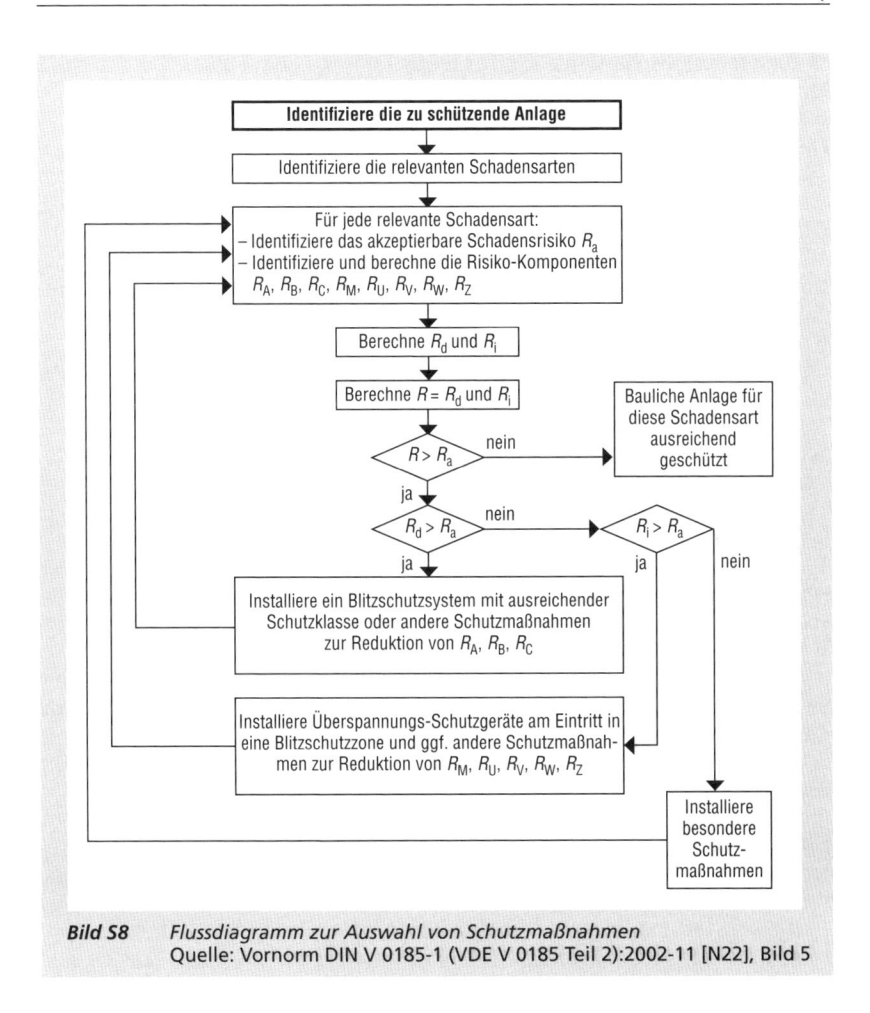

Schutzklasse und die Wirksamkeit → Tabelle S2

Schutzleiter → PE-Leiter

Schutzleitungssystem ist ein älterer Begriff, → IT-System (Isolationsüberwachungseinrichtung im IT-System).

Schutz-Management → LEMP-Schutz-Management

Schutzpegel U_p eines Überspannungs-Schutzgerätes ist der höchste Momentanwert der Spannung an den Klemmen eines Überspannungs-Schutzgerätes, bestimmt aus den standardisierten Einzelprüfungen:

Schutzraum

- Ansprechstoßspannung 1,2/50 µs (100%)
- Ansprechspannung bei einer Steilheit 1 kV/µs
- Restspannung bei Nennableitstoßstrom.

Der Schutzpegel charakterisiert die Fähigkeit eines Überspannungs-Schutzgerätes, Überspannungen auf einen Restpegel zu begrenzen. Der Schutzpegel bestimmt beim Einsatz in energetischen Netzen den Einsatzort hinsichtlich der Überspannungsschutzkategorie nach DIN VDE 0110-1 (VDE 0110 Teil 1): 1997-04 [N15]. Bei Überspannungs-Schutzgeräten zum Einsatz in informationstechnischen Netzen ist der Schutzpegel an die Störfestigkeit der zu schützenden Betriebsmittel anzupassen (DIN EN 61000-4-5) [L25].

Schutzraum → Schutzbereich

Schutzwinkel und Schutzwinkelverfahren. Die Bereiche unterhalb der Schutzwinkel sind die → Schutzbereiche. Die Bereiche oberhalb der Schutzwinkel sind nicht im Schutzbereich → **Tabellen S3, S4 und S5**.

Schweißverbindungen sollten nach Z DIN 57185-1 (VDE 0185 Teil 1): 1982-11 [N27], Abschnitt 4.2.5, mindestens 100 mm lang und etwa 3 mm dick sein. Nach Vornorm DIN V 0185-3 (VDE V 0185 Teil 3):2002-11 [N23], HA 1, Abschnitt 4.6.1, sollen die Schweißverbindungen wenigstens 30 mm lang und etwa 3 mm dick sein.

Die Schweißverbindungen müssen nach der Norm, nach der auch die → Blitzschutzanlage hergestellt wird, durchgeführt werden. Unabhängig von der Blitzschutznorm dürfen die Schweißarbeiten außerdem nur von geprüften Schweißern ausgeführt werden, die einen Eignungsnachweis nach DIN 4099, Abschnitt 6, und DIN 18800 Teil 7, Abschnitt 6.3, besitzen. Verfügt ein Betrieb nicht über den Eignungsnachweis für das Schweißen von Betonstahl nach DIN 4099, so kann die zuständige Bauaufsichtsbehörde das Schweißen an Betonstählen genehmigen, wenn die Schweißarbeiten durch eine anerkannte Prüfstelle überwacht werden.

Schweißverbindungen an Betonstahl sind nur an Bauwerken mit „ruhenden" Lasten zulässig. Bei Bauwerken mit nicht vorwiegend „ruhenden" Lasten sind die Schweißverbindungen verboten!

Als nicht vorwiegend ruhende Lasten gelten stoßende und sich häufig wiederholende Lasten, z. B. die Massenkräfte nicht ausgewuchteter Maschinen, die Verkehrslasten auf Kranbahnen, auf Hofkellerdecken und auf von Gabelstaplern befahrenen Decken (Quelle: DIN 1055 Blatt 3).

SE Signalerdungsleiter [signalling earth conductor] ist ein Leiter, der in Signalstromkreisen den Bezug zum Erdpotential herstellt. Ein PE-Leiter kann gleichzeitig ein Signalerdungsleiter sein, wenn die Signalfunktionen die Sicherheitsfunktionen nicht beeinflussen.

Seitenblitzschlag nennt sich ein Blitzschlag an der Wand der baulichen Anlage unterhalb der Fangeinrichtung. Die baulichen Anlagen müssen gegen

Seitenblitzschläge geschützt werden, was unter dem Begriff → Fangeinrichtung gegen Seiteneinschläge näher beschrieben ist.

SELV [safety extra low voltage] ist eine Bezeichnung für Schutzkleinspannung. Eine sichere Trennung zu → PELV-Stromkreisen ist gefordert.

SEMP [switching electromagnetic pulse] ist eine Störungsursache für energiereiche Überspannungen, die durch Schalthandlungen verursacht wird.

SEP-Prinzip [single entry point] ist nichts anderes als das unter dem Stichwort → Potentialausgleichsnetzwerk beschriebene → sternförmige Potentialausgleichssystem mit einer Eintrittsstelle in das geschützte System. An der Eintrittsstelle sind die Blitz- und Überspannungsschutzgeräte installiert. Alle Installationen innerhalb des geschützten Volumens dürfen nur stern-, baum- und kammartig ausgeführt und nicht mit anderen Räumen verbunden werden.

Sicherheitsabstand d_s [safety distance] ist der Abstand, der zur Vermeidung von zu hohen magnetischen Feldstärken gegen den räumlichen Schirm einer Blitzschutzzone eingehalten werden muss [21].

Sicherheitstechnische Anlagen → Datenverarbeitungsanlagen

Sicherungen → Vorsicherung

Sicherungsanlagen → Datenverarbeitungsanlagen

Sichtprüfung muss nach Vornorm DIN V 0185-3 (VDE V 0185 Teil 3):2002-11 [N23], HA 1, Abschnitt 3.6, zwischen den Wiederholungsprüfungen durchgeführt werden. Die Sichtprüfung geschieht durch eine Besichtigung, die unter dem Stichwort → Prüfungsmaßnahmen – Besichtigen beschrieben ist.

Signalanlagen → Datenverarbeitungsanlagen

Sinnbilder für Blitzschutzbauteile → Grafische Symbole für Zeichnungen

Software. Die Planung, Installation und Prüfung der Blitzschutzanlagen kann man sich mit unterschiedlicher Software erleichtern. Hauptsächlich handelt es sich dabei um → Schutzklassen-Ermittlung, Berechnung von → Trennungsabständen sowie Software für Ausschreibungen und Schaltpläne. Auf der beiliegenden CD-ROM befinden sich Voll- oder auch Demoversionen dieser Programme.

Sondenmessung → Messungen – Erdungsanlage

Sonnenblenden → Balkongeländer

Spannungsfall $\dot{U}_E$ entsteht am Stoßerdungswiderstand R_{st} einer durch einen Blitzstrom $\hat{\imath}$ getroffenen Anlage

$$\dot{U}_E = \hat{\imath} \cdot R_{st}$$

Wenn in der baulichen Anlage der Blitzschutzpotentialausgleich für alle in die Anlage eintretenden Einrichtungen so ausgeführt wird, wie in diesem Buch beschrieben, entstehen keine gefährlichen Potentialunterschiede.

Spannungsfestigkeit [withstand voltage] ist die Höhe der maximalen Spannung, die die elektrische Einrichtung ohne Beschädigung verträgt.

Spannungstrichter entstehen bei einer Erdungsanlage und bei dem Hilfserder während einer Erdungsmessung, → Messungen – Erdungsanlage, Teil Messungsart – Widerstandsmessung mit Erdspießen.

Spannungswaage → Sternpunkt

SPD [surge protective device] Überspannungsschutz-Schutzeinrichtung, siehe Stichworte mit → Überspannungsschutz.

Spezifischer Erdwiderstand P_E ist der spezifische elektrische Widerstand der Erde, der als Widerstand zwischen zwei gegenüber liegenden Würfelflächen eines Erdwürfels mit einer Kantenlänge von 1 m definiert wird.

Spezifischer Erdwiderstand P_E hat die Einheit Ωm ($\dfrac{\Omega m^2}{m}$)

Der spezifische Erdwiderstand P_E ist für die → Planung des → Blitzschutzsystems unverzichtbar und als Information für die → Schutzklassen-Ermittlung, für die Berechnung der Erdungsanlage und der Belastung der in die bauliche Anlage eingeführten Leitungen nötig. Der spezifische Erdwiderstand P_E lässt sich mit der → Wenner Methode messen; diese ist unter dem Begriff → Messungen – Erdungsanlage beschrieben.

Der **Tabelle S7** sind die typischen spezifischen Erdwiderstände unterschiedlicher Bodenarten zu entnehmen.

Spezifischer Oberflächenwiderstand ist der mittlere spezifische Widerstand der Erdschichten an der Oberfläche der Erde.

Sportanlagen sind jetzt in der Vornorm DIN V 0185-3 (VDE V 0185 Teil 3):2002-11 [N23], HA 2, Abschnitt 2 beschrieben. Die Sportanlagen werden mit der → Schutzklasse III gebaut. In Einzelfällen, z.B. bei Großstadien, muss das Erfordernis von zusätzlichen Maßnahmen nach Vornorm DIN V 0185-2 (VDE V 0185 Teil 2):2002-11 [N22] geprüft werden.

Nach [N23], HA 2 Abschnitt 2.1.3 werden die Zuschauerplätze auf Tribünen und Rängen ohne Überdachung mit der Schutzklasse II ausgeführt. Die Höhe des → Schutzbereiches für Personen muss an jedem Platz der nicht überdach-

Stahldübel

Bodenart	Spezif. Erdwiderstand R in Ωm	Erdungswiderstand in Ω					
		Tiefenerder in m			Banderder in m		
		3	6	10	5	10	20
Feuchter Humus Moor, Sumpf	30	10	5	3	12	6	3
Ackerboden Lehm, Ton	100	33	17	10	40	20	10
Sandiger Lehm	150	50	25	15	60	30	15
Feuchter Sandboden	300	66	33	20	80	40	20
Trockener Sandboden	1000	330	165	100	400	200	100
Beton 1 : 5	400	–	–	–	160	80	40
Feuchter Kies	500	160	80	48	200	100	50
Trockener Kies	1000	330	165	100	40	200	100
Steinige Erde	30.000	1000	500	300	1200	600	300
Fels	10^7	–	–	–	–	–	–

Tabelle S7 Typische spezifische Erdwiderstände und Erdungswiderstände der Tiefen- und Banderder   Quelle: LEM Instruments

ten Zuschaueranlage mindestens 2,5 m betragen. An allen Stellen müssen Maßnahmen gegen → Schritt- und Berührungsspannung durchgeführt werden.

Bei Flutlichtanlagen und Anzeigetafeln, die elektrisch betrieben werden, muss am Elektrohauptverteiler, am Gebäudeeintritt und am Fußpunkt jedes Flutlichtmastes und jeder Anzeigetafel ein → Blitzschutzpotentialausgleich durchgeführt werden.

Die Kabel ohne ausreichenden Kabelschirm (→ Mindestschirmquerschnitt) für den Eigenschutz müssen mit einem Erder versehen werden, wie unter dem Stichwort → Kabelschutz außerhalb der baulichen Anlage beschrieben ist.

SRPP → Systembezugspotentialebene (SRPP)

Staberder → Tiefenerder

Stahlbewehrung in Beton gilt als elektrisch leitend, wenn etwa 50 % der Verbindungen von senkrechten und waagerechten Stäben verschweißt oder sicher verbunden sind. Sind die senkrechten Stäbe nicht verschweißt, müssen sie auf einer Länge von mindestens dem Zwanzigfachen ihres Durchmessers überlappt und sicher verbunden werden.

Fertigbetonteile müssen vom Hersteller eine Bescheinigung besitzen, dass sie elektrisch leitend sind.

Stahldübel. Nicht immer erlauben die Statiker oder → Architekten den Firmen, den Stahlbeton zu stemmen und die → Stahlbewehrung für → Schirmungs- und → Erdungszwecke anzuschließen. In einem solchen Fall sind Stahldübel eine „intelligente" Lösung, die schon mehrfach in der Praxis erprobt worden ist und mit der man gute Erfahrungen gemacht hat.

Stand der Normung

Nach der Lokalisierung der Bewehrungseisen mit Hilfe eines Messsystems wird ein Loch neben den Bewehrungseisen frei gebohrt. In dieses Loch wird ein Superplus-Selbsthinterschneidanker aus rostfreiem Stahl (WkSt.-Nr.: 1.4571) eingesetzt. Nach der Kontaktüberprüfung muss das Bohrloch noch verschlossen werden und der elektrische Anschluss zwischen zwei Muttern M8 festgeschraubt werden. Auf **Bild S9** sieht man eine Potentialausgleichschiene am Gebäudeeintritt, an der die äußere Erdungsanlage, das Bewehrungseisen mittels Stahldübel und weitere Verbindungen zu anderen → Potentialausgleichsschienen zur Herstellung des → Potentialausgleichsnetzwerks angeschlossen sind.

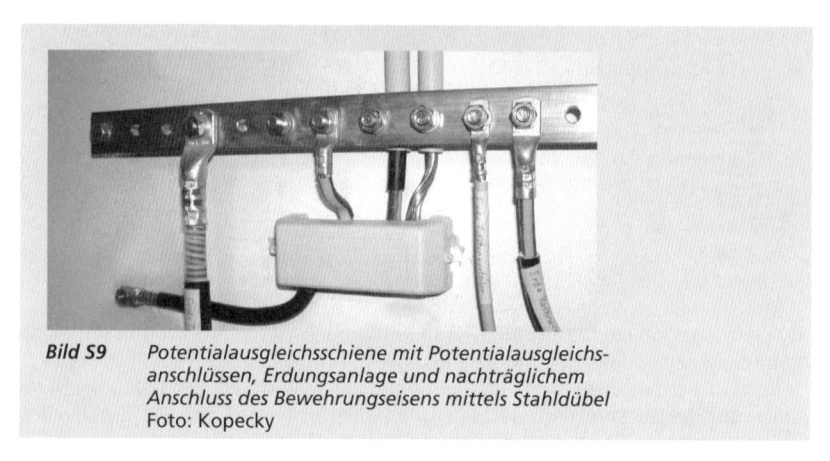

Bild S9 Potentialausgleichsschiene mit Potentialausgleichsanschlüssen, Erdungsanlage und nachträglichem Anschluss des Bewehrungseisens mittels Stahldübel
Foto: Kopecky

Stand der Normung. Am 1. November 2002 wurden alle alten Entwürfe, Vornormen und Normen zum Blitzschutz zurückgezogen. Einer von mehreren Gründen war, dass nicht alle Firmen eine vollständige Übersicht über die gültigen Normen hatten. Mit gleichem Datum erschienen die neuen Blitzschutz-Vornormen [N21 – N24].

Da seit diesem Zeitpunkt nur Vornormen, aber keine Normen für Blitzschutzanlagen existieren, wurde von der ZVEI-Abteilung Recht und öffentliche Aufträge bekannt gegeben: „… besteht für eine technische Maßnahme keine „anerkannte Regel der Technik", so ist der „Stand der Technik" anzuwenden". Mit dem Stand der Technik sind die Vornormen [N21 – N24] gemeint.

Die Blitzschutzvornormen erwähnen noch in ihren eigenen Vornormen die Wahl des → sternförmigen und → maschenförmigen → Potentialausgleichs. Der sternförmige Potentialausgleich ist in einfachen baulichen Anlagen noch realisierbar, aber in baulichen Anlagen, die nach DIN-VDE 0800er Reihe [EN10, EN12, N32 – N35] gebaut werden, ist nur das maschenförmige → Potentialausgleichsnetzwerk erlaubt.

Man muss bei der Planung, Prüfung und Errichtung der baulichen Anlagen aus EMV-, Blitz- und Überspannungsschutz-Sicht alle → Normen, die in der Normenübersicht enthalten sind, realisieren. Die wichtigsten Passagen der Normen und die praktischen Erfahrungen sind in diesem Buch und auf der CD-ROM beschrieben und werden durch Fotos dokumentiert.

Stand der Technik ist der letzte Stand der neusten wissenschaftlichen Ergebnisse, die schon teilweise praktisch erprobt und in Fachkreisen teilweise bekannt sind (**Tabelle S8**).

Stand von Wissenschaft und Technik ist der letzte Stand der neusten wissenschaftlichen Ergebnisse noch ohne praktische Erfahrungen und die Bekanntmachung in Fachkreisen (**Tabelle S8**).

Entwicklung	Begriff	Wissenschaftliche Erkenntnis/ Bestätigung	praktische Erfahrung vorhanden	in Fachkreisen allgemein bekannt	in der Praxis langzeitig bewährt
↑	Allgemein anerkannte Regeln der Technik	ja	ja	ja	ja
	Stand der Technik	ja	teilweise/ bedingt	teilweise	nein
	Stand der Wissenschaft (und Technik)	ja	nein	nein	nein

Tabelle S8 Begriffstruktur (nach Rybicki)
Quelle: Umbruch im Sachverständigenwesen
von Prof. Dr.-Ing. habil. Ulrich Nagel

Standortisolierung ist eine Erhöhung des Widerstandes in dem Bereich, in dem im ungünstigsten Fall → Schrittspannung oder Berührungsspannung entstehen kann. Im Innenbereich der baulichen Anlagen stehen mehrere Alternativen für zusätzliche Isolierung sowie unterschiedliche Isoliermaterialien zur Verfügung. Außerhalb baulicher Anlagen sollte eine mindestens 5 cm dicke Asphaltschicht verwendet werden.

Stehstoßspannung kann man auch mit der Durchschlagswahrscheinlichkeit bei der Spannungsfestigkeit vergleichen.

Sternpunkt eines Transformators muss bei → TN- und bei → TT-Systemen unmittelbar in der Nähe des Transformators niederohmig geerdet werden. Das wird in erster Linie für Schutzmaßnahmen gegen elektrischen Schlag vorgeschrieben. Im Zusammenhang mit der Thematik → EMV ist es für die Reduzierung transienter → Überspannungen und für die Verkleinerung so genannter Sternpunktverschiebungen ebenfalls wichtig. Ein nicht ausreichend oder gar nicht geerdeter Sternpunkt eines Transformators verursacht eine so starke Sternpunktverschiebung bei nicht gleichmäßig belasteten Phasen, dass auch dauernde Überspannungen entstehen können.

Aus der Praxis sind mehrere Fälle bekannt, wo bei einem Kurzschluss an einer Phase und nicht geerdetem Sternpunkt des Transformators so große Über-

Störfestigkeit

spannungen an den nicht kurzgeschlossenen Phasen entstanden sind, dass auch weniger empfindliche Geräte durch Überspannung, die mehrere Sekunden dauerten, zerstört wurden.

In erster Linie ist der Sternpunkt also für den Personenschutz wichtig, er ist aber auch für den „Überspannungsschutz" von Bedeutung. Des Weiteren ist darauf zu achten, dass der PE-Leiter (Schutzleiter) an allen vorgeschriebenen Stellen geerdet wird.

Störfestigkeit [resistibility] ist die Fähigkeit einer elektrischen Einrichtung, leitungsgebundene und gestrahlte Störwirkungen von Störquellen ohne Beschädigung zu überstehen.

Störgrößen → **Bild S10**. Aus elektromagnetischer Sicht ist das eine elektromagnetische Erscheinung, die bei Entstehen in einer elektromagnetischen Umgebung den Betrieb der Anlage oder des Gerätes negativ beeinflussen kann.

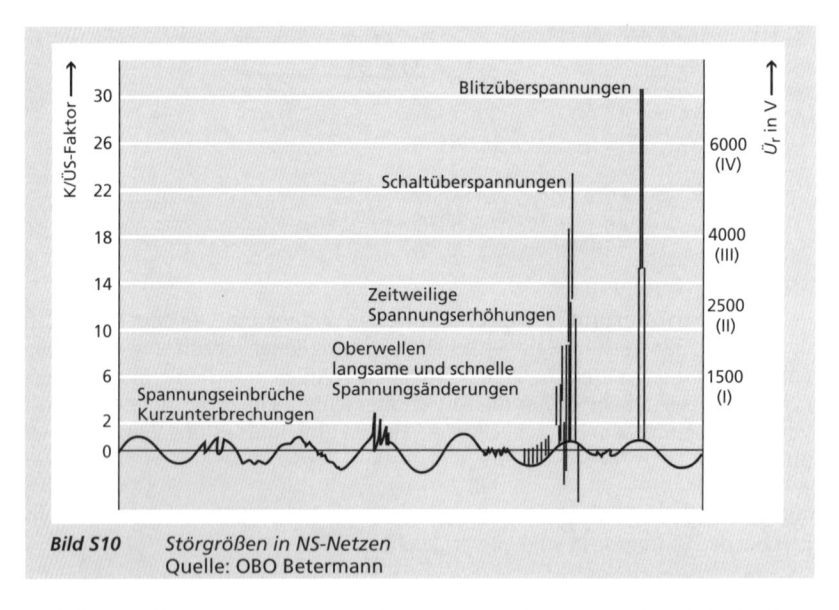

Bild S10 Störgrößen in NS-Netzen
Quelle: OBO Betermann

Störpegel ist die Höhe einer elektromagnetischen Störgröße, die in der festgeschriebenen Messungsart gemessen und ermittelt wird.

Störphänomene aller Produkte und Anlagen sind dem **Bild S11** zu entnehmen.

Störsenke ist eine elektrische Anlage oder ein Gerät, dessen Funktion durch Störungen beeinflusst werden kann. Die Beeinflussung der Funktion führt zum Funktionsausfall oder zu anderen Störungen und damit zur qualitativen Minderung.

Systembezugspotentialebene (SRPP)

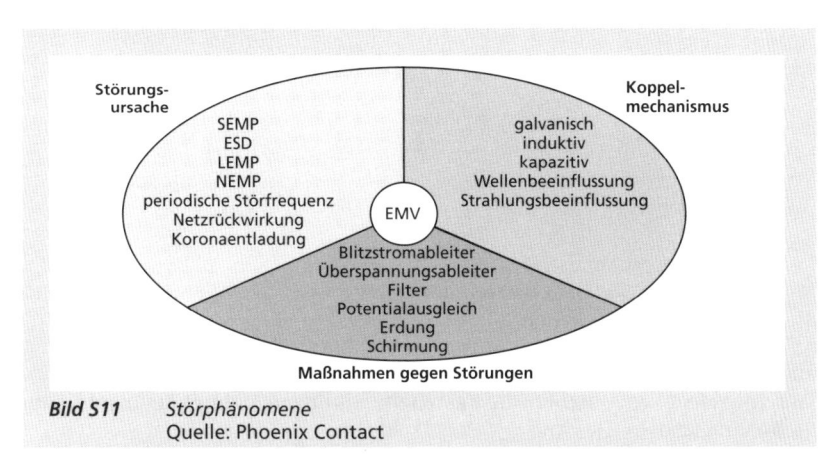

Bild S11 Störphänomene
Quelle: Phoenix Contact

(Diagramm: Störungsursache — SEMP, ESD, LEMP, NEMP, periodische Störfrequenz, Netzrückwirkung, Koronaentladung; Koppelmechanismus — galvanisch, induktiv, kapazitiv, Wellenbeeinflussung, Strahlungsbeeinflussung; Maßnahmen gegen Störungen — Blitzstromableiter, Überspannungsableiter, Filter, Potentialausgleich, Erdung, Schirmung; EMV)

Stoßerdungswiderstand R_{ST} ist ein wirksamer Widerstand, der durch einen Blitzstrom zwischen der Einschlagstelle in die → Erdungsanlage und der → Bezugserde verursacht wurde.

Stoßspannungsfestigkeit (kV) der Kabelisolierung für verschiedene Nennspannungen siehe **Tabelle K3**.

Strahlenerder ist ein → Oberflächenerder aus Einzelleitern, die strahlenförmig auseinanderlaufen und deren Winkel zwischen je zwei Strahlen nicht kleiner als 60° sein sollen.

Strahlenförmiger Potentialausgleich → Potentialausgleichsnetzwerk

Suchanlagen → Datenverarbeitungsanlagen

Summenstromableiter sind Blitz- und Überspannungsschutzgeräte, die ausschließlich für die Installation zwischen dem → N- und dem → PE-Leiter im → TT- oder → TN-S-System verwendet werden.

Systembezugspotentialebene (SRPP) [system reference potential plane (SRPP)] ist im Prinzip eine leitfähige massive Fläche, die das Idealziel des Potentialausgleiches darstellt. Das lässt sich durch horizontale und/oder vertikale Vermaschung des Potentialausgleichs erreichen. Die Größe der Maschen muss allen zu erwartenden Frequenzen entsprechen. Durch die Vermaschung entsteht eine Gitterstruktur, die dem Faradayschen Käfig ähnlich ist. Nähere Informationen unter → Potentialausgleichsnetzwerk.

T

TAB → Technische Anschlussbedingungen

Tankstellen gehören zu räumlich ausgedehnten Anlagen und sind in Bezug auf → Überspannung besonders gefährdet. Das gilt insbesondere für die → Gefahrenmeldeanlagen und für die Kasseneinrichtungen, die mit den Zapfsäulen verbunden sind.
Die Hauptursache für Schäden an Tankstellen ist der nicht richtig ausgeführte vorgeschriebene → Potentialausgleich und die → Erdungsanlage. Der Potentialausgleich ist insbesondere deshalb wichtig, weil die einzelnen Gebäude der Tankstellenanlage unterschiedliche Potentiale haben, wenn sie nicht an einem Erdungssystem angeschlossen sind!
Die Blitz- und → Überspannungsschutzgeräte (SPD) müssen nach dem → Blitzschutzzonenkonzept installiert werden und man sollte beachten, dass der Blitzschlag auch aus der umgekehrten Stromflussrichtung kommen kann. Das bedeutet, SPDs der Klasse I müssen nicht nur beim Gebäudeeintritt, sondern auch beim Gebäudeaustritt, zum Beispiel für den → Pylon oder die Benzinpreisanzeige, installiert werden. Überspannungsschutz für Ex-Anlagen ist unter dem Stichwort → Eigensichere Stromkreise in Ex-Anlagen beschrieben.

TE [terminal equipment] Endgerät

Technische Anschlussbedingungen (TAB) [L18]. In den technischen Anschlussbedingungen gibt es mehrere Abschnitte, die für die → EMV, den Blitz- und Überspannungsschutz wichtig sind.
Dabei handelt es sich unter der Überschrift 10 „Elektrische Verbrauchsgeräte" um Informationen zu → Netzrückwirkungen.
Abschnitt 12 „Schutzmaßnahmen", Absatz (1), legt fest, dass für die Schutzart bei indirektem Berühren nach DIN VDE 0100-410 (VDE 0100 Teil 410):1997-01 [N1] das Schutz-System beim VNB zu erfragen ist. Dies ist nicht nur für den Schutz bei indirektem Berühren wichtig, sondern auch für die richtige Installation der Blitz- und → Überspannungsschutzgeräte (SPDs).
Absatz (2) schreibt den → Fundamenterder vor, mit dem Hinweis, dass ein Fundamenterder nach DIN 18014:
- dem → Blitzschutz,
- der Schutzerdung von → Antennenanlagen,
- dem → Überspannungsschutz,
- der → elektromagnetischen Verträglichkeit (EMV),
- der Funktionserdung informationstechnischer Einrichtungen und

- der Erhöhung der Wirksamkeit des → Hauptpotentialausgleichs nach DIN VDE 0100-410 [N1] dient.

Im Vergleich zu früheren TABs ist eine deutliche Ergänzung von Absatz (2) in Richtung EMV zu erkennen, und zwar dadurch, dass gefordert wird, den Fundamenterder für alle Einrichtungen in der baulichen Anlage zu planen, auszuführen und auch zu benutzen.

Absatz (3) verbietet die Benutzung der → PEN- bzw. → Neutralleiter (N) des VNB als Erder für Schutz- und Funktionszwecke von Antennen-, Blitzschutz-, Fernmelde-, Breitbandkommunikationsanlagen und ähnlichen Anlagen des Kunden.

Absatz (4) erlaubt einen → Überspannungsschutz der Kategorie C und D (heute klassifiziert als Klasse II und III) nur im nicht plombierten Teil der Kundenanlage.

In TAB 2000 ist unter der Überschrift 12 ein neuer Absatz 5 über die Installation von → Überspannungs-Schutzeinrichtungen der Anforderungsklasse B in Hauptstromversorgungssysteme aufgenommen worden. Es wird darin hingewiesen auf die „Richtlinie für den Einsatz von Überspannungs-Schutzeinrichtungen der Anforderungsklasse B (heute klassifiziert als Klasse I) in Hauptstromversorgungssystemen", herausgegeben im Jahr 1998 von der Vereinigung Deutscher Elektrizitätswerke – VDEW – e.V.

Die Voraussetzungen für die Installation von Überspannungs-Schutzeinrichtungen sind hier im Buch unter dem Stichwort → Überspannungsschutz vor dem Zähler beschrieben.

Teilblitz [stroke] ist eine einzelne elektrische Entladung in einem Erdblitz oder auch die Blitzenergie nach der Energieverteilung in einem Einschlagpunkt in einem von mehreren Pfaden.

Teilblitzstrom kann z. B. in einem Erdkabel einer baulichen Anlage bei einem entfernten Blitzschlag Überspannungen und Zerstörung von Geräten verursachen. Das Gleiche kann auch bei nicht isolierten Fangeinrichtungen der → Dachaufbauten oder bei Näherungen geschehen. In solchen Fällen wird der Blitz über die → Fang- und → Ableitungseinrichtung nur teilweise abgeleitet und ein Teilblitzstrom dringt in die geschützte bauliche Anlage ein. Dies muss verhindert werden. Teilblitzströme werden auch durch innere Ableitungen verursacht. In allen Fällen, wo es nicht zum Überschlag kommt, werden große Ein- → kopplungen in die inneren Installationen verursacht, die ebenfalls Schäden hervorrufen können.

Telekommunikationsendeinrichtung, z. B. Fax, Modem, ISDN-Karten im PC, schützt man auch mit → Überspannungsschutzgeräten (SPD), die in die Steckdose gesteckt werden. Damit sind sowohl die Energieversorgung 230 V als auch die Elektronik vor → Überspannungen, aber nicht vor Blitzschlag geschützt. Die steckbaren SPD-Adapter entsprechen der Klasse III und müssen über vorgeschaltete SPDs der Klasse I und II verfügen, wie unter dem Stichwort → Überspannungsschutz beschrieben ist.

Telekommunikationskabel sind alle → Kabel von Telekommunikationseinrichtungen, → Datenverarbeitungsanlagen, → Gefahrenmeldeanlagen usw. Sie müssen so installiert werden, wie unter den Stichworten mit Kabel und → Potentialausgleich beschrieben.

THD → Grundwellen-Klirrfaktor und → Verträglichkeitspegel für Oberschwingungen

Tiefenerder ist ein → Erder, der hauptsächlich senkrecht (oder auch schräg) in größere Tiefen eingebracht wird. Er kann aus Rohr-, Rund- oder anderem Profilmaterial bestehen und zusammensetzbar sein.

Der Tiefenerder als Einzelerder muss nach Vornorm DIN V 0185-3 (VDE V 0185 Teil 3):2002-11 [N23], HA 1, Abschnitt 4.4.2.1, eine Mindestlänge nach Bild 2, hier **Bild E5**, in Abhängigkeit von der Schutzklasse und des spezifischen Bodenwiderstandes haben. Die [N23], HA 1, Abschnitt 4.4.2.1 Anmerkung 2, enthält die Information, dass die Mindestlänge nach Bild 2, hier **Bild E5**, außer Acht gelassen werden darf, wenn der Erdungswiderstand kleiner als 10 Ω ist, aber in der Anmerkung 4 steht, dass sich auch *„die Länge von 9 m als vorteilhaft erwiesen"* hat". Tiefenerder dürfen nach [N27], Tabelle 2, aus verzinktem Stahl oder Stahl mit Kupfermantel installiert werden. Bei nachträglicher Installation bei baulichen Anlagen mit Fundamenterder oder – wie weiter unten beschrieben – bei der Erweiterung nicht ausreichender → Fundamenterder dürfen aus Korrosionsgründen keine stahlverzinkten Tiefenerder benutzt werden. Nach [N30], Tabelle NC.3 (**Tabelle W2** in diesem Buch) und RAL-GZ 642 dürfen nur Tiefenerder aus NIRO V4A, Werkstoffnr. 1.4571, eingebaut werden.

Tiefenerder können dort eingesetzt werden, wo aus Geländegründen (befestigte Verkehrsflächen) keine Oberflächenerder installiert werden dürfen. Ein weiterer Vorteil des Tiefenerders ist der über das ganze Jahr gleich bleibende Widerstand mit nur minimalen Schwankungen. Der Erdungswiderstand eines Tiefenerders mit 9 m Länge im Erdbereich und einem spezifischen Erdwiderstand von 100 Ωm beträgt ca. 12 Ω.

Ist es nicht möglich, einen Tiefenerder 9 m in das Erdreich zu treiben, so muss die erforderliche Länge in Teillängen aufgeteilt oder mit einem Oberflächenerder kombiniert werden. Die Abstände zwischen Teillängen des Tiefenerders müssen mindestens eine Teiltiefenerderlänge haben. Beispiel: Die erste Teillänge beträgt 6 m, somit muss die nächste Teillänge einen Abstand von mindestens 6 m haben.

Mit dem Tiefenerder oder auch nur mit Teillängen vom Tiefenerder wird die → Erdungsanlage in dem Fall erweitert, wenn nach [N23], HA 1, Abschnitt 4.4.2.1, Bild 2, hier **Bild E5**, sich die Mindestlänge der Erdungsanlage bei der Überprüfung der äquivalenten Kreisfläche als nicht ausreichend groß erweist.

Tiefenerder als Einzelerder ohne Verbindung zu anderen Erdern haben auch Nachteile. Beispielsweise müssen die Trennungsabstände zu Ableitungen und Fangvorrichtungen, die nur mit Tiefenerdern als Einzelerder verbunden sind ($k_c = 1$), sehr groß sein. Falls ein großer → Trennungsabstand nicht möglich ist, muss jeder Einzelerder mit der Blitzschutz-Erdungsanlage verbunden werden. Dies kann auch mit einem inneren Potentialausgleichsring innerhalb der Gebäude erfolgen.

In der Ergänzung der Vornorm [N23], im VDE-Fachbericht 60 [L31] sowie in der Fachzeitschrift de 13-14/2004 wurde folgendes veröffentlicht:
„*Ergänzend wird festgelegt, dass bei der Typ A-Erdung der Potentialausgleich dieser Erder auf dem Erdniveau durch Potentialausgleichsleiter außerhalb oder innerhalb der baulichen Anordnung hergestellt werden muss*".

Tiefenerder haben auch Nachteile bezüglich einer Schrittspannung in der eigenen Umgebung. Die erforderlichen Schutzmaßnahmen sind unter dem Stichwort → Schrittspannung beschrieben.

Bevor ein Tiefenerder in den Erdbereich geschlagen wird, muss alles über die unterirdischen Einrichtungen in Erfahrung gebracht werden, d. h., es muss geprüft werden, ob nicht → Kabel, Gasleitungen und Ähnliches im Erdbereich verlegt sind.

Die Schachtgrube sollte besser tiefer als 50 cm sein. So kann man herausfinden, ob sich nicht andere Einrichtungen im Erdbereich befinden, die nicht in Plänen enthalten oder die falsch registriert worden sind. Durch die tiefere Schachtgrube kann der Monteur den Vibrationshammer auch einfacher auf die Tiefenerderstangen (1,5 m) aufsetzen.

TN-C-S-System ist ein System (Netz) in der Energieversorgung mit einem „kombinierten" → PEN-Leiter, der die Funktion des Schutzleiters und des Neutralleiters in sich vereint. Im zweiten Teil des Systems wird der PEN-Leiter auf den PE- und N-Leiter aufgeteilt. Erst nach dieser Trennung entsteht ein EMV-freundliches Energieversorgungssystem. Weiteres → Netzsysteme und → Umstellung eines TN-C(-S)-Systems auf ein TN-S-System.

TN-C-System ist ein nicht EMV-freundliches Energieversorgungssystem, da die Ausgleichsströme über den → PEN-Leiter fließen, was durch eine unsymmetrische Belastung der Netze, → Netzrückwirkungen oder andere Störungen verursacht wird. Von den → Ausgleichsströmen ist nicht nur der PEN-Leiter betroffen, sondern auch der → Potentialausgleichsleiter und alle anderen in den → Potentialausgleich einbezogenen Einrichtungen wie → Kabelschirme, Heizungsrohre usw. (**Bild T1**). Die über die Kabelschirme fließenden Ströme verursachen Störungen bei auf Überspannung empfindlich reagierenden Baugruppen, mitunter auch Zerstörungen. Fließen die Ströme über umfassende Systeme, z. B. Rohrsysteme, entstehen zusätzliche → magnetische Felder, die weitere Störungen verursachen und auch die → Korrosion der Rohre beschleunigen. Seit 1. September 2001 ist das TN-C-System bei baulichen Anlagen mit → Telekommunikationseinrichtungen, wie → Datenverarbeitungsanlagen usw., nicht erlaubt. Weiteres → Netzsysteme und → Umstellung eines TN-C(-S)-Systems auf ein TN-S-System.

TN-S-System ist ein EMV-freundliches System mit getrenntem → PE- und → N-Leiter. Damit können keine oder nur minimale Ausgleichsströme (Leckströme) über den PE-Leiter und andere in den → Potentialausgleich einbezogene Einrichtungen fließen (**Bild T1**). Das TN-S-System (5adrig) ist aus EMV-Sicht das beste System. Weiteres → Netzsysteme und → Umstellung eines TN-C(-S)-Systems auf ein TN-S-System.

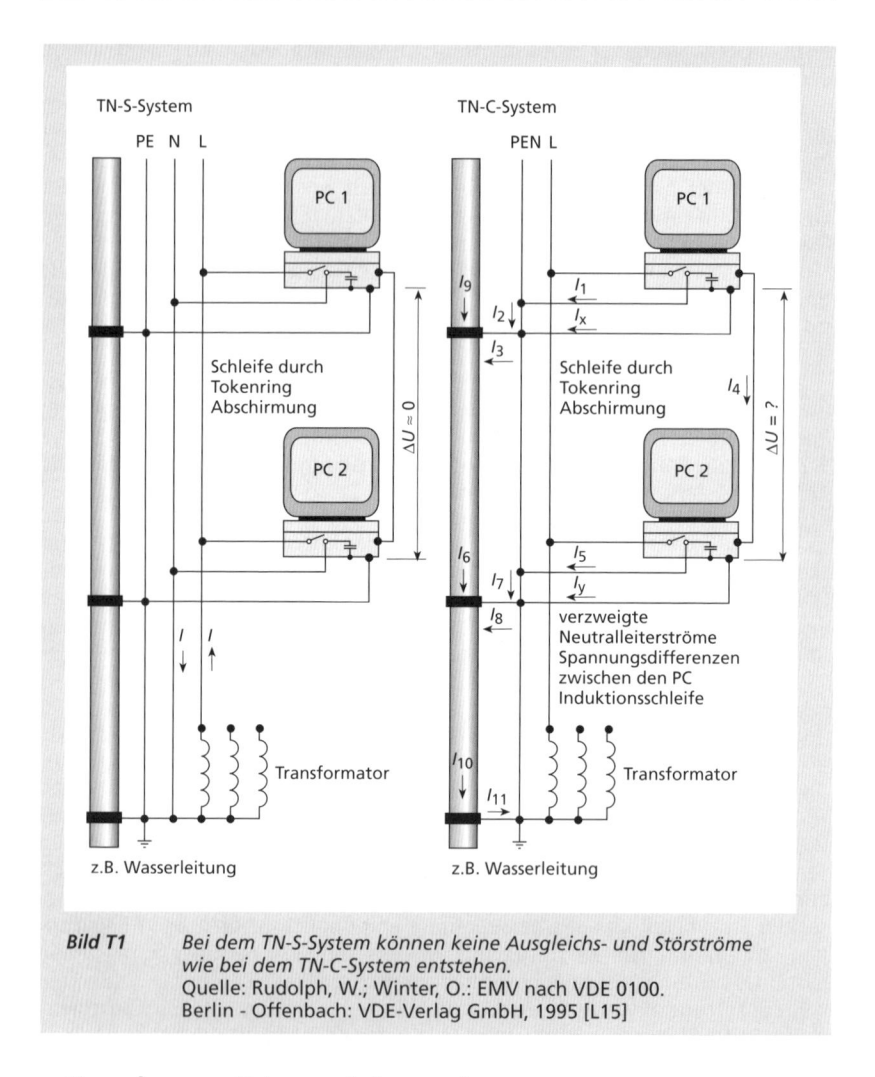

Tonanlagen

Bild T1 Bei dem TN-S-System können keine Ausgleichs- und Störströme wie bei dem TN-C-System entstehen.
Quelle: Rudolph, W.; Winter, O.: EMV nach VDE 0100.
Berlin - Offenbach: VDE-Verlag GmbH, 1995 [L15]

Tonanlagen → Datenverarbeitungsanlagen

Traufenblech muss mit der → Fangeinrichtung oder → Ableitung verbunden werden, wenn es länger als 2 Meter ist oder sich näher als 0,5 m von der Fangeinrichtung oder Ableitung befindet.

Trennfunkenstrecken dürfen nicht mit → Schutzfunkenstrecken verwechselt werden. Die Trennfunkenstrecken müssen die Prüfströme 10/350 µs zerstörungsfrei führen können. Ihre Aufgaben sind die Trennung zweier Installationen, z. B. unterschiedliche → Erdungsanlagen, Näherungsstellen usw., und die kontrollierte Durchzündung bei einem Blitzschlag. Die Trennfunkenstrecke muss nach dem Blitzschlag wieder einwandfrei die Trennung der beiden Installationen herstellen.

Trennstelle → Messstelle

Trenntransformatoren benutzt man als Schutzmaßnahme nach DIN VDE 0800 Teil 2 [N33], Abschnitt 15.2 und weiteren Abschnitten, und für die Unterbrechung der Ausgleichsströme zwischen einzelnen Anlagen nach DIN VDE 0100-444 (VDE 0100 Teil 444):1999-10 [N9]; Abschnitt 444.3.15, DIN EN 50310 (VDE 0800 Teil 2-310):2001-09 [EN12], Tabelle 2 und weiteren, wie unter dem Stichwort → Netzsysteme beschrieben ist.

Trennungsabstand s [separation distance] ist der minimale Abstand, der zur Vermeidung gefährlicher Funkenbildung der Installationen gegen Teile des Äußeren Blitzschutzes eingehalten werden muss [21]. Weiteres unter dem Stichwort → Näherungen.

Tropfbleche sind nicht immer mit den Dachrinnen verbunden. Sind keine Verbindungen vorhanden, müssen sie mit der → Fangeinrichtung oder → Ableitung zusammengefügt werden.

TT-System ist ein nicht EMV-freundliches Energieversorgungssystem (→ Netzsysteme). Bei der Benutzung von → Trenntransformatoren können die angeschlossenen Geräte EMV-freundlich betrieben werden. Eine weitere Alternative für die EMV-freundliche Installation ist die → galvanische Trennung (Glasfasertechnik/Lichtwellenleiter) bei nachrichtentechnischen Kabeln.

U

Umgebungsfaktor C_d dient gemeinsam mit anderen Koeffizienten zur Berechnung der Einschlaghäufigkeit in eine bauliche Anlage (→ Schutzklasse – Ermittlung).

Umstellung eines TN-C(-S)-Systems auf ein TN-S-System ist sehr oft nicht nur eine technische Frage, sondern auch eine Frage der Ökonomie und der Realisierbarkeit. Aus EMV-Sicht kann der Planer bei nachträglichen Änderungen wählen, ob ein → TN-S-System oder andere Alternativen zur elektrischen Trennung der → Schleifen, die sich durch Stromversorgungsleitungen und informationstechnische Kabel bilden, installiert werden. Die elektrische Trennung der Schleifen kann mit → Trenntransformatoren, → Optokopplern oder auch → Lichtwellenleitern durchgeführt werden. Entscheidet man sich aus Preisgründen für die Alternative, nachträglich 5. Adern zu installieren, müssen die folgenden Arbeiten ausgeführt werden:

- Aus EMV-Sicht dürfen die 5. Adern nur als → PE-Leiter installiert werden. Es darf kein → N-Leiter sein, weil zwischen den alten 4-adrigen Kabeln und dem nachträglichen N-Leiter → magnetische Felder entstehen können.
- Der „alte" → PEN-Leiter im 4-adrigen Kabel wird weiter als PEN-Leiter markiert (Gelb-Grün mit blauem Ring), aber nur als N-Leiter benutzt. Er darf nicht mehr geerdet werden.

Unfallverhütungsvorschriften [L2]. Die „Unfallverhütungsvorschriften für Elektrische Anlagen und Betriebsmittel" BGV A2 (bisher VBG 4) enthalten für Planer, Installationsfirmen und Betreiber mehrere wichtige Paragraphen.
In §2 „Begriffe", Abschnitt 2, steht für die Elektrotechnik folgendes beschrieben:
„Elektrotechnische Regeln im Sinne dieser Unfallverhütungsvorschrift sind die allgemein anerkannten Regeln der Elektrotechnik, die in den VDE-Bestimmungen enthalten sind, auf die die Berufsgenossenschaft in ihrem Mitteilungsblatt verwiesen hat. Eine elektrotechnische Regel gilt als eingehalten, wenn eine ebenso wirksame andere Maßnahme getroffen wird; der Berufsgenossenschaft ist auf Verlangen nachzuweisen, dass die Maßnahme ebenso wirksam ist."
Die Maßnahmen aus den VDE-Bestimmungen sind also einzuhalten!
In §3 „Grundsätze", Abschnitt 1, ist festgelegt:
„Der Unternehmer hat dafür zu sorgen, dass elektrische Anlagen und Betriebsmittel nur von einer Elektrofachkraft oder unter Leitung und Aufsicht einer Elektrofachkraft den elektrotechnischen Regeln entsprechend errichtet, geändert und instand gehalten werden. Der Unternehmer hat ferner dafür zu sorgen, dass die

elektrischen Anlagen und Betriebsmittel den elektrotechnischen Regeln entsprechend betrieben werden."

Nicht immer werden aber in der Praxis alle Arbeiten an elektrischen Anlagen und ihren Bestandteilen von einer Elektrofachkraft ausgeführt!

In den Grundsätzen beim Fehlen elektrotechnischer Regeln §4, Abschnitt 1, ist geschrieben: *„Soweit hinsichtlich bestimmter elektrischer Anlagen und Betriebsmittel keine oder zur Abwendung neuer oder bislang nicht festgestellter Gefahren nur unzureichende elektrotechnische Regeln bestehen, hat der Unternehmer dafür zu sorgen, daß die Bestimmungen der nachstehenden Absätze eingehalten werden".*

In Abschnitt 2: *„Elektrische Anlagen und Betriebsmittel müssen sich in sicherem Zustand befinden und sind in diesem Zustand zu erhalten".*

Und in Abschnitt 3: *„Elektrische Anlagen und Betriebsmittel dürfen nur benutzt werden, wenn sie den betrieblichen und örtlichen Sicherheitsanforderungen im Hinblick auf Betriebsart und Umgebungseinflüsse genügen".*

Bei den Erklärungen zu § 4, Abschnitt 2:

„Der sichere Zustand ist vorhanden, wenn elektrische Anlagen und Betriebsmittel so beschaffen sind, dass von ihnen bei ordnungsgemäßem Bedienen und bestimmungsgemäßer Verwendung weder eine unmittelbare (z. B. gefährliche Berührungsspannung) noch eine mittelbare (z. B. durch Strahlung, Explosion, Lärm) Gefahr für den Menschen ausgehen kann".

Nicht nach Norm ausgeführter → Potentialausgleich, aber auch fehlerhafte → Blitzschutzsysteme verursachen beispielsweise Gefahren für die Menschen.

Um zu beurteilen, ob die elektrische und elektronische Anlage den elektrotechnischen Regeln entspricht, muss der Unternehmer die Anlage nach §5 „Prüfungen", Abschnitt 1, auf ordnungsgemäßen Zustand überprüfen lassen. Prüfungen müssen dabei nach Inbetriebnahme der Anlage, sowie als Wiederholungsprüfungen in einem regelmäßigen Turnus erfolgen. Der größte zugelassene zeitliche Abstand zwischen den Überprüfungen von elektrischen Anlagen und ortsfesten Betriebsmitteln beträgt 4 Jahre. Näheres → BGV A2 (VBG 4).

Wenn bei der Überprüfung Mängel entdeckt werden, muss der Unternehmer nach §3, Abschnitt 2, dafür sorgen, dass die Mängel unverzüglich behoben werden. Besteht Gefahr, so darf die elektrische Anlage oder das elektrische Betriebsmittel in mangelhaftem Zustand nicht in Betrieb genommen werden.

Unterdachanlagen gibt es häufig bei Gebäuden, die unter Denkmalschutz stehen oder bei denen ein sichtbares Blitzschutzsystem nicht erwünscht ist. Sie waren zwar erlaubt, es entstanden aber oft Probleme durch → Näherungen mit anderen Einrichtungen unter dem Dach, z. B. Brandmeldeanlagen, → Alarmanlagen und mit der allgemeinen Elektroinstallation (**Bild N2**). Um diese Probleme zu beseitigen, waren zumeist zusätzliche Maßnahmen notwendig, z. B. → Trennungsabstände vergrößern, Abschirmungen einsetzen und zusätzlichen → Überspannungsschutz durchführen. Das ist aber so aufwändig, dass die Unterdachanlagen selten zu empfehlen sind.

Unterdachanlagen waren nach DIN 57185-1 (VDE 0185 Teil 1):1982-11, Abschnitte 5.1.1.2 und 5.1.1.7, nur bei baulichen Anlagen bis 20 m Gesamthöhe, gemessen am höchsten Punkt der → Fangeinrichtung, erlaubt. Bei Unterdach-

USV-Anlagen

anlagen wurde der → Schutzbereich durch den → Schutzwinkel der herausragenden → Fangspitzen oder Fangstangen mit 45° nach allen Seiten gebildet. Die Fangspitzen oder Fangstangen mussten Abstände von höchstens 5 m und mindestens 0,3 m Höhe über der Dachhaut haben. Die Verbindungsleitung unter dem Dach sollte für Kontrollen zugänglich sein. → Metalldachstühle und auch andere Stahlkonstruktionen, aber auch Bewehrungen im Stahlbeton gelten als Verbindungen zu den Fangspitzen und Fangstangen.

In den neuen Blitzschutzvornormen werden die Unterdachanlagen nicht erwähnt.

Die Praxis: Bei Überprüfungen von Unterdachanlagen wird sehr oft festgestellt, dass die Fangspitzen zu kurz sind. Auch sind sie oft zu weit auf dem First von der Giebelkante entfernt. Gerade Giebelkanten müssen aber hauptsächlich geschützt werden. Bei Unterdachanlagen mussten die → Fangspitzen oder → Fangstangen an den Stellen angebracht werden, wo normalerweise Fangleitungen auf dem Dach sind. Das bedeutet, dass Giebelkanten und Traufen ebenfalls Fangspitzen oder Fangstangen haben müssen, was oft nicht der Fall ist.

USV-Anlagen-Hersteller werben für ihre Produkte oft damit, dass die USV-Anlagen auch bei Gewitter schützen. Damit ist im Allgemeinen aber nur der Schutz vor Spannungsunterbrechung gemeint und nicht der Schutz vor Überspannung. Nicht alle USV-Anlagen haben einen installierten → Überspannungsschutz (SPD) auf der „Eingangsseite", sehr selten ist eine installierte SPD auf der Ausgangsseite. Die Ausgangsleitungen werden jedoch durch unterschiedliche Einkopplungen beeinflusst und müssen auch geschützt werden. Der durchgehende → PE-Leiter in der USV erhöht sonst bei einer Störung die → Längsspannung gegenüber allen anderen Leitern der USV-Anlage. Die Ausgangsleitungen der USV-Anlagen sollten auch mit SPDs geschützt werden, wenn die Leitungen nicht anders geschützt sind.

Ü

Überbrückung. Die Überbrückung der Wasserzähler wurde früher zum Zweck der Erdung vorgeschrieben. Seit der Installation nicht leitfähiger (PVC-)Wasserrohre und Einsatz von → Fundamenterdern hat die Überbrückung der Wasserzähler nur noch eingeschränkte Bedeutung. In den Fällen, wo die eintretende Wasserleitung weiterhin aus leitfähigem Material ist, muss der Wasserzähler jedoch auch weiterhin überbrückt werden.

Als weitere wichtige Überbrückungen sind die Überbrückungen von Blechkanten, Metallfassaden und Stoßstellen bei Klima- und Lüftungsanlagen zu nennen. In allen Fällen müssen die Überbrückungen blitzstromtragfähig sein.

Werden die leitfähigen Überbrückungen mit PVC-beschichteten Blechen ausgeführt, so sind die Anschlüsse durch Nieten herzustellen.

Überbrückungsbauteil ist ein Verbindungsbauteil zum Verbinden von metallenen Installationen.

Überspannungen entstehen durch:
- atmosphärische Entladungen (LEMP: lightning electromagnetic impulse)
- Schaltüberspannungen (SEMP: switching electromagnetic impulse)
- elektrostatische Entladungen (ESD: electrostatic discharge)
- Nuklearexplosion (NEMP: nuclear electromagnetic impulse)
- energietechnische Netzrückwirkungen

Siehe auch **Bild S11** bei dem Stichwort → Störphänomene

Überspannungsableiter [surge protective device (SPD)] werden in der Praxis durch die Wellenform des Prüfstroms, 10/350 µs oder 8/20 µs, unterschieden. SPDs mit der Wellenform der Stoßströme 10/350 µs sind unter dem Stichwort → Blitzstromableiter beschrieben, SPDs mit der Wellenform der Stoßströme 8/20 µs unter dem Stichwort → Überspannungsableiter Klasse II

Weiterhin wird unterschieden in SPDs für Energietechnik und SPDs für Informationstechnik.

Überspannungsableiter (SPD) Klasse II ist ein Ableiter zum Einbau am Blitzschutzzonenübergang $0_B/1$ bzw. an nachfolgenden Blitzschutzzonenübergängen. Bei nicht ausgeführtem → Blitzschutzzonenkonzept ist er im Elektroverteiler zu installieren oder auch in separat zu schützenden Einrichtungen. Siehe auch Stichworte in Zusammenhang mit Überspannungsschutz.

Die diesem Buch beigelegte CD-ROM bietet u.a. eine große Auswahl von Blitzstromableitern verschiedener Hersteller inklusive technischer Daten und Einbauhinweise.

Überspannungskategorien

Überspannungskategorien sind in DIN V VDEV 0100-534 (VDE V 0100 Teil 534):1999-4 [N11] festgelegt. In den neuen Vornormen [N21 – N24] werden die Anforderungsklassen B, C und D der Überspannungskategorien aus [N11] nicht benannt. Zur besseren Übersicht sind diese der **Tabelle Ü1** zu entnehmen. Siehe auch **Tabelle Ü2** (Seite 248).

Ableiter nach VDE 0675	SPD-Typ nach IEC 61643-1	Testclass nach EN 61643-11 (VDE 0675 Teil 6-11)	Kennzeichen	Anwendung
Klasse B	Typ 1	Class I	T1	Blitzstromableiter
Klasse C	Typ 2	Class II	T2	Überspannungsableiter
Klasse D	Typ 3	Class III	T3	Geräteschutz

Tabelle Ü1   Kennzeichnung von Überspannungsschutzgeräten

Im Zusammenhang mit den Überspannungsschutzkategorien muss man hier erwähnen, dass immer eine Koordination aller Überspannungsschutzgeräte vorhanden sein muss. Wie aus **Bild Ü1** ersichtlich, beherrschen die Überspannungsschutzgeräte der Klassen II und III nur die restlichen Überspannungen mit niedrigeren Spannungspegeln, aber keine → Teilblitzströme. Die Überspannungsschutzgeräte der Klassen II und III können ohne vorgeschaltete Blitzstromableiter – Überspannungsableiter der Klasse I schon bei einem Blitzschlag in der Nähe zerstört werden. Bei direktem Blitzschlag werden sie bei Überlastung zerstört und schützen nicht. Die Überspannungsableiter der Klassen II und III schützen nur bei entfernten Blitzschlägen sowie transienten und Schaltüberspannungen.

Seit 2001 befinden sich auf dem Markt auch Überspannungsableiter, die mehrere Klassen beinhalten. Bei diesen Überspannungsableitern entfällt die Installation der → Entkopplungsdrossel oder die → Entkopplung mit der Kabelleitung.

Bild Ü1 zeigt den Schutzpegel von → Blitzstromableitern Klasse I am → Blitzschutzpotentialausgleich mit < 4 kV (Überspannungsschutzkategorie IV), von Überspannungsschutz Klasse II in der Überspannungsschutzkategorie III bei der festen Installation < 1,5 kV sowie von Überspannungsschutz Klasse III in der Überspannungsschutzkategorie II für ortsveränderliche und fest angeordnete Betriebsmittel im Vergleich zur vorgeschriebenen Bemessungsstoßspannung. Die Überspannungskategorie ist unabhängig von der → Blitzschutzanlage. Das bedeutet, die Überspannungsschutz-Installation sollte auch realisiert werden in Anlagen ohne Blitzschutzanlage.

Überspannungsschutz an → Blitzschutzzonen (LPZ) (**Bild Ü2**). Nach DIN V VDEV 0100-534 (VDE V 0100 Teil 534):1999-4 [N11], Abschnitt 534.2, müssen die Leistungsparameter der SPDs der Bedrohungsgröße am Einbauort der LPZ angepasst werden. Ob alle LPZ realisiert werden müssen, ist vom

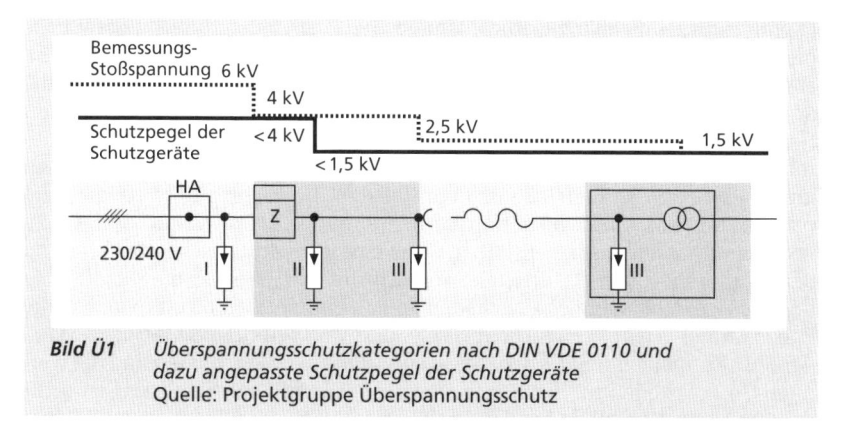

Überspannungsschutz an Blitzschutzzonen (LPZ)

Bild Ü1 Überspannungsschutzkategorien nach DIN VDE 0110 und dazu angepasste Schutzpegel der Schutzgeräte
Quelle: Projektgruppe Überspannungsschutz

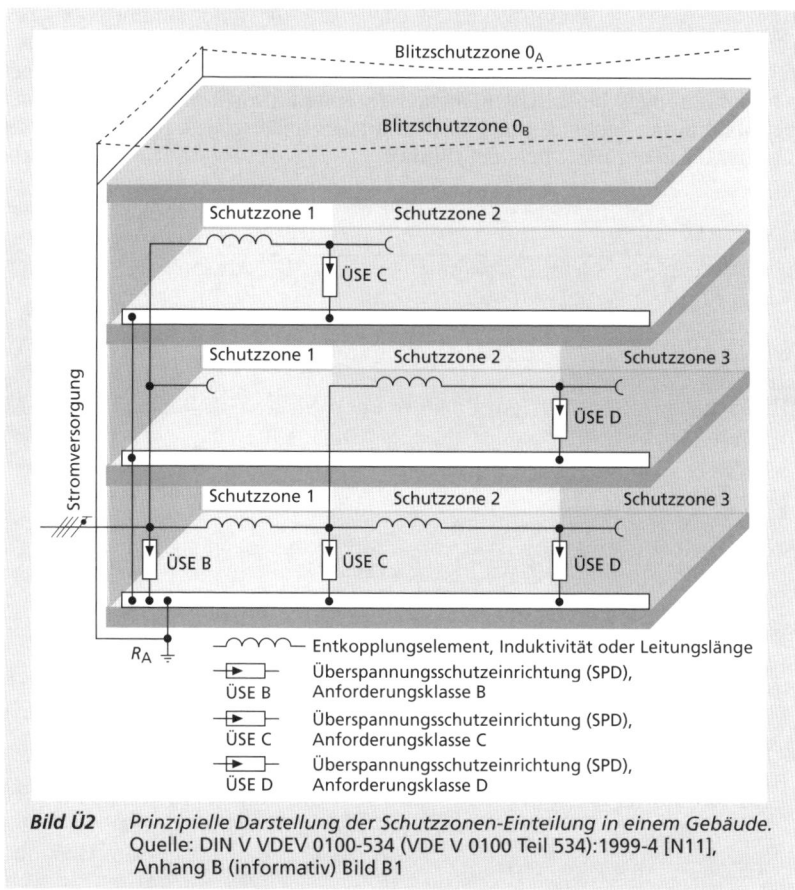

Bild Ü2 Prinzipielle Darstellung der Schutzzonen-Einteilung in einem Gebäude.
Quelle: DIN V VDEV 0100-534 (VDE V 0100 Teil 534):1999-4 [N11], Anhang B (informativ) Bild B1

Überspannungsschutz an Blitzschutzzonen (LPZ)

Planungskonzept abhängig. Die Planung der Überspannungsschutzmaßnahmen an der LPZ muss sorgfältig geschehen. Bei der Prüfung der Planung und auch der Ausführung von Überspannungsschutzmaßnahmen in der Praxis wurde häufig festgestellt, dass Blitz- und Überspannungsschutzgeräte erst im Hauptverteiler oder im Unterverteiler installiert wurden, obwohl diese sich bereits weit innerhalb der LPZ befanden. Die SPDs der entsprechenden Klassen müssen sich an den Eintrittsstellen der Kabel in die nächste LPZ befinden und nicht mehrere Meter davon entfernt. Die Alternative, SPDs „weiter" entfernt zu installieren, ist nur dann realisierbar, wenn das noch nicht geschützte Kabel von der LPZ räumlich getrennt und/oder abgeschirmt wird. Werden die SPD-Klassen falsch ausgewählt, kann es zu Schäden an den Einrichtungen kommen, wie die Praxis immer wieder zeigt. Die Aussage, dass nur beim Gebäudeeintritt (LPZ) der Blitzstromableiter SPDs der Klasse I installiert werden müssen und die weiteren Unterverteiler nur die SPDs der Klassen II und III haben müssen, ist nicht immer richtig. Wie schon bei den Stichworten → Außenbeleuchtung, → Dachrinnenheizung oder hauptsächlich → Überspannungsschutz in der Praxis beschrieben ist, gibt es auch Blitz- oder Blitzteilströme von der „stromumgekehrten" Seite. Aber auch dann, wenn aus diesem Unterverteiler (UV) kein Kabel nach außen angeschlossen ist, kann im Falle eines Blitzschlags eine Überlastung der SPDs durch Teilblitzströme über den Potentialausgleich entstehen, wenn sich der UV in der LPZ 1 befindet (**Bild Ü3**).

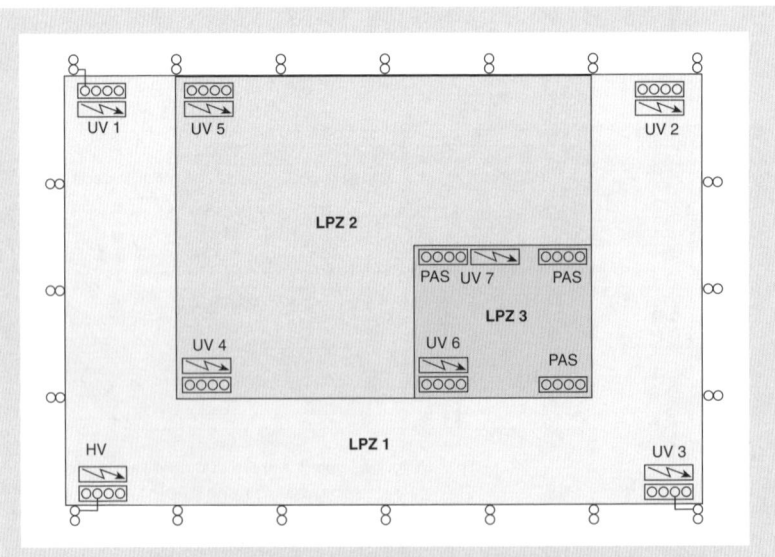

Bild Ü3 Beispiel zur Auswahl der SPDs in einer baulichen Anlage in Abhängigkeit der Blitzschutzzonen (LPZ). In dem HV, UV1, UV2, UV3 und UV5 sind mindestens SPDs Klasse I zu installieren. In dem UV4 und UV6 sind mindestens SPDs Klasse II zu installieren und in dem UV7 genügt die SPD Klasse III.
Quelle: Kopecky

Überspannungsschutz an Transformatoren. Sehr oft entdeckt man bei Kontrollen der Elektroinstallationen und Blitzschutzanlagen, dass bei den Transformatoren, alternativ im Hauptverteiler, keine → Blitzstromableiter (SPD) → Klasse I eingebaut sind. Als Begründung wird genannt, dass der Transformator sich innerhalb einer baulichen Anlage befindet und nicht getroffen werden kann. Diese Meinung ist zwar richtig, aber bei einem Blitzschlag in die bauliche Anlage (in der sich der Transformator befindet) dringen die → Teilblitzströme über den geerdeten → Sternpunkt am Transformator in die Elektroinstallation ein (im → TN-C-S- oder → TT-System). Nur beim → IT-System kann diese Gefahr nicht entstehen, solange die Primärleitung (Hochspannungsleitung) nicht gefährdet ist.

Unabhängig vom Netz-System der Sekundarseite des Transformators entsteht mit der Hochspannungsleitung eine → Ausstülpung einer LPZ in der baulichen Anlage und damit ist die angeschlossene Leitung auf der Sekundarseite die „Eintrittstelle" in die → Blitzschutzzone (LPZ) der baulichen Anlage.

Weil die Installation der SPDs beim Transformator nicht immer einfach realisierbar ist, können die SPDs alternativ im Elektrohauptverteiler angebracht werden. Näheres → Überspannungsschutz in der Praxis.

Überspannungsschutz für die Informationstechnik. Die Überspannungsschutzgeräte-Hersteller haben für die meisten Anwendungen genau abgestimmte Überspannungsschutzgeräte (SPDs). SPDs gibt es für alle Spannungspegel, AC/DC-Spannung, als → Blitzstromableiter und → Überspannungsableiter, mit eingebauter Entkopplung, mit Querschutz und/oder Längsschutz, mit HF-Filter und mit weiteren Spezifikationen. Bei der Computertechnik muss man allerdings immer die maximale Datengeschwindigkeit beachten. Die so genannte Verträglichkeit der SPDs mit den zu schützenden Einrichtungen darf nicht vergessen werden. In einem Buch dieses Formats kann leider aus Platzgründen nicht auf alle Anwendungen von Überspannungsschutzgeräten in der Informationstechnik eingegangen werden. Die diesem Buch beigelegte CD-ROM bietet eine ausreichende Anzahl von Einbauhinweisen. Da → Telekommunikationsanlagen besonders häufig auftreten, wird ihr Überspannungsschutz separat unter dem folgenden Stichwort behandelt.

Überspannungsschutz für die → Telekommunikationstechnik. Bei der Kontrolle und Schadensbewertung von Anlagen der Telekommunikationstechnik zeigt es sich immer wieder, dass es hier noch viel zu tun gibt in punkto Schutzmaßnahmen. Die → Telekommunikationskabel sind sehr selten in den → Blitzschutzpotentialausgleich einbezogen. Überspannungsschutzgeräte sind, wenn überhaupt, vor allem nur an der Energieversorgung zu finden. Gerade Endgeräte, die an zwei oder mehreren unterschiedlichen Netzen angeschlossen sind, sind jedoch hauptsächlich durch → Überspannung gefährdet.

Entsprechend dem Bericht [L13] der Herren *Trommer* und *K.-P. Müller* ist es Tatsache, dass Telekommunikationsleitungen als Leitungsnetz vielfach eine Fläche von einigen Quadratkilometern überdecken und damit bei einer Blitzschlaghäufigkeit von ca. 1 bis 5 Blitzschlägen pro Jahr und Quadratkilometer vor allem die Telekommunikationsleitungen selbst und damit auch die Endeinrichtungen gefährdet sind.

Überspannungsschutz für die Telekommunikationstechnik

Die Spannungsfestigkeiten der Endgeräte können bei einem direkten oder nahen Blitzeinschlag überschritten werden, so dass es zu Zerstörungen kommt. **Bild Ü4** zeigt die Zuständigkeit des Netzbetreibers (hier z. B. Telekom).

Bei neuen und bestehenden Installationen ist es günstig, die Überspannungsschutzmaßnahmen sowohl am APL als auch am NT auszuführen. Bei nachträglich installierten Überspannungsschutzmaßnahmen kann man diese Maßnahmen nur am NT durchführen, wenn der APL nicht im Nutzungsbereich des Anwenders ist.

Überspannungsschutz am APL [L13]

Die Überspannungsschutzmaßnahme am APL ist der → Blitzschutzpotentialausgleich einer baulichen Anlage. Für diesen → Überspannungsschutz bieten sich aufsteckbare LSA-Plus-Schutzgeräte als Einzelgeräte oder als Zehnerblock für die LSA-Plus-Leisten der Baugruppe II an. In den meisten Fällen ist diese Einbeziehung in den Blitzschutzpotentialausgleich ausreichend, aber die Belastbarkeit muss immer kontrolliert werden, → Blitzprüfstrom.

Überspannungsschutz am NT [L 13]

Bei den Überspannungsschutzmaßnahmen am NT wird unterschieden zwischen Schutzmaßnahmen für die Einzelplatzanwendung und solchen für die Mehrplatzanwendung. Bei den Schutzmaßnahmen für den Einzelplatz mit Hilfe eines Adapters (**Bild Ü5**) ist auch die Versorgungsleitung 230 V geschützt.

Die Schutzmaßnahmen für Mehrplatzanwendung sind am Beispiel eines Einbaurahmens auf **Bild Ü6** gezeigt.

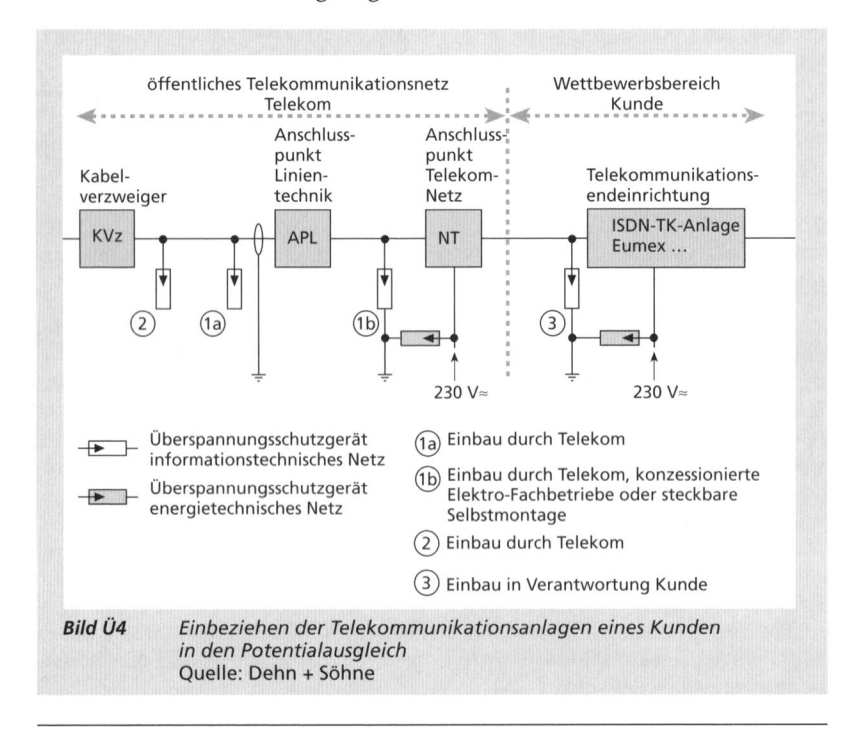

Bild Ü4 Einbeziehen der Telekommunikationsanlagen eines Kunden in den Potentialausgleich
Quelle: Dehn + Söhne

Überspannungsschutz im IT-System

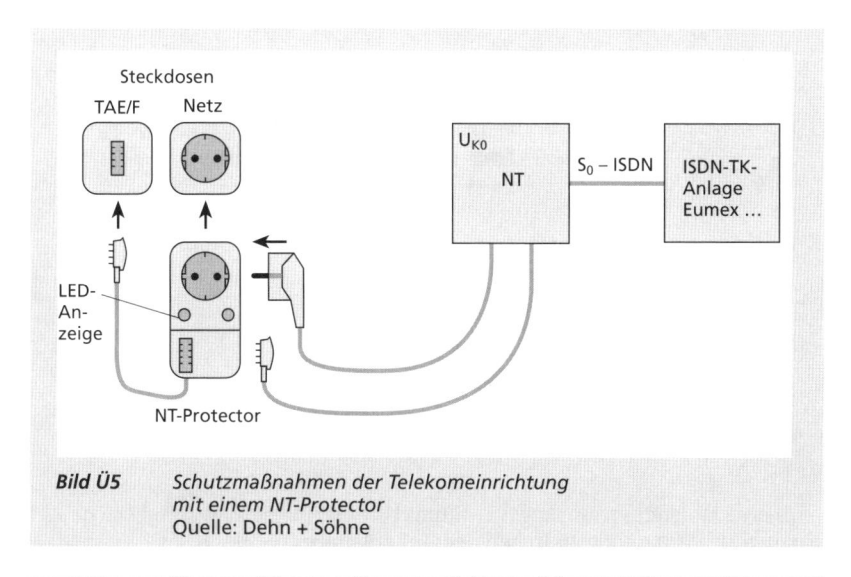

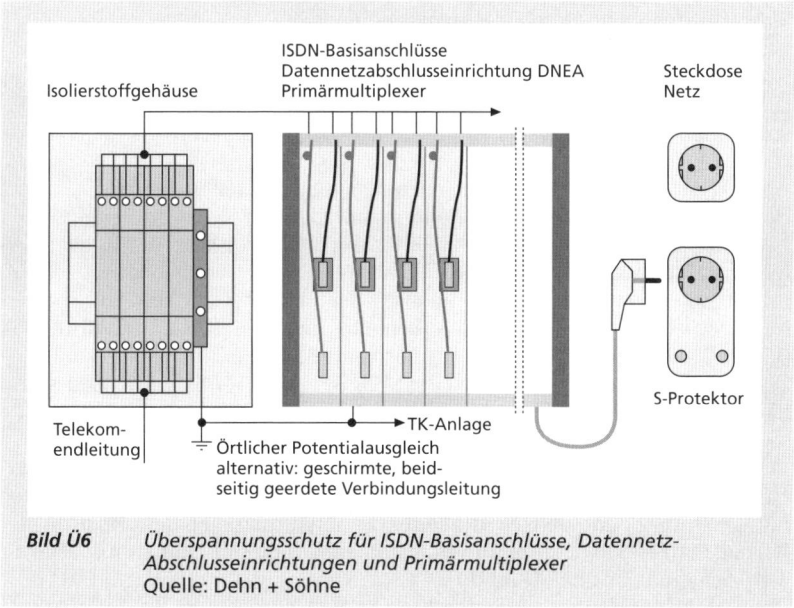

Bild Ü5 Schutzmaßnahmen der Telekomeinrichtung mit einem NT-Protector
Quelle: Dehn + Söhne

Bild Ü6 Überspannungsschutz für ISDN-Basisanschlüsse, Datennetz-Abschlusseinrichtungen und Primärmultiplexer
Quelle: Dehn + Söhne

Überspannungsschutz im → IT-System [N11].

Die Überspannungs-Schutzeinrichtungen (SPDs) der Klassen I, II und III sind zwischen allen aktiven Leitern und dem Schutzleiter PE zu installieren (**Bild Ü7**).

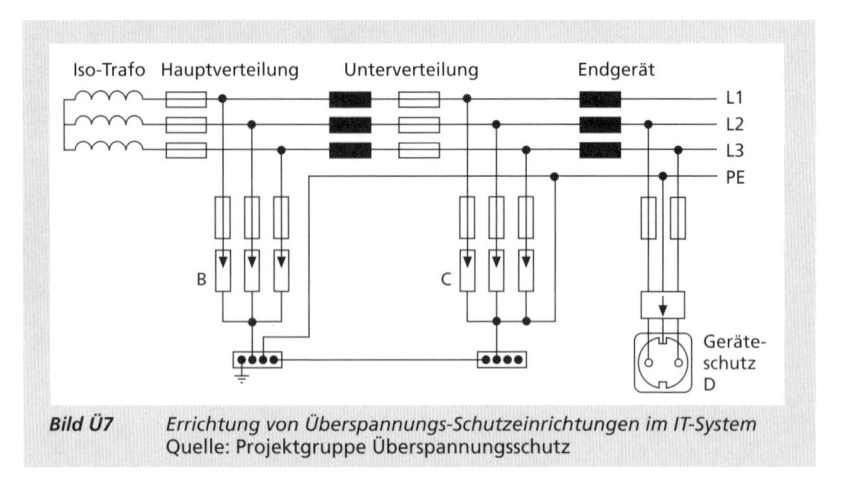

Überspannungsschutz im TN-C-, TN-C-S- und TN-S-System

Bild Ü7 *Errichtung von Überspannungs-Schutzeinrichtungen im IT-System*
Quelle: Projektgruppe Überspannungsschutz

Die → Ableiterbemessungsspannung U_c der SPD beträgt das 1,1fache der Nennwechselspannung zwischen den Außenleitern ($U = U_0 \cdot \sqrt{3}$).

Die Blitzstoßstromtragfähigkeit der SPDs der Klasse I ist von der Blitzschutzklasse abhängig und **Tabelle B3** zu entnehmen.

Überspannungsschutz im → TN-C-, TN-C-S- und TN-S-System [N11].

Die Überspannungs-Schutzeinrichtungen (SPDs) der Klassen I und II sind zwischen allen aktiven Leitern (L, N) und dem → Schutzleiter (PE- oder PEN) zu installieren (**Bild Ü8**).

SPDs der Klasse III werden zwischen dem ungeerdeten Außenleiter (L), dem Neutralleiter (N) und dem Schutzleiter montiert.

Zusätzlich dürfen die SPDs aller → Klassen auch zwischen den aktiven Leitern installiert werden.

Die Ableiterbemessungsspannung U_c der SPDs beträgt das 1,1fache der Nennwechselspannung zwischen Außenleiter und Erde (DIN V VDEV 0100-534 (VDE V 0100 Teil 534):1999-4 [N11], Abschnitt 534.3.1).

Die Blitzstoßstromtragfähigkeit der SPDs ist von der → Blitzschutzklasse abhängig und der **Tabelle B3** zu entnehmen.

Überspannungsschutz im TT-System [N11].

Die Überspannungs-Schutzeinrichtungen (SPDs) der Klassen I, II und III sind zwischen den ungeerdeten Außenleitern (L) und dem Neutralleiter (N) sowie zwischen dem Neutralleiter (N) und dem → Schutzleiter (PE) zu installieren. Diese Anschlussart ist auch als 3 + 1-Schaltung bekannt (**Bild Ü9**).

Zusätzlich dürfen die SPDs aller Klassen auch zwischen den aktiven Leitern installiert werden.

In [N11], Abschnitt 534.2.2 und Bild A.4, heißt es zwar, dass in dem Fall, wenn ein Ableitertrennschalter montiert wurde, die SPD auch wie im → TN-System installiert werden darf, aber diese Alternative ist nur für Österreich gültig, da auf dem deutschen Markt die Ableitertrennschalter nicht zu erhalten sind.

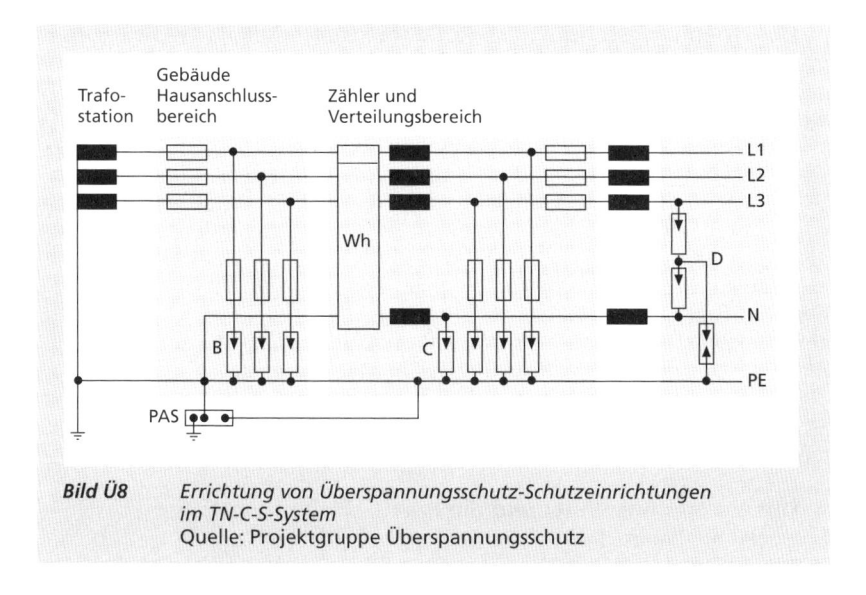

Überspannungsschutz im TT-System

Bild Ü8 Errichtung von Überspannungsschutz-Schutzeinrichtungen
im TN-C-S-System
Quelle: Projektgruppe Überspannungsschutz

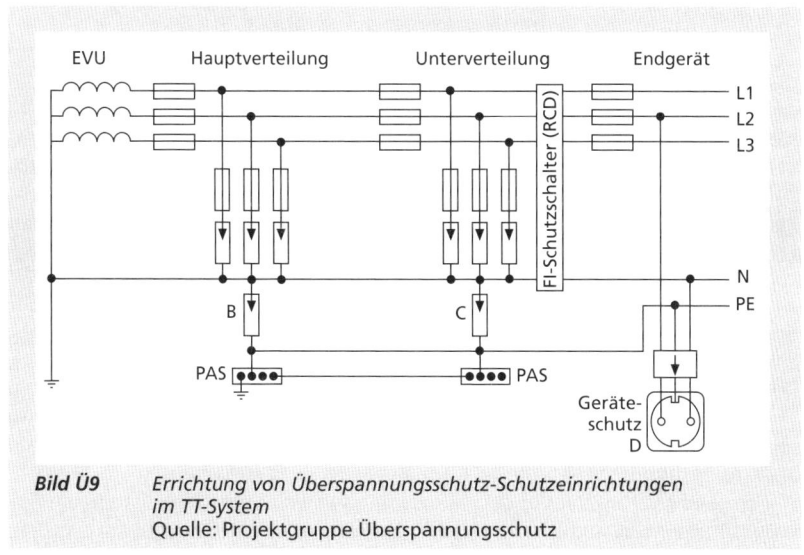

Bild Ü9 Errichtung von Überspannungsschutz-Schutzeinrichtungen
im TT-System
Quelle: Projektgruppe Überspannungsschutz

Die Ableitungsbemessungsspannung U_c der SPDs beträgt das 1,1fache der Nennwechselspannung (DIN V VDEV 0100-534 (VDE V 0100 Teil 534):1999-4 [N11], Abschnitt 534.3.1).

Die → Blitzstoßstromtragfähigkeit der SPDs, Klasse I ist von der → Blitzschutzklasse abhängig und **Tabelle B3** zu entnehmen.

Überspannungsschutz nach RCDs (FI-Schalter)

Überspannungsschutz nach RCDs (FI-Schalter). RCDs (residual current protective device – FI-Schalter, Fehlerstrom-Schutzschalter) nach VDE 664 Teil 1 sollen stoßstromfest sein. Auf dem Markt werden RCDs aber nur bis zu einer Stoßstromfestigkeit von 250 A (8/20 μs) und selektive RCDs (s) oder RCD-UT („unwanted tripping" – unerwünschtes Ausschalten) nur mit einer Stoßstromfestigkeit von 3 kA (8/20 μs) angeboten. Bei Installation der Blitz- oder → Überspannungsschutzgeräte (SPD) Klasse I oder II hinter RCDs können durch das Auftreten höherer Stoßströme die RCDs beschädigt werden. Das kann bis zum Verschmelzen der Kontakte führen, so dass die RCDs dann nicht mehr abschalten können. Ein weiteres Problem ist, dass durch die abgeleiteten Ströme der SPDs Fehlauslösungen der RCDs verursacht werden können, die dann zur Unterbrechung der Energieversorgung führen. Um das alles zu vermeiden, sollten hinter den RCDs nur SPDs der Klasse III installiert werden, die innerhalb der SPD keine direkte Verbindung zum PE haben, sondern nur über eine Funkenstrecke (→ **Bilder Ü7**, **Ü8** und **Ü9**). Die indirekte Verbindung ermöglicht auch Isolationswiderstandsmessungen, ohne die SPDs abklemmen zu müssen.

Überspannungsschutz und die Praxis. Wie schon im Vorwort beschrieben, zeigt die Praxis, dass bei den Prüfungen oft Fehler entdeckt werden. Vorbeugend sind die meisten der entdeckten Fehler daher hier beschrieben. Der Leser bekommt so eine Übersicht, wie er den → Überspannungsschutz nicht installieren darf, aber welche Installationsart richtig ist.

Überspannungsschutz bedeutet nicht, dass die Überspannungsschutzgeräte (SPD) ohne Überlegung installiert werden dürfen. SPDs müssen nämlich an der richtigen Stelle installiert und geerdet werden. Im Bedarfsfall müssen sowohl sie als auch die geschützten Adern geschirmt und die → Schirme beidseitig angeschlossen werden. Der → Prüfer darf im → Prüfbericht, im Abnahmeprotokoll oder im Gutachten nicht nur schreiben, dass ein Überspannungsschutz vorhanden ist, sondern er muss überprüfen, welche Gerätetypen wie eingebaut wurden.

Energieversorgung.
Als eine erste wichtige Information für alle Fachleute – ob Planer, Installateur oder Prüfer – ist festzustellen, welches Stromversorgungs-System in der baulichen Anlage vorhanden ist. Diese Information ist für den Anschluss der Schutzgeräte sehr wichtig.

Wenn das System unbekannt ist, müssen die SPDs wie bei dem → TT-System mit der 3 + 1-Schaltung ausgeführt werden, auch wenn es sich dabei um ein anderes System handelt. Die 3 + 1-Schaltung ist in allen Systemen anwendbar.

Die → Blitzstromableiter der Klasse I müssen immer, auch bei baulichen Anlagen ohne → Blitzschutzzonen (LPZ), am Gebäudeeintritt eingebaut werden. Wenn dies aus baulichen oder aus anderen Gründen nicht möglich ist, muss die Installation so durchgeführt werden, dass die noch nicht geschützten Kabel und die Erdungskabel keine anderen installierten Einrichtungen mit Einkopplungen beeinflussen können. Maßnahmen gegen Einkopplungen sind → Schirmungen oder die Wahl größerer Abstände.

Die Blitzstromableiter (SPD) Klasse I auf der Funkenstreckenbasis dürfen vor dem Zähler, z. B. am Hauptanschlusskasten (HAK), eingebaut werden. Die

Überspannungsschutz und die Praxis

Arbeiten sind oft problematisch, weil es sich hier um Arbeiten in Spannungsnähe handelt. Bei alten HAKs muss eine zusätzliche Öffnung für die neue Verschraubung angefertigt werden. Wenn die Vorsicherung im HAK größer als die erlaubte maximale → Vorsicherung für die Blitzstromableiter ist, muss in dem neuen Gehäuse für den Blitzstromableiter auch eine Vorsicherung für den Blitzstromableiter eingebaut werden.

Bei den HAKs, aber auch an anderen Stellen, wo SPDs installiert wurden, findet man sehr oft nicht angeschlossene → PEN-Leiter oder → PE-Leiter. **Bild Ü10** zeigt solch ein Beispiel, wo der → PE-Leiter an der Erdungsseite der SPD angeschlossen sein muss. Ansonsten entsteht durch die lange Zuleitung zur → Potentialausgleichsschiene ein hoher induktiver Spannungsfall (ca. 1 kV/m bei I_s = 10 kA). Bei nicht vorhandenen Verbindungen mit dem PE-Leiter an der Schutzstelle (alternativ gilt dies auch beim → TN-C-System mit → PEN-Leiter) liegt so die Längsspannung über dem erlaubten Spannungspegel!

In der Einbauanweisung der SPD-Hersteller ist die richtige Anschlussart angegeben. Sie zeigt, wo bei der Erdungsklemme der Erdungsleiter, aber auch der PEN- oder PE-Leiter angeschlossen werden muss.

Planer und Monteure müssen beim → Blitzschutzzonenkonzept bei SPDs Klasse I aber auch bei SPDs aller anderen Kategorien die Potentialausgleichsschienen in einem Abstand von maximal 0,5 m von den SPDs einplanen und installieren. Nach DIN V VDEV 0100-534 (VDE V 0100 Teil 534):1999-4 [N11], Anhang C, beträgt die empfohlene Leitungslänge ≤0,5 m für Elektro- und auch Erdungsleitungen (**Bild Ü11**). Wenn die empfohlene Leitungslänge nicht eingehalten werden kann, dann soll der Anschluss nicht mit einer Stichleitung, sondern V-förmig (siehe auch → V-Ausführung) erfolgen (**Bild Ü11**).

Ein weiteres Problem bei der Installation von SPDs und damit entstehenden Störungen bilden nicht nur die Kabel- und Leitungslängen, sondern auch die Kabelverlegungsart. Die langen Kabel und Leitungen bewirken nicht nur eine Spannungsanhebung, sondern die Anschlussadern bilden schon von der Kabel-

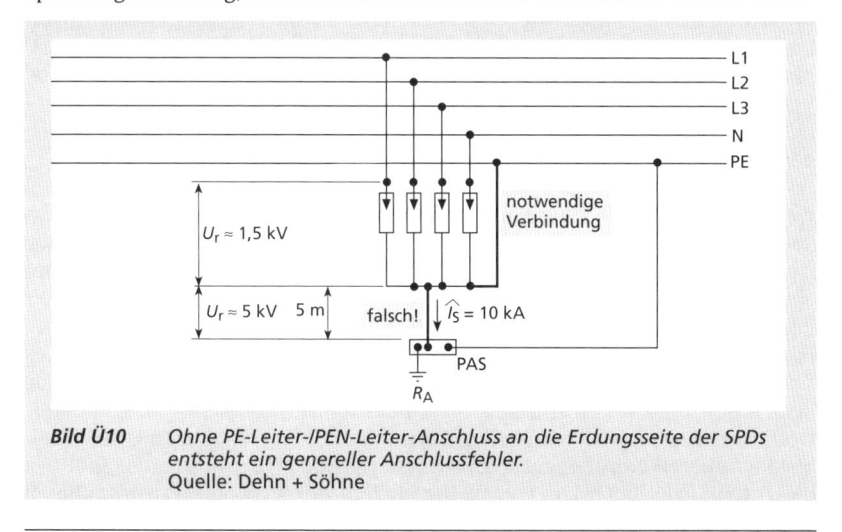

Bild Ü10 Ohne PE-Leiter-/PEN-Leiter-Anschluss an die Erdungsseite der SPDs entsteht ein genereller Anschlussfehler.
Quelle: Dehn + Söhne

Überspannungsschutz und die Praxis

Bild Ü11 Kann die empfohlene Leitungslänge der Anschlussleitungen der Blitz- und Überspannungsschutzgeräte nicht kleiner als 0,5 m werden, so sollte der Anschluss der Überspannungs-Schutzeinrichtungen nicht mit einer Stichleitung, sondern V-förmig erfolgen. Die Hin- und Rückleitungen sollten einen möglichst großen Abstand haben.
Quelle: DIN V VDEV 0100-534 (VDE V 0100 Teil 534):1999-4 [N11] Anhang C (informativ) Bild C.1

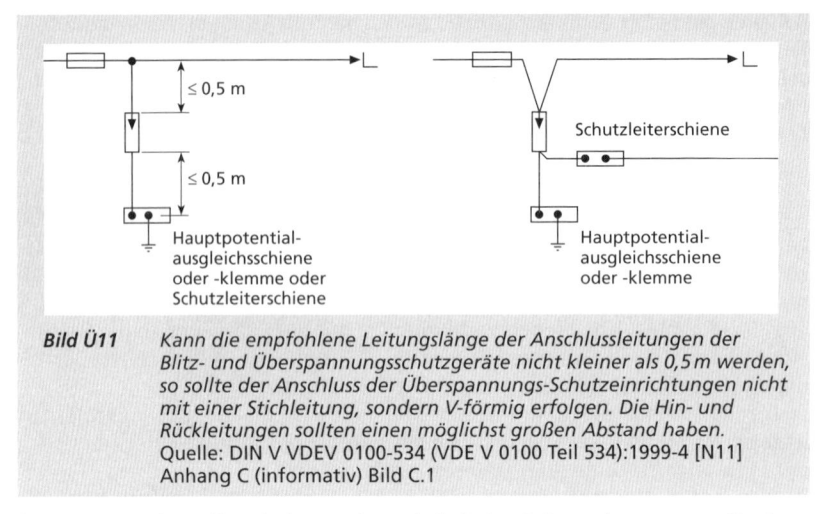

/Leitungseintrittstelle mit dem Erdungskabel eine Störsenderantenne, die dann große magnetische Felder verursacht. Alle anderen auf Überspannung empfindlich reagierenden Teile in der Umgebung werden dann gestört oder zerstört. In keinem Fall dürfen die Kabel und Leitungen der SPDs oder auch im Verteiler installierte Einrichtungen Induktionsschleifen bilden, da es sonst zu Einkopplungen kommt.

Die PAS müssen geerdet oder in das Potentialausgleichssystem einbezogen werden. Die Potentialausgleichsschienen müssen nicht, aber es wird empfohlen, diese auch bei SPDs Klasse II im Elektroverteiler ohne →Blitzschutzzonenkonzept zu installieren. Bei der Installationsart der SPD Klasse II wird die „Erdung" über den vorhandenen →PE-Leiter ausgeführt.

Bei den früher hergestellten SPDs der Klassen I und II musste das Elektrokabel eine ausreichende Länge haben, falls nicht ist eine Entkopplung zu installieren. Die Alternativen sind unter eigenem Stichwort → Entkopplungsdrossel beschrieben. Schon seit 2001 sind SPDs der Klasse I mit niedrigerem Spannungspegel auf dem Markt. Damit müssen keine Entkopplungen gegen SPDs der Klasse II durchgeführt werden

Zu den vorwiegend vorgefundenen Mängeln in Elektroverteilern gehören weiterhin an falscher Stelle installierte SPDs, die beim „Ansprechen" benachbarte elektronische Einrichtungen beeinflussen oder zerstören können. Speziell ist dabei der Einbau in Verteilerschränken gemeint. Werden der Blitzstromableiter oder der Überspannungsschutz weit entfernt von der Eintrittsstelle eingebaut, können nicht geschützte und nicht geschirmte Anschlusskabel vom Potentialausgleichsleiter (Erdungskabel) des Blitzstromableiters andere Einrichtungen beeinflussen. Bei Verteilern mit Kabeleintritten unten müssen die SPDs unten, bei Kabeleintritten oben müssen die SPDs oben installiert werden. Der Grund dafür ist, den parallelen Verlauf der Erdungs-Potentialausgleichsleiter mit anderen Einrichtungen zu verhindern (**Bild Ü12**). Alternativ kann man die Potentialausgleichsleiter auch hinter dem Befestigungsblech installieren

Überspannungsschutz und die Praxis

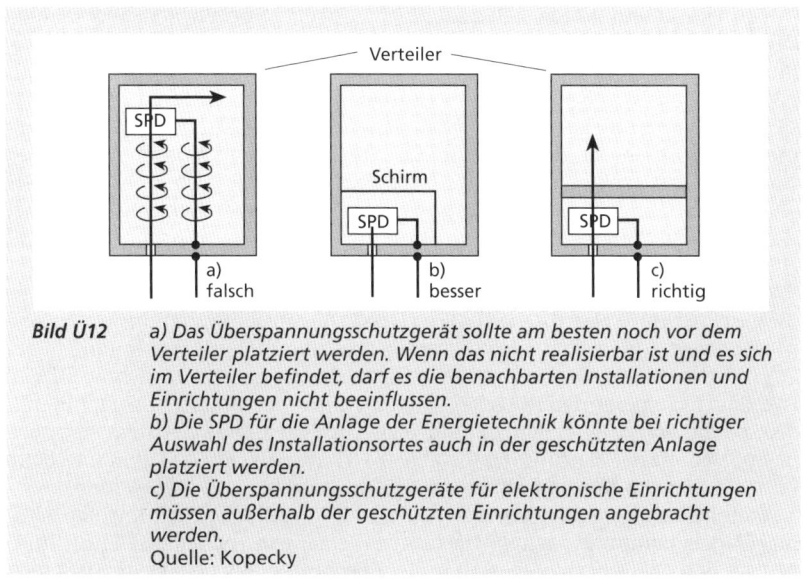

Bild Ü12
a) falsch — b) besser — c) richtig
Verteiler / Schirm / SPD

a) Das Überspannungsschutzgerät sollte am besten noch vor dem Verteiler platziert werden. Wenn das nicht realisierbar ist und es sich im Verteiler befindet, darf es die benachbarten Installationen und Einrichtungen nicht beeinflussen.
b) Die SPD für die Anlage der Energietechnik könnte bei richtiger Auswahl des Installationsortes auch in der geschützten Anlage platziert werden.
c) Die Überspannungsschutzgeräte für elektronische Einrichtungen müssen außerhalb der geschützten Einrichtungen angebracht werden.
Quelle: Kopecky

und somit von anderen empfindlichen Einrichtungen abschirmen. An Stellen, wo elektronische Steuerungsgeräte in die Feldtür des Niederspannungsverteilers auch noch nachträglich eingebaut werden könnten, sollten Blitz- oder Überspannungsschutzgeräte nicht in der gleichen Höhe eingebaut werden.

Beispiel aus der Praxis:
In einem Elektrohauptverteiler mit ordnungsgemäß eingebautem Blitzstromableiter wurde ein nachträglich in der Feldtür eingebautes elektronisches Steuerungsgerät bei einem Blitzschlag zerstört. Die Ursache bestand darin, dass der Blitzstromableiter zwar gegen die benachbarten Einrichtungen nach oben, unten links und unten rechts abgeschirmt war, aber nicht gegen das Steuerungsgerät in der Feldtür. So konnte die Kopplungsenergie das Steuerungsgerät zerstören.

Die günstigste Stelle, eine SPD zu installieren, ist deshalb außerhalb des Verteilers, direkt vor dem Kabeleintritt in den Verteiler. Mit anderen Worten, die Blitz- und Überspannungsenergie soll vor dem Verteiler (Blitzschutz-Zone) belassen und in die umgekehrte Richtung abgeleitet werden (**Bild Ü12**).

Beim → TT-System ist zu prüfen, ob die 3+1-Schaltung richtig installiert ist.

Auf dem Markt befinden sich Schutzgeräte, in denen die eingebauten Varistoren oder Gasableiter nach einer Überspannung einen Kurzschluss verursachen! Dadurch werden die nachgeschalteten elektronischen Geräte vom Netz getrennt. Das Überspannungsschutzgerät bewirkt durch den Kurzschluss eine Verschiebung des Sternpunktes vom Nullleiter und eine Spannungserhöhung auf anderen Phasen. Eine Zerstörung anderer, nicht geschützter Geräte ist somit möglich. Das zerstörte Schutzgerät muss ersetzt werden. Diese Art der Schutzmaßnahmen entspricht nicht den → anerkannten Regeln der Technik.

Überspannungsschutz und die Praxis

Nur die koordinierten Schutzmaßnahmen entsprechen den anerkannten Regeln der Technik und können gewährleisten, dass die Anlage auch nach einem Blitzschlag weiter arbeiten kann.

Die Vorgehensweise, nur die Einrichtungen zu schützen, die von außen nach innen führen, ist nicht richtig. Notbeleuchtungen, → Alarmanlagen, → Brandmeldeanlagen, → Datenverarbeitungsanlagen und andere Anlagen mit eigenen Netzen bilden große → Induktionsschleifen, eventuell auch → Näherungen. → Überspannungen, die durch Ein- → kopplungen entstehen, zerstören aber die elektronischen Einrichtungen. Diese inneren Netze müssen deshalb geschirmt oder mit Überspannungsschutzgeräten gesichert werden.

Bei einem Gewitter können die RCDs (FI-Schalter) durch kleinere Stoßströme die geschützten Kreise abschalten. Betreiber, aber auch Installationsfirmen sind häufig der Meinung, dass nach dieser Abschaltung keine Überspannung in der abgeschalteten Installation entstehen kann. Das ist aber nicht richtig für den Fall, dass sich hinter den RCDs kein anderes Überspannungsschutzgerät befindet und die Anlage durch Einkopplungen gefährdet ist. Die RCDs kann man auch in stoßstromfester Ausführung installieren. Hinter den RCDs sollten und beim Blitzschutzzonen-Konzept müssen die SPDs Klasse III eingebaut werden.

Treten Einspeise- oder Steuerungskabel der → Außenbeleuchtungen, → Klimaanlagen, Pumpstationen, → Dachrinnenheizungen und anderer Einrichtungen seitlich oder oberhalb der zu prüfenden Anlage aus dem zu schützenden Gebäude aus, so müssen die Blitz- und Überspannungsschutzmaßnahmen in umgekehrter Reihenfolge (entgegen der Stromrichtung) installiert werden. Das heißt, bei der → Außenbeleuchtung z.B. müssen SPDs der Klasse II hinter jedem Schalter oder Schaltschütz (ist die Beleuchtung ausgeschaltet, besteht keine galvanische Verbindung mit dem gefährdeten Kabel) installiert werden. Am Gebäudeaustritt der Blitzschutzzonen $0_A/1$ müssen die Kabel mit Blitzstromableitern der Klasse I geschützt werden. In solchen Fällen ist es nötig, bei der Installation der Blitzstromableiter die Anschlüsse zu kontrollieren, weil die Klemmen für kleinere Querschnitte, z.B. 1,5 mm^2, vielfach nicht geeignet und die Anschlüsse oft lose sind. Wenn der Austritt der Kabel für die Außeneinrichtungen direkt aus dem Raum mit Blitzschutz-Zone 2 erfolgt, müssen an dieser Stelle zwei SPDs, und zwar der Klasse I und II installiert werden. Nach dem Jahr 2001 entstand eine neue Alternative durch installierte neue Kombiableiter oder Blitzstromableiter mit niedrigeren Spannungspegeln und Überspannungsableitern der Klasse II, die keine Entkopplung benötigen.

Eine gute Möglichkeit für den nachträglichen Einbau von SPDs sind die Stellen, an denen die Kabel um 90° „gebogen" sind. Wenn das Gehäuse mit SPD unterhalb des Bogens eingebaut wird, so muss der Monteur keine zusätzliche Dose oder zusätzlichen Verteiler für die Kabelverlängerung installieren.

Ist das Kabel gerade im Lot installiert, kann man Abhilfe mit Mehrreihen-Gehäusen schaffen. In Mehrreihen-Gehäusen kann der Monteur die Kabelverlängerung innerhalb der Gehäuse ausführen. Mehrere Beispielfälle befinden sich auf der CD-ROM.

Bei Installationen, aber auch bei Prüfungen müssen die Erdungen der SPDs kontrolliert werden. Bei Prüfungen in der Praxis wurden z.B. SPDs mit Erdungen auf den Tragschienen (35 mm) entdeckt. Das ist richtig, vorausgesetzt, dass

Überspannungsschutz und die Praxis

die Tragschienen ordnungsgemäß geerdet sind. Viele Firmen meinen, die Erdung ist in Ordnung, wenn die Tragschienen auf der Stahlplatte befestigt sind. Die Befestigung der Tragschienen auf den leitfähigen Konstruktionen wird nicht immer mit ausreichender Anzahl und ausreichenden Querschnitten der Nieten oder Schrauben durchgeführt. Die Tragschienen sind überwiegend voll belegt und die Befestigungsart ist nicht zu überprüfen. Die richtige Ausführung der Erdung der Tragschienen besteht darin, die PE-Klemmen auf den Tragschienen zu installieren, die dann miteinander und mit der Haupterdungsklemme verbunden werden.

Die vorher genannte Problematik besteht nicht nur bei SPDs in Verteilern mit Tragschienen, sondern auch bei der Erdung der Montagebügel für die LSA-PLUS-Anschlusstechnik. Von einem Gutachten wurden beispielsweise hunderte Überspannungsschutz-Schutzstecker und -Schutzblöcke in LSA-PLUS-Anschlusstechnik entdeckt, bei denen die Montagebügel nicht geerdet waren, weil sie auf PVC-Platten befestigt worden waren. Somit waren alle SPDs außer Betrieb.

Die Hersteller von Montagebügeln bieten keine vorbereiteten Anschlussmöglichkeiten im Montagebügel an. Sind die Montagebügel auf PVC-Platten oder in Original-Gehäusen für die LSA-PLUS-Anschlusstechnik installiert, benutzen die Monteure oft die Befestigungsschrauben als Erdungsanschlussschrauben. Dies ist nicht richtig. Sind Montagebügel auf geerdeten leitfähigen Platten befestigt, muss man mindestens 4 Schrauben oder Nieten á 6 mm^2 benutzen, damit ein nach Norm anerkannter Anschluss entsteht.

Die Erddrahtleisten zum Anschluss von Erdleitungen oder Schirmen (alternativ Reserve-Adern) sollten bei dem Montagebügel immer die ersten Anschlüsse in Installationsrichtung sein.

Die vorn gegebene Information über fehlerhafte SPD-Anschlüsse der Energieversorgung durch zu lange Verbindungen gilt auch für SPDs informationstechnischer Systeme. Die langen Anschlussleitungen zwischen den aktiven Adern und den Überspannungsschutzeinrichtungen verursachen eine nicht zugelassene Erhöhung des Schutzpegels.

Ein weiterer häufig zu findender Fehler ist die falsche Erdung der SPD vor der zu schützenden Elektronik (**Bild Ü13**). Mit dieser Anschlussart entsteht eine → Zusatzspannung an den Leitungswegen, da der abgeleitete Strom des Schutzgeräts in Richtung der zu schützenden Elektronik und dann erst zur Erde fließt. Die Zusatzspannung addiert sich zur Restspannung der SPD, was eine Erhöhung des Schutzspannungspegels verursacht. Mit den abgeleiteten Strömen über die zu schützende Elektronik können auch neue Einkopplungen verursacht werden.

Eine sternförmige Erdung der SPD und der Elektronik von einem gemeinsamen Erdungspunkt ist auch nicht richtig (**Bild Ü14**). An der Erdungsleitung entsteht ebenfalls eine → Zusatzspannung, die von der Entfernung zwischen der SPD und dem gemeinsamen Erdungspunkt abhängig ist.

Die richtige Ausführung der Installation der SPD ist auf **Bild Ü15** sichtbar. Wird nur die SPD geerdet, hat die entstehende Zusatzspannung der Erdungsleitung keinen Einfluss auf das Potential der zu schützenden Elektronik. Durch die Abstandsvergrößerung zwischen SPD und geschützter Elektronik vergrößert sich die Überspannung nicht.

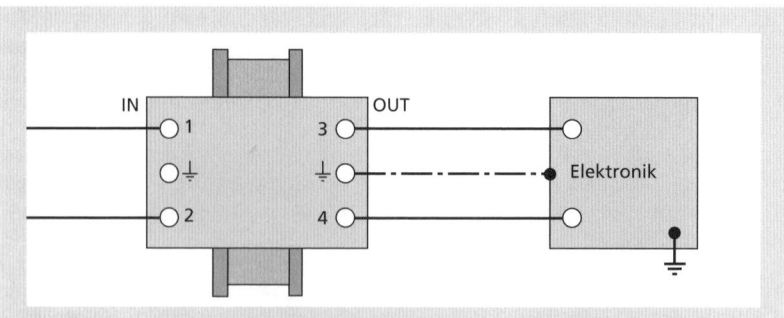

Überspannungsschutz und die Praxis

Bild Ü13 Falsch ausgeführter Erdanschluss des Überspannungsschutzes über der zu schützenden Elektronik.
Quelle: Joachim Schimanski, „Überspannungsschutz Theorie und Praxis" Hüthig Verlag, 1996

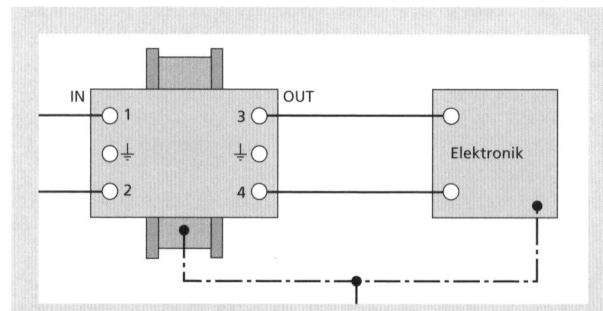

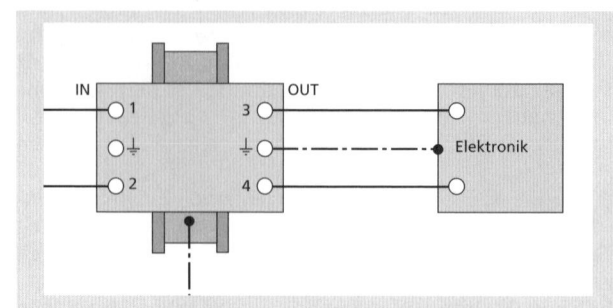

Bild Ü14 Falsch ausgeführter Erdanschluss von Überspannungsschutz und der zu schützenden Elektronik.
Quelle: Joachim Schimanski, „Überspannungsschutz Theorie und Praxis", Hüthig Verlag, 1996

Bild Ü15 Richtig ausgeführter Erdanschluss von Überspannungsschutz und der zu schützenden Elektronik.
Quelle: Joachim Schimanski, „Überspannungsschutz Theorie und Praxis", Hüthig Verlag, 1996

Überspannungsschutz und die Praxis

Bei der Prüfung von Schutzgeräten für Anlagen und Geräte der Informationstechnik kann man heute bereits eine Verbesserung der Installation der Schutzgeräte und ihrer Verdrahtungen feststellen. Viele Monteure achten bereits auf die geschützte und ungeschützte Seite der Geräte.

Manchmal findet man die Potentialausgleichsleiter (Erdungsleiter) aber noch auf der geschützten Seite angeschlossen, was falsch ist (**Bild Ü16a**), da es zu einer neuen induktiven Einkopplung zwischen der geschützten Leitung und dem Potentialausgleichsleiter kommen kann (→ Kopplungen bei Überspannungsschutzgeräten). Eine ungefährliche und damit zu empfehlende Ausführung ist in **Bild Ü16b** zu sehen. Die beste Abhilfe gegen neue Einkopplungen ist immer die Abschirmung der geschützten Leitungen. Vor allem bei nachträglichen Überspannungsschutzmaßnahmen in engen Räumen und dichter Verkabelung ist die saubere Trennung der geschützten und der ungeschützten Seite schwierig realisierbar. In diesen Fällen wird durch richtig ausgeführte Abschirmungen die Gefahr neuer Einkopplungen in die geschützten Leitungen beseitigt. Ein Nachteil bei der Bestellung von SPDs ist, dass die für den fachgerechten Anschluss der Kabelschirme notwendigen EMV-Federklemmen nur als Zubehör bestellt werden können und die Installationsfirmen oft nicht wissen, dass der Anschluss mit EMV-Anschlussklemmen ausgeführt werden soll. Wenn es sich um Anschlusskabel mit größerer Doppeladernzahl handelt, so wird der Anschluss für alle SPDs wie in dem Stichwort → Kabelschirmbehandlung beschrieben ausgeführt. Weitere Informationen finden sich unter den Stichworten → Schirmung, → Schirmanschlussklemmen, → Kabelschirm und → Kabelschirmung.

Bild Ü16 a) Erdungsleiter auf der geschützten Seite kann bei schlechter Ausführung neue Einkopplungen verursachen.
b) Erdung der Überspannungsschutzgeräte auf der ungeschützten Seite kann bei richtiger Installation keine neuen Einkopplungen verursachen.
Quelle: Kopecky

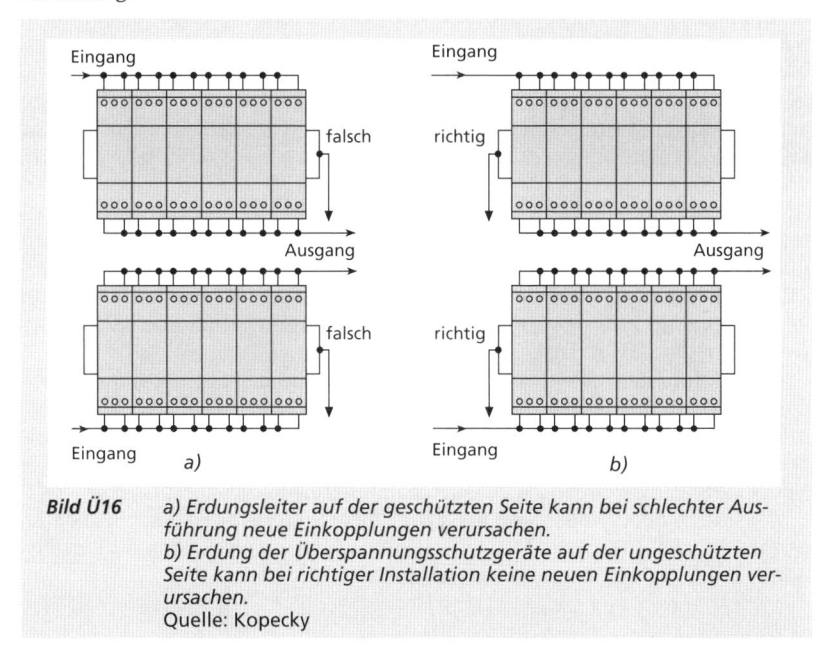

Überspannungsschutz und die Praxis

Bei der Installation der SPDs der Telekommunikationstechnik müssen nach DIN EN 50174-2 (VDE 0800 Teil 174-2):2001-09 [EN10], Abschnitt 5.9 Anschlusspraktiken, die Doppeladern die Verdrillung der Aderpaare bis möglichst nah an den mechanischen Anschlusspunkt beibehalten, ohne die ursprüngliche Verdrillung zu verändern. In der Praxis und auch in Katalogen der Hersteller sieht man oft, dass das nicht der Fall ist.

Ein weiterer Fehlerfall:
Überspannungsschutzeinrichtungen von → Fernmeldeanlagen findet man in der Praxis mitunter ohne Verbindung zum → Potentialausgleich oder nur mit der Wasserleitung verbunden, wobei nicht geprüft wurde, ob diese Wasserleitung in den Potentialausgleich einbezogen ist.

Des Weiteren:
Eine Fernmeldeanlage mit nur einem → Überspannungsschutzstecker in der LSA-PLUS-Leiste ist nicht genügend gesichert, weil der Schutzstecker alleine nicht die zu erwartenden, in der Norm festgelegten 5% des gesamten Blitzstromes der Schutzklasse beherrscht. Erst bei einer größeren Anzahl von geschützten Doppeladern und auch anderer in den → Blitzschutz-Potentialausgleich einbezogener Adern, → Schirme und weiterer Einrichtungen kann man berechnen, ab welcher Anzahl Überspannungsschutzstecker für die Doppeladern ausreichenden Schutz bieten (→ Blitzprüfstrom). Bei zu kleiner Doppeladerzahl müssen an der Eintrittstelle leistungsfähigere SPDs eingebaut werden.

Bei der Installation von Überspannungsschutzgeräten als steckbare Adapter für Computersysteme findet man die Erdungsanschlüsse der Schutzgeräte an den Gehäusebefestigungsschrauben. Die SPD-Hersteller liefern steckbare Adapter mit längeren Erdungsleitungen als nötig für alle Einsatzvarianten. Beim Einbau ist zu beachten, dass die Erdungsleitungen so weit wie möglich gekürzt werden. Jede Überlänge verursacht eine Erhöhung des Schutzpegels. Die Realität zeigt zudem, dass nach der ersten Entfernung des Gehäuses die Erdungsanschlüsse von Schutzgeräten nicht mehr wiederhergestellt wurden, weil sie unterhalb der Befestigungsschrauben angeschlossen worden waren, was nicht erlaubt ist.

Überspannungsschäden findet man nicht immer hinter → Trenntransformatoren und → USV-Anlagen. Das heißt, die Ausgänge von Trenntransformatoren und USVs müssen ebenfalls geschützt werden, da die Leitungen durch unterschiedliche Einkopplungen beeinflusst werden. Der durchgehende → PE-Leiter erhöht bei einer Störung nämlich die → Längsspannung gegenüber allen anderen Leitern der USV-Anlage.

Bei Informationsübertragungen über größere Entfernungen kommt es vor, dass die Monteure die Querschnitte der benutzten Adern durch das Verbinden mit parallelen ungenutzten Einzeladern erhöhen. Dadurch wird jedoch eine nicht erwünschte Erhöhung der Querspannung verursacht, da nur verdrillte Doppeladern ausreichend gegen Querspannungserhöhungen schützen.

Oft sind zu überprüfende Anlagen auch nicht komplett geschützt. Das heißt, es müssen alle Adern der Anlage geschützt werden, auch wenn an einzelne Adern keine wichtigen Geräte angeschlossen sind.

Beispiel aus der Praxis:
Eine große Telefonzentrale wurde mit 90 Überspannungsschutzelementen ausgestattet. 4 Doppeladern wurden für die Gegensprechanlage ohne Überspannungsschutz benutzt. Bei der späteren Erweiterung der Gegensprechanlage erfolgte die Installation einer Station auf dem Geländezaun in Nähe der Einfahrt. Kurze Zeit danach wurde bei einem Blitzschlag in der Zaunumgebung die Telefonzentrale durch die 4 nicht geschützten Doppeladern zerstört.
  Es wird oft vergessen, nicht benutzte Adern zu sichern. Sie müssen aber entweder mit Ableitern geschützt oder geerdet werden. Durch nicht „behandelte" Adern können Überspannungen in die „geschützten" Anlagen verschleppt werden.

Überspannungsschutz vor dem Zähler. Nach den → technischen Anschlussbedingungen für den Anschluss an das Niederspannungsnetz [L18], Abschnitt 12, Absatz (5), durften bis 1998 keine Blitz- und Überspannungsschutzgeräte (SPD) vor dem Zähler eingebaut werden.
  Im Jahr 1998 hat die damalige Vereinigung Deutscher Elektrizitätswerke – VDEW – e.V. eine Richtlinie für den Einsatz von Überspannungsschutz-Schutzeinrichtungen der Anforderungsklasse B in Hauptstromversorgungssystemen [L19] herausgegeben.
  Schon in Abschnitt 1 erfährt man, dass die Voraussetzungen zur Erlaubnis des Anbringens von SPDs vor dem Zähler nur in dem Fall gegeben sind, wenn dies zur Realisierung des Blitzschutzzonen-Konzeptes unbedingt erforderlich ist.
  Hier die weiteren wichtigsten Voraussetzungen nach [L19], Abschnitt 3 und folgende:
- Vor dem Zähler dürfen nur SPDs der Anforderungsklasse B auf der Funkenstreckenbasis ohne Varistoren eingebaut werden.
- Die eingebauten SPDs müssen den zu erwartenden netzfrequenten Folgestrom (Kurzschlussstrom) selbst unterbrechen oder die vorgeschalteten Überstrom-Schutz-Einrichtungen[1] müssen den Folgestrom abschalten.
- Wenn die → Blitzschutzklasse für die geschützte bauliche Anlage nicht bekannt ist, muss die → Blitzstromtragfähigkeit der SPDs der → Blitzschutzklasse I entsprechen.
- Die ausblasbaren SPDs müssen mit den zugeordneten Überstrom-Schutzeinrichtungen in separate, schutzisolierte, plombierbare, vom Hersteller zugelassene Gehäuse mit der Schutzart IP 54 installiert werden. Die nicht ausblasbaren SPDs können ohne besondere Schutzgehäuse installiert werden, wenn dieses in der Produktspezifikation zugelassen ist.
- Die SPDs sind in Abständen von höchstens vier Jahren auf ihren einwandfreien Zustand hin zu überprüfen.
- Die SPDs müssen bei allen Netzsystemen nach DIN V VDEV 0100-534 (VDE V 0100 Teil 534):1999-4 [N11] installiert werden. Alle Anschlussarten

---

1 Die vorgeschalteten Überstrom-Schutz-Einrichtungen für SPDs müssen nur dann angebracht werden, wenn die vom SPD-Hersteller vorgeschriebene maximale Vorsicherung kleiner als die Netzsicherung ist.

Überspannungsschutzgerät

sind hier im Buch unter dem Stichwort → Überspannung und das zugehörige Netzsystem beschrieben.

Überspannungsschutzgerät [surge protective device (SPD)] → Überspannungsableiter

Überspannungsschutz-Schutzeinrichtung ist ein Begriff, der in DIN V VDEV 0100-534 (VDE V 0100 Teil 534):1999-4 [N11] verwendet wird. Die Überspannungs-Schutzeinrichtungen (SPDs) sind hier in dem Buch auch unter den Stichwörtern → Überspannungsschutz und → SPD beschrieben. [N11] ist derzeit die wichtigste Norm für die Installation von SPDs in Wechselstromnetzen mit Nennspannungen zwischen 100 und 1000 V. In [N11] ist die Klasseneinteilung der Überspannungsschutz-Schutzeinrichtungen festgelegt (**Tabellen Ü1 und Ü2**).

E DIN VDE 0675-6 (VDE 0675 Teil 6) mit den Änderungen E DIN VDE 0675-6/A2 (DIN VDE 0675-6/A1) und E DIN VDE 0675-6/A2 (DIN VDE 0675-6/A2)	IEC(sec)37A/44/CDV
Ableiter der Anforderungsklasse B, bestimmt zum Zweck des Blitzschutzpotentialausgleiches nach DIN VDE 0185-1 (VDE 0185 Teil 1)	Überspannungs-Schutzeinrichtung, Prüfklasse I
Ableiter der Anforderungsklasse C, bestimmt zum Zweck des Überspannungsschutzes in der festen Anlage, vorzugsweise zum Einsatz in der Stehstoßspannungskategorie (Überspannungskategorie) III.	Überspannungs-Schutzeinrichtung, Prüfklasse II
Ableiter der Anforderungsklasse C, bestimmt zum Zweck des Überspannungsschutzes für ortsveränderliche und fest angeordnete Betriebsmittel, vorzugsweise zum Einsatz in der Stehstoßspannungskategorie (Überspannungskategorie) II.	Überspannungs-Schutzeinrichtung, Prüfklasse III

Tabelle Ü2 Gegenüberstellung der Klassen von Überspannungsschutz-Schutzeinrichtungen.
Quelle: DIN V VDEV 0100-534 (VDE V 0100 Teil 534): 1999-4 [N11], Tabelle 1

Übertragungseinrichtungen → Datenverarbeitungsanlagen

Überwachungsanlagen → Datenverarbeitungsanlagen und → Näherungen

Überwachungskamera → Datenverarbeitungsanlagen und → Näherungen

ÜSG Überspannungsschutzgerät [surge protective device, SPD] → Überspannungsableiter

V

Vagabundierende Ströme nennt man die Ausgleichsströme in einer baulichen Anlage, die über alle leitfähigen Teile wie Wasserleitung, Heizungsleitung, Moniereisen und ähnliche Materialien und Konstruktionen fließen. Die → Ausgleichsströme werden durch ein EMV-ungeeignetes → Netzsystem und seine Installation verursacht. Eine Abhilfe bieten das EMV-geeignete → TN-S-System und das fachgerechte → Potentialausgleichsnetzwerk.

V-Ausführung. Wenn bei der Installation der Blitz- und Überspannungsschutzgeräte (SPDs) die empfohlene Leitungslänge bis 0,5 m nicht eingehalten werden kann, sollte der Anschluss nach DIN V VDEV 0100-534 (VDE V 0100 Teil 534):1999-4 [N11], Anhang C (informativ), V-förmig erfolgen (**Bild Ü11**). Wenn die Anschlussleitungen länger als 0,5 m sind und nicht V-förmig ausgeführt wurden, entsteht eine → Zusatzspannung.

VBG 4 Unfallverhütungsvorschriften für Elektrische Anlagen und Betriebsmittel werden unter dem Stichwort → Unfallverhütungsvorschriften teilweise beschrieben.

VDE ist der Verband der Elektrotechnik, Elektronik, Informationstechnik e. V. mit Sitz in Frankfurt am Main. Der VDE arbeitet u. a. mit an der Aufstellung, Herausgabe und Auslegung des VDE-Vorschriftenwerks und der Normen für Elektrotechnik. Die VDE-Normen gelten als → anerkannte Regeln der Technik.

VdS Schadenverhütung GmbH, Köln, ist eine Einrichtung des Gesamtverbandes der Deutschen Versicherungswirtschaft (GDV) und arbeitet zum Schutz von Leben und Sachwerten. Mit Kompetenz und langjähriger Erfahrung prüft und zertifiziert VdS Produkte und Dienstleister des Sicherheitsmarktes. Die Themen Brandschutz und Einbruchdiebstahlschutz bilden dabei den Mittelpunkt. Zum Brandschutz gehören auch die Prüfungen der Elektroinstallationen und Blitzschutzanlagen.

VdS 2010:2002-07 (01) Risikoorientierter Blitz- und Überspannungsschutz; Richtlinien zur Schadenverhütung beinhalten die Tabelle 3, „Risikoorientierter Blitz- und Überspannungsschutz für Objekte". In dieser Tabelle sind überwiegend alle möglichen baulichen Anlagen erwähnt mit der dazugehörigen → Blitzschutzklasse und den erforderlichen Überspannungsschutzmaßnahmen. Der Nachteil der Tabelle besteht darin, dass sie nicht unterscheidet, ob sich die bauliche Anlage z. B. in Gebirgen oder aber in einem Gebiet mit weni-

Ventilableiter

ger Gewitter befindet. Auch die weiteren Aspekte, die in diesem Buch unter dem Stichwort →Schutzklassen-Ermittlung beschrieben sind, beeinflussen die Festlegung der Schutzklasse nicht.

Wichtig ist der Abschnitt 7.1 zu → Dachaufbauten, in dem erwähnt wird, dass die bestehenden Anlagen den Anforderungen der [N23] anzupassen sind. Das bedeutet, dass auch die Dachaufbauten, die früher direkt oder indirekt mit der → Blitzschutzanlage verbunden waren, jetzt mit einer → getrennten Fangeinrichtung geschützt werden müssen.

Ventilableiter → Stichworte mit Überspannungsschutz

Verbinder ist ein → Verbindungsbauteil zum Verbinden von zwei oder mehr Leitern.

Verbindungen s. Stichwort mit der Art der Verbindung, z. B. → Schweißverbindungen.

Verbindungsbauteil ist ein Bauteil zum Verbinden von Leitern untereinander oder zu metallenen Installationen.

Verdrillte Adern. Die induktive Einkopplung in einen Stromkreis kann man mit verdrillten Adern deutlich reduzieren. In der DIN EN 50174-2 (VDE 0800 Teil 174-2):2001-09 [EN10], Abschnitt 5.9, steht geschrieben, dass die Verbindungstechnik für metallene Verkabelungen derart installiert werden muss, dass das Signal möglichst wenig beeinträchtigt wird. In der EN 50173 heißt es, dass *„die Verdrillung der Aderpaare bis möglichst nah an den mechanischen Anschlusspunkt beibehalten wird (ohne die ursprüngliche Verdrillung zu verändern)"*. Das bedeutet, dass der Kabelmantel nur soweit entfernt werden darf, wie nötig.

In der Kategorie KAT 5 darf der Anschluss ohne Verdrillung nicht größer als 13 mm sein. Bei den höheren Kategorien sollte diese Länge geringer sein, aber das ist fast nicht realisierbar.

Verkabelung und Leitungsführung → Potentialausgleichsnetzwerk

Vermaschte Erdungsanlage. Bei Großanlagen, z. B. Kläranlagen, Mülldeponien, großen Firmen, aber auch bei den benachbarten baulichen Anlagen unterschiedlicher Firmen, die über elektrische Versorgungskabel und Fernmeldekabel miteinander verbunden sind, müssen auch die → Erdungssysteme miteinander verbunden werden. Es wird eine maschenförmige Ausführung der Erdungsanlage empfohlen anstatt einer nur sternförmigen Verbindung. Durch die vielen vermaschten Erdungspfade verringern sich im Störungsfall die Stör- und Ausgleichsströme über alle vorhandenen → Kabelschirme.

Verteilungsnetzbetreiber (VNB) ist ein neuer Name für die Elektrizitätsversorgungsunternehmen, weiteres → Technische Anschlussbedingungen.

Verträglichkeitspegel für Oberschwingungen sind in DIN V EN V 61000-2-2 (VDE 0839 Teil 2-2 EMV), 1994-04 [N54] und DIN EN 61000 2-4 (VDE 0839 Teil 2-4 EMV), 2003-05 [EN 21] festgelegt.

Der gemessene Verzerrungsfaktor THD des Oberschwingungsgehalts der Spannung muss betragen:

Verträglichkeitspegel für Oberschwingungen

- in der Klasse 1 weniger als 5%,
- in der Klasse 2 weniger als 8%,
- in der Klasse 3 weniger als 10%.

Der THD-Wert darf auch bei den einzelnen Ordnungszahlen, wie in den unteren **Tabellen V1** bis **V3** beschrieben ist, vorgegebene Werte nicht übersteigen.

Ordnung h	Klasse 1 U_h in %	Klasse 2 U_h in %	Klasse 3 U_h in %
5	3	6	8
7	3	5	7
11	3	3,5	5
13	3	3	4,5
17	2	2	4
17 < h ≤ 49	2,27 x (17/h) − 0,27	2,27 x (17/h) − 0,27	4,5 x (17/h) − 0,5

Tabelle V1 *Verträglichkeitspegel für Oberschwingungen – Oberschwingungsanteile der Spannung. Ungeradzahlige Oberschwingungen, kein Vielfaches von 3.*
Quelle: DIN EN 61000 2-4 (VDE 0839 Teil 2-4 EMV):2003-05 [EN21], Tabelle 2

Ordnung h	Klasse 1 U_h in %	Klasse 2 U_h in %	Klasse 3 U_h in %
3	3	5	6
9	1,5	1,5	2,5
15	0,3	0,4	2
21	0,2	0,3	1,75
17 < h ≤ 49	0,2	0,2	1

Tabelle V2 *Verträglichkeitspegel für Oberschwingungen – Oberschwingungsanteile der Spannung. Ungeradzahlige Oberschwingungen, Vielfaches von 3.*
Quelle: DIN EN 61000 2-4 (VDE 0839 Teil 2-4 EMV):2003-05 [EN21], Tabelle 3

Ordnung h	Klasse 1 U_h in %	Klasse 2 U_h in %	Klasse 3 U_h in %
2	2	2	3
4	1	1	1,5
6	0,5	0,5	1
8	0,5	0,5	1
10	2	0,5	1
10 < h ≤ 50	0,25 x (10/h) + 0,25	0,25 x (17/h) + 0,25	1

Tabelle V1 *Verträglichkeitspegel für Oberschwingungen – Oberschwingungsanteile der Spannung. Geradzahlige Oberschwingungen.*
Quelle: DIN EN 61000 2-4 (VDE 0839 Teil 2-4 EMV):2003-05 [EN21], Tabelle 4

VOB/B sind Allgemeine Vertragsbedingungen für die Ausführung von Bauleistungen. Dort steht:
„Der Auftragnehmer hat die Leistung unter eigener Verantwortung nach dem Vertrag auszuführen. Dabei hat er die anerkannten Regeln der Technik und die gesetzlichen und behördlichen Bestimmungen zu beachten. Es ist seine Sache, die Ausführung seiner vertraglichen Leistungen zu leiten und für Ordnung auf seiner Arbeitsstelle zu sorgen."

Vorschriften → Normen

Vorsicherungen. Wenn die vorgeschaltete Vorsicherung der Installation größer als die vorgeschriebene Vorsicherung für die Blitz- und → Überspannungsschutzgeräte (SPDs) ist, so müssen gesonderte Vorsicherungen für die SPDs eingebaut oder andere vorhandene geeignete Vorsicherungen benutzt werden. Die Höhe der Vorsicherung ist vom SPD-Hersteller in der Einbauanweisung vorgeschrieben. Die Vorsicherung ist notwendig, um die Kurzschlussfestigkeit der SPD zu gewährleisten.

Wenn der Elektroverteiler, das Elektrokabel oder die zu schützende Einrichtung schon von vornherein mit einer Vorsicherung versehen ist, die der vorgeschriebenen maximalen Vorsicherung der zu installierenden SPD entspricht oder die kleiner als diese ist, muss keine zusätzliche Vorsicherung für die SPD installiert werden.

Die Praxis zeigt, dass die Informationen über die Notwendigkeit und Größe von Vorsicherungen häufig nicht ausreichen oder falsch sind. Man findet Vorsicherungen oft unterdimensioniert. Bei Elektroverteilern, die schon mit 100 A vorgesichert sind und zusätzlich eine Vorsicherung für die SPD haben, entstehen die in den folgenden Absätzen beschriebenen Fehler. Wenn ein Elektroverteiler bereits die gleiche oder eine kleinere Vorsicherung als die maximal vom Hersteller vorgeschriebene Vorsicherung für die SPDs hat, müssen keine zusätzlichen Vorsicherungen eingebaut werden. Der Fehler besteht darin, dass oft nicht bemerkt wird, dass die Vorsicherung entfernt wurde oder defekt ist und somit niemand weiß, dass die Anlage nicht mehr gegen Blitz oder Überspannung geschützt ist.

Wenn die Hauptsicherung größer ist als die maximal vorgeschriebene Vorsicherung für die SPD, hat sich die Installation von Blitz- und Überspannungsgeräten hinter der schon vorhandenen Sicherung, z. B. von Heizungsanlage, Aufzug usw., als sinnvoll erwiesen. Ist die Vorsicherung nun defekt, so funktionieren Aufzug oder Heizung nicht mehr und das wird dem Fachmann auf jeden Fall gemeldet.

Für den Fall, dass verlangt wird, dass die SPD für Prüfungszwecke von der Anlage trennbar sein muss, kann man Schalter anstatt Vorsicherungen installieren.

Wird eine separate Vorsicherung allein für die SPD eingebaut, so soll ein Vorsicherungstyp mit Überwachung gewählt werden. Bei Kontrollen findet man nämlich sehr oft beschädigte oder auch entfernte Vorsicherungen von Blitz- oder Überspannungsschutzgeräten. Auf dem Markt werden überwachte Automaten angeboten. Beim Einsatz von überwachten Automaten muss jedoch gewährleistet sein, dass der gesamte Bereich der Auslösekennlinie unterhalb der Auslösekennlinie der vom SPD-Hersteller spezifizierten Vorsicherung liegt.

Bei Strömen über 80 A soll man NH-Sicherungsunterteile mit Meldeschalter verwenden.

NH-Sicherungsunterteile sind auch für die SPDs geeignet, die die bauliche Form zum Einsetzen in das NH-Sicherungsunterteil haben.

Ehemalige Produkte wie NHVA und NHVM sowie die heutigen Produkte VNH und VANH der Firma Dehn + Söhne haben Signalstifte an der SPD, die Meldungen über die Mikroschalter auslösen, wenn diese beschädigt sind.

Wie schon oben beschrieben, findet man bei den Kontrollen auch des Öfteren unterdimensionierte Vorsicherungen. **Bild V1** zeigt das Verhalten von NH-Sicherungen während der Stoßstrombelastung 10/350 µs. Elektroplaner oder Installateure finden darin auch die Begründung, warum unterdimensionierte oder nicht überwachte Vorsicherungen nicht installiert werden dürfen.

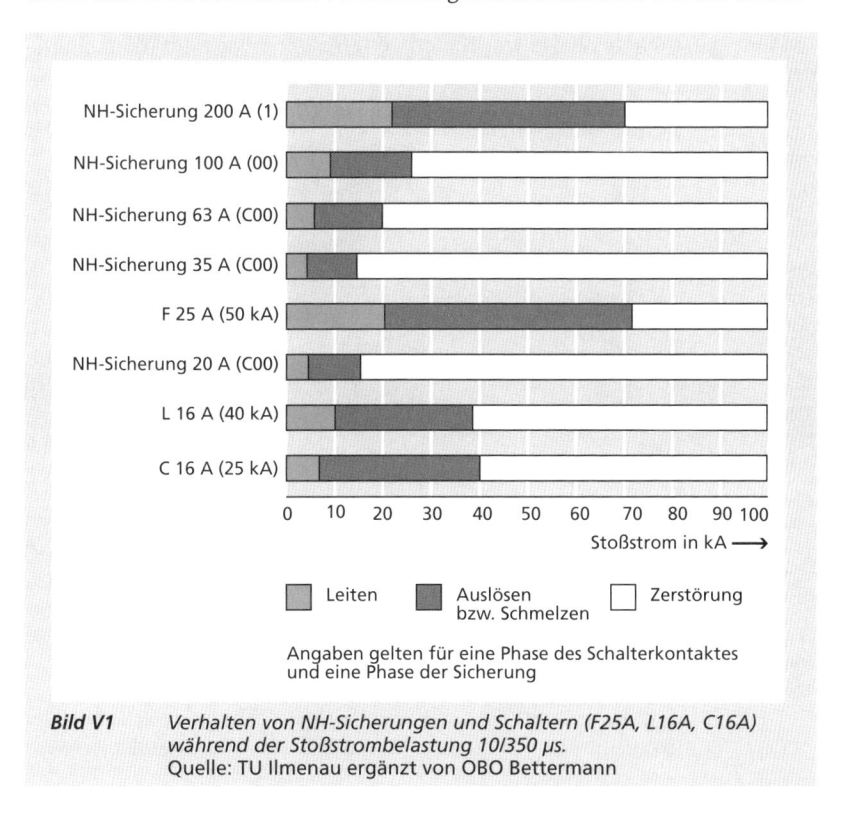

Bild V1 Verhalten von NH-Sicherungen und Schaltern (F25A, L16A, C16A) während der Stoßstrombelastung 10/350 µs.
Quelle: TU Ilmenau ergänzt von OBO Bettermann

W

Wandanschlussprofil. Die Dachdecker benutzen zur Abdichtung der Dachanlage an der Wand ein Wandanschlussprofil, das auch als Abdichtungsleiste bekannt ist. Die Abdichtungsleisten müssen - ebenso wie nach der alten - auch nach der neuen Vornorm angeschlossen werden, wenn sie sich in der Nähe der Ableitungen oder der Fangeinrichtung befinden. Da das Wandanschlussprofil auch an der Wand abgedichtet ist, kann man keine Klemme anbringen, sondern muss einen Winkel mit Nieten benutzen, der nach der Montage mit dem üblichen Blitzschutzmaterial verbunden wird (**Bild W1**).

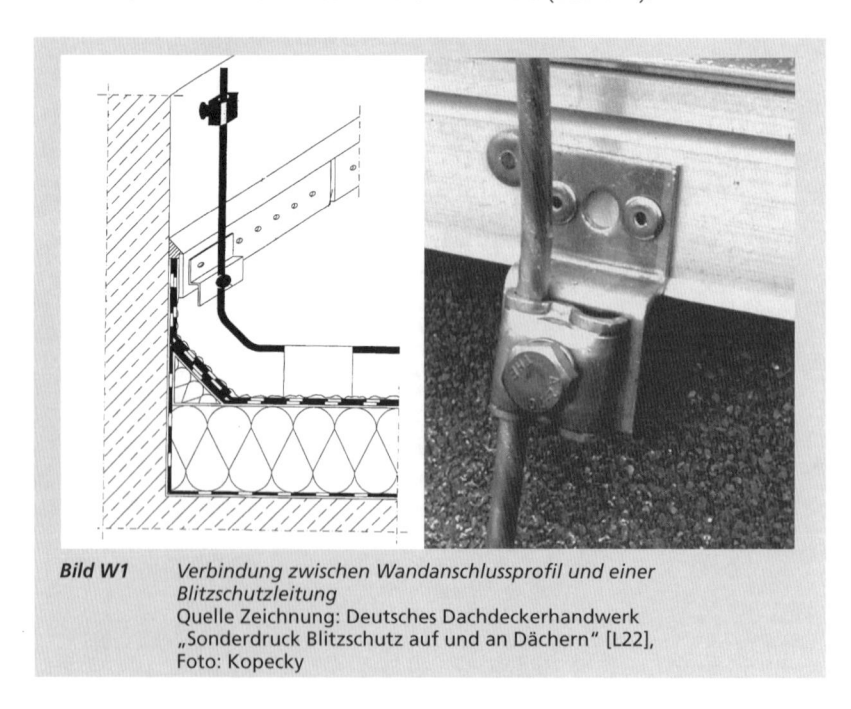

Bild W1 Verbindung zwischen Wandanschlussprofil und einer Blitzschutzleitung
Quelle Zeichnung: Deutsches Dachdeckerhandwerk „Sonderdruck Blitzschutz auf und an Dächern" [L22],
Foto: Kopecky

Wasser auf dem Dach → Fangeinrichtung und Wasseransammlung

Wasseraufbereitungsanlage → Großtechnische Anlagen

Wechselanlagen → Datenverarbeitungsanlagen

Weichdächer, z. B. aus Stroh oder Reet, müssen einen Abstand von mindestens 0,6 m zwischen der Fangeinrichtung auf dem First und dem entflammbaren Material haben. Der Abstand der übrigen Fangeinrichtungen zum entflammbaren Material muss mindestens 0,4 m betragen. Näheres in Vornorm DIN V 0185-3 (VDE V 0185 Teil 3):2002-11 [N23], HA 2, Anschnitt 3.1.2.
Die beste Lösung, die z. B. in Südafrika, Ungarn und weiteren Ländern praktiziert wird, sind Schutzmaßnahmen mit → Fangmasten neben den baulichen Anlagen. Die baulichen Anlagen werden dann durch den → Schutzbereich der Fangmasten geschützt. Der Fangmast kann z. B. auch ein Fahnenmast sein. Die → getrennten Fangmasten haben u. a. den Vorteil, dass die Blitzenergie von den leitfähigen Drähten der Weichdächerbefestigung weit entfernt ist und die Drähte nicht durch → Kopplungen die Zündungstemperatur erreichen.

Wenner Methode: Die Messung des spezifischen Erdwiderstandes erfolgt nach der Methode von *Wenner* (*F. Wenner*, A method of measuring earth resistivity; Bull. National Bureau of Standards, Bull. 12(4), Paper 258, S 478-496; 1915/16).

Werkstoffe → **Tabelle W 1** und **Tabelle W 2**

Wiederholungsprüfung → Zeitabstände zwischen den Wiederholungsprüfungen

Wirksamkeit eines Blitzschutzsystems (E) nimmt von Blitzschutzklasse I bis Blitzschutzklasse IV ab und ist der **Tabelle S2** zu entnehmen

Wolke-Wolke-Blitz. Bei einem Wolke-Wolke-Blitz werden auf der Erde gefährliche Spiegelentladungen freigesetzt.

Werkstoffe

Werkstoff	Form	Mindestquerschnitt in mm^2	Anmerkungen
Kupfer	Band	50	Mindestdicke 2 mm
	Rund	50	8 mm Durchmesser
	Seil	50	Mindestdurchmesser jedes Drahtes 1,7 mm
	Rund[c, d]	200	16 mm Durchmesser
Verzinntes Kupfer[a]	Band	50	Mindestdicke 2 mm
	Rund	50	8 mm Durchmesser
	Seil	50	Mindestdurchmesser jedes Drahtes 1,7 mm
Aluminium	Band	50	Mindestdicke 2 mm
	Rund	50	8 mm Durchmesser
	Seil	50	Mindestdurchmesser jedes Drahtes 1,7 mm
Aluminiumlegierung	Band	50	Mindestdicke 2,5 mm
	Rund	50	8 mm Durchmesser
	Seil	50	Mindestdurchmesser jedes Drahtes 1,7 mm
	Rund[c]	200	16 mm Durchmesser
Feuerverzinkter Stahl[b]	Band	50	Mindestdicke 2,5 mm
	Rund	50	8 mm Durchmesser
	Seil	50	Mindestdurchmesser jedes Drahtes 1,7 mm
	Rund[c, d]	200	16 mm Durchmesser
Nicht rostender Stahl[e]	Band[f]	50	Mindestdicke 2 mm
	Band	105	Mindestdicke 3 mm
	Rund[f]	50	8 mm Durchmesser
	Seil	70	Mindestdurchmesser jedes Drahtes 1,7 mm
	Rund[c]	200	16 mm Durchmesser
	Rund[d]	78	10 mm Durchmesser

a Feuerverzinnt oder galvanisch verzinnt, Mittelwert 2 µm,
b Der Zinküberzug sollte glatt, durchgehend und frei von Flussmittelresten sein, Mittelwert 50 µm.
c Nur für Fangstangen. Für Anwendungen, wo mechanische Beanspruchungen, wie Windlast, nicht kritisch sind, kann eine max. 1 m lange Stange aus 10 mm Rundmaterial verwendet werden.
d Nur für Erdeinführungsanlagen.
e Chrom 16 %, Nickel 8 %, Kohlenstoff max. 0,03 %
f Bei nichtrostenden Stahl in Beton und/oder in direktem Kontakt mit entflammbaren Werkstoff ist der Mindestquerschnitt Rundmaterial auf 78 mm^2 (10 mm Durchmesser) und für Flachmaterial auf 75 mm^2 (3 mm Dicke) zu erhöhen.

Tabelle W1 Werkstoff, Form und Mindestquerschnitte von Fangleitungen, Fangstangen und Ableitungen.
Quelle: Vornorm DIN V 0185-3 (VDE V 0185 Teil 3):2002-11 [N23], HA 1 Tabelle 7

Werkstoffe

Material	Form	Mindestabmessungen			Anmerkungen
		Staberder Durchmesser in mm	Erdleiter	Plattenerder in mm	
Kupfer	Seil[f]		50		Mindestdurchmesser 1,7 mm
	Rund[f]		50		8 mm Durchmesser
	Band		50		Mindestdicke 2 mm
	Rund	20			
	Rohr	20			Mindestwandstärke 2 mm
	Platte			500 x 500	Mindestdicke 2 mm
	Gitterplatte			600 x 600	25 x 2 mm Querschnitt
Stahl	Verzinkt Rund	20	10 mm Durchmesser		
	Verzinkt Rohr	25			Mindestwandstärke 2 mm
	Verzinkt Band		100 mm²		Mindestdicke 3 mm
	Verzinkt Platte			500 x 500	Mindestdicke 3 mm
	Verzinkt Gitterplatte			600 x 600	30 x 3 mm Querschnitt
	Verkupfert Rund	14			min. 250 μm Auflage mit 99,9 % Kupfer
	Blank Rund		10 mm Durchmesser		
	Blank oder verzinktes Band		75 mm²		Mindestdicke 3 mm
	Verzinktes Seil		100 mm²		Mindestdurchmesser 1,7 mm
Nichtrostender Stahl	Rund	20	10 mm Durchmesser		
	Band		100 mm²		Mindestdicke 3 mm

a   Der Zinküberzug muss glatt, durchgehend und frei von Flussmittelresten sein, Mittelwert 50 μm für runde und 70 μm für flache Werkstoffe.
b   Das Material muss vor der Verzinkung in die entsprechende Form gebracht werden.
c   Das Kupfer muss mit dem Stahl unlösbar verbunden werden.
d   Nur erlaubt, wenn vollständig in Beton eingebettet.
e   In dem Teil des Fundamentes, der Erdberührung hat, nur erlaubt, wenn wenigstens alle 5 m mit der Bewehrung sicher verbunden.
f   Kann auch verzinnt sein.
g   Chrom 16 %, Nickel 6 %, Molybdän 2 %, Kohlenstoff $\leq 0{,}03$ %
h   Erlaubt als Erdeinführung
Anmerkung: Aluminium und Aluminium-Legierungen dürfen nicht in Erde verlegt werden.

Tabelle W2   Werkstoff, Form und Mindestabmessungen von Erdern
Quelle: Vornorm DIN V 0185-3 (VDE V 0185 Teil 3):2002-11 [N23], HA 1 Tabelle 8

Z

Zeitabstände zwischen den Wiederholungsprüfungen von → Blitzschutzsystemen sind nicht einheitlich, sondern von der → Schutzklasse abhängig. **Tabelle Z1** enthält die maximalen Zeitintervalle zwischen den Wiederholungsprüfungen eines → Blitzschutzsystems, die nach Vornorm DIN V 0185-3 (VDE V 0185 Teil 3):2002-11 [N23], HA 3, Tabelle 14 gelten.

Sschutzklasse	Intervall zwischen den vollständigen Prüfungen	Intervall zwischen den Sichtprüfungen
I	2 Jahre	1 Jahr
II	4 Jahre	2 Jahre
III, IV	6 Jahre	3 Jahre

Tabelle Z1 *Zeitabstände zwischen den Wiederholungsprüfungen eines Blitzschutzsystems*
Quelle: Vornorm DIN V 0185-3 (VDE V 0185 Teil 3):2002-11 [N23], HA 3, Tabelle 14

Alten Blitzschutzanlagen sind die Schutzklassen nach Vornorm DIN V 0185-2 (VDE V 0185 Teil 2):2002-11 [N22] zuzuordnen. Wenn andere Institutionen oder Vorschriften Prüffristen verlangen, die von der **Tabelle Z1** abweichen, so sind immer die kürzesten Zeitabstände gültig. Prüffristen sind außer in den Normen auch in den Länderverordnungen, Baurichtlinien, technischen Regelwerken und in den Arbeitsschutzbestimmungen der → Unfallverhütungsvorschriften angegeben.

Beispiel:
Die baulichen Anlagen einer Firma mit einem Blitzschutzsystem nach Schutzklasse III müssen entsprechend der oben genannten Norm alle 6 Jahre vollständig überprüft werden. In den → Unfallverhütungsvorschriften für Elektrische Anlagen (die Normen der VDE 0185 gehören dazu) BGV A 2 (bisher VBG 4) ist jedoch vorgeschrieben, die elektrischen Anlagen mindestens alle 4 Jahre überprüfen zu lassen. Das bedeutet in diesem Fall: Das Blitzschutzsystem darf nicht erst nach 6 Jahren überprüft werden, sondern es muss bereits spätestens nach 4 Jahren kontrolliert werden.

Zündspannung

Zeitdienstanlagen (elektrische) → Datenverarbeitungsanlagen

Zündspannung von gasgefüllten Überspannungsableitern ist ein Zündspannungswert in Abhängigkeit der transienten Spannung und ihrer Anstiegsgeschwindigkeit. Eine langsam ansteigende Spannung erreicht die Ansprechspannungslinie bei tieferem Spannungspegel als schnelle Transienten, die erst bei höherem Spannungspegel die Ansprechspannung erreichen. Dadurch entsteht eine zeitabhängige Ansprechspannungslinie. Der zeitabhängige Effekt ist bei den gasgefüllten Überspannungsableitern bekannt. Daher kann der Schutzpegel bei ihnen nicht genau bestimmt werden (**Bild Z1**).

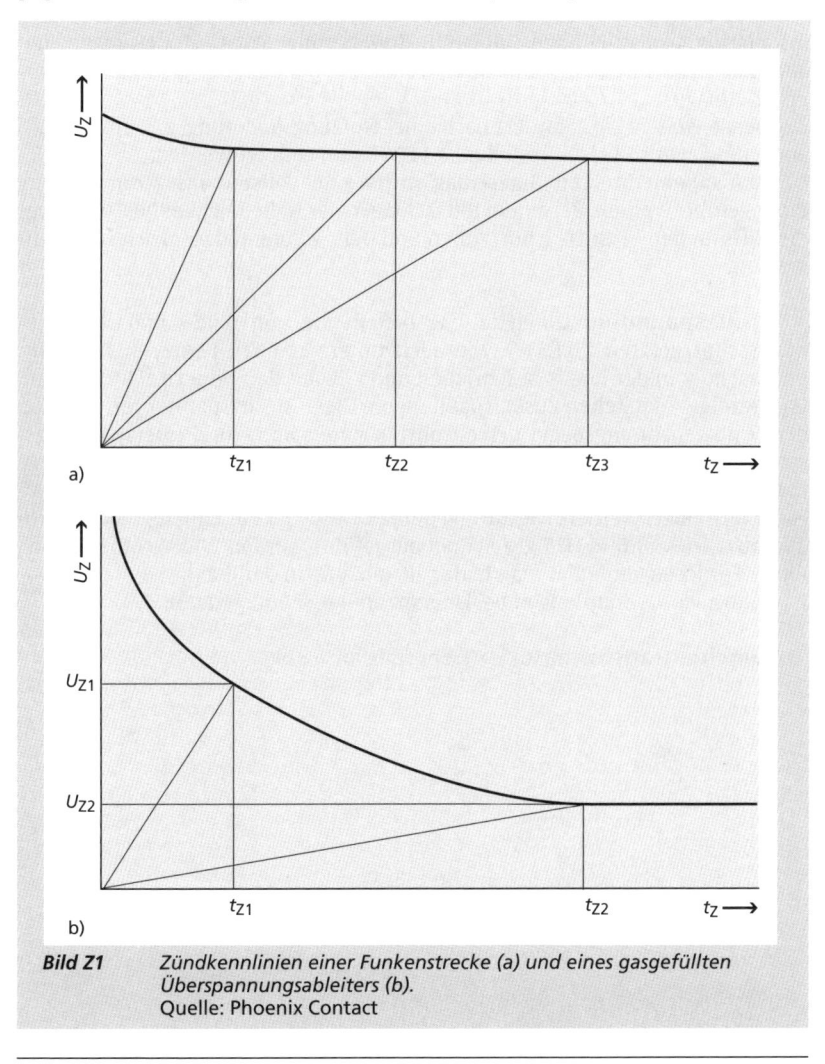

Bild Z1   *Zündkennlinien einer Funkenstrecke (a) und eines gasgefüllten Überspannungsableiters (b).*
Quelle: Phoenix Contact

Zusatzprüfung. (Vornorm DIN V 0185-3 (VDE V 0185 Teil 3):2002-11 [N23], HA 3, Abschnitt 3.5).
Bei Änderungen der baulichen Anlage, z. B. bei Nutzungsänderungen, Ergänzungen, Erweiterungen oder Reparaturen, muss immer eine Zusatzprüfung durchgeführt werden, ebenso auch nach jedem bekannt gewordenen Blitzschlag in die bauliche Anlage oder in die Nähe der Anlage. Die Zusatzprüfung kann im Extremfall alle Prüfmaßnahmen umfassen, die auch bei der Erstprüfung notwendig sind.

Beispiele:
Zusatzprüfungen oder nur ein Teil davon sind immer nötig nach Dachsanierung, Installation neuer → Dachaufbauten, Erweiterung der Heizungsanlage und auch nach anderen handwerklichen Arbeiten in oder auf der geschützten baulichen Anlage.

Ebenso werden sie gefordert nach einer Nutzungsänderung, z. B. ein vormals einfaches Lager soll als Büro- oder → EDV-Raum genutzt werden.

Nach einem direkten Blitzschlag muss eine vollständige Zusatzprüfung durchgeführt werden. Bei einem Blitzschlag in der Nähe reicht es aus, wenn nur die SPDs an den → Blitz-Schutzzonen und der → Potentialausgleich überprüft werden.

Zusatzspannung. Durch falsche Installation von Blitz- und Überspannungsschutzgeräten (SPDs) – wie auch unter dem Stichwort → Überspannungsschutz in der Praxis beschrieben und z. B. auf den **Bildern Ü10**, **Ü13** und **Ü14** gezeigt – entstehen Zusatzspannungen. Diese Zusatzspannungen erhöhen den Schutzspannungspegel der ansonsten guten Blitz- und Überspannungsschutzgeräte auf einen nicht zulässigen Wert und müssen durch kurze Kabel- und Leitungsführung oder alternativ durch Leitungsverlegung in → V-Form verhindert werden. Die Erdung der SPDs und der zu schützenden Elektronik muss wie auf **Bild Ü15** gezeichnet ausgeführt werden. Die Nichtbeachtung dieser Forderungen findet man leider allzu häufig in der Praxis.

Siehe auch → Kopplungen bei Überspannungsschutzgeräten.

Zwischentransformator → Trenntransformator

EMV-, Blitz- und Überspannungsschutzcheckliste

Vorgeschriebene Blitzschutzanlage (BA) von:						Quelle
Bauordnungen d. Länder	☐ Ja	☐ Nein	Blitzschutzklasse: ☐ I	☐ II	☐ III ☐ IV	A1
DIN VDE 0185:1982	☐ Ja	☐ Nein	Blitzschutzklasse: ☐ I	☐ II	☐ III ☐ IV	A1
DIN V VDE 0185:2002	☐ Ja	☐ Nein	Blitzschutzklasse: ☐ I	☐ II	☐ III ☐ IV	A1
VdS 2010	☐ Ja	☐ Nein	Blitzschutzklasse: ☐ I	☐ II	☐ III ☐ IV	
BA ist installiert ?	☐ Ja	☐ Nein	Blitzschutzklasse: ☐ I	☐ II	☐ III ☐ IV	

Kontrolle der technischen Unterlagen:	Vorgelegt		VDE-gerecht		Quelle
	Ja	Nein	Ja	Nein	
Projekt	☐	☐	☐	☐	A2
Gebäudebeschreibung	☐	☐	☐	☐	A2
Zeichnungen	☐	☐	☐	☐	A3
Ermittlung der Blitzschutzklasse	☐	☐	☐	☐	A1
Vorheriger Prüfbericht	☐	☐	☐	☐	A2
Prüfung der Planung	☐	☐	☐	☐	
LEMP-Schutz-Management	☐ ausgeführt ☐ nicht ausg. ☐			☐	

Erdungsanlage			VDE-gerecht		
	ja	nein	ja	nein	Quelle
Fundamenterder (Anordnung Typ B)	☐	☐	☐	☐	B1
Ringerder (Anordnung Typ B)	☐	☐	☐	☐	B1
Tiefenerder (Anordnung Typ A)	☐	☐	☐	☐	B1
Strahlenerder (Anordnung Typ A)	☐	☐	☐	☐	B1
Sonstige Erder	☐	☐	☐	☐	B1
Material / Abmessung	....		☐	☐	B1-3
Sind Erder des Typs A miteinander verbunden?	☐	☐	☐	☐	B1-2, 4
Ist die Erdungsanlage ausreichend groß?					B2
- bei Typ A (Einzelerder) die Länge oder Tiefe	....		☐	☐	B2
- bei der Erdungsanlage nach DIN V VDE 0185 T.3 der Blitz-Schutzklassen I und II (mittlerer Radius)	....		☐	☐	B2
- sind zusätzliche Strahlen oder Vertikalerder install.	☐	☐	☐	☐	B2
Erdeinführung 16 mm	☐	☐	☐	☐	B5
30 x 3,5 mm	☐	☐	☐	☐	B5
10 mm V4A-W.-Nr. 1.4571	☐	☐	☐	☐	B5
Anschlussfahnen auf dem Dach	☐	☐	☐	☐	B5
Material FeZn	☐	☐	☐	☐	B3
V4A-W.-Nr. 1.4571	☐	☐	☐	☐	B3
NYY 1 x 16 mm²	☐	☐	☐	☐	B3
Korrosionsschutzmaßnahmen					B1-3
Die Erdungsanlage ist mit Erdungsanlagen benachbarter Gebäude verbunden.	☐	☐	☐	☐	B6
Dito durch Maschenerdungsnetz verbunden?	☐	☐	☐	☐	B6
Wurde das Ausmaß der Korrosionswirkungen durch Probegrabungen kontrolliert?	☐	☐	☐	☐	B7
Wurden die Arbeiten an der Erdungsanlage täglich abgenommen?	☐	☐	☐	☐	B7
Existiert Fotodok. der Ausführungen der Erdungsanl.	☐	☐	☐	☐	B7

Anhang – Checkliste

Ableitungen	ja	nein	VDE-gerecht ja	VDE-gerecht nein	Quelle
Ableitungen erforderlich / vorhanden	....../........		☐	☐	C1
dito Innenhöfe	....../........		☐	☐	C1
dito Ringleiter	....../........		☐	☐	C1
Material / Abmessungen			☐	☐	B3
Verlegeart: - innenliegend	☐	☐	☐	☐	C1
- an der Wand	☐	☐	☐	☐	
- hinter Klinker	☐	☐	☐	☐	
- hinter Fassade	☐	☐	☐	☐	
- am Fallrohr	☐	☐	☐	☐	
„Hilfserder" (z. B. Fallrohr-Anschluss)	☐	☐			C2
Beseitigung von Schrittspannungsgefahr	☐	☐	☐	☐	C3
Beseitigung von Berührungsspannungsgefahr	☐	☐	☐	☐	C3
Direkte Vorsetzung der Fangleitungen	☐	☐	☐	☐	C1
Getrennte Ableitungen	☐	☐	☐	☐	C4
HVI-Leitung und seine Installation	☐	☐	☐		
Abstand von brennbaren Materialien	☐	☐	☐	☐	C5
Metallfassade, Regenfallrohre oder andere senkrechte Teile unten geerdet oder mit dem Blitzschutzpotentialausgleich verbunden?	☐	☐	☐	☐	C2
Benachbarte Einrichtungen angeschlossen?	☐	☐	☐	☐	C1
Natürliche Bestandteile als Ableitungen benutzt?	☐	☐	☐	☐	
Sichtbare Näherungen?	☐	☐	☐	☐	

Fangeinrichtung	ja	nein	VDE-gerecht ja	VDE-gerecht nein	Quelle
Maschenart........ x ....Meter	☐	☐	☐	☐	D1
mit Fangstange	☐	☐	☐	☐	
mit Fangleitung	☐	☐	☐	☐	
mit getrennter Fangeinrichtung	☐	☐	☐	☐	
Fangspitze mit HVI-Leitung	☐	☐	☐	☐	
Unterdachanlage	☐	☐	☐	☐	
- Fangspitzen alle 5 m?	☐	☐	☐	☐	
Material / Abmessungen			☐	☐	B3
Elektrische Installationen auf dem Dach?	☐	☐	☐	☐	D2
sind direkt angeschlossen	☐	☐		☐	D2
sind über Trennfunkenstrecke angeschlossen	☐	☐		☐	D2
sind im Schutzbereich BSZ O_B	☐	☐	☐	☐	D2
Sind alle bevorzugten Einschlagstellen geschützt?	☐	☐	☐	☐	D3
Sind alle Dachaufbauten geschützt?	☐	☐	☐	☐	D2
Sind alle metallischen Einrichtungen geschützt?	☐	☐	☐	☐	D3
Dito gegen Durchlöchern?	☐	☐	☐	☐	D4
Sichtbare Näherungen?	☐	☐	☐	☐	
Dehnungsstücke	☐	☐	☐	☐	

EMV, Blitz- und Überspannungsschutzcheckliste Seite 2
© Kopecky

Anhang – Checkliste

Messungen Erdungsanlage		ja	nein	VDE-gerecht ja	VDE-gerecht nein	Quelle
Anzahl der Messstellen		....		☐	☐	E1
Anordnung:	Erdbereich	☐	☐	☐	☐	
	Erdeinführung	☐	☐	☐	☐	
	hinter Klinker	☐	☐	☐	☐	
	Dach	☐	☐	☐	☐	
Messstellenkennzeichnung vorhanden		☐	☐	☐	☐	E2
Trennstelle Nr.:						
Erdung / Ableitung Erdung / Ableitung Erdung / Ableitung						
1= ..../.......... 2= ..../.......... 3= ..../..........				☐	☐	E3
4= ..../.......... 5= ..../.......... 6= ..../..........				☐	☐	
7= ..../.......... 8= ..../.......... 9= ..../..........				☐	☐	
10= ..../.......... 11= ..../.......... 12= ..../..........				☐	☐	
13= ..../.......... 14= ..../.......... 15= ..../..........				☐	☐	
16= ..../.......... 17= ..../.......... 18= ..../..........				☐	☐	
19= ..../.......... 20= ..../.......... 21= ..../..........				☐	☐	
Erdungswiderstand		........Ω		☐	☐	E3, 4
Gesamt-Erdungswiderstand		........Ω		☐	☐	E3, 4
Spezifischer Bodenwiderstand		........Ω				E3, 4
Bodenzustand		....				
Messgerätetyp .... Messverfahren				☐	☐	E3

Messungen - Potentialausgleich	ja	nein	VDE-gerecht ja	VDE-gerecht nein	Quelle
Wurde alles in den Potentialausgleich einbezogen?	☐	☐	☐	☐	F1
Einrichtungen gemessen?	☐	☐	☐	☐	F1
Wenn nein, dann welche nicht ?					
....	☐	☐	☐	☐	F1
Wurde ein Widerstand über 1 Ω gemessen?	☐	☐		☐	F1, 2
Messgerätetyp .... Messverfahren			☐	☐	F2

Messungen - Ausgleichsströme	ja	nein	VDE-gerecht ja	VDE-gerecht nein	Quelle
Potentialausgleichsleitungen	☐	☐	☐	☐	G1
Handelt es sich um Netzrückwirkungen ?	☐	☐	☐	☐	G1
Strom THD-Werte	....		☐	☐	G1
Spannung THD-Werte	....		☐	☐	G1, 2
Messgerätetyp .... Messverfahren			☐	☐	G3

Messungen - Temperaturen	ja	nein	VDE-gerecht ja	VDE-gerecht nein	Quelle
Temperaturen an N-Leiter-Klemmen	☐	☐	☐	☐	H1
Temperaturen an restlichen Klemmen	☐	☐	☐	☐	H1
Temperaturen an eingebauten Geräten	☐	☐	☐	☐	H1
Messgerätetyp .... Messverfahren			☐	☐	G3

Messungen - Schirmung [1)]	ja	nein	VDE-gerecht ja	VDE-gerecht nein	Quelle
Dämpfung der Zone 0/1 1m von der Wand	..........dB	☐		☐	I1
Dämpfung der Zone 1/2 1m von der Wand	..........dB	☐		☐	I1
Messgerätetyp .... Messverfahren			☐	☐	G3

[1)] Schirmungsmaßnahmen werden in diesem Leitfaden bedingt durch die vielfältigen Ausführungsarten nicht detailliert beschrieben.

Anhang – Checkliste

Blitzschutzpotentialausgleich und Potentialausgleichsnetzwerk	ja	nein	VDE-gerecht ja	VDE-gerecht nein	Quelle
Blitzschutzpotentialausgleich vorhanden:	☐	☐	☐	☐	J1
im Hauptanschlussraum	☐	☐	☐	☐	
alle Eintritts- und „Austrittsstellen"	☐	☐	☐	☐	J1
zusammen verbunden	☐	☐	☐	☐	
Leitungsquerschnitt	∅.........		☐	☐	J2
Blitzschutzpotentialausgleich zusätzlich in Höhe.........m	☐	☐	☐	☐	J1
Potentialausgleichnetzwerk kombiniert ausgeführt	☐	☐	☐	☐	J3
- nur maschenförmig	☐	☐	☐	☐	J3
- nur sternförmig	☐	☐	☐	☐	J3
Bei sternförmigem Potentialausgleichsnetzwerk - Geräte gegenseitig isoliert ?	☐	☐	☐	☐	J3
Potentialausgleichsnetzwerk kombiniert ausgeführt	☐	☐	☐	☐	J3

Beschreibung, was alles an das Potentialausgleichsnetzwerk angeschlossen ist:	unbekannt	vorhanden ja	vorhanden nein	einbezogen ja	einbezogen nein	VDE-gerecht ja	VDE-gerecht nein	Quelle
Äußerer Blitzschutz		☐	☐	☐	☐	☐	☐	J11
Fundamenterder	☐	☐	☐	☐	☐	☐	☐	....
Äußere Erdungsanlage	☐	☐	☐	☐	☐	☐	☐	....
Erder der Energieversorgung	☐	☐	☐	☐	☐	☐	☐	....
PEN/PE Leiter		☐	☐	☐	☐	☐	☐	....
Wasserleitung		☐	☐	☐	☐	☐	☐	....
Heizungsanlage		☐	☐	☐	☐	☐	☐	....
Metalleinsätze in Schornsteinen	☐	☐	☐	☐	☐	☐	☐	....
Antennenerdung		☐	☐	☐	☐	☐	☐	....
Fernmeldeanlage		☐	☐	☐	☐	☐	☐	....
Breitbandkabel		☐	☐	☐	☐	☐	☐	....
Gasanlage		☐	☐	☐	☐	☐	☐	....
Ölanlage		☐	☐	☐	☐	☐	☐	....
Klimaanlage		☐	☐	☐	☐	☐	☐	....
Stoßstellen überbrückt		☐	☐	☐	☐	☐	☐	....
Gebäudefugen überbrückt		☐	☐	☐	☐	☐	☐	....
Aufzüge oben und unten		☐	☐	☐	☐	☐	☐	....
Metallfassaden		☐	☐	☐	☐	☐	☐	....
Bewehrung		☐	☐	☐	☐	☐	☐	....
Schirmung:								
BSZ 0_A/1, BSZ 0_B/1, BSZ 0_C/1	☐	☐	☐	☐	☐	☐	☐	....
BSZ 1/2		☐	☐	☐	☐	☐	☐	....
BSZ 2/3		☐	☐	☐	☐	☐	☐	....
EDV-Raum		☐	☐	☐	☐	☐	☐	....
Kabelkanäle		☐	☐	☐	☐	☐	☐	....
Kabelschirme beidseitig		☐	☐	☐	☐	☐	☐	....
Innere Kabelschirme		☐	☐	☐	☐	☐	☐	....
Kabel- und Leitungsführung	☐	☐	☐			☐	☐	....
Trennfunkenstrecke/n ist/sind eingebaut :.........................						☐	☐	....

EMV, Blitz- und Überspannungsschutzcheckliste Seite 4
© Kopecky

Anhang – Checkliste

Überspannungsschutz:
Einspeisung, Hauptstromversorgung: Quelle:
TN-C-System   ☐   TN-C-S-System   ☐   TN-S-System   ☐   K1
TT-System   ☐   IT-System   ☐
N-Leiter mit anderen Sammelschienen gemeinsam installiert   ☐   K2
Trenntransformator ☐   Optokoppler   ☐   TN-S-System   ☐   K3

Blitz- und Überspannungsschutzgeräte sind in folgenden Zonen eingebaut:												
Überspannungsschutz- Anforderungsklasse	Zone $0_A/1$			Zone $0_{B,C}/1$			Zone 1/2		Zone 2/3		VDE-gerecht	
	1	2	3	1	2	3	2	3	2	3	ja	nein
Elektroanlage	☐	☐	☐	☐	☐	☐	☐	☐	☐	☐	☐	☐
RCD (FI-Schalter)	☐	☐	☐	☐	☐	☐	☐	☐	☐	☐	☐	☐
Außenbeleuchtung	☐	☐	☐	☐	☐	☐	☐	☐	☐	☐	☐	☐
Klimaanlage(Rückkühlgeräte)	☐	☐	☐	☐	☐	☐	☐	☐	☐	☐	☐	☐
Notstrom	☐	☐	☐	☐	☐	☐	☐	☐	☐	☐	☐	☐

Blitz- und Überspannungsschutzgeräte sind in folgenden Zonen eingebaut:												
Überspannungsschutz und Koordinations-Kennzeichen KK	Zone $0_A/1$ 1 XX X			Zone $0_{B,C}/1$ 2 XX X			Zone 1/2 2 3 XX X			Zone 2/3 2 3 XX X		VDE-gerecht ja nein
Fernmeldeanlage	☐	☐		☐	☐		☐	☐	☐	☐	☐	☐ ☐
Alarmanlage	☐	☐		☐	☐		☐	☐	☐	☐	☐	☐ ☐
Brandmeldeanlagen	☐	☐		☐	☐		☐	☐	☐	☐	☐	☐ ☐
EDV-Raum	☐	☐		☐	☐		☐	☐	☐	☐	☐	☐ ☐
MSR	☐	☐		☐	☐		☐	☐	☐	☐	☐	☐ ☐
Videoanlage	☐	☐		☐	☐		☐	☐	☐	☐	☐	☐ ☐
EIB-Anlage	☐	☐		☐	☐		☐	☐	☐	☐	☐	☐ ☐
BUS-Technik	☐	☐		☐	☐		☐	☐	☐	☐	☐	☐ ☐
USV	☐	☐		☐	☐		☐	☐	☐	☐	☐	☐ ☐
....	☐	☐		☐	☐		☐	☐	☐	☐	☐	☐ ☐
....	☐	☐		☐	☐		☐	☐	☐	☐	☐	☐ ☐

Installation der Blitz- und Überspannungsschutzgeräte			VDE-gerecht		
	Ja	nein	ja	nein	Quelle:
Elektro- und Erdungsanschlüsse < 0,5 m	☐	☐	☐	☐	K4
- oder V-Ausführung	☐	☐	☐	☐	....
Bemerkung					
Können gefährliche Kopplungen entstehen?	☐	☐	☐	☐	....
Bemerkung					
Geschützte und ungeschützte Seiten getrennt	☐	☐	☐	☐	....
- oder abgeschirmt	☐	☐	☐	☐	....
Überspannungsschutzgeräte überprüft (gemessen)	☐	☐	☐	☐	K5

Anhang – Checkliste

Näherungen, Trennungsabstand			VDE-gerecht		
	ja	nein	ja	nein	Quelle:
Muss Trennungsabstand beachtet werden? Wenn nein, dann nur die erste Frage beantworten. Sichtbare Einrichtungen auf dem Dach und an den Wänden in der Nähe des Äußeren Blitzschutzes und in der Nähe „natürlicher" Bestandteile der Blitzschutzanlage.	☐	☐			
Ist die Näherung ≥ Trennungsabstand?	☐	☐	☐	☐	L1
Das Weitere nur für Bauten, die nicht in Blech- oder Stahlbeton ausgeführt sind:					
Sichtbare Einrichtungen unter dem Dach unterhalb der Fangeinrichtung.	☐	☐			
Näherung ≥ Trennungsabstand?			☐	☐	L1
Vermutete oder bekannte Einrichtungen in Wänden und Decken in der Nähe des Äußeren Blitzschutzes und in der Nähe der „natürlichen" Bestandteile unterhalb des Putzes und am Putz oder in Höhen, wo die Wandbreite kleiner als der Trennungsabstand s ist.	☐	☐			
Ist die Näherung ≥ Trennungsabstand?			☐	☐	L1
Nicht sichtbare Einrichtungen in Wänden und Decken in der Nähe des Äußeren Blitzschutzes mit Hilfe von Metallsuchgeräten oder anderen Messgeräten nachgewiesen?	☐	☐			
Ist die Näherung ≥ Trennungsabstand?			☐	☐	L1
Wurden alle Maßnahmen zur Beseitigung der Näherungen ordnungsgemäß durchgeführt?	☐	☐	☐	☐	L1
Ab welcher Anlagenhöhe ist die Wanddicke kleiner als der Trennungsabstand? Ableitung Nr.:/ Höhe in m ..../............ Ableitung Nr.:/ Höhe in m ..../............ Ableitung Nr.:/ Höhe in m ..../............ Ableitung Nr.:/ Höhe in m ..../............ Ableitung Nr.:/ Höhe in m ..../............					

Ergebnisse			VDE-gerecht	
	ja	nein	ja	nein
Änderungen der baulichen Anlage			☐	☐
Änderungen der Blitzschutzanlage	☐	☐	☐	☐
Festgestellte Mängel	☐	☐		☐
Notizen:				

Nächste Prüfung: Sichtprüfung ....   Vollständige Prüfung ....

Ort:	Datum:	Firma:	Prüfer:

EMV, Blitz- und Überspannungsschutzcheckliste Seite 6
© Kopecky

Anhang – Checkliste

Quellenhinweise

Ausgehend vom Begriff oder der Frage an den Zeilenanfängen der Checkliste kann man zusätzliche Informationen in dem Buch EMV, Blitz- und Überspannungsschutz anhand folgender Stichworte finden:

A1	Schutzbedürftige bauliche Anlagen, Schutzklassen-Ermittlung und Blitzschutzklassenberechnung.
A2	Gebäudebeschreibung und Planungsunterlagen, Prüfung der technischen Unterlagen, Prüfung der Planung, Prüfungsmaßnahmen
A3	Grafische Symbole für Zeichnungen
B1	Blitzschutzzonen, Blitzschutzanlage, Regenfallrohre, Metallfassadenteile, Korrosion, RAL 642, Technische Anschlussbedingungen (TAB), AVBEltV, BGV A 2
B2	Erder, Typ A und B, Erdungsanlage – Größe,
B3	Werkstoffe
B4	Näherungen
B5	Messstelle
B6	Vermaschte Erdungsanlage, Datenverarbeitungsanlage
B7	Prüfungsmaßnahmen
C1	Schleifenbildung, Eigennäherung, Näherungen, Trennungsabstand, isolierte Ableitung, HVI-Leitung
C2	Regenfallrohr, Metallfassade, Fundamenterder, Fundamenterderfahnen
C3	Schritt- und Berührungsspannung und die Schutzmaßnahmen
C4	Ableitung – getrennte
C5	Brennbares Material
D1	Maschenverfahren
D2	Dachaufbauten
D3	Fangeinrichtung
D4	Ausschmelzen von Blechen
E1	Messstellen, Erdungsanlage – Größe
E2	Nummerschildern
E3	Messen, Messungen – Erdungsanlage, Messgeräte und Prüfgeräte, Messstelle
E4	Erdungswiderstand – äquivalenter – spezifischer – gesamt
F1	Potentialausgleich, Hauptpotentialausgleich
F2	Messen, Messungen – Potentialausgleich, Messgeräte und Prüfgeräte
G1	Netzrückwirkungen, Netzsysteme, THD, THDI
G2	Verträglichkeitspegel für Oberschwingungen, Netzqualitäten
G3	Messgeräte und Prüfgeräte
H1	Netzqualitäten, N-Leiter, PEN-Leiter, PE-Leiter, Dreieinhalb-Leiter-Kabel
I1	Schirmung, Schirmungsmaßnahmen
J1	Blitzschutzpotentialausgleich, Außenbeleuchtung, Blitzstromableiter, Dachaufbauten, Mobilfunkanlagen
J2	Potentialausgleichsleiter Querschnitte
J3	Potentialausgleichsnetzwerk, sternförmiger Potentialausgleich, maschenförmiger Potentialausgleich
K1	EMV, EMVG, EMV-Planung, Netzrückwirkungen, Netzsysteme
K2	Sammelschienen
K3	Netzsysteme
K4	Überspannungsschutz und die Praxis
K5	Messen, Messgeräte und Prüfgeräte
L1	Näherungen, Trennungsabstand

CITEL

Heinrichstraße 169
40239 Düsseldorf
Tel.: 02 11/ 96 13 70
Fax: 02 11/ 63 11 91
www.citel.de
info@citel.de

Einer für alle.
Überspannungsschutz von CITEL

DS 250 VG

- platzsparend: alle drei Schutzstufen in einem Gehäuse
- preisgünstiger: keine Kopplung zwischen den Stufen notwendig

Bestellen Sie jetzt direkt bei CITEL Tel. 02 11 / 96 13 70

CITEL

Heinrichstraße 169
40239 Düsseldorf
Tel.: 02 11 / 96 13 70
Fax: 02 11 / 63 11 91
www.citel.de
info@citel.de

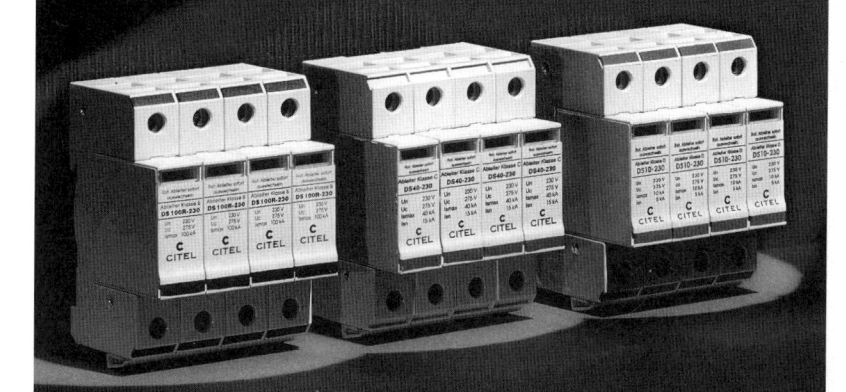

Das passt!
Überspannungsschutz von CITEL

- abgestufte Schutzreihe (B, C, D)
- leicht montierbar durch bipolare Klemmen
- kostengünstig: Bestellung direkt beim Hersteller

Bestellen Sie jetzt direkt bei CITEL Tel. 02 11 / 96 13 70

Ein gutes Zeichen für jeden Elektroinstallateur.
Ab sofort: VDE-geprüfte Sicherheit für alle Überspannungsableiter V20-C

Gute Nachrichten von OBO: Auch unsere Überspannungsableiter der Klasse C bzw. Klasse II tragen ab sofort das VDE-Zeichen.

OBO ist damit der erste Hersteller, der Ihnen und Ihren Kunden lückenlose VDE-Sicherheit für das gesamte Spektrum vom Blitzstromableiter der Klasse B bis zum Überspannungsableiter der Klasse C bieten kann.

Verlässliche Sicherheit plus 5-Jahres-Gewährleistung auf alle OBO Überspannungsschutz-Produkte – wir meinen: mehr Sicherheit geht nicht.

- **Infoservice:** 02373/89-1517
- **Technische Hotline:** 02373/89-1500

E-CHECK Partner-Unternehmen

OBO. Damit arbeiten Profis.

OBO BETTERMANN GmbH & Co.
Postfach 1120 · D-58694 Menden
Tel. 02373/89-0 · Fax 02373/89-238
E-Mail: info@obo.de · www.obo.de

OBO BETTERMANN

J.PRÖPSTER GmbH

**Bauteile für
Äußeren Blitzschutz
Isolierten Blitzschutz
Inneren Blitzschutz
und Erdung**

J.Pröpster GmbH
Regensburger Str. 116
D-92318 Neumarkt/OPf.
Tel.: 0 9181/25 90-0 • Fax: 0 9181/25 90-10
Email: info@proepster.de
Internet: www.proepster.de

OHNE? NIE!

SCHÜTZEN SIE ELEKTRISCHE UND ELEKTRONISCHE ANLAGEN VOR ÜBERSPANNUNGS-SCHÄDEN!

Ein komplettes Schutz-baustein-Programm aus einer Hand. Überspannungsschutz von der Einspeisung über die Unter-verteilung bis hin zu Endgeräten und Steckdosen. Sicher ist sicher.

www.weidmueller.de

Wer alles gibt,
gibt nie zu wenig

Weidmüller

In der Reihe „de-FACHWISSEN" erscheinen in Kürze:

Mayer / Zisler
Glasfasernetzwerke in der Praxis
Planung, Beschaffung, Installation
2., neu bearbeitete Auflage

Uhlig / Sudkamp
Elektrische Anlagen in medizinischen Bereichen
Planung, Errichtung, Prüfung, Betrieb und Instandhaltung

Schauer / Virnich (Hrsg.)
Baubiologische Elektroinstallation

Diese Bücher erhalten Sie in jeder guten Buchhandlung, aber auch direkt beim Verlag.

Hüthig & Pflaum Verlag
Telefon 06221/489-555
Telefax 06221/489-410
de-buchservice@online-de.de